五大区域战略环境评价系列丛书

海峡西岸经济区重点产业发展战略环境评价研究

主　编　黄沈发

副主编　夏德祥　高　晶　江家骅

中国环境出版社・北京

图书在版编目（CIP）数据

海峡西岸经济区重点产业发展战略环境评价研究/黄沈发主编. —北京：中国环境出版社，2013.4
（五大区域战略环境评价系列丛书）
ISBN 978-7-5111-0932-3

Ⅰ.①海… Ⅱ.①黄… Ⅲ.①经济区—产业发展—战略环境评价—研究—福建省 Ⅳ.①X821.257.03

中国版本图书馆CIP数据核字（2012）第037827号
审图号：GS（2013）216号

出版人 王新程
丛书统筹 丁　枚
责任编辑 黄晓燕　李兰兰
文字编辑 赵楠婕
责任校对 扣志红
封面设计 金　喆
排版制作 杨曙荣

出版发行 中国环境出版社
（100062 北京市东城区广渠门内大街16号）
网　　址：http://www.cesp.com.cn
电子邮箱：bjgl@cesp.com.cn
联系电话：010-67112765（编辑管理部）
010-67112735（环评与监察图书出版中心）
发行热线：010-67125803 010-67113405（传真）
印　　刷 北京盛通印刷股份有限公司
经　　销 各地新华书店
版　　次 2013年4月第1版
印　　次 2013年4月第1次印刷
开　　本 889×1194 1/16
印　　张 16.75
字　　数 300千字
定　　价 113.00元

本书编委会

主　编　黄沈发

副主编　夏德祥　高　晶　江家骅

编　委　傅　威　吴依平　曹　健　陈长虹　林卫青　王　敏
吴耀建　李宗恺　沈渭寿　逢　勇　金凤君　陈立民
刘　建　刘乙敏　余　堃　林　涛　王海怀　王金坑
王勤耕　张　慧　卢士强　马蔚纯　徐　波　张宏锋
郑超海　严　培　徐伟民　周洁玫　刘　鑫　乔会芝
陆　亮　蒋金龙　王体健　赵　卫　蒋彩萍　胡志勇
陈明华　陈益明　叶　脉　麻素挺　阮关心　俞军欢
王　卿　林志兰　孙　琪　谢　旻　燕守广　沙晨燕
周　琦　陈亚男　唐志鹏　戴星翼　刘　鹤　郝前进

审　定　祝兴祥

序

党中央、国务院高度重视环境保护工作，把保护环境确立为基本国策，大力实施可持续发展战略。“十一五”以来，我国环境保护从认识到实践都发生了重要变化，环境保护投入和能力建设力度明显加大，环境保护优化经济发展的作用逐步显现，污染防治和主要污染物减排成效明显，环境保护工作取得了显著成绩。在环保事业发展的宏伟进程中，不断涌现出探索中国环保新道路的新理念、新举措和新实践。战略环境评价就是从宏观战略层面切入解决环境问题、努力参与综合决策的成功典范之一。

环渤海沿海地区、海峡西岸经济区、北部湾经济区沿海、成渝经济区和黄河中上游能源化工区等五大区域战略环境评价，是战略环评理念引入我国以来，地域最大、行业最广、层级最高、效果最好的一次生动实践。五大区域在经济发展和环境保护上的地位重要。在经济上，五大区域在国家区域发展战略的推动下，正在发展成为国家宏观经济战略的重要指向区域和新的经济增长极；在环保上，“十一五”期间五大区域主要污染物 SO_2 和 COD 减排任务分别占全国的 75% 和 64%，同时拥有占全国 1/3 的生物多样性保护重要功能区，直接关系到我国中长期生态环境安全。处理好五大区域重点产业发展与生态环境保护的关系，对加快推进经济发展方式转变具有突出的示范作用，对我国中长期生态环境的战略性保护具有重大意义。

五大区域战略环境评价历时近三年，涵盖 15 个省（区、市）的 67 个地级市和 37 个县（区），关系石化、能源、冶金、装备制造等 10 多个重点行业，涉及国家、省、市等层面的发改、财政、国土、建设、环保等多个部门，汇集环境、生态、经济、地理等多学科近 100 家技术牵头、协作单位的集体智慧。五大区域战略环境评价在全面分析资源环境禀赋和承载能力的基础上，系统评估了重点产业发展可能带来的中长期环境影响和生态风险，提出了重点产业优化发展调控建议和环境保护战略对策，研究了在决策阶段和宏观布局层面预防布局性环境风险、确保区域生态环境安全的新思路和新机制。其最终报告是多学科集成的成果，堪称“环保教科书”，是战略环境评价的力作，已经成为制定国家重大区域战略的重要参考，成为编制“十二五”规划、制定地方环保政策的重要支撑，成为相关地区火电、化工、石化、钢铁等行业环境准入的重要依据。五大区域战略环境评价拓展了环境保护参与综合决策的广度和深度，构建了从源头防范布局性环境风险的重要平台，探索了破解区域资源环境约束的有效途径，是环保部门参与综合决策，探索代价小、效益好、排放低、可持续的环境保护新道路的重大创新和突破。

“十二五”时期是我国全面建设小康社会的关键时期，是加快转变经济发展方式的攻坚时期，环境保护工作任重道远。在“十二五”开局之年，国务院召开了第七次全国环境保护大会，印发了《关于加强环境保护重点工作的意见》和《国家环境保护“十二五”规划》，标志着环境保护的战略地位更加强化，也为环境保护提出了新的更高要求。在新的发展阶段，环境保护工作必须坚持“在发展中保护，在保护中发展”的战略思想，用全局视野和战略思维统筹考虑环保工作，不断推进环境管理的战略转型，努力在宏观经济政策制定、转变经济发展方式、调整结构优化布局等方面发挥更大作用，这为战略环境评价工作提供了新的历史机遇和广阔舞台。随着区域发展总体战略和主体功能区战略的深入实施，环境保护参与综合决策机制的不断健全，区域性战略环境评价大有发展，大有作为。希望广大环境影响评价工作者以探索环保新道路为契机，以服务国家重大战略需求为己任，创新战略环境评价思路，深化战略环境评价实践，增强战略环境评价工作的积极性、主动性和创造性，为不断提高生态文明水平，建设资源节约型和环境友好型社会，促进经济社会环境的全面协调可持续发展作出新的更大的贡献！

周生贤

前言

海峡西岸经济区（以下简称“海西区”）是我国沿海经济带的重要组成部分，在全国区域经济发展布局中处于重要地位，尤其是对促进海峡两岸合作交流具有重要作用。2009年5月，国务院出台《关于支持福建省加快建设海峡西岸经济区的若干意见》，明确了以福建省为主体建设海西区的总体要求、战略定位和发展目标。“加快建设海西区”已上升为国家战略。同时，海西区生态环境优良，其中福建省生态环境质量长期位居全国前列。海西区是我国生物多样性资源丰富地区，对保障国家生态安全具有十分重要的作用。与长三角、珠三角等发达地区相比，海西区作为国家重点开发的区域和新的经济“增长极”，在重点产业发展上有很大潜力，但要在新一轮区域发展中把握主动权，需要以创新的理念打造产业发展新模式，避免在资源环境问题上重蹈先发地区的覆辙。

为深入贯彻科学发展观，促进区域经济社会与环境的协调、可持续发展，充分汲取发达国家和我国先发地区资源环境代价过大的教训，确保区域经济发展过程中不走“先污染、后治理”的老路，环境保护部组织开展环渤海、海峡西岸、北部湾、成渝和黄河中上游能源化工区等五大区域重点产业发展战略环境影响评价工作，旨在推动五大区域环境保护优化经济增长新格局的形成，实现区域经济可持续发展并确保中长期的生态环境安全。

海峡西岸经济区重点产业战略环境评价是五大区域重点产业发展战略环境评价项目的分项目之二（以下简称“海西项目”）。根据环境保护部“五大区域重点产业发展战略环境评价工作方案”及总体技术要求，海西项目由上海市环境科学研究院作为技术牵头单位，参加单位包括国家海洋局第三海洋研究所、南京大学、环境保护部南京环境科学研究所、河海大学、中国科学院地理科学与资源研究所、复旦大学、福建省环境科学研究院、广东省环境科学研究院、浙江省环境科学设计研究院、温州市环境保护设计科学研究院和广东省环境监测中心等单位。项目设立了产业发展、水资源及水环境、空气资源及大气环境、海洋生态环境、陆域生态环境、综合评价等6个重大专题组，并建立了相应的项目协调沟通机制。

海西项目实施过程分为项目准备、集中攻坚和成果集成三个主要阶段。项目准备阶段（2008年6月至2009年1月），开展了专题调研，提出了项目可行性方案、实施技术方案。集中攻坚阶段（2009年2月至2010年1月），通过了环境保护部组织的海西区项目技术方案专家评审，组织开展了3次大规模现场调研活动和多次重点地区实地调查与研讨，全面收集了基础数据资料和相关研究成果，开展了环境质量特征因子的补充监测工作，参加了环境保护部组织的三次中期阶段评估和三次重大专题技术研讨，形成了海西区分项目初步成果报告。成果集成阶段（2010年2—7月），参与了环境保护部组织的五大区项目初步成果讨论，通过了环境保护部组织的重点专题专家验收评估，多次开展了与福建、广东、浙江省政府及相关部门、地市政府的初步成果对接与交流，多方征询了专家和地方政府部门对初步成果的意见，形成了海西项目报批稿。

本报告深入研究了海西区重点产业发展特征和趋势，在全面收集环境统计、污染源普查等数据基础上，开展了大量生态环境补充监测和调查工作，综合考虑上下游、区域内外等影响因素，对海西区关键性环境问题及其时空演变趋势进行了全面客观的分析评价。在全面梳理国家和地方规划基础上，设置了重点产业发展的三种情景，从资源环境承载条件、区域性环境质量变化、累积性环境风险等方面对不同情景下重点产业发展的中长期环境影响和生态风险进行了评估；结合资源环境承载力评估，提出了海西区战略性生态环境保护目标。给出了区域重点产业发展的空间边界、环境容量阈值等方面的科学依据，提出了重点产业发展布局优化、结构调整、规模控制的总体思路和调控方向。

本书执笔人为：黄沈发（第一章），傅威（第二章），高晶（第三章），曹健（第四章），吴依平（第五章），高晶（第六章），江家骅（第七章）。全书由黄沈发、高晶统稿。

项目实施和本书编写过程中，环境保护部环境影响评价司、环境保护部环境工程评估中心和项目咨询专家顾问团队给予了悉心指导，福建省、广东省、浙江省人民政府及环保厅等相关部门、各地市人民政府给予了大力支持与帮助，项目技术团队的各参加单位给予了充分的技术保障。在此，一并表示衷心感谢！

编　者

2012年3月

目 录

第一章 概 述

第一节 研究背景

根据党中央、国务院关于从源头预防、控制环境污染和生态破坏的要求，对重大经济和技术政策、发展规划以及重大经济开发计划进行环境影响评价已成为实践这一要求的重要途径。当前，区域性、行业性重大发展战略是我国经济发展的重要形式，由此带来的布局性、结构性环境问题日益突出，因此有必要对区域和行业的重大发展战略开展环境评价。以环渤海地区、海峡西岸经济区、北部湾经济区、黄河中上游能源化工区和成渝经济区为代表的五大新兴经济区是我国未来发展的重点支撑区域，是构建区域发展新格局的重要支点，但是，从目前的发展水平和趋势看，这五大区域产业发展与资源环境矛盾关系也最为突出，其可持续发展面临着严峻的资源环境约束。环境保护部在请示国务院后，确定以这五大区域重点产业发展战略为重点开展环境评价工作，从而为制定经济、社会与资源环境三位一体的可持续发展政策奠定基础。

海峡西岸经济区，简称海西区位于我国东南沿海，北邻长江三角洲，南接珠江三角洲，东与台湾岛隔海相望，是我国沿海经济带的重要组成部分，是海峡两岸合作交流的前沿，在国家区域经济发展战略中具有独特的地位和作用。2009 年 5 月，国务院出台《关于支持福建省加快建设海西区的若干意见》，其中明确了建设海西区的总体要求、战略定位和发展目标，将海西区作为我国经济发展新的“增长极”提升到国家战略层面。随着国家鼓励东部地区率先发展和支持海西区发展政策的落实，海西区工业化进程明显加快，成为我国新一轮区域经济调整和经济总量扩张的主要地区，也是依赖资源推动经济增长的典型区域。

海西区生态环境优良，生物多样性资源丰富，在我国生态安全格局中占有重要地位。开展海西区重点产业发展战略环境评价，从宏观层面和战略角度，对重点产业发展的中长期环境影响和生态风险进行系统评估，有利于避免经济发展过程中资源环境代价过大的问题，对于促进区域经济与环境的协调、可持续发展具有重大意义。

第二节　研究范围

通常所指的海西区，是指以福建为主体，覆盖浙江、广东、江西3省部分地区的地域。空间范围上，包括20个地级市，北起浙江省的温州市，南至广东省的揭阳市，覆盖福建全省9个市，浙江省温州、衢州、丽水3个市，江西省赣州、抚州、鹰潭、上饶4个市，广东省汕头、潮州、梅州、揭阳4个市。其中10个市临海，即浙江省温州市，福建省宁德、福州、莆田、泉州、厦门、漳州6个市以及广东省潮州、汕头、揭阳3个市。陆域总面积28.28万km²，占全国国土面积的2.95%；人口8 780万人，占全国总人口的6.64%；2007年国内生产总值（GDP）16 162亿元，占全国GDP的6.55%。

表1-1　海西区土地面积情况

地区	陆域面积/万km²	海域面积/万km²	研究范围
福建省	12.4	13.6	福建全省9个地级市
浙江省	1.2	1.1	浙江省温州市
广东省	1.0	1.9	广东省粤东地区，包括潮州、汕头和揭阳3个地级市
合计	14.6	16.6	13个地级市

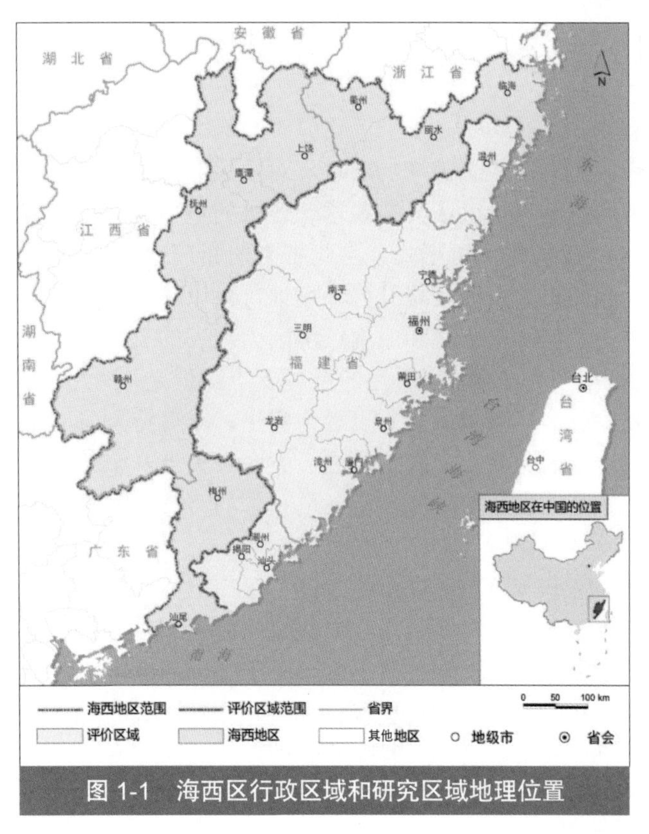

图1-1　海西区行政区域和研究区域地理位置

根据海西区重点产业沿海布局总体态势和福建省的整体规划布局，确定海西区重点产业发展战略环境评价研究范围，包括福建全省9个地级市，广东省汕头市、潮州市、揭阳市和浙江省温州市，共计13个地级市，陆域总面积14.6万km²，占全国国土面积的1.52%；人口5 725万人，占全国总人口的4.3%；2007年国内生产总值（GDP）13 224亿元，占全国GDP的5.58%。

第三节　研究区域的基本态势

一、海西区在全国生态安全格局中占有突出地位

优越的气候条件和以山地、丘陵为主的地貌特征，造就了海西区生境类型的复杂性和生态系统的多样性。海西区生物资源丰富，动植物种数约占全国的28.6%，其中国家重点保护野生植物59种、野生动物157种。

海西区拥有我国两个国家重要生态功能区。一是浙闽赣交界山地生物多样性保护重要区。该区是我国生物多样性保护的关键地区，其中武夷山区是世界著名的模式标本产地和珍稀、特有野生动物的基因库。二是东南沿海红树林生物多样性保护重要区的主要分布区之一，建有漳江口红树林国家级自然保护区。漳江口两岸是中国红树林自然分布北界的重要分布区，红树林面积 117.9 hm^2，具有重要的生物地理学意义。

海西区是我国海陆交汇带的关键区域，处于陆域生态系统与海洋生态系统的过渡地带，对维护海洋生态安全发挥着缓冲区的功能和作用。海西区海岸线漫长，区域生态环境敏感，拥有 13 个国家级及省级海洋保护区和四个天然渔场，三沙湾、东山湾海域是福建省近岸海域生物多样性保护重要生态功能区。

海西区生态环境质量总体良好，但部分地区生态环境问题已经显现。酸雨污染严重，沿海部分城市出现了灰霾天气，局部海湾生态系统已遭到一定破坏，海洋生物资源不断减少，赤潮灾害影响显著增大，重点海湾围填海使自然滩涂湿地大面积损失。

二、各地发展重化工产业意愿强烈

由于特殊的历史背景，海西区长期处于国防前沿，重大装备工业基础较为薄弱。改革开放以后，虽然两岸局势得到一定程度的缓解，但由于交通上的人为阻隔，使得台湾地区的产业转移、技术扩散和资金流动对海西区的辐射和带动难以得到有效发挥，海西区的经济发展水平滞后于同为沿海的珠三角、长三角和环渤海湾地区。随着两岸经济关系正常化和“大三通”的全面启动，以及综合性经济合作协议、合作机制的建立，地域发展优势得以凸显。按照国务院《关于支持福建省加快建设海峡西岸经济区的若干意见》，海西区将立足现有制造业，加强两岸产业合作，积极对接台湾制造业，重点发展电子信息、装备制造、石油化工等产业。

面对难得的发展机遇，各地政府发展重化工产业的意愿非常强烈，纷纷提出依托大型港湾，壮大临海产业集群，建设“能源重化工基地”“临港重化工工业基地”等规划目标，石化、钢铁等“两高一资”产业成为各地发展的重点。沿海地区从北到南规划六大石化基地，炼油能力增加 7 400 万 t/a，形成一条沿海大石化产业带，呈现出重化工产业布局分散、沿海推进的态势，为区域产业发展配套的港口建设也将遍布沿海全线。在地方强烈发展意愿的推动下，中石油、中石化、中海油、中化公司和鞍钢集团等大型国企和台资企业纷纷入驻海西区，出现各地争设石化、钢铁基地，建设炼油、乙烯、钢铁等重污染基地的局面。炼油、钢铁等产业属于资源、能源、资金、技术密集型产业，又是高污染产业，对环保和环境安全性影响极大，需要根据区域资源环境承载能力和市场需求合理布局。

三、协调好发展和保护的关系是推动区域经济可持续发展的根本

海西区山海资源丰富，福建省的山地和丘陵就占陆域总面积的 80% 以上，粤东、赣东、浙南地区也主要以山地为主，“八山一水一分田”为其自然地理的真实写照。海西区可利用的陆域面积有限，向海湾围海造地是海西区重点产业基地发展的土地资源支撑。大规模围填海将导致自然岸线破坏明显，海洋生物物种减少。

随着海西区开发模式由“点状”转为沿线拓展的“带状”，石化、冶金、能源、大型装备等产业基地主要布局在海湾，生态风险向全局演变趋势加快。温州至揭阳沿海一带依托瓯江口、

环三都澳、罗源湾、闽江口、兴化湾、湄洲湾、泉州湾、厦门湾、东山湾、汕潮揭沿海布局十大重点产业基地。海西区规划的重点产业基地往往与自然保护区相邻，比较典型的是：环三都澳石化、钢铁基地和罗源湾石化基地紧邻宁德官井洋大黄鱼繁殖保护区，东山湾石化基地紧邻漳江口国家级红树林湿地保护区和东山省级珊瑚自然保护区。在生态敏感的海湾布局重化工产业基地，将推动城镇化进程，然而城镇和重化工产业协同发展可能会使生态环境问题产生叠加效应，对整个区域较为敏感的生态环境造成威胁，尤其是导致海洋生态环境问题。

海西区生物资源富集，生态环境敏感区众多，维护海西区主导生态功能是保障我国生态安全格局不能突破的重要“底线”。处理好产业发展与生态环境保护的关系，推动发展方式的根本性转变，有利于促进海西区走资源节约型、环境友好型发展道路。

在海西区未来的发展中，必须摈弃传统非理性发展模式，在产业发展和布局方面充分考虑区域资源环境的禀赋条件；根据各地资源环境承载能力、承载水平及重点产业发展的中长期生态风险，制定区域化产业发展和环境保护政策，形成合理的产业地域分工，以确保我国未来发展的核心区域及全国的生态安全。

第四节　研究目标和思路

针对海西区的发展目标和定位，项目围绕产业的布局、结构和规模三大核心问题，以现状分析、影响评估、对策方案为主线，采用各环境要素与整体生态系统相结合，以确保环境目标为前提，以环境质量、效率和承载力三大指标为载体，对重点产业发展的中长期环境影响和生态风险进行系统评估，从宏观层面和战略角度，提出海西区重点产业优化发展的调控方案及对策建议。通过本案例研究，研发了区域性、累积性环境问题识别及关键性资源环境制约因素辨识方法，提出了基于资源与环境承载力评估和重点产业发展情景分析的环境影响预测和多因子生态风险评价技术及关键技术方法，为构建大尺度区域战略环境评价的理论、框架和技术方法体系提供实践经验。

一、现状分析

现状分析以2007年为基准年，部分重要的生态环境现状数据更新到2008年。研究工作重点是区域生态环境现状及其演变趋势评估和区域重点产业发展态势及资源环境效率评价，主要内容包括：

① 摸清区域生态环境的特征和本底；明确区域生态环境功能定位；回顾和总结区域生态环境质量变化的阶段性特征和规律及其主要成因，分析区域经济发展与生态环境演变的耦合关系；梳理经济社会发展中出现的区域性、累积性环境问题以及关键制约因素。

② 摸清区域产业发展的基本现状和规划发展情况，判定区域重点产业的现状特征及发展趋势；调查和分析区域主导产业的资源消耗和污染物排放水平；构建产业资源环境效率评价指标体系，评估重点产业发展的资源环境效率水平；分析重点产业的规模、结构、布局等对区域资源环境的压力，解析区域经济与环境协调发展水平以及存在的主要矛盾。

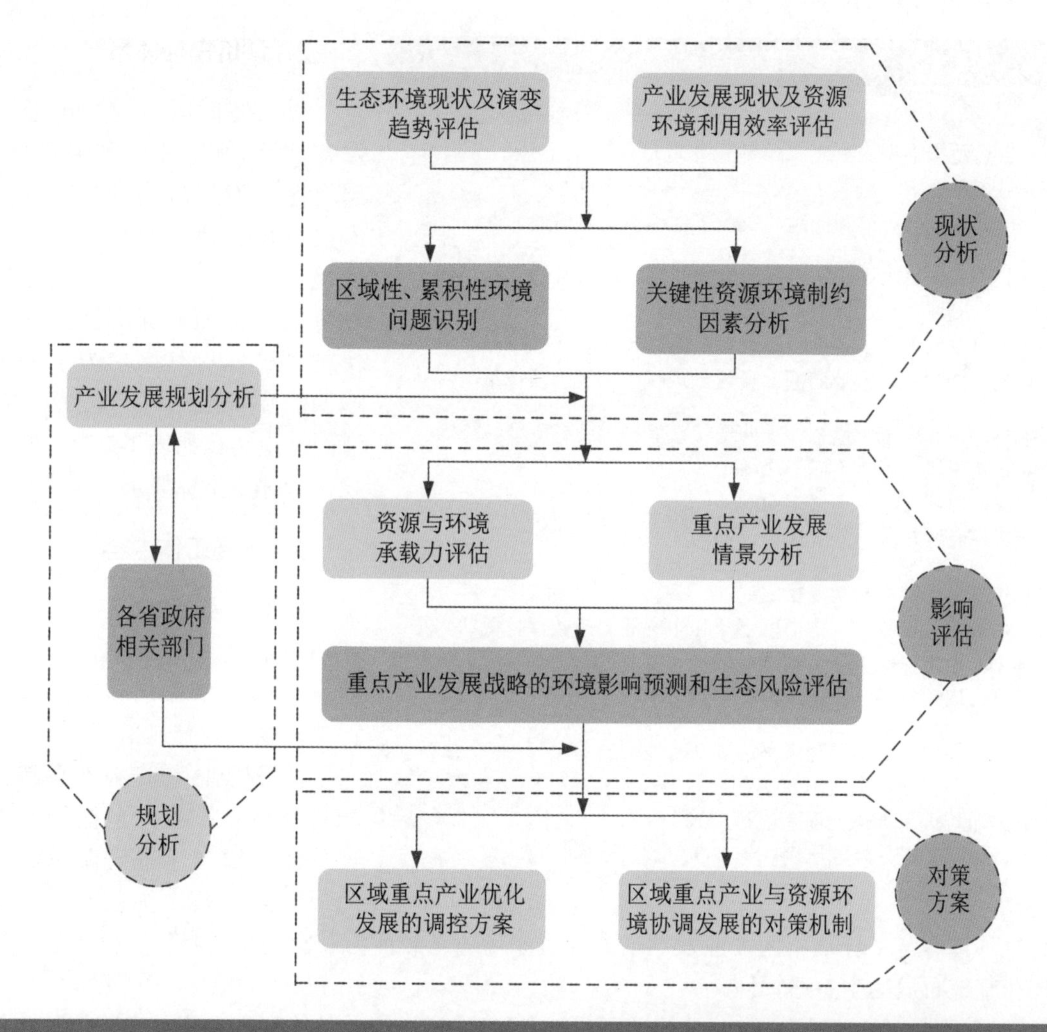

图 1-2 研究工作技术路线

二、影响评估

影响评估中期预测年为 2015 年，远期预测年为 2020 年。主要考虑国家区域发展战略、重大生产力布局和地方发展意愿，基于地方发展意愿（情景 1）、国家战略需求（情景 2）和生态环境约束（情景 3）设置三种重点产业发展情景，按照设定的环境保护目标和评价指标体系，评估不同情景的资源环境承载能力、中长期环境影响和潜在的生态风险，分析重点产业基地布局海湾与生态敏感区保护、产业结构规模与资源环境承载能力之间的矛盾。

1. 环境保护目标

为保持海西区良好的生态环境质量，促进经济社会全面协调可持续发展，在海西区未来重点产业快速发展态势下，确保产业发展上水平、环境质量不下降、资源环境效率明显提高、污染防治水平全面加强、区域生态功能保持稳定，形成人居环境优美、生态良性循环的生态环境支撑体系，实现生态文明建设位居全国前列的总体目标。

表 1-2 海西区环境保护评价指标

指标类别	指标要求
大气环境	● 主要污染物年均浓度占标率不超过 75%； ● 城市环境空气质量（API）优良率不低于 90%； ● 酸雨污染趋势得到控制，灰霾发生率不明显增加。
地表水环境	● 集中式饮用水水源地水质达标率达到 100%； ● 重点流域水质达标率不低于 90%； ● 主要水系国控、省控断面水质全面达到功能区水质标准； ● 98% 的国控、省控断面水质达到或优于Ⅲ类水质标准。
海域环境	● 海洋生态环境质量总体维持现状，氮磷污染有所削减； ● 自然岸线保留率不低于 70%； ● 天然湿地保护率不低于 90%； ● 近岸海域环境功能区达标率不低于 80%。
生态环境	● 生态系统结构和功能稳定； ● 植被覆盖指数、生物丰度指数和生态活力指数保持现状水平； ● 重要栖息地保护率达到 100%； ● 城市规划建成区绿化覆盖率达到 42% 以上。
环境能力建设	● 工业固体废物综合利用率达到 95% 以上； ● 城镇污水处理率达到 80% 以上； ● 城市垃圾无害化处理率达到 95% 以上； ● 环境保护投入增加比例高于 GDP 增长比例。

2．评价指标体系

根据海西区目前社会经济发展、环境现状与保护措施，结合区域发展战略与规划，从大气环境、地表水环境、海域环境、生态环境和环境能力建设等五个方面设计海西区环境保护评价指标体系。为确保环境保护目标的实现，到 2020 年，海西区应达到如表 1-2 所示的环境保护评价指标要求。

3．主要工作内容

研究工作重点是区域资源环境承载力综合评估、重点产业发展的环境影响和生态风险评估，主要内容包括：

① 根据区域产业布局特征和环境资源禀赋，从区域尺度评估水资源、土地资源承载能力以及水环境、大气环境、近岸海域环境容量；评估不同产业发展情景的资源环境承载能力和空间格局特征；分析规划重点产业基地布局的生态适宜性。

② 在现状评估基础上，针对海西区中长期经济发展、产业结构和布局变化态势，从整体上评估其对区域近岸海域、地表水、大气和生态环境产生的潜在累积性影响态势，分析其阶段性、结构性特征；评估重点产业发展的中长期重大生态风险；研究重点产业发展对关键生态功能单元和环境敏感目标的长期性、累积性影响。

三、对策建议

研究工作重点是区域重点产业优化发展的调控建议和区域重点产业与资源环境协调发展对策机制，主要内容包括：

① 提出区域重点产业发展调控的基本思路、原则和方向，明确区域生态环境保护的目标和底线，给出区域重点产业发展空间布局、结构优化、规模调整、效率提升的调控建议。

② 提出环境综合整治、环境准入、生态恢复与补偿等中长期环境管理对策建议；探索促进跨流域、跨行政单元的环境综合管理模式和以环境保护促进经济又好又快发展的长效机制。

第二章

区域生态环境质量现状及其演变趋势

为研究海西区生态环境质量现状及历史演变趋势，厘清其在社会经济发展中出现的突出环境问题以及关键制约因素，揭示区域社会经济发展同环境质量变化的耦合关系，以海西区经济与生态环境和谐发展为愿景，在收集海西区已有资源、生态、环境等领域的调查数据基础上，结合补充监测，以及卫星 / 遥感图片解译，系统总结区域生态环境质量现状和演变趋势。

研究表明，海西区生态环境质量总体优良，但部分地区生态环境问题已经显现。酸雨污染严重，沿海部分城市出现了灰霾污染，局部海湾生态系统已遭到一定破坏，海洋生物资源不断减少，赤潮灾害影响日益增大。产业布局不合理和环境基础设施建设相对滞后是引发这些问题的直接原因。

第一节　大气环境质量现状及其演变趋势

一、区域气候特征概述

海西区地处我国东南沿海，属亚热带海洋性季风气候（见表 2-1）。西部以雁荡山脉、武夷山脉、鹫峰—戴云—博平岭山脉等山区为天然屏障削弱冷空气对地区的作用，东南濒临海洋、受亚洲大陆东岸夏季风的影响，地区干湿季节分明，温暖湿润，夏秋季台风为区域主要灾害性天气。

受地区季风性气候的影响，海西区各类大气污染物月均浓度季节变化较明显，总体上冬季较高，春季逐步降低，于夏季呈现最低浓度，秋季逐渐升高，冬季重新达到最高浓度。因此，秋季和冬季气象条件相对不利于大气污染物扩散，是海西区主要污染季节。

二、大气环境功能区划

区域大气环境功能区以二类功能区为主，少量为一类功能区，主要集中在自然保护区（见图 2-1），各类功能区执行相应的《环境空气质量标准》（GB 3095—1996）及其修改单的要求。

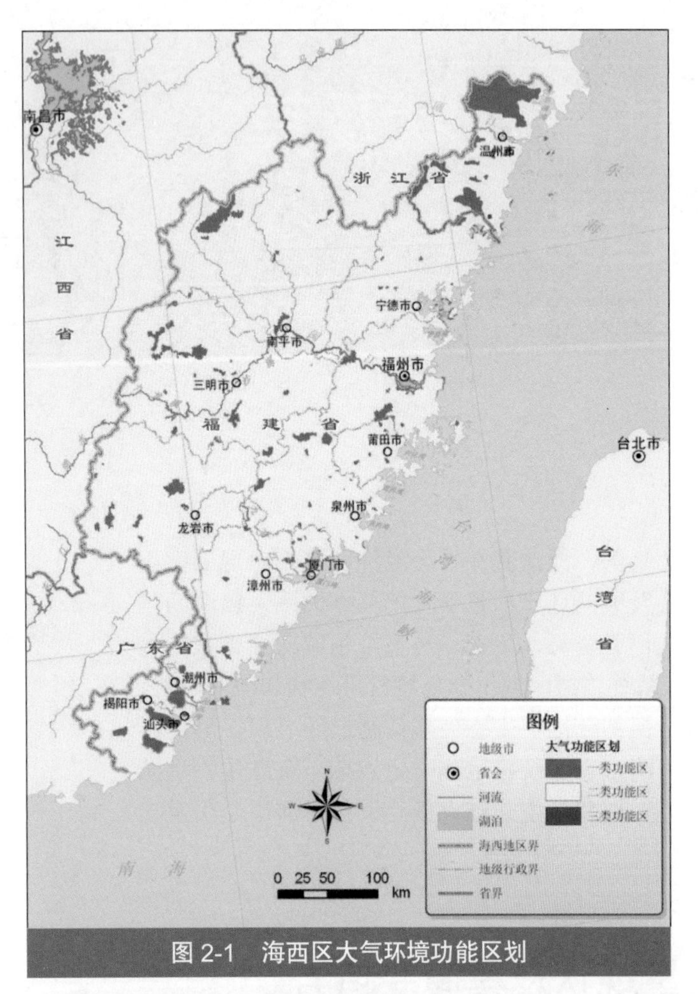

图 2-1 海西区大气环境功能区划

三、大气环境质量现状

以 2007 年为现状基准年，详细分析评价海西区大气环境质量现状特征；以 1998—2007 年为时间序列，系统总结区域大气环境质量演变趋势。

1. 资料收集与补充监测

收集各地 SO_2、NO_2、PM_{10}、酸沉降等例行监测数据，补充监测 $PM_{2.5}$、O_3、VOCs、Hg 等城市发展过程中影响大气环境质量的主要因子。本研究引用海西区 13 个城市国控、省控监测点 1998—2007 年的监测数据，点位覆盖海西区沿海平原、内陆山区、城市中心及相关清洁对照点（见表 2-2）。

为进一步摸清区域内复合型大气环境污染现状，于 2009 年 6—8 月开展了大气环境补充监测，共设 23 个点位（见表 2-3），监测项目为 $PM_{2.5}$、Hg 和 VOCs 日均浓度以及 O_3 小时浓度。

2. 评价标准的选用

① SO_2、NO_2、PM_{10}、O_3 等因子采用《环

表 2-1 海西区各地近 20 年主要气象参数

地区	年均风速 / (m/s)	年均气温 /℃	极端气温 /℃		年均相对湿度 /%	年均降水量 /mm	年均蒸发量 /mm	年均日照时数 /h	年均气压 / hPa
			最高	最低					
温州	1.8	17.9	41.3	− 4.5	81	1 698.2	1 013.0	1 853.0	1 009.2
宁德	1.4	19.0	43.2	− 9.5	81	2 013.8	1 146.4	1 702.7	1 011.7
福州	2.8	19.6	42.3	− 1.2	77	1 343.7	1 455.2	1 848.5	1 005.0
莆田	2.6	20.2	39.4	− 2.3	78	1 289.5	1 712.0	1 942.5	1 013.7
泉州	3.5	20.7	40.4	0.0	76	1 202.0	1 994.5	2 131.5	1 012.0
厦门	3.4	20.9	38.5	2.0	77	1 143.5	1 910.4	2 233.5	1 006.9
漳州	1.6	21.0	40.9	− 2.1	79	1 521.4	1 579.4	2 059.6	1 010.7
南平	1.0	19.3	41.0	− 5.8	78	1 663.9	1 413.0	1 709.9	999.9
三明	1.8	19.4	40.6	− 9.5	79	1 586.2	1 749.0	1 811.8	995.8
龙岩	1.7	19.9	39.1	− 5.6	76	1 692.3	1 657.0	1 979.1	974.7
潮州	2.2	21.4	39.6	− 0.5	80	1 685.8	1 549.0	1 986.1	1 009.5
汕头	2.6	21.5	38.8	0.3	81	1 631.4	1 976.0	2 018.6	1 012.0
揭阳	1.8	21.4	39.7	− 2.4	80	1 756.0	1 358.4	1 975.1	1 010.1

境空气质量标准》（GB 3095—1996）及其修改单的有关规定。

② 对于 $PM_{2.5}$ 的年均浓度标准，WHO 为 10 μg/m³、USEPA 为 15 μg/m³、EU 为 25 μg/m³。$PM_{2.5}$ 的日均浓度标准，WHO 为 20 μg/m³、USEPA 为 35 μg/m³。本研究报告 $PM_{2.5}$ 年均浓度采用 EU 的 25 μg/m³，$PM_{2.5}$ 日均浓度采用 USEPA 的旧标准，即 65 μg/m³。

③ 对于酸沉降，参考"九五"酸雨攻关课题的研究成果，该成果针对不同生态系统，提出了不同的硫沉降量临界负荷。

④ 对 VOC，我国《室内空气质量标准》规定的 8 小时平均值为 600 μg/m³，参考环境空气质量标准中小时浓度与年均浓度的关系，估测年均浓度参考标准为 150 μg/m³。

⑤ 对于 Hg，参照《工业企业设计卫生标准》（TJ 36—79）中居住区大气污染物最高允许浓度限值规定的日均浓度

表 2-2　引用的海西区各地监测站位统计　　单位：个

城市	监测站位	其中国控点位	省控点位	城市	监测站位	其中国控点位	省控点位
温州	9	4	5	南平	3	—	3
宁德	3	—	3	三明	4	4	—
福州	4	4	—	龙岩	4	—	4
莆田	4	—	4	潮州	3	—	3
泉州	3	3	—	汕头	6	—	6
厦门	8	4	4	揭阳	3	—	3
漳州	3	—	3	合计	57	19	38

表 2-3　大气环境补充监测点位置

编号	城市	经　度	纬　度	点位特征	监测时间
1-1	温州	120° 57.866′	28° 07.236′	温州乐清市监测站	6.18—6.21 7.13—7.15
1-2		120° 40.254′	28° 00.983′	温州市监测站	
2-1	宁德	119° 32.327′	26° 39.656′	宁德市监测站	
2-2		119° 32.038′	26° 39.987′	宁德市水库办公楼	
3-1	福州	119° 18.222′	26° 02.354′	福建师范大学	7.18—7.24
3-2		119° 18.957′	26° 04.521′	福州市机械科学研究院	
4-1	莆田	119° 00.103′	25° 27.316′	莆田市监测站	
4-2		118° 58.859′	25° 28.752′	东圳水库水质监控站	
5-1	泉州	118° 40.000′	24° 56.542′	泉州市洛江区镇政府	7.28—8.3
5-2		118° 35.841′	24° 53.856′	泉州市中心	
6-1	厦门	118° 06.010′	24° 30.077′	厦门市湖里中学	
6-2		118° 09.236′	24° 28.289′	厦门市公立小学	
7-1	漳州	117° 39.416′	24° 30.944′	漳州市第三中学	8.6—8.12
7-2		117° 37.900′	24° 28.286′	漳州市九湖监测站	
8-1	龙岩	117° 01.366′	25° 01.895′	龙岩学院实验楼楼顶	
8-2		117° 01.068′	25° 04.491′	龙岩市中心	
9-1	三明	117° 38.139′	26° 16.240′	三明市洋溪镇中心小学	8.15—8.21
9-2		117° 43.505′	26° 18.721′	三明市洋溪镇第二中学	
10-1	南平	118° 10.023′	26° 38.295′	南平环境监测站楼顶	
10-2		118° 10.524′	26° 37.654′	南平市第七中学	
11-1	潮州	116° 37.405′	23° 39.912′	潮州市奎元实验小学	7.8—7.17
12-1	汕头	116° 43.201′	23° 21.366′	汕头市丹阳中学	
13-1	揭阳	116° 21.389′	23° 33.429′	揭阳市实验小学	

表 2-4 大气环境质量评价指标及标准的选用

评价因子	评价指标	评价标准（或参考依据）	标准值 /(μg/m³) 一级	二级
SO_2	年均浓度	GB 3095—1996	20	60
NO_2	年均浓度	GB 3095—1996	40	80
PM_{10}	年均浓度	GB 3095—1996	40	100
VOC	年均浓度	参考相关标准	—	150
$PM_{2.5}$	年均浓度 日均浓度	参考 EU 标准 USEPA 旧标准	25 65	
酸沉降	硫年沉降量	参考国家攻关课题等有关研究成果	不同区域临界负荷量 [g/（m^2·a）]	
O_3	1 小时平均 8 小时平均	GB 3095—2012	160 ～ 200 100 ～ 160	
Hg	日均 年均	参照 TJ 36—79 估测值	300 ng/m^3 100 ng/m^3	

300 ng/m^3，参考环境空气质量标准中日均浓度与年均浓度的关系，估测年均浓度参考标准为 100 ng/m^3（见表 2-4）。

3．常规因子现状评价

2007 年度海西区各市 SO_2、NO_2、PM_{10} 总体上优于《环境空气质量标准》(GB 3095—1996)“二级标准”，东部沿海平原地区总体优于西部内陆山区，局部地区 SO_2、PM_{10} 超标。全年各地区空气污染指数(API)均值范围为 50 ～ 80，其中三明市和龙岩市空气优良率分别为 83.8% 和 83.6%，其他各市均高于 90%，沿海地区空气质量状况总体良好，各地首要污染物均为 PM_{10}。

（1）SO_2 现状评价结果

小时浓度：各地 SO_2 小时浓度达标率接近或达到 100%，南平、三明和龙岩等内陆地区浓度相对较高，其中三明市和南平市极少数时间段存在超标现象；沿海各市尤其是粤东三市浓度相对较低。

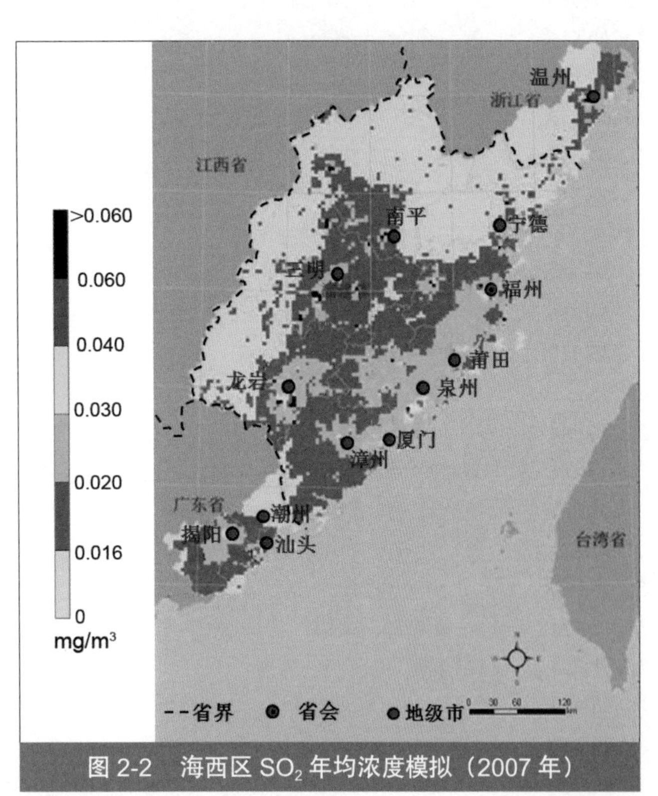

图 2-2 海西区 SO_2 年均浓度模拟（2007 年）

（根据区域污染源调查数据进行模拟，并通过环境质量监测数据进行校核。）

日均浓度：各地 SO_2 日均浓度达标率均在 90% 以上，内陆地区浓度相对较高，其中三明市和龙岩市日均浓度出现超标（超标率分别为 2.5% 和 6.6%）；沿海地区尤其是温州市、宁德市等海西区北部地区和粤东三市等南部地区浓度相对较低。

年均浓度：海西区内陆的三明市 SO_2 年均浓度出现超标，超标率约为 23%。其他城市年均值达标，其中粤东的汕头、揭阳等城市和地区年均浓度达到国家一级标准。

总体而言，海西区各地环境空气中 SO_2 浓度普遍较低，其中内陆地区相对较高，沿海地区相对较低，各地季节变化明显（见图 2-2、表 2-5）。

（2）NO_2 现状评价结果

小时浓度：海西区各地全年 NO_2 小时浓度达标率均接近或达到 100%，达标率较高，仅厦门市、龙岩市和汕头市极个别时段出现超标现象。

表 2-5　海西区各地 SO_2 达标情况分析

下垫面类型	地　区	小时浓度		日均浓度		年均浓度	
		浓度范围 / (mg/m^3)	达标率 / %	浓度范围 / (mg/m^3)	达标率 / %	浓度值 / (mg/m^3)	标准指数
沿海平原	温州	0.002 ～ 0.258	100	0.006 ～ 0.090	100	0.038	0.63
	宁德	—	—	0.004 ～ 0.056	100	0.021	0.35
	福州	—	—	0.010 ～ 0.130	100	0.027	0.45
	莆田	0.004 ～ 0.563	99.8	0.014 ～ 0.074	100	0.023	0.42
	泉州	0.001 ～ 0.233	100	0.004 ～ 0.130	100	0.029	0.48
	厦门	0.001 ～ 0.386	100	0.004 ～ 0.111	100	0.028	0.47
	漳州	—	—	0.009 ～ 0.072	100	0.035	0.58
	潮州	0.001 ～ 0.073	100	0.004 ～ 0.047	100	0.029	0.48
	汕头	0.001 ～ 0.173	100	0.001 ～ 0.067	100	0.020	0.33
	揭阳	0.001 ～ 0.061	100	0.001 ～ 0.026	100	0.010	0.17
	平原统计	0.001 ～ 0.563	99 以上	0.001 ～ 0.130	100	0.020 ～ 0.038	0.17 ～ 0.63
内陆山区	南平	0.004 ～ 0.910	99.5	0.007 ～ 0.120	100	0.042	0.70
	三明	0.001 ～ 0.975	99.7	0.005 ～ 0.221	97.5	0.071	1.23
	龙岩	0.001 ～ 0.490	100	0.002 ～ 0.234	93.4	0.034	0.57
	山区统计	0.001 ～ 0.975	99 以上	0.002 ～ 0.234	90 以上	0.034 ～ 0.071	0.57 ～ 1.23
海西区		0.001 ～ 0.975	99 以上	0.001 ～ 0.130	90 以上	0.020 ～ 0.071	0.33 ～ 1.23

日均浓度：海西区各地 NO_2 日均浓度达标率较高，仅泉州市和厦门市个别天数出现超标（超标率仅为 0.3% 和 0.5%），评价区内温州、福州、厦门等城市化较高的地区浓度相对较高。

年均浓度：海西区各市年均值达标，其中温州、福州和厦门等城市化较高的地区 NO_2 年均浓度符合二级标准要求，其余地区达到一级标准。

总体而言，海西区各地市大气环境中 NO_2 浓度较低，受季节变化影响明显，各地区差异不明显，沿海少数城市化较高的地区浓度相对较高（见图 2-3、表 2-6）。

（3）PM_{10} 现状评价结果

日均浓度：海西区各地 PM_{10} 日均浓度为 0.001 ～ 0.386 mg/m^3，除宁德市和莆田市达标率为 100% 外，其余各地均不同程度地存在超标情况，其中沿海各市达标率相对较高，地处内陆的三明市和龙岩市日均浓度超标率大于 10%。

年均浓度：内陆地区三明市和龙岩市年均

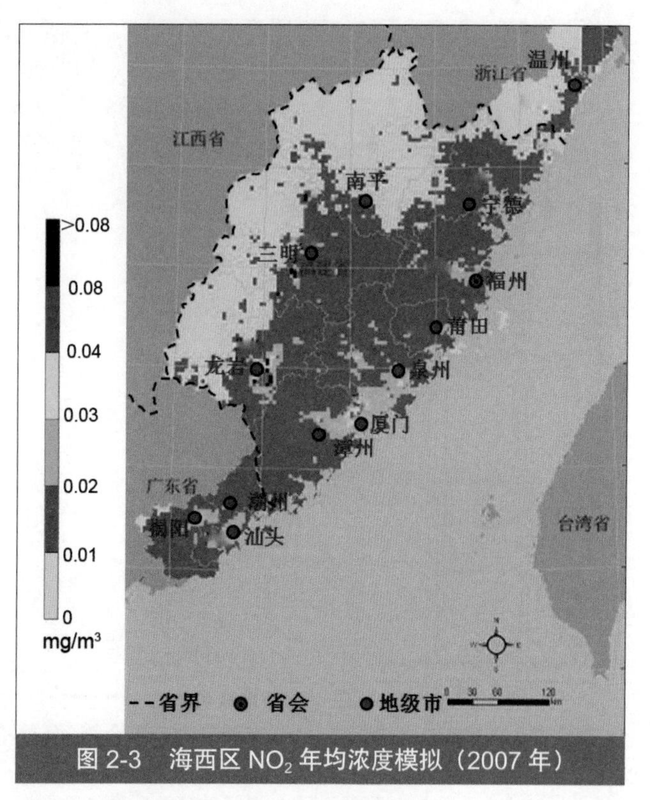

图 2-3　海西区 NO_2 年均浓度模拟（2007 年）

（根据区域污染源调查数据进行模拟，并通过环境质量监测数据进行校核。）

表 2-6 海西区各地 NO_2 达标分析

下垫面类型	地 区	小时浓度		日均浓度		年均浓度	
		浓度范围 / (mg/m^3)	达标率 / %	浓度范围 / (mg/m^3)	达标率 / %	浓度值 / (mg/m^3)	标准指数
沿海平原	温州	0.001 ～ 0.194	100	0.006 ～ 0.106	100	0.055	0.69
	宁德	—	—	0.003 ～ 0.036	100	0.015	0.19
	福州	—	—	0.003 ～ 0.067	100	0.055	0.69
	莆田	0.002 ～ 0.219	100	0.001 ～ 0.076	100	0.022	0.28
	泉州	0.001 ～ 0.198	100	0.005 ～ 0.139	99.7	0.019	0.24
	厦门	0.001 ～ 0.284	99.9	0.015 ～ 0.138	99.5	0.048	0.60
	漳州	—	—	0.003 ～ 0.067	100	0.029	0.36
	潮州	0.001 ～ 0.113	100	0.001 ～ 0.089	100	0.028	0.35
	汕头	0.001 ～ 0.300	99.9	0.001 ～ 0.066	100	0.022	0.28
	揭阳	0.001 ～ 0.065	100	0.005 ～ 0.029	100	0.015	0.19
	平原统计	0.001 ～ 0.300	99 以上	0.001 ～ 0.139	99 以上	0.015 ～ 0.055	0.19 ～ 0.69
内陆山区	南平	0.005 ～ 0.240	100	0.008 ～ 0.084	100	0.026	0.33
	三明	0.001 ～ 0.130	100	0.003 ～ 0.058	100	0.022	0.28
	龙岩	0.001 ～ 0.274	98.7	0.001 ～ 0.094	100	0.021	0.26
	山区统计	0.001 ～ 0.274	98 以上	0.001 ～ 0.094	100	0.021 ～ 0.026	0.26 ～ 0.33
海西区		0.001 ～ 0.300	98 以上	0.001 ～ 0.139	99 以上	0.015 ～ 0.055	0.19 ～ 0.69

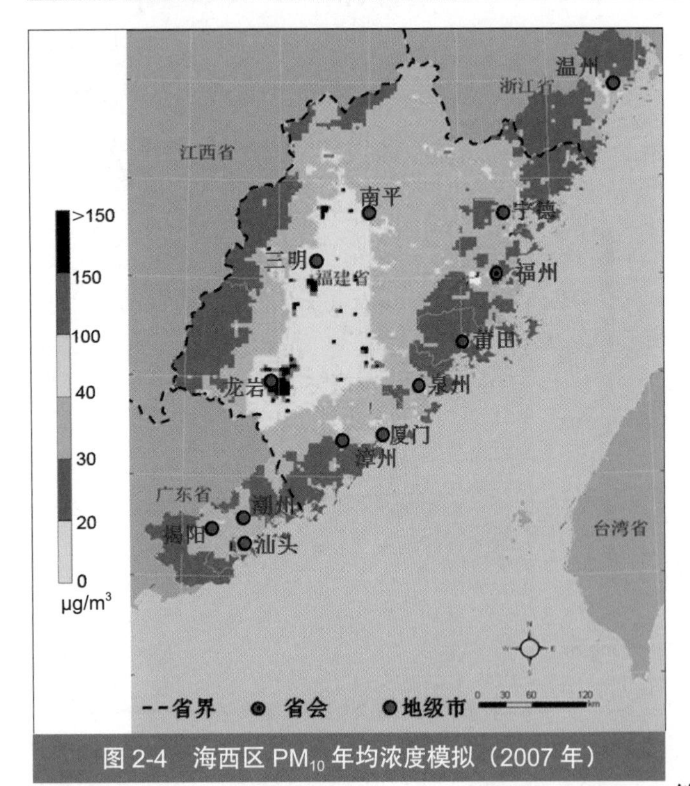

图 2-4 海西区 PM_{10} 年均浓度模拟（2007 年）

（根据区域污染源调查数据进行模拟，并通过环境质量监测数据进行校核。）

浓度相对较高，超过二级标准限值，其余地区环境空气质量满足二级标准要求，但温州、漳州、汕头占标率均已超过了 75%。

总体而言，海西区各地市大气环境中 PM_{10} 浓度相对较高，各地区差异明显，沿海城市浓度相对较低，内陆山区城市浓度相对较高，且存在超标现象（见图 2-4、表 2-7）。

4．酸雨统计分析

酸雨频率：海西区酸雨频率较高，其中浙南温州市达到了 90% 以上，福建省各市频率为 12.1% ～ 82.1%，粤东潮汕平原频率相对较低，为 1.1% ～ 24.3%，区域内地域差异明显。

酸雨强度：海西区降水 pH 值年均值为 4.35 ～ 6.34，其中属于强酸雨区（pH < 4.5）的为海西区北部的温州；中酸雨区（4.5 ≤ pH < 5.0）主要分布在南平、莆田、泉州和厦门等地区；弱酸雨区（5.0 ≤ pH < 5.6）主要为宁德、福州和三明等地区；无酸雨区（pH ≥ 5.6）

表 2-7 海西区各地 PM_{10} 达标分析

下垫面	地 区	日均浓度		年均浓度	
		浓度范围 /(mg/m^3)	达标率 /%	浓度值 /(mg/m^3)	标准指数
沿海平原	温州	0.009 ～ 0.198	98.9	0.079	0.79
	宁德	0.013 ～ 0.148	100	0.066	0.66
	福州	—	—	0.065	0.65
	莆田	0.009 ～ 0.123	100	0.070	0.70
	泉州	0.012 ～ 0.386	97.8	0.066	0.66
	厦门	0.016 ～ 0.188	98.9	0.073	0.73
	漳州	0.025 ～ 0.162	99.2	0.082	0.82
	潮州	0.001 ～ 0.216	93.4	0.080	0.80
	汕头	0.001 ～ 0.173	97.8	0.067	0.67
	揭阳	0.003 ～ 0.156	97.0	0.056	0.56
	平原统计	0.001 ～ 0.386	90 以上	0.056 ～ 0.082	0.56 ～ 0.82
内陆山区	南平	0.015 ～ 0.192	98.9	0.074	0.74
	三明	0.025 ～ 0.254	83.6	0.109	1.09
	龙岩	0.005 ～ 0.374	85.5	0.104	1.04
	山区统计	0.005 ～ 0.374	80 以上	0.074 ～ 0.109	0.74 ～ 1.09
海西区		0.001 ～ 0.386	80 以上	0.056 ～ 0.109	0.56 ～ 1.09

主要为海西区南部的龙岩、漳州和潮汕平原等地区。在地域分布方面，总体上呈自北向南减弱的趋势。

酸雨组分：根据已开展降水化学组分检测的温州、厦门、南平、三明、龙岩、潮州、汕头、揭阳等 8 个城市的分析结果，海西区酸雨中阳离子主要为 NH_4^+ 和 Ca^{2+}，阴离子以 SO_4^{2-} 和 NO_3^- 为主，降水酸性主要受 SO_2 和 NO_x 的影响。硫酸盐和硝酸盐摩尔浓度比（SO_4^{2-}/NO_3^-）各地区差异明显，其中内陆地区的龙岩和南平，以及粤东地区的潮州和揭阳等城市酸雨摩尔浓度比值较高，降水酸化的主要因子是 SO_2 等含硫污染物，属于硫酸型酸雨污染；温州、厦门、三明和汕头等城市属于硫酸和硝酸混合型酸雨污染，摩尔浓度比值接近 1（见表 2-8）。

海西区中北部位于我国主要酸雨区之一华东酸雨区的南端，以出现酸雨频率高低统计，海西区内城市酸雨出现频率普遍高于我国整体水平（见图 2-5、图 2-6）。

5. 补充监测统计分析

（1）臭氧监测结果分析

评价区内除厦门外的所有城市大气 O_3 8 小时平均浓度均低于环境空气质量标准 0.16 mg/m^3 的限值，浓度相对较低，但厦门市臭氧 8 小时平均浓度一度出现超标，臭氧污染不容乐观。

相对而言，评价区内粤东三个城市潮州、汕头和揭阳臭氧 8 小时平均浓度总体偏高，揭阳市监测数据样本中有小时浓度的超标值出现。广东省评价区内的三个城市已经初现光化学污染的端倪，在不利气象条件下，可能出现臭氧超标的情况（见图 2-7）。

（2）Hg 监测结果分析

海西区各地所有监测点 Hg 日平均浓度范围在 1.00 ～ 26.59 ng/m^3，远低于《工业企业设

表 2-8 海西区各地酸雨情况汇总

下垫面	地区	酸雨频率 /%	酸雨强度（pH 值）		酸雨阴阳离子组成	摩尔浓度比（硫酸盐：硝酸盐）
			雨水 pH 值范围	年均值		
沿海平原城市	温州	91.9	4.30 ～ 6.10	4.35	检出离子种类：SO_4^{2-}、NO_3^-、F^-、Cl^-、NH_4^+、Ca^{2+}、Mg^{2+}、Na^+、K^+ 其中，主要阳离子：NH_4^+、Ca^{2+} 主要阴离子：SO_4^{2-}、NO_3^-	1.01
	宁德	56.1	4.39 ～ 7.03	5.45		—
	福州	28.7	—	5.46		—
	莆田	56.5	3.68 ～ 6.44	4.60		—
	泉州	82.1	4.43 ～ 6.56	4.54		—
	厦门	76.0	3.69 ～ 7.37	4.61		1.28
	漳州	12.1	4.78 ～ 6.59	5.92		—
	潮州	24.3	4.34 ～ 7.44	5.60		5.01
	汕头	14.7	4.92 ～ 6.91	5.91		1.41
	揭阳	1.1	5.53 ～ 6.77	6.34		3.24
	平原统计	1.1 ～ 91.9	3.68 ～ 7.44	4.35 ～ 6.34		1.01 ～ 5.01
内陆山区城市	南平	62.2	3.55 ～ 7.58	4.71		3.87
	三明	41.7	3.74 ～ 7.12	5.06		1.09
	龙岩	28.57	5.12 ～ 7.14	5.70		3.33
	山区统计	28.57 ～ 62.2	3.55 ～ 7.58	4.71 ～ 5.70		1.09 ～ 3.87
海西区统计		1.1 ～ 91.9	3.55 ～ 7.58	4.35 ～ 6.34		1.01 ～ 5.01

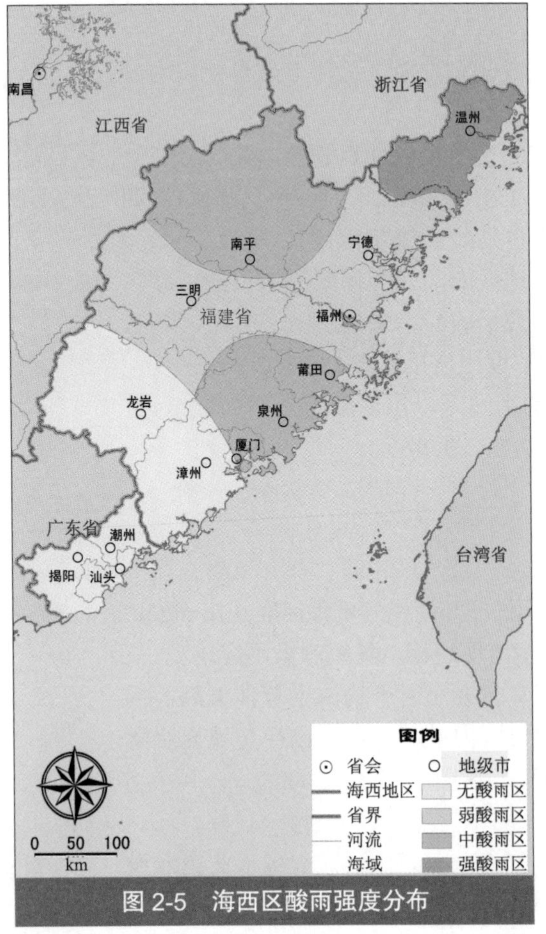

图 2-5 海西区酸雨强度分布

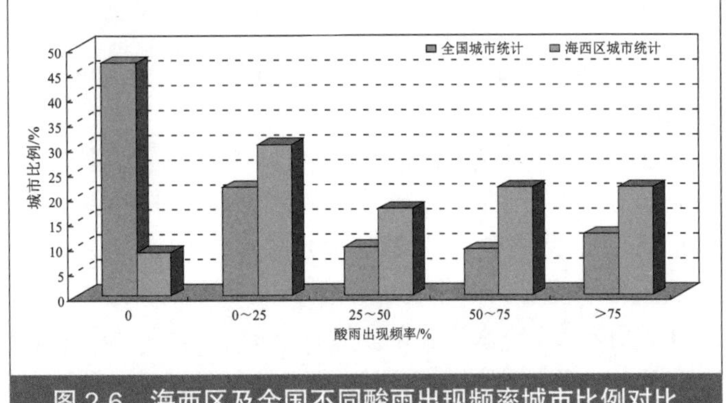

图 2-6 海西区及全国不同酸雨出现频率城市比例对比

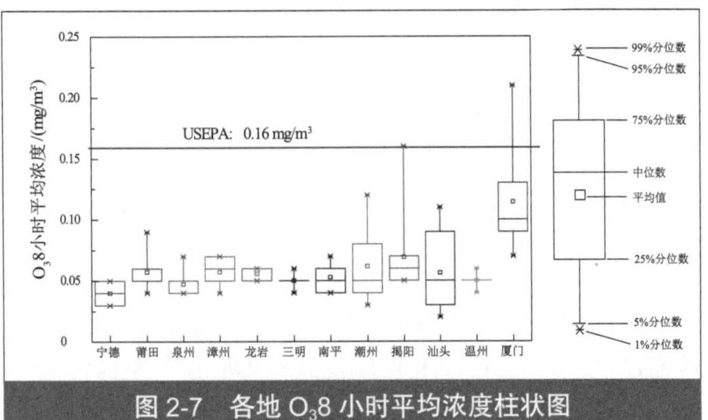

图 2-7 各地 $O_3$8 小时平均浓度柱状图

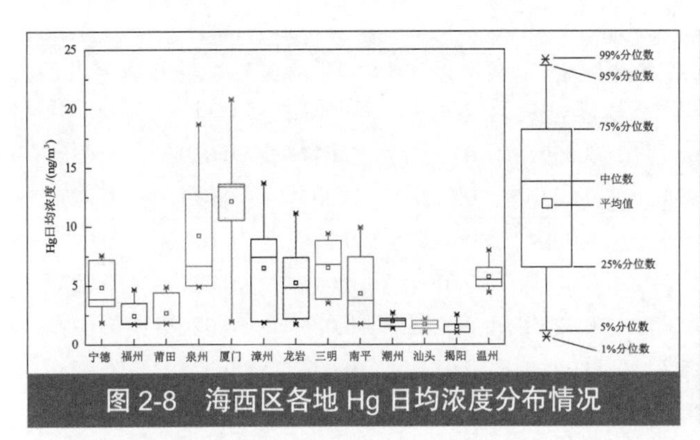

图 2-8　海西区各地 Hg 日均浓度分布情况

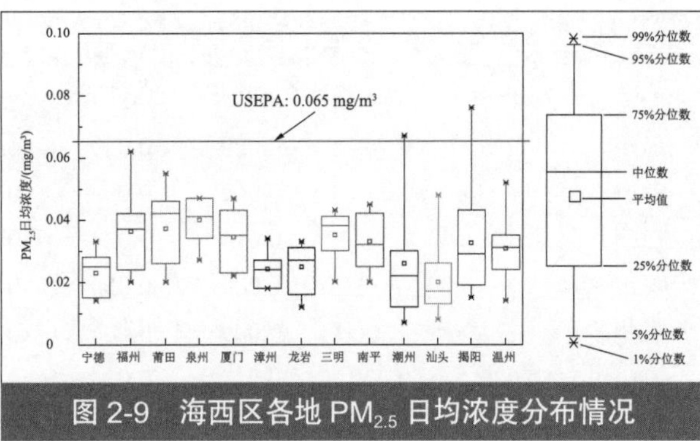

图 2-9　海西区各地 $PM_{2.5}$ 日均浓度分布情况

计卫生标准》（TJ 36—79）中居住区有害物质最高容许浓度限值，监测期间各点位没有出现超标情况。研究区域的 Hg 污染水平较低（见图 2-8）。

（3）$PM_{2.5}$ 监测结果分析

监测数据显示，研究区域 $PM_{2.5}$ 污染相对较轻，大多数城市的 $PM_{2.5}$ 日均浓度在 0.03 ～ 0.05 mg/m³。部分城市 $PM_{2.5}$ 污染不容乐观，如泉州、福州和莆田 $PM_{2.5}$ 平均浓度已达到较高水平。尽管粤东地区潮州和揭阳平均浓度相对较低，但是在不利条件下，也可能出现异常高浓度，甚至出现超标现象（见图 2-9）。

需要指出的是，监测期间是夏季，地区大气扩散条件相对较好，污染物不易积累，是一年中污染水平最轻的季节，秋冬季为大气扩散不利季节，$PM_{2.5}$ 可能进一步提高。

部分城市的样品元素成分分析结果表明，海西区各地 $PM_{2.5}$ 中钙、钠、铁、硫、铝等元素含量较高，主要是由于选取的城市均为临海城市，空气中钙和钠等盐类细颗粒物含量较高，铁、硫、铝等含量高则可能与当地工业生产和社会生活有关。

（4）挥发性有机物监测结果分析

海西区挥发性有机物（VOCs）检出物质以苯系物（BTEX）为主，大部分物质检出浓度低于 20 μg/m³，VOCs 日均值低于 25 μg/m³。粤东 3 个城市潮州、汕头和揭阳的 VOCs 浓度最高，其次是福州、温州、泉州、宁德和厦门。与 VOCs 日均浓度情况一致，粤东的潮州、汕头和揭阳苯系物浓度最高，其次是福州、温州、泉州、宁德和厦门。所有监测点位苯系物的日均浓度最高值均远低于《工业企业设计卫生标准》（TJ 36—79）中关于苯的限值。

四、大气环境质量演变趋势

1．SO_2 年均浓度演变趋势

海西区北部的温州地区历年 SO_2 浓度均达标，但占标率相对较高。年均浓度于 2000—2005 年逐年升高，2002—2004 年一度接近标准限值，但近年呈下降的趋势。

沿海的宁德、福州、莆田和漳州市历年 SO_2 浓度达标（除莆田 2000 年等个别年份外），浓度占标率相对较低。但上述地区近年 SO_2 年均浓度逐年上升的趋势明显。

沿海的厦门市和泉州市以及粤东地区历年 SO_2 浓度达标，占标率相对较低，且历年年均浓度基本稳定，变化趋势不明显。

内陆的南平市、三明市和龙岩市 SO_2 浓度总体较高，其中三明市 2004 年之后年均浓度均超过二级浓度标准，十年间浓度增加近 2 倍，且近年升高趋势十分明显，地区 SO_2 污染较

表 2-9 海西区各市历年 SO_2 年均浓度 单位：mg/m^3

地区	1998 年	1999 年	2000 年	2001 年	2002 年	2003 年	2004 年	2005 年	2006 年	2007 年
温州	0.040	0.026	0.029	0.049	0.054	0.059	0.053	0.047	0.039	0.038
宁德	—	—	0.002	0.003	0.004	0.003	0.002	0.003	0.011	0.021
福州	—	—	0.014	0.023	0.016	0.008	0.011	0.016	0.02	0.027
莆田	—	—	0.008	0.050	0.013	0.011	0.013	0.015	0.021	0.023
泉州	—	—	0.009	0.006	0.026	0.026	0.026	0.026	0.026	0.029
厦门	0.020	0.029	0.019	0.024	0.027	0.025	0.023	0.024	0.028	0.028
漳州	—	—	0.010	0.011	0.012	0.018	0.024	0.03	0.03	0.035
南平	0.012	0.004	0.003	0.003	0.003	0.003	0.055	0.045	0.037	0.042
三明	0.041	0.029	0.019	0.024	0.032	0.056	0.067	0.066	0.076	0.071
龙岩	0.023	0.009	0.038	0.027	0.028	0.040	0.060	0.050	0.024	0.034
潮州	0.010	0.004	0.004	0.006	0.008	0.030	0.027	0.027	0.028	0.029
汕头	0.003	0.002	0.014	0.028	0.019	0.031	0.031	0.018	0.022	0.020
揭阳	0.013	0.012	0.010	0.011	0.010	0.012	0.019	0.013	0.011	0.010

表 2-10 海西区各市历年 SO_2 年均浓度情况汇总

地区	城市	浓度水平	近年趋势
沿海	温州	较高	下降
	宁德、福州、莆田和漳州市	较低	升高
	厦门、泉州、潮州、汕头和揭阳市	较低	不明显
内陆	南平、三明和龙岩市	较高（出现超标）	升高

严重；龙岩市 SO_2 浓度波动较大，2000 年后逐年大幅上升，2004 年达最高值 0.06 mg/m^3，与二级标准持平，2005—2007 年略下降；1998—2003 年南平市 SO_2 浓度水平较低，2004 年急剧上升，2005—2007 年略呈下降趋势。宁德市、南平市和龙岩市近年 SO_2 浓度有所下降，与当地电厂脱硫等 SO_2 减排措施取得的环境效益逐步显现有一定关系（见表 2-9、表 2-10）。

2. NO_x 和 NO_2 年均浓度演变趋势

海西区各地 NO_2 历年浓度相对较低，均达到二级标准要求，历年总体变化趋势不明显。

相对而言，温州、福州和厦门等城市化较高的地区 NO_2 浓度相对较高，其中厦门和福州呈明显的逐年递增趋势。其他城市浓度相对较低，但近年漳州和潮州略呈上升趋势（见表 2-11、表 2-12）。

3. PM_{10} 年均浓度演变趋势

PM_{10} 是海西区首要大气污染物，历年年均浓度相对较高。

沿海各地历年 PM_{10} 年均浓度达标，其中，温州市和粤东潮州市、汕头市、揭阳市变化趋势不明显；宁德市、莆田市、漳州市在 2003 年、2004 年出现高值，随后略有下降；厦门市总体略呈上升趋势。

内陆的南平、三明、龙岩市 PM_{10} 年均值较高，且均有年份出现超标，其中南平市 2004 年出现超标情况，三明和龙岩市 2001—2007 年 PM_{10} 年均浓度全部超二级标准，各地 PM_{10} 年均浓度高值出现在 2003 年和 2004 年，部分城市 PM_{10} 年均浓度在 2005 年之后逐步下降（见表 2-13、表 2-14）。

表 2-11　海西区各市历年 NO_x 和 NO_2 年均浓度　单位：mg/m^3

地区	1998 年	1999 年	2000 年	2001 年	2002 年	2003 年	2004 年	2005 年	2006 年	2007 年
温州	0.044	0.052	0.042	0.050	0.053	0.059	0.062	0.060	0.059	0.055
宁德	—	—	—	0.024	0.026	0.021	0.025	0.016	0.014	0.015
福州	—	—	—	0.045	0.039	0.034	0.041	0.042	0.049	0.055
莆田	—	—	—	0.016	0.025	0.018	0.021	0.021	0.021	0.022
泉州	—	—	—	0.030	0.020	0.017	0.018	0.018	0.016	0.019
厦门	0.031	0.029	0.020	0.022	0.026	0.030	0.035	0.042	0.048	0.048
漳州	—	—	—	0.025	0.029	0.015	0.017	0.025	0.023	0.029
南平	0.012	0.028	0.034	0.028	0.028	0.027	0.031	0.03	0.029	0.026
三明	0.036	0.039	0.038	0.030	0.028	0.033	0.028	0.026	0.022	0.022
龙岩	0.028	0.018	0.018	0.027	0.028	0.030	0.032	0.030	0.024	0.021
潮州	0.019	0.024	0.023	0.017	0.018	0.021	0.020	0.027	0.023	0.028
汕头	0.028	0.03	0.043	0.042	0.034	0.042	0.042	0.029	0.035	0.022
揭阳	0.038	0.037	0.031	0.021	0.020	0.027	0.026	0.026	0.019	0.015

注：2000 年之前监测指标为 NO_x，为表中深颜色部分。

表 2-12　海西区各市历年 NO_2 年均浓度情况汇总

地区	城市	浓度水平	近年趋势
沿海	温州、厦门、福州	较高	厦门和福州：上升；温州：不明显
	莆田、泉州、泉州、漳州、潮州、汕头、揭阳	较低	漳州和潮州：上升；汕头：下降；其余城市：不明显
内陆	南平、三明和龙岩市	较低	龙岩：下降；三明、南平：不明显

表 2-13　海西区各市历年 TSP 和 PM_{10} 年均浓度　单位：mg/m^3

地区	1998 年	1999 年	2000 年	2001 年	2002 年	2003 年	2004 年	2005 年	2006 年	2007 年
温州	0.124	0.127	0.080	0.076	0.075	0.073	0.068	0.072	0.077	0.079
宁德	—	—	0.110	0.074	0.055	0.079	0.056	0.053	0.064	0.066
福州	—	—	0.113	0.096	0.075	0.08	0.071	0.072	0.072	0.065
莆田	—	—	0.133	0.080	0.072	0.091	0.092	0.078	0.070	0.070
泉州	—	—	0.174	0.134	0.079	0.084	0.081	0.078	0.065	0.065
厦门	0.076	0.076	0.056	0.061	0.065	0.068	0.063	0.064	0.076	0.073
漳州	—	—	0.145	0.077	0.092	0.102	0.075	0.087	0.087	0.082
南平	0.132	0.106	0.101	0.078	0.091	0.101	0.077	0.067	0.076	0.075
三明	0.246	0.223	0.212	0.121	0.130	0.162	0.136	0.118	0.112	0.109
龙岩	0.244	0.200	0.194	0.127	0.136	0.136	0.138	0.120	0.111	0.104
潮州	—	—	0.075	0.072	0.080	0.079	0.081	0.082	0.075	0.08
汕头	—	—	0.057	0.062	0.048	0.048	0.059	0.046	0.064	0.067
揭阳	—	—	0.063	0.051	0.060	0.063	0.062	0.056	0.058	0.056

注：2000 年之前监测指标主要为 TSP，为表中深颜色部分。

表 2-14 海西区各市历年 PM_{10} 年均浓度情况汇总

地区	城市	浓度水平	近年趋势
沿海	温州、潮州、汕头和揭阳市	一般(达标)	不明显
	厦门市	一般(达标)	略升高
	宁德、莆田、漳州市	一般(达标)	2003 年、2004 年之前逐年升高，2005 年之后下降
内陆	南平、三明和龙岩市	超标	

表 2-15 海西区各市历年空气质量优良率统计结果 单位：%

地区	2001 年	2002 年	2003 年	2004 年	2005 年	2006 年	2007 年
温州	97.0	97.5	98.9	97.0	95.3	97.5	98.9
宁德	100.0	100.0	100.0	100.0	100.0	100.0	100.0
福州	95.9	94.2	94.3	97.8	95.3	94	98.9
莆田	94.1	96.2	97.9	96.2	98.7	100	100
泉州	91.2	92.1	89.5	94.5	93.2	97.8	97.0
厦门	99.7	97.8	97.8	100	99.2	98.4	99.5
漳州	96.2	98.0	97.14	98.9	95.3	95.0	98.6
南平	96.2	93.2	95.6	94.6	97.5	97.5	96.8
三明	92.3	80.8	59.6	68.0	81.1	83.3	83.8
龙岩	68.7	65.3	70.8	64.3	71.0	78.5	83.6
潮州	94.2	97.2	94.8	97.0	92.8	93.8	96.4
汕头	98.9	100.0	100.0	100.0	100.0	99.2	99.2
揭阳	97.5	96.1	98.9	97.8	99.5	100.0	100.0

表 2-16 海西区各市历年酸雨频率变化情况汇总

地区	城市	频率	近年趋势
沿海	温州、泉州、厦门	较高	上升：温州、泉州 下降：厦门
	莆田、漳州、潮州、汕头、揭阳	一般	上升：莆田 不明显：潮州、汕头、揭阳 下降：漳州
内陆	南平、三明和龙岩市	一般	上升：南平、三明 不明显：龙岩

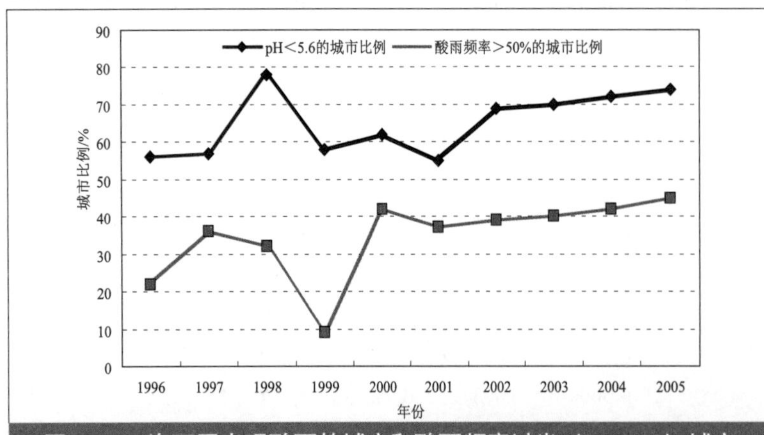

图 2-10 海西区出现酸雨的城市和酸雨频率过半（≥ 50%）城市比例统计

4. 各地历年空气质量优良率统计结果

我国从 2000 年之后逐步实行空气污染指数（API）日报制度，并根据 API 值统计环境空气优良率。从区域分布看，沿海城市优良率较高，山区城市中南平市优良率较高，三明、龙岩两市相对较低。宁德历年的空气质量优良率均达 100%，沿海 10 个城市和南平市空气质量优良率基本都在 90% 以上。三明市 2001—2007 年的优良率在 59.6% ～ 92.3%，2003—2004 年优良率相当低，2005—2007 年有所好转；龙岩市 2001—2007 年的优良率在 64.3% ～ 83.6%，2005—2007 年优良率逐年提升（见表 2-15）。

5. 各地逐年酸雨变化情况分析

各地历年酸雨频率较高，大部分年份均出现酸雨，频率最高出现泉州市（2006 年），达 96.6%。海西区沿海地区的北部和中部的温州、泉州、厦门等地区酸雨频率始终较高，南部的漳州、潮州、汕头、揭阳频率较低，内陆山区城市频率相对沿海地区较低。

从历年变化趋势看，海西区温州、莆田、泉州、南平、三明等大部分地区酸雨频率呈升高的趋势；厦门和漳州等城市于 2003—2005 年达到最高频率后逐年下降；粤东的潮州市、汕头市和揭阳市频率始终较低，且呈现出波动。近年海西区出现酸雨区域呈扩大趋势，酸雨频率逐年增长（见图 2-10、表 2-16）。

五、小结

总体来说，近年来海西区环境空气质量良好，但已呈现下降趋势。

1．环境空气质量总体良好，沿海地区优于内陆山区

海西区环境空气质量总体良好，大部分地区常规污染物年均浓度占标率低于60%，各地城市空气中臭氧、汞和苯系物浓度水平较低。沿海平原地区城市空气质量优于内陆山区城市，三明、龙岩等市区 SO_2、PM_{10} 年均浓度呈现超标问题。

2．颗粒物是首要污染物，沿海城市灰霾影响开始显现

海西区首要大气污染物为 PM_{10}。近年来各地市年均浓度占标率为46%～120%，内陆的三明、龙岩市区颗粒物污染问题突出，年均浓度均已超标。海西区沿海城市空气灰霾影响初现。温州市在20世纪90年代年均灰霾天数为32天，2007年达到105天。厦门在20世纪90年代年均灰霾天数为12天，2007年达到37天。2007年福州市灰霾天数为84天。汕头灰霾天数从2003年108天增加到2008年的156天。沿海城市灰霾天气与地理及气象条件有关，高浓度海盐巨粒子与大气污染物反应容易生成酸性细颗粒物。

3．大气污染物排放增加，空气质量总体呈下降趋势

近10年来，海西区主要污染物排放量都有不同程度的增加，2007年，海西区 SO_2 排放量为65.9万t，NO_x 排放量为47.1万t。与此相对应，环境空气质量总体上呈下降趋势（见图2-11）。1998—2007年，海西区 SO_2 排放量增加162%，而大部分地区 SO_2 年均浓度均呈上升趋势，个别地区出现超标状况。温州和福州市 NO_2 年均浓度占标率一直处于较高水平，其中福州市呈上升趋势，其余地区 NO_x 占标率近10年来均低于50%，波动幅度较小；内陆山区城市均出现 PM_{10} 超标情况，而东部沿海地区占标率也一直维持在60%以上。

随着“十一五”节能减排工作的持续推进，近年来海西区 SO_2 排放量有所控制。2009年福建省 SO_2 排放总量较2007年减少8.6%，部分城市大气环境质量也随之改善，如福州市和漳州市的 SO_2 年均浓度较2007年分别下降41%和31%，三明市的 PM_{10} 年均浓度下降18%。

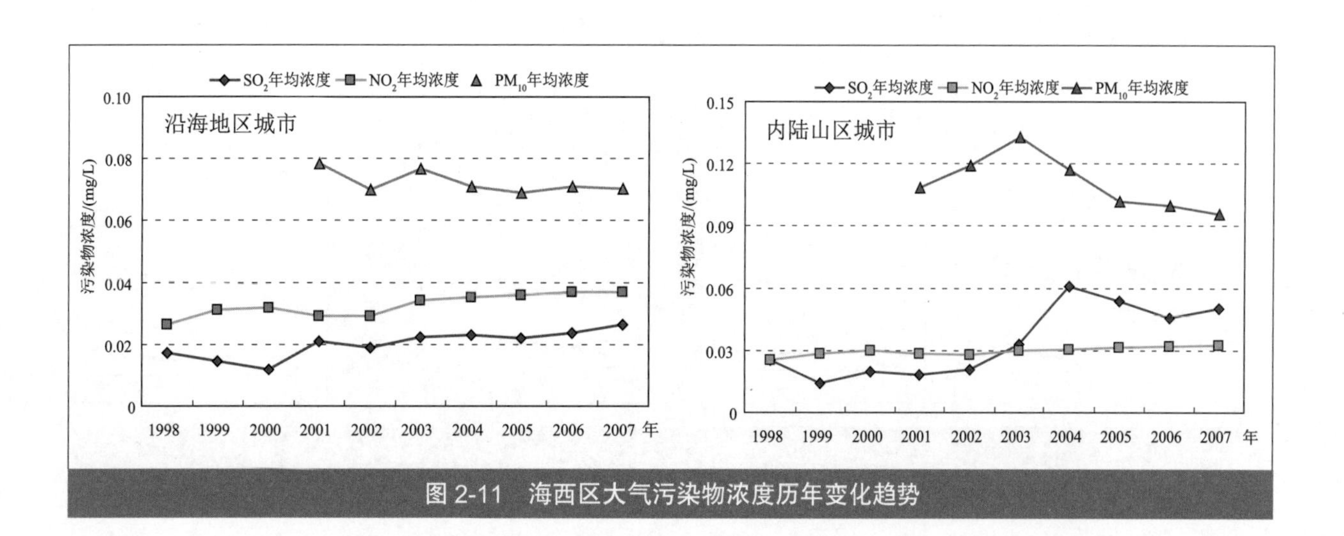

图2-11　海西区大气污染物浓度历年变化趋势

4．酸雨问题不容乐观，近年来呈持续加重趋势

海西区位于我国华东酸雨区南部，酸雨问题较为严重，除南部的漳州和粤东地区外，其余地区各年份皆出现酸雨，且具有频率高、强度较大、形成机理复杂等特点。目前，海西区降水 pH 年均值为 4.35 ～ 6.34，其中北部的温州市为强酸雨区，年酸雨频率超过 90%；福建省南平、莆田、泉州和厦门等地区为中酸雨区，酸雨频率为 56.5% ～ 82.1%；宁德、福州和三明等地区为弱酸雨区，酸雨频率为 28.7% ～ 56.1%。近 10 年内海西区酸雨更有加重趋势，酸雨频率 > 50% 的城市比例上升了 31%，属于中强酸雨区的城市比例则上升了 23%（见图 2-12）。

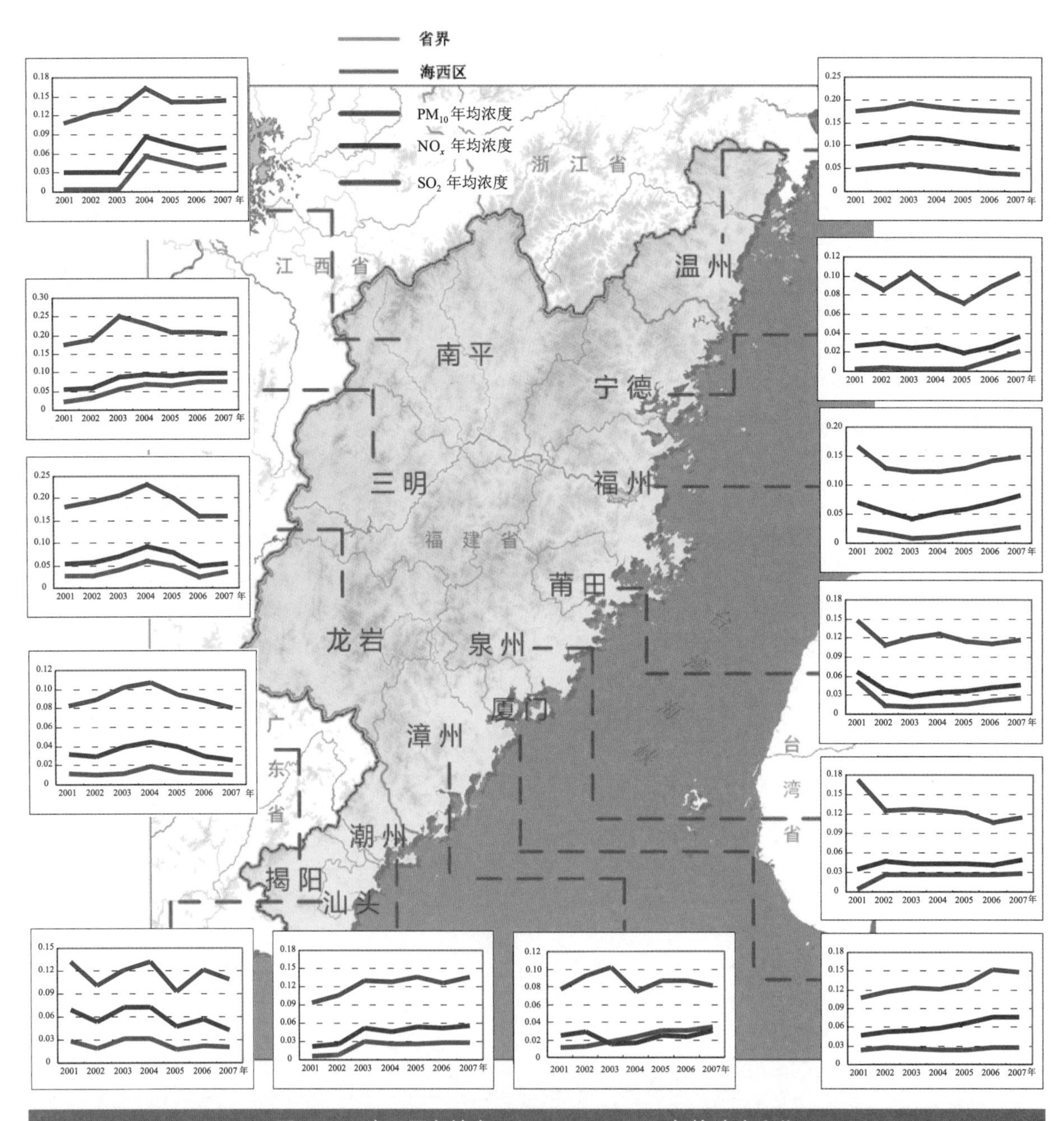

图 2-12　海西区各地市 SO_2、NO_x、PM_{10} 年均浓度变化

注：无台湾省地形（DM）数据。

第二节　地表水环境质量现状及其演变趋势

一、河流水系概况

1. 地表水系概述

海西区河网密布，水系多呈格状，河流流程短且水量丰富。受地质结构控制，河流主流多呈北西—南东向，支流多为北北东—南南西向，属于典型的格状水系类型。主要河流地表径流丰富，年平均流量变化小，流量和水位的季节变化较显著。受构造和岩性影响，海西区各河流普遍存在河谷型盆地和河曲型狭谷相间的特点。从上游到下游沿途分布许多宽窄不一的河谷，呈串珠状分布，总体来看，上游、中游地区坡降陡峻，水流湍急，水力资源丰富；下游近海地区坡降相对平缓，便于通航。

区内主要水系包括浙南地区的瓯江水系、飞云江水系，福建地区的环三都澳水系、闽江水系和晋江水系、九龙江水系，粤东地区的韩江水系等（见图 2-13、图 2-14 及表 2-17）。

2. 地表水环境功能区划

根据福建省、浙江省和广东省地表水环境功能区划，绘制海西区地表水环境功能区划图（见图 2-15）。

二、地表水环境质量现状

1. 内河水系环境质量现状

海西区各主要水系水环境质量总体良好，温州的瓯江，福建闽江、九龙江、木兰溪等闽东、闽南沿海诸河，以及粤东韩江等主要水系水质达到优良水平。鳌江、龙江和榕江水质达标率相对较低，出现轻度和中度污染，超标污染物以溶解氧和氮、磷为主，粤东的练江水质呈重度污染，各断面均为劣Ⅴ类水质，主要水质指标均出现超标。

2. 主要河流水质现状分析

（1）温州市河流水质现状分析

瓯江：瓯江温州段干流水质良好，全部达到Ⅱ～Ⅲ类水质要求；其中瓯江干流上游的小旦断面(跨界断面)处于Ⅱ类水平，位于温州市区的杨府山断面和入海口的龙湾断面均处于Ⅲ类水平，各断面均能满足功能要求。一级支流楠溪江于温州市区汇

表 2-17　海西区主要河流基本情况

地区	主要河流	长度 /km	流域面积 / km^2	年均径流量 / （$\times 10^8 m^3$）
温州市	瓯江	388	17 958	196
	飞云江	185	3 731	38.5
	鳌江	82	1 542	27.67
闽东地区	闽江	541	60 992	600
	交溪	162	5 549	65.7
	霍童溪	126	2 244	27.2
	敖江	137	2 655	30.2
	木兰溪	105	1 732	15.6
	龙江	62	538	4.4
闽南地区	九龙江	285	14 741	148
	晋江	182	5 629	50.9
	汀江	285	9 022	58.6
	漳江	58	961	10.3
	东溪	89	1 127	11.9
粤东地区	韩江	470	30 112	253.5
	榕江	175	3 512	35.6
	练江	72	1 353	10.4
合计		3 404	163 398	1 584.47

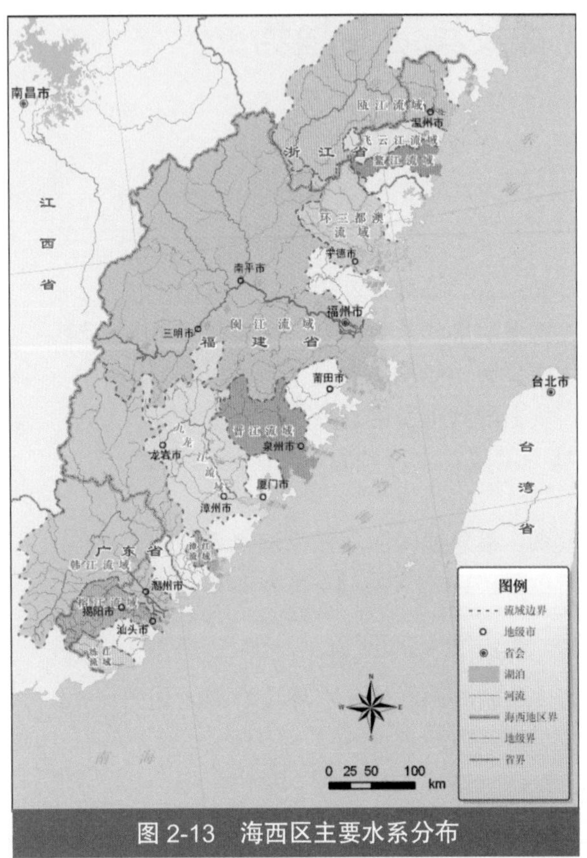

图 2-13 海西区主要水系分布

入瓯江干流，楠溪江除位于瓯江汇水区的清水埠站位处于Ⅲ类水平，其他断面均处于Ⅱ类水平，各断面均能满足功能要求。

鳌江：鳌江水质整体呈中度污染，上游埭头断面处于Ⅱ类水平，满足功能要求；自中上游的江屿断面起，中、下游的三个监测断面氨氮和溶解氧处于劣Ⅴ类水平，不能满足功能要求。

飞云江：水质良好，除位于上游的乌岩岭断面由于溶解氧达不到功能水质要求而无法满足功能需要外，其余各断面均可满足功能要求。

（2）福建省闽东地区河流水质现状分析

闽江水系：闽江 57 个省控监测断面（含 29 个交界断面）整体水质状况为优，Ⅰ～Ⅲ类水质比例为 98.2%（其中Ⅱ类水占 60.8%，Ⅲ类水占 35.6%）；未出现Ⅴ类、劣Ⅴ类水；水域功能达标率为 98.8%。沙溪水汾桥断面水质出现超标，主要超标项目为溶解氧、石油类和氨氮。

闽江上游各河段水质状况如下：

沙溪Ⅰ～Ⅲ类水质比例和水域功能达标率均为 95.6%。三明市与南平市交界的水汾桥断面除 3 月

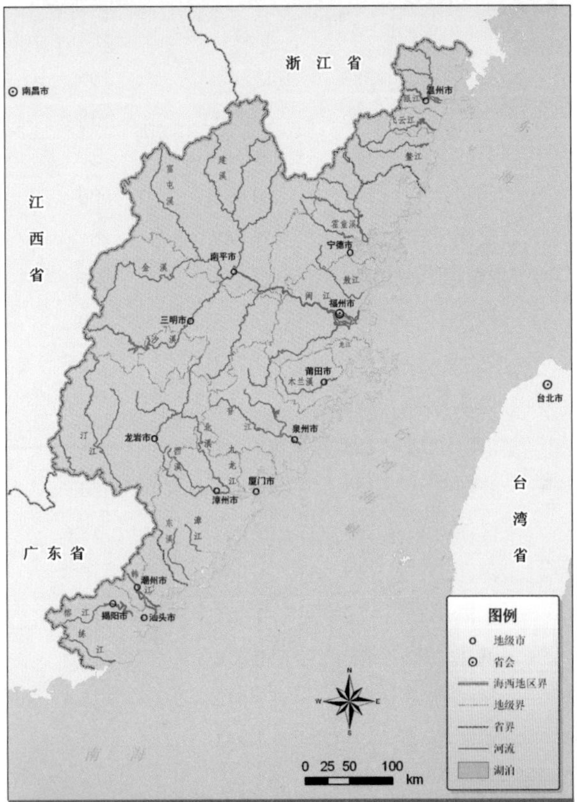

图 2-14 海西区主要河流分布

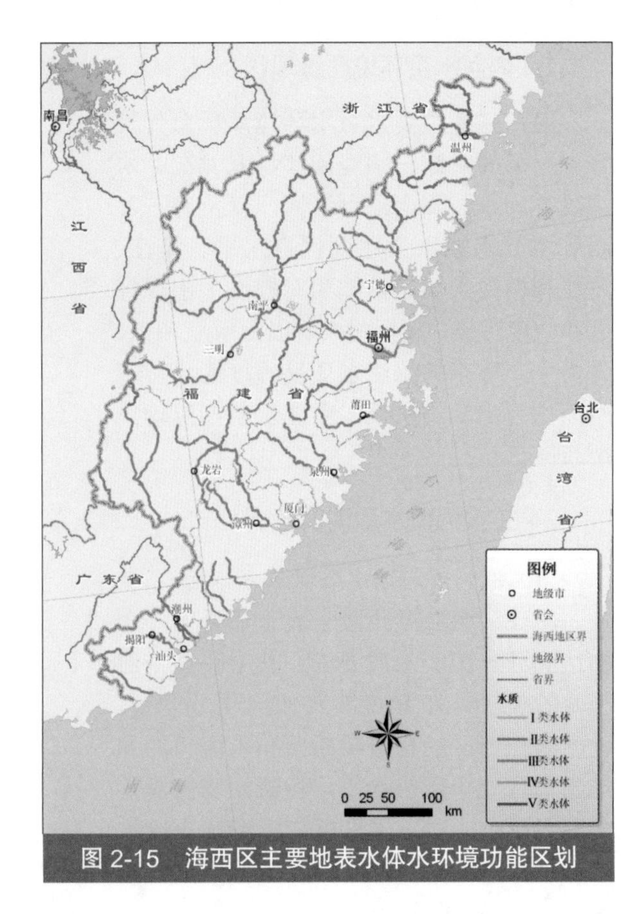

图 2-15 海西区主要地表水体水环境功能区划

和9月水质分别为Ⅲ类、Ⅱ类外，其余4期水质均超过Ⅲ类水域功能标准，水质为Ⅳ类，超标项目为溶解氧、石油类和氨氮。

富屯溪Ⅰ～Ⅲ类水质比例为95.8%，水域功能达标率为100%，与上年持平。邵武晒口桥断面1月、3月石油类超过Ⅲ类标准，水质均为Ⅳ类（符合相应的Ⅳ类水域功能要求）。

建溪干流南平段和干流福州段水质较好，Ⅰ～Ⅲ类水质比例和水域功能达标率均为100%。

龙江：龙江是福建省污染最为严重的水体之一，整体水质状况为中度污染，水域功能达标率为66.7%，Ⅰ～Ⅲ类水质比例为33.3%（其中Ⅰ～Ⅱ类水质比例为8.3%），劣Ⅴ类为33.3%。福清倪浦桥断面和海口桥断面出现超标，其中倪浦桥断面6期中有5期水质超过Ⅴ类水域功能标准，水质均为劣Ⅴ类，主要超标项目为氨氮、五日生化需氧量和总磷；海口桥断面3月、5月和11月氨氮、总磷超过Ⅴ类水域功能标准，水质均为劣Ⅴ类。

交溪：整体水质状况为优，Ⅰ～Ⅲ类水质比例和水域功能达标率均为100%。

霍童溪：整体水质状况为优，Ⅰ～Ⅲ类水质比例和水域功能达标率均为94.4%。九都断面1月石油类略超过Ⅲ类水域功能标准，水质为Ⅳ类。

木兰溪：整体水质状况良好，Ⅰ～Ⅲ类水质比例和水域功能达标率分别为80.6%和88.9%。木兰溪出现超标的断面有3个：莆田市上游仙游县的仙游西台桥和仙游象塘桥两处断面1月份氨氮均超过Ⅲ类水域功能标准，水质均为Ⅳ类；莆田市下游、木兰溪入海口处的三江口断面1月总磷和5月氨氮、总磷超过Ⅳ类水域功能标准，水质分别为Ⅴ类和劣Ⅴ类。此外，三江口断面3月、7月和11月氨氮、总磷等项目超过Ⅲ类标准，水质均为Ⅳ类（符合相应的Ⅳ类水域功能标准）。

（3）福建省闽南地区河流水质现状分析

九龙江水系：九龙江Ⅰ～Ⅲ类水质比例和水域功能达标率均为89.5%（其中Ⅲ类水占57.0%，Ⅱ类水占28.9%），19个省控水质监测断面整体水质状况良好，其中8个交界断面水质达标率为95.8%。西溪的南靖洪濑汤坑桥和北溪漳州段的长泰、洛宾2个交界断面水质出现超标，主要超标项目为氨氮、五日生化需氧量和总磷。

晋江：总体水质为优，Ⅰ～Ⅲ类水质比例和水域功能达标率均为100%。

敖江：总体水质状况为优，Ⅰ～Ⅲ类水质比例和水域功能达标率均为100%。

漳江：总体水质状况为优，Ⅰ～Ⅲ类水质比例和水域功能达标率均为94.4%。云霄菜埔断面9月阴离子表面活性剂超过Ⅲ类水域功能标准，水质为劣Ⅴ类。

东溪：总体水质状况为优，Ⅰ～Ⅲ类水质比例和水域功能达标率均为100%。

汀江：汀江（粤东为韩江）整体水质状况为优，Ⅰ～Ⅲ类水质比例和水域功能达标率分别为96.3%和100%。长汀陈坊桥断面1月氨氮、5月的五日生化需氧量超过Ⅲ类标准，水质为Ⅳ类（符合该断面Ⅳ类水域功能要求）。闽—粤交界断面（永定汀江桥）各期水质均达到或优于Ⅲ类功能标准。

（4）粤东地区河流水质现状分析

韩江：韩江（福建为汀江）整体水质状况为良好，Ⅰ～Ⅲ类水质比例和水域功能达标率均为62.5%。各超标断面均为粪大肠菌群超标，其中外砂断面和隆都断面为Ⅲ类水质，感潮河段杏花断面为Ⅳ类水质、升平断面为Ⅴ类水质。

榕江：榕江水质受轻度污染，Ⅰ～Ⅲ类水质比例和水域功能达标率分别为57.1%和42.9%。揭阳市东园水文站断面、云光断面和东湖断面溶解氧超标，水质分别为Ⅲ类、Ⅳ类

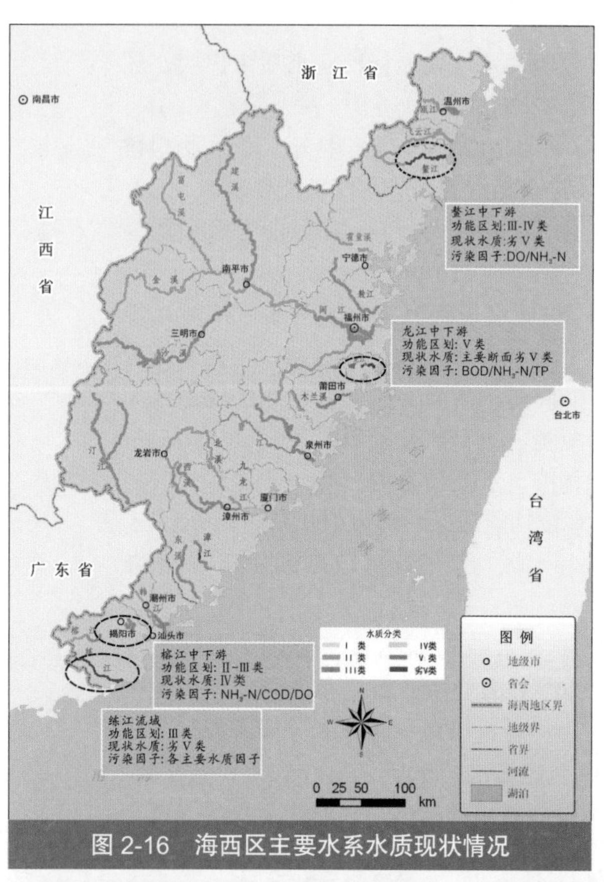

图 2-16 海西区主要水系水质现状情况

和Ⅳ类，汕头市地都断面溶解氧、化学需氧量和氨氮出现超标，水质为Ⅳ类。

练江：水质污染严重，各监测断面全部超标，几乎全流域水质都为劣Ⅴ类，超标项目主要为溶解氧、高锰酸盐指数、化学需氧量、五日生化需氧量、氨氮、总磷、氟化物、石油类、阴离子表面活性剂、硫化物和粪大肠菌群等。

海西区主要河流水质情况见表2-18和图2-16。

3. 主要湖、库水质现状分析

海西区湖泊以沿河筑坝、蓄水成库而形成的水库为主，多担负当地的工农业生产供水、生活用水、防洪、旅游等功能。各主要湖泊和水库环境质量现状总体良好，优于全国大部分地区。17个重点湖库中9个达到标准，达标率为52.9%，水质以Ⅲ类水体为主，营养化水平以中营养为主，处于轻度富营养化的湖库占29%（见表2-19和图2-17）。

（1）温州市湖、库水质现状

温州地区重要湖、库主要是作为饮用水水源地的水库：泽雅水库、赵山渡水库和桥墩水库。

表 2-18 主要河流监测断面汇总

序号	河流名称	流经的海西区内城市	断面属性			各类别断面数 / 个				所属地区
			断面总数 / 个	交界断面 / 个	国控断面 / 个	Ⅰ类	Ⅱ类	Ⅲ类	Ⅳ类	
1	瓯江	温州	7	—	4	—	4	3	—	温州
2	鳌江		4	—	4	—	—	3	1	
3	飞云江		8	—	1	1	3	4	—	
4	闽江	龙岩、南平、三明、宁德、福州	54	28	10	1	3	48	2	闽东
5	木兰溪	莆田	5	1	1	—	—	4	1	
6	交溪	宁德	6	2	1	—	3	3	—	
7	霍童溪	宁德	3	1	1	—	2	1	—	
8	龙江	福州	3	—	—	—	1	—	2	
9	敖江	福州	5	2	1	—	1	4	—	
10	九龙江	龙岩、漳州、厦门	18	8	3	—	4	14	—	闽南
11	晋江	泉州	13	4	1	—	1	12	—	
12	汀江	龙岩	7	—	—	—	1	5	1	
13	漳江	漳州	2	—	—	—	—	2	—	
14	东溪	漳州	2	—	—	—	—	2	—	
15	韩江	潮州、汕头	8	4	—	—	5	2	1	粤东
16	榕江	揭阳、汕头	11	1	—	—	5	6	—	
17	练江	揭阳、汕头	5	1	—	—	—	5	—	

表 2-19　2007 年海西区主要河流水质状况汇总

水系	河流名称	断面 / 个	Ⅰ～Ⅲ类水质比例 /%	水域功能达标率 /%	超标断面 / 个	主要超标项目	水质状况
温州	瓯江（温州段）	7	100	100	—		优
	鳌江	4	25	25	3	NH_3-N	中度污染
	飞云江	8	100	87.5	1	DO	优
闽东	闽江	57	98.2	98.8	1	DO、石油类、NH_3-N	优
	木兰溪	6	80.6	88.9	3	NH_3-N、TP	良好
	交溪	7	100	100	—	—	优
	霍童溪	3	94.4	94.4	1	石油类	优
	龙江	4	33.3	66.7	2	NH_3-N、BOD_5、TP	中度污染
	敖江	6	100	100	—	—	优
闽南	九龙江	19	89.5	89.5	2	NH_3-N、BOD_5、TP	良好
	晋江	13	100	100	—	—	优
	汀江	9	96.3	100	1	NH_3-N、BOD_5	优
	漳江	3	94.4	94.4	1	阴离子表面活性剂	优
	东溪	3	100	100	—	—	优
粤东	韩江	8	62.5	50	4	粪大肠菌群	良好
	榕江	11	57.1	42.9	4	DO、COD_{Cr}、NH_3-N	轻度污染
	练江	5	0	0	5	DO、COD_{Cr}、BOD_5、TP、NH_3-N、F^-、石油类、阴离子表面活性剂、硫化物、粪大肠菌群	重度污染

2007 年这三个水库的水质除总氮超标外，其余指标均能满足Ⅱ类水质标准要求，水质尚可。

（2）福建省湖、库水质现状

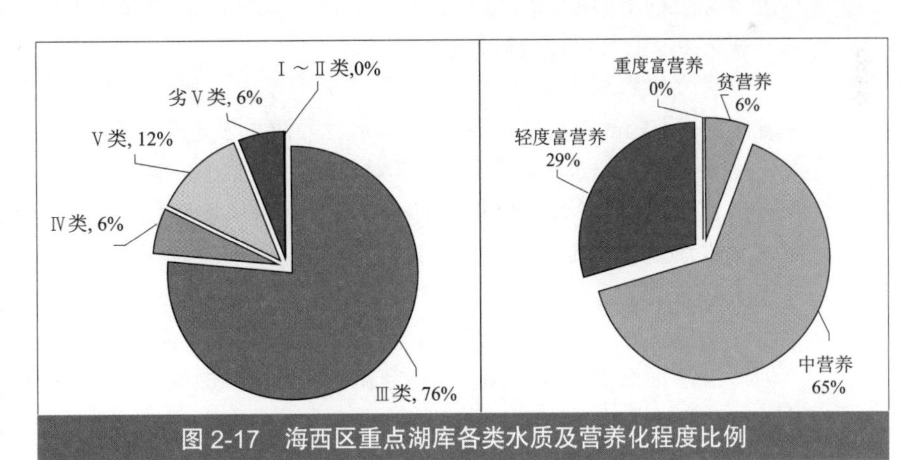

图 2-17　海西区重点湖库各类水质及营养化程度比例

古田水库：为福建省最大的人工湖之一，属闽江水系，水域面积 37.1 km^2。2007 年古田水库水质较好，水域功能达标率为 100%，但湖泊呈轻度富营养状态。

西湖：是福州市区著名景区，属于景观水体，水域面积约 0.3 km^2。由于位于福州市中心区域，成湖历史悠久，多年受周边居民生活污水排放的影响，水质较差，呈轻度富营养状态；2007 年为Ⅴ类水体，达到环境功能区划要求。

山仔水库：是福州市重要的淡水资源之一，属于敖江流域，水域面积 6.6 km^2，2007 年水质属于Ⅲ类，未能达到水域功能要求（达标率为 0），主要超标污染因子为总氮和总磷。

东张水库：位于龙江中游、石竹山下，水域面积 15 km^2，承担周边福清市等地区的工业

表 2-20 海西区主要湖泊和水库监测点位水质情况汇总

流域	湖、库名称	水质功能类别	2007 年总体水质	营养化水平	主要污染物
温州	泽雅水库	Ⅱ类	Ⅲ类	中营养	总氮
	赵山渡水库	Ⅱ类	Ⅲ类	中营养	总氮
	桥墩水库	Ⅱ类	Ⅲ类	中营养	总氮
闽江	古田水库	Ⅲ类	Ⅲ类	轻度富营养	—
闽江	西湖	Ⅴ类	Ⅴ类	轻度富营养	—
闽江	山仔水库	Ⅱ类	Ⅲ类	中营养	总磷、总氮
龙江	东张水库	Ⅱ类	Ⅲ类	轻度富营养	总磷、总氮
木兰溪	东圳水库	Ⅲ类	Ⅲ类	中营养	—
晋江	山美水库	Ⅲ类	劣Ⅴ类	中营养	总氮
	惠女水库	Ⅲ类	Ⅴ类	轻度富营养	总氮、生化需氧量
厦门岛	筼筜湖	海水四类	劣四类		无机氮、活性磷酸盐
闽江	安砂水库	Ⅲ类	Ⅲ类	中营养	总氮
闽江	金湖	Ⅲ类	Ⅲ类	中营养	—
汀江	棉花滩水库	Ⅲ类	Ⅲ类	中营养	—
粤东	河溪水库	Ⅲ类	Ⅲ类	中营养	—
	秋风水库	Ⅲ类	Ⅲ类	中营养	—
	新西河水库	Ⅲ类	Ⅲ类	贫营养	—

和生活供水、农业灌溉、防洪等功能。受龙江水质污染等因素的影响，2007 年东张水库水质处于Ⅲ类水平，未能达到水域功能要求（达标率为 0），总氮和总磷为主要超标污染因子，水体呈轻度富营养状态。

东圳水库：位于莆田市区西北 8 km 的莆田县常太乡东圳尾村，是福建大型水库之一，具有灌溉、防洪、发电、航运、养殖、游览等功能，水域面积 17.8 km^2。2007 年东圳水库水质处于Ⅲ类水平，水域功能达标率为 100%。

山美水库：山美水库位于晋江支流东溪中游，泉州南安市境内，库容 4.72×10^8 m^3 是福建库容最大的水库，为具有防洪、供水、灌溉、发电等综合利用功能的大型水利枢纽工程。2007 年山美水库水质较差，为劣Ⅴ类，水域功能达标率为 0，主要超标项目为总氮。

惠女水库：惠女水库建于洛阳江大罗溪上，坝址位于泉州市洛江区马甲镇彭殊村，总库容 1.26×10^8 m^3 是一座集防洪、供水、灌溉、发电于一体的国家级大型水库。2007 年惠女水库水质处于Ⅴ类水平，水域功能达标率仅为 22.2%，主要超标因子为总氮和生化需氧量。

筼筜湖：筼筜湖是厦门市区的人工湖泊和重要景观水体，水域面积 1.6 km^2，2007 年筼筜湖水质处于劣Ⅳ类水平，未能达到水域环境功能区划标准，主要超标因子为无机氮和活性磷酸盐。

安砂水库：又名九龙湖，位于闽江支流沙溪上游的九龙溪，是福建省安砂水力发电厂建坝截流汇堰而成的人工湖，水域面积 23.3 km^2。2007 年，安砂水库水质处于Ⅲ类水平，水域功能达标率均为 100%。

金湖：金湖位于闽西北三明市泰宁县境内，水域面积 34 km^2，是目前福建最大的人工湖，国家重点风景名胜区。2007 年，金湖水质为Ⅲ类，水域功能达标率均为 100%。

棉花滩水库：棉花滩水库属特大型水库。库区跨越永定、上杭两县，主要由汀江干流和黄潭河流域组成，总库容 22.14×10^8 m^3，总面积 64 km^2。2007 年，棉花滩水库水质处于Ⅲ类水平，水域功能达标率为 100%。

（3）粤东地区湖、库水质现状

河溪水库：位于汕头市河溪镇，库容 0.16×10^8 m^3，是当地主要的饮用水水源地。2007 年水质处于Ⅲ类水平，达标率为 100%。

秋风水库：秋风水库位于汕头市潮南区境内大南山北麓，是以拦洪蓄水为主，兼顾灌溉、供水、发电等综合利用功能的中型水库，也是汕头市最大的水库。2007年，水质处于Ⅲ类水平，达标率为100%。

新西河水库：新西河水库位于榕江北河二级支流龙车溪中游，距揭阳市榕城区北偏西15 km，主要提供下游农田灌溉用水，同时具备防洪、发电、供水等功能。2007年水质处于Ⅲ类水平，水域功能达标率均为100%，营养状态为贫营养。

4．城市集中式生活饮用水水源地现状分析

温州市区饮用水水源地中仅山根水源地4月份粪大肠菌群项目超标，而其他监测时段达标，其他水源地水质全年全部达标。

福建省共有116个饮用水水源地水质监测点位，其中湖库型有36个、河流型有68个、地下水型有12个。湖库型水源地水质达标率为93.2%，超标项目为总磷、总氮、粪大肠菌群和阴离子表面活性剂；河流型水源地水质达标率为98.5%，超标项目为总磷、粪大肠菌群、氨氮和锰；地下水水源地水质达标率为99.6%，超标项目为氨氮。

粤东地区所有饮用水源地水质达标率均为100%。

5．海西区地表水环境质量现状评价

海西区地表水环境质量总体良好，主要河流达标率为79.3%。流域上游水质优良，温州的瓯江、福建的闽东、闽南沿海诸河，粤东韩江水系水质都达到优良水平。各主要湖泊和水库环境质量现状总体良好，优于全国大部分地区。18个重点湖库中10个达到标准，达标率为55.6%，处于轻度营养化的湖库占28%。集中式生活饮用水水源地水质整体较好，达标率93.2%～100%，其中粤东地区（100%）>温州（接近100%，山根水源地4月份粪大肠菌群超标）>福建省（93.2%～99.6%）。

部分流域下游河段及附近湖库的水质达标率相对较低，出现不同程度污染。超标污染物以溶解氧和氮、磷为主。其中，鳌江、龙江和榕江呈轻度和中度污染，练江水质呈重度污染，各断面水质均为劣Ⅴ类。温州地区和闽东南部分湖库等也存在超标现象，超标因子为氮、磷等湖库富营养化特征指标。

流域下游水环境污染较重的地区与当地传统产业发展有关，湖库污染主要受周边排污及畜禽养殖等农业面源污染影响。如鳌江流域有超过800家中小皮革企业，龙江流域有上千家畜禽养殖企业，榕江流域有百余家电机电镀企业，练江流域有2 000多家纺织服装企业。这些传统产业以中小型企业为主，污染物排放量占当地污染物总排放量的比例很高。污染控制和管理能力较弱，如普宁市区纳入监督管理的1140家企业中，目前只有1.3%建有污水处理设施。

三、地表水环境质量演变趋势

1．内河水系环境质量变化趋势

瓯江、闽江、九龙江等大部分水体水环境达标率始终较高，温州地区的鳌江、福建莆田福清市的龙江和粤东地区的练江达标率始终较低。

从变化趋势上来看，在重点流域全部17条水系中，历年水质达标率上升的有6条，占

全部重点水系的 35.3%；达标率下降的有 1 条，占 5.9%；达标率无明显变化的有 2 条，占 11.8%；达标率存在波动的有 8 条，占 47.1%（见表 2-21）。

2．主要河流各类河段比例变化情况

温州市：瓯江和飞云江水质处于 I ～III类水平的比例较高，近年均达到 100%。而鳌江长期处于中度污染，2007 年在平阳水头制革基地进行停产整治后，上游水质有所改善。总体而言，内河水质变化趋势不明显。

福建省：闽江、九龙江、晋江、漳江、汀江等主要河道 I ～III类水质比例较高，且近年水质总体呈改善趋势；其他河流中东溪、交溪、敖江、霍童溪等河流水质始终较好，I ～III类水质比例较高；木兰溪、龙江水质较差，且变化波动较大，其中木兰溪 2002 年后呈明显改善趋势，而龙江水质 I ～III类水质比例始终低于 40%。

粤东地区：韩江和榕江水质相对较好，历年变化趋势不明显。练江水质始终处于重度污染水平。

各主要河流 I ～III类水质河段比例变化情况见表 2-22 和图 2-18。

3．主要污染物年均浓度变化趋势

（1）温州河流主要污染物年均浓度变化趋势

瓯江各污染因子浓度历年变化不明显，总磷浓度呈一定下降趋势；鳌江近年氨氮、生化

表 2-21 海西区主要水系历年水质达标率 单位：%

地区	水系	2002 年	2003 年	2004 年	2005 年	2006 年	2007 年	变化趋势
温州	瓯江	85.7	85.7	85.7	85.7	100	100	↑
	鳌江	0	0	0	0	0	25	↑
	飞云江	87.5	87.5	87.5	87.5	87.5	87.5	↔
闽东	闽 江	94.4	84.3	84.3	92.9	97.4	98.8	↑
	木兰溪	90.0	96.7	73.3	76.7	88.9	88.9	↕
	交 溪	100	97.2	94.4	100	100	100	↕
	霍童溪	100	100	100.0	100	100	94.4	↓
	龙 江	33.3	22.2	22.2	27.8	44.4	66.7	↑
	敖 江	83.3	93.3	76.7	83.3	86.1	100	↑
闽南	九龙江	91.3	85.2	74.1	88.9	89.5	89.5	↕
	晋 江	84.6	97.4	94.9	100	100	100	↑
	汀 江	89.3	90.5	76.9	73.2	100	100	↕
	漳 江	100	100	91.7	100	100	94.4	↕
	东 溪	100	91.7	91.7	91.7	77.8	100	↕
粤东	韩 江	60	50	60	70	60	60	↕
	榕 江	42.9	57.1	42.9	42.9	57.1	42.9	↕
	练 江	0	0	0	0	0	0	↔

注："↑"表示达标率上升；"↓"表示下降；"↕"表示波动；"↔"表示无明显变化。

表 2-22　主要河流Ⅰ～Ⅲ类水质河段所占比例汇总

水系	河流	Ⅰ～Ⅲ类水质河段所占比例 /%										水质状况
		1998 年	1999 年	2000 年	2001 年	2002 年	2003 年	2004 年	2005 年	2006 年	2007 年	
温州	瓯江	100	82.9	100	100	100	100	100	100	100	100	优
	鳌江	0	0	0	0	0	0	0	0	0	25	中度污染
	飞云江	87.4	100	87	100	100	100	100	100	100	100	优
闽东	闽江	78.8	89.5	91.5	87.0	93.5	85.5	83.0	92	95.6	98.2	优
	木兰溪	42.9	42.9	52.4	26.7	85	80.0	66.7	76.7	80.6	80.6	良好
	萩芦溪	66.7	77.8	77.8	33.3	83.3	83.3	83.3	88.9	91.7	91.7	优
	交溪	100	77.8	100	91.7	100	97.2	100	100	100	100	优
	霍童溪	100	100	100	100	100	100	100	100	100	94.4	优
	龙江	0	0	0	33.3	33.3	38.9	16.7	27.8	33.3	33.3	中度污染
	敖江	100	100	100	50.0	83.3	93.3	76.7	83.3	86.1	100	优
闽南	九龙江	63.6	57.6	69.6	85.0	93.8	88.9	84.3	88.9	89.5	89.5	良好
	晋江	40	80	100	74.3	84.6	97.4	97.4	100	100	100	优
	汀江	55.6	83.3	93.4	76.2	89.3	85.7	79.5	73.2	94.3	96.3	优
	漳江	66.7	100	100	66.7	100	100	91.7	100	100	94.4	优
	东溪	83.3	66.7	100	66.7	100	91.7	91.7	91.7	77.8	100	优
粤东	韩江	70	60	60	70	70	70	60	70	70	60	良好
	榕江	71.4	57.1	71.4	42.9	71.4	71.4	57.1	71.4	71.4	57.1	轻度污染
	练江	20	0	0	0	0	0	0	0	0	0	重度污染

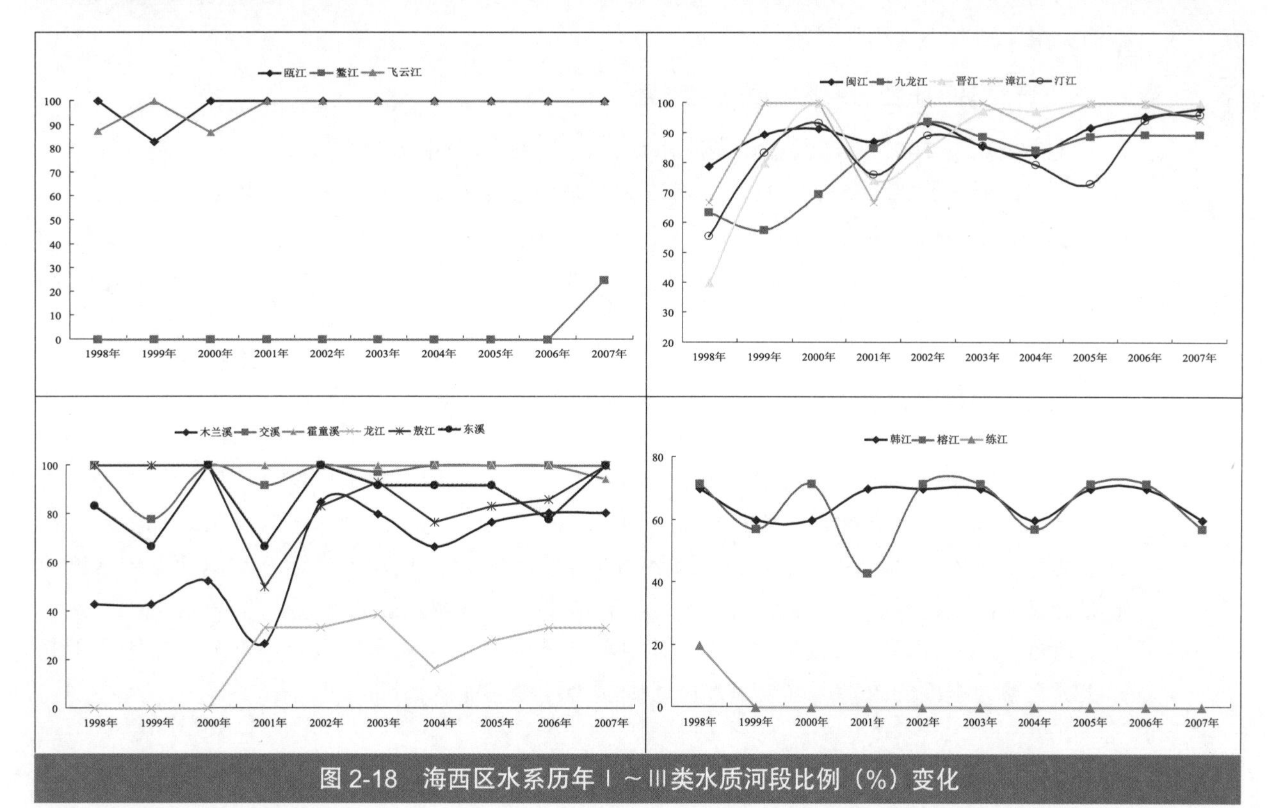

图 2-18　海西区水系历年Ⅰ～Ⅲ类水质河段比例（%）变化

需氧量、石油类等污染物浓度始终较高，其中氨氮浓度呈逐年升高的趋势，石油类浓度则逐年下降。飞云江近年氨氮浓度呈上升趋势。

温州市瓯江、飞云江水系各断面历年水质较稳定，变化趋势不明显，各河段基本能满足相应的水质标准要求，但值得注意的是，飞云江近年氨氮浓度逐年升高。鳌江水系各断面历年超标相对较重，主要超标因子为氨氮、BOD_5、COD、挥发酚等。2007 年平阳水头制革基地进行停产整治后，鳌江上游水质有所改善（见图 2-19）。

（2）闽东河流主要污染物年均浓度变化趋势

闽东地区各流域水质总体稳定，闽江流域近年氨氮和生化需氧量浓度略有升高，霍童溪的氨氮、总磷和龙江的氨氮浓度呈逐年上升趋势，交溪的氨氮和石油类浓度呈下降趋势（见图 2-20）。

（3）闽南河流主要污染物年均浓度变化趋势

九龙江流域水质总体稳定，2001 年之后氨氮、总磷、生化需氧量等浓度有所升高，石油类浓度下降。汀江、漳江和东溪生化需氧量、氨氮和总磷浓度呈上升趋势；而晋江、汀江和东溪石油类浓度呈下降趋势（见图 2-21）。

（4）粤东沿海诸河主要污染物年均浓度变化趋势

粤东地区榕江和韩江水质多年平均达到Ⅲ类标准以上水平，其中，韩江氨氮和总磷浓度近年呈上升趋势，但石油类浓度呈下降趋势；榕江生化需氧量和氨氮浓度呈上升趋势；练江各类污染物浓度均较高，氨氮、化学需氧量、石油类等各类浓度均呈上升的趋势，而相应的溶解氧浓度逐年下降，近年水质恶化趋势明显（见图 2-22）。

（5）内河水系主要污染物年均浓度变化趋势

海西区河流历年主要污染因子为氨氮、总磷和生化需氧量，且近年浓度普遍呈上升趋势，石油类浓度则有不同程度下降。

4. 重点湖库主要污染物浓度变化趋势

根据 2001—2007 年地区重点湖库水质监测结果，温州地区泽雅水库、赵山渡水库水质较稳定，其中泽雅水库历年总氮浓度均超标；赵山渡水库总氮和总磷浓度出现超标，周边农业面源污染是影响水质的主要因素。

福建省古田水库、棉花滩水库、金湖 3 座湖库可达到水域功能要求，水质较好。近年山仔、东张、安砂水库水质有所改善，基本可达到水域功能要求；山美水库水质较差，近几年均为劣Ⅴ类，主要超标因子为总氮、总磷、五日生化需氧量等，呈富营养化趋势，水质污染严重的主要原因是湖库周边畜禽养殖业污水处理率低，大量未经处理的畜禽养殖业污水排入湖库。

泉州惠女水库和厦门筼筜湖污染较严重，泉州惠女水库总氮浓度较高，厦门筼筜湖超标因子有无机氮、活性磷酸盐、生化需氧量和铅等，主要是由于沿岸排污管网未全部截污，以致生活污水排入水体，另外厦门岛西海域引水工程的原水水质较差。通过实施西海域水产养殖综合整治，无机氮、活性磷酸盐浓度近年有所下降，水域功能达标率有所提高。

通过实施福州西湖的综合整治及引水冲污工程，西湖水质有所改善，部分污染因子的超标状况有不同程度的改善，近年基本可达到Ⅴ类环境功能区标准。

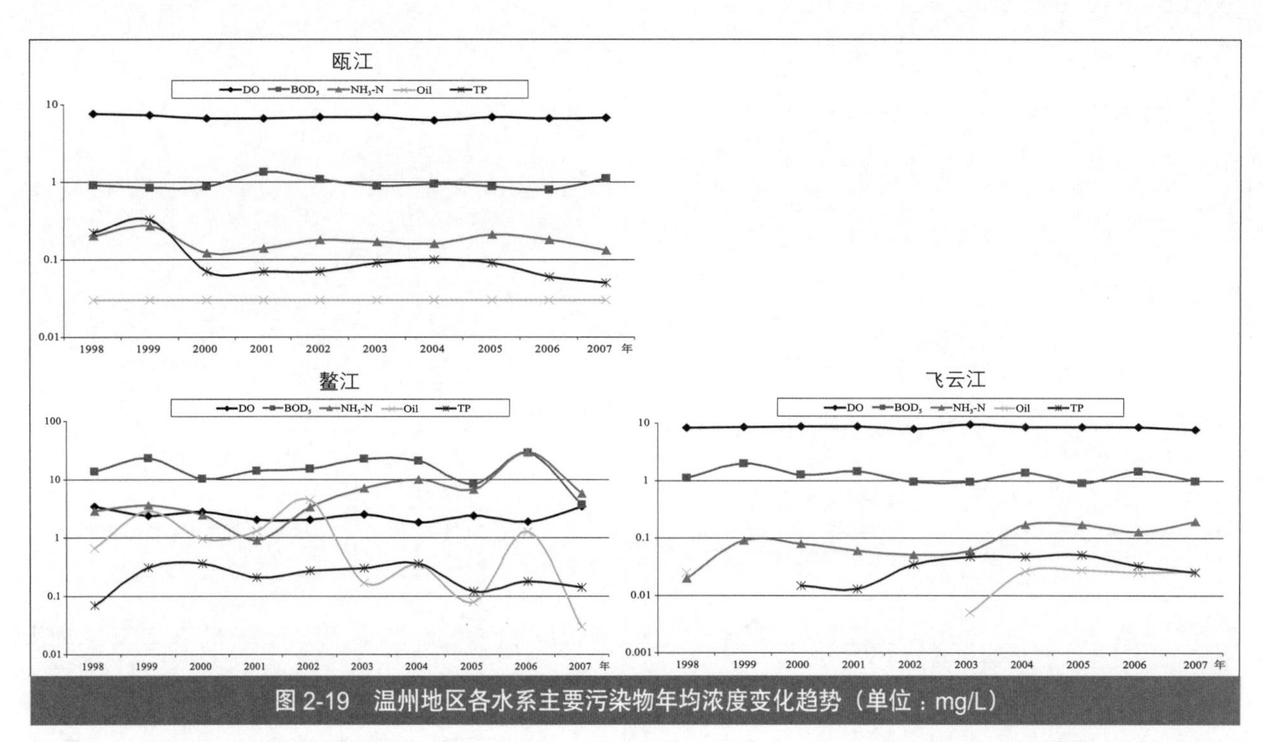

图 2-19 温州地区各水系主要污染物年均浓度变化趋势（单位：mg/L）

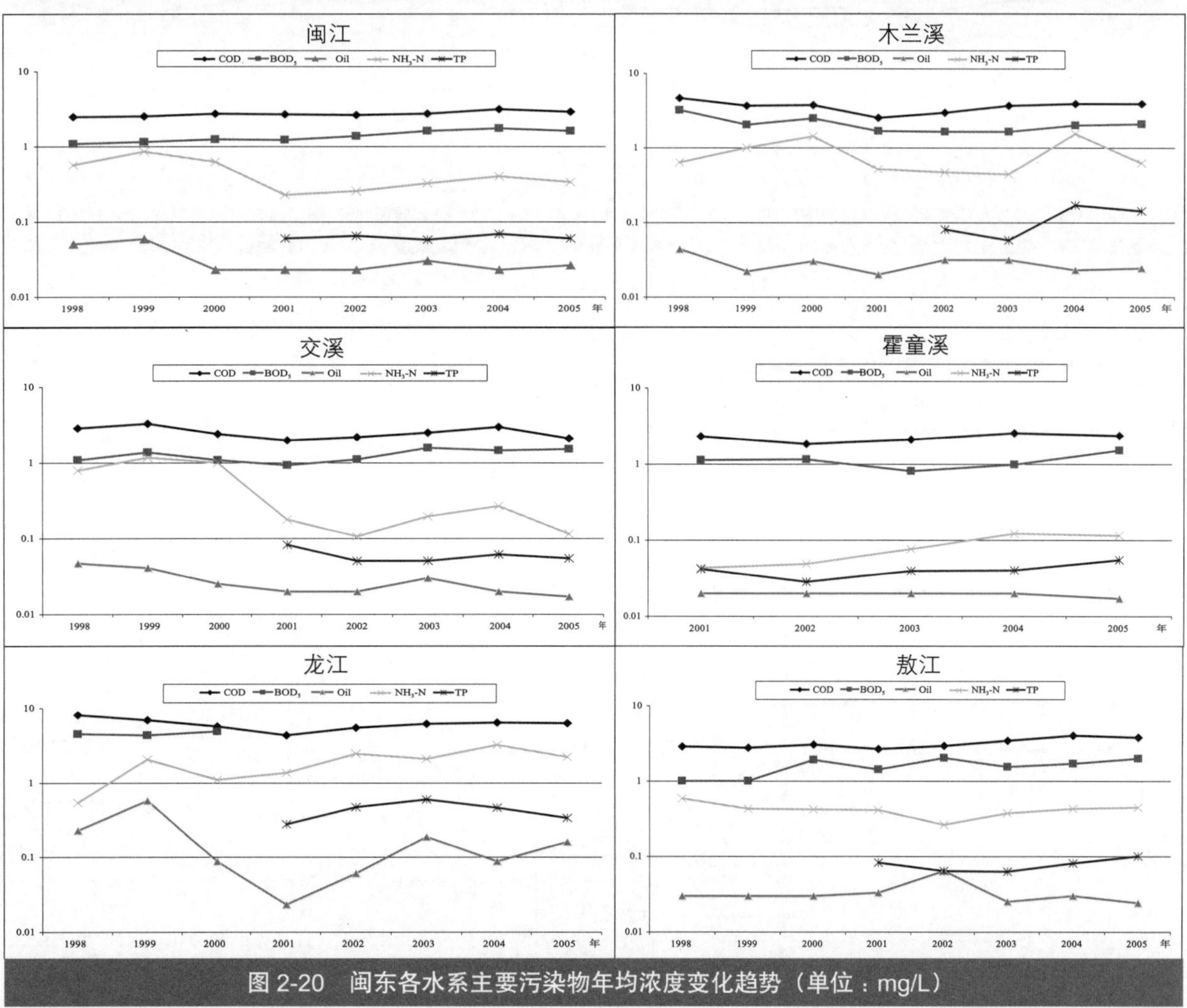

图 2-20 闽东各水系主要污染物年均浓度变化趋势（单位：mg/L）

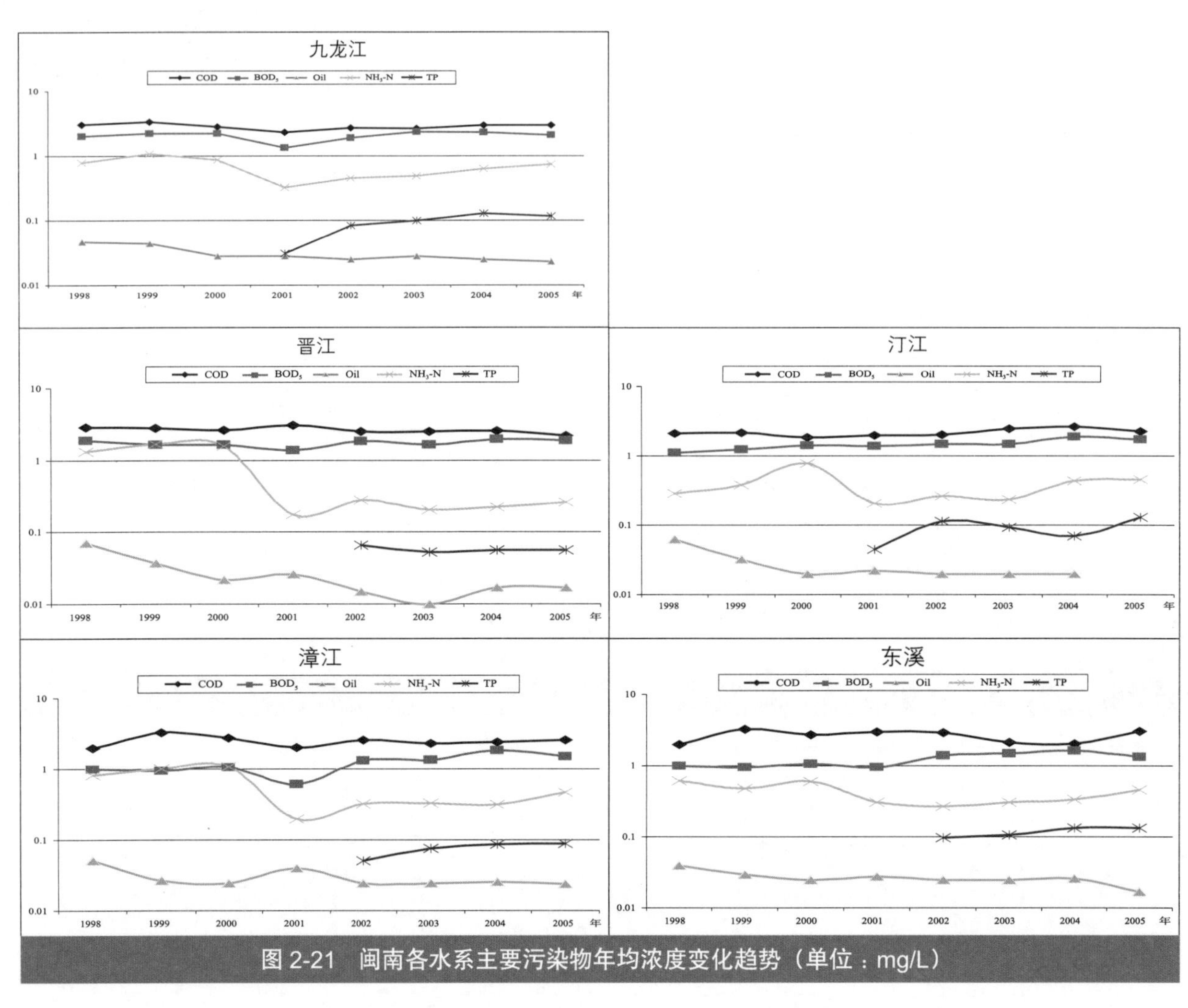

图 2-21　闽南各水系主要污染物年均浓度变化趋势（单位：mg/L）

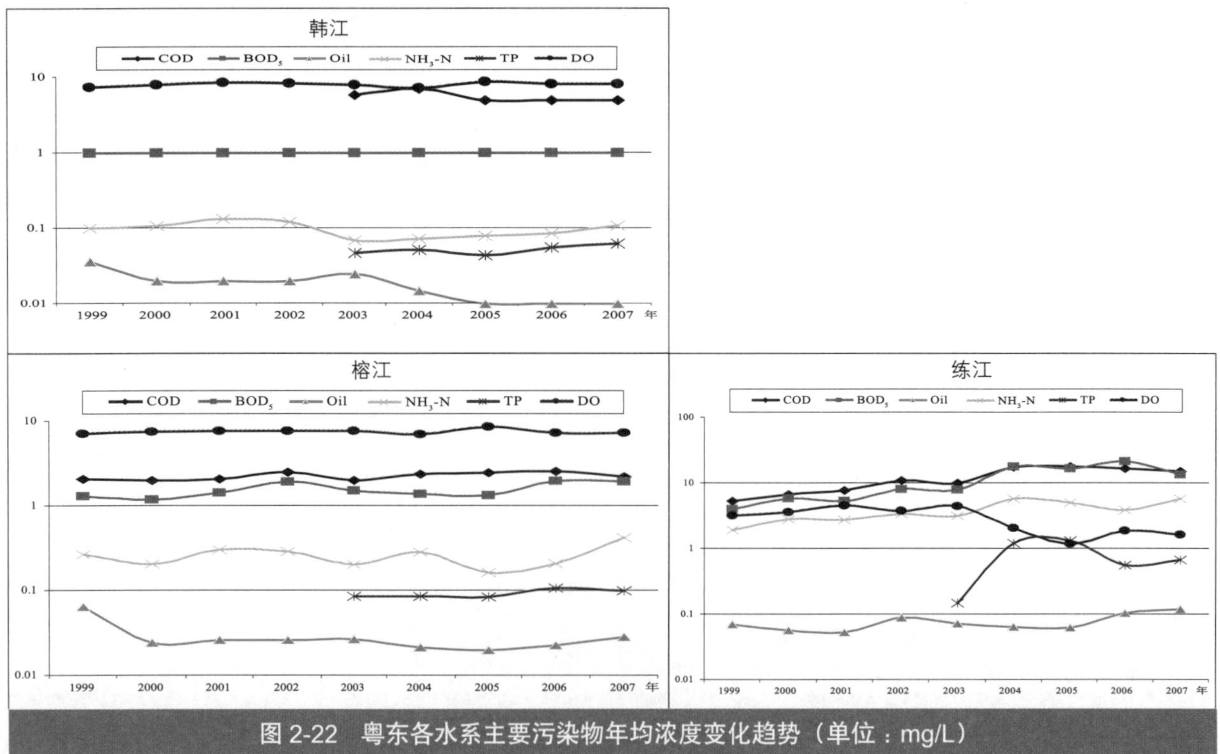

图 2-22　粤东各水系主要污染物年均浓度变化趋势（单位：mg/L）

表 2-23　各河流水质因子近年变化趋势汇总

河流	水质因子浓度变化趋势		水质因子达标情况
	上升	下降	
瓯江	—	TP 呈下降趋势	达标
鳌江	NH_3-N 呈升势	石油类浓度超标，但呈下降趋势	石油类、NH_3-N 超标
飞云江	NH_3-N 呈升势	—	达标
闽江	NH_3-N、BOD 呈升势	—	达标
木兰溪	—	—	达标
交溪	—	NH_3-N、石油类	达标
霍童溪	NH_3-N、TP 呈升势	—	TP 超标
龙江	NH_3-N 呈升势	—	NH_3-N 超标
敖江	—	—	达标
九龙江	NH_3-N、TP、BOD	石油类	达标
晋江	—	石油类	达标
汀江	NH_3-N、TP、BOD	石油类	达标
漳江	NH_3-N、TP、BOD	—	达标
东溪	NH_3-N、TP、BOD	石油类	达标
韩江	NH_3-N、TP	石油类	达标
榕江	NH_3-N、BOD	—	达标
练江	各主要指标均呈上升趋势	—	各主要因子全部超标

四、小结

1．地表水环境质量总体良好，水质达标率整体呈提高趋势

海西区地表水环境质量总体良好，主要河流水质达标率 79.3%。流域上游水质优良，温州瓯江、福建闽东和闽南沿海诸河，以及粤东韩江水系干流水质整体处于Ⅰ～Ⅲ类水平。主要湖泊和水库水质以Ⅲ类水体为主。各地集中式饮用水水源地水质整体较好，达标率为 93.2% ～ 100%。

海西区 17 条重点水系中，近十年内水质达标率保持稳定的占 58.9%，有所提高的占 35.3%，下降的仅占 5.9%。瓯江、飞云江、闽江、晋江、敖江、霍童溪、漳江等主要河道Ⅰ～Ⅲ类水体比例基本保持在 70% ～ 100%，且近年略有提高；粤东地区水质基本稳定，韩江Ⅰ～Ⅲ类水质比例保持在 60% ～ 70%。主要湖库近十年内水质达标率保持稳定的占 45.4%，提高的占 26.3%，下降的占 18.1%（见图 2-23、图 2-24）。

2．下游地区少数河段出现不同程度污染

部分流域下游河段水质达标率相对较低，出现不同程度污染。鳌江下游河段水质劣于Ⅴ类，水质呈重度污染；龙江水质达标率为 66.7%，下游河段水质为劣Ⅴ类；榕江水质达标率为 42.9%，下游河段水质呈中度污染；练江水质长期处于重度污染状态，水质普遍劣于Ⅴ类。水质超标污染物普遍以溶解氧和氨氮、总磷为主。各地近年来逐步加大地表水环境整治力度，2009 年部分流域水质有所改善，其中龙江水质达标率提高至 75%，榕江下游河段水质由中度污染转为轻度污染。

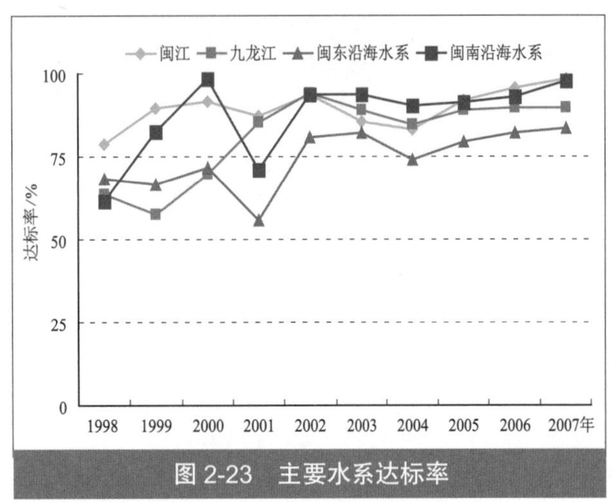

图 2-23　主要水系达标率

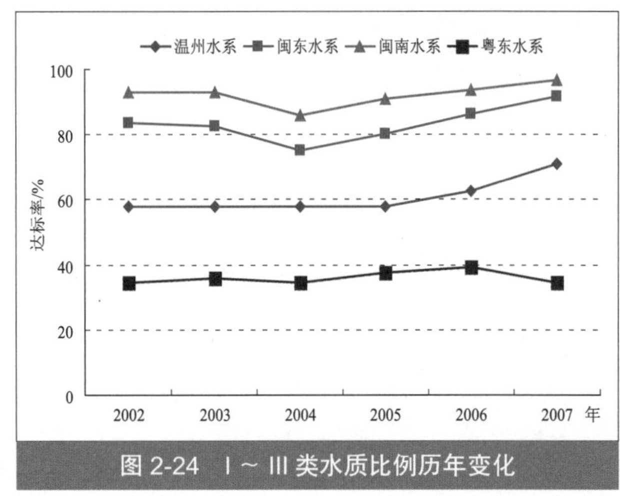

图 2-24　Ⅰ～Ⅲ类水质比例历年变化

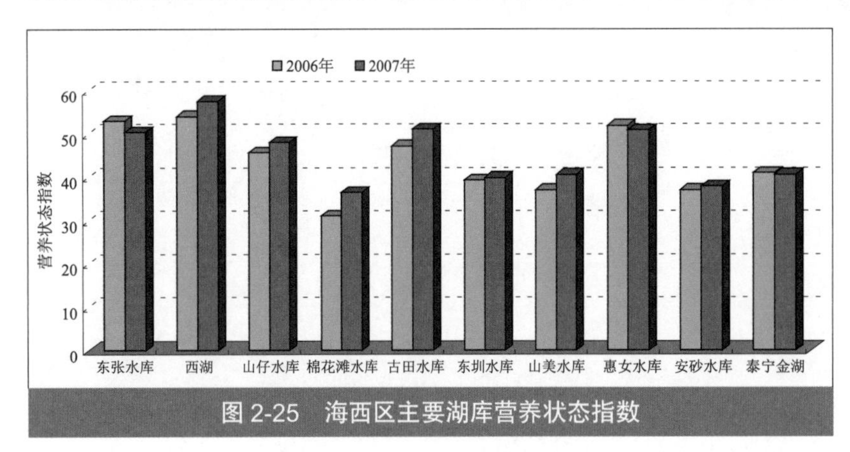

图 2-25　海西区主要湖库营养状态指数

3．部分湖库富营养化程度有所上升

海西区主要湖库水质达标率为 59%，温州地区和闽东南部分湖库存在超标现象，超标因子为氮、磷等湖库富营养化特征指标。近年来，70% 湖库的富营养状态指数有所升高（见图 2-25）。

第三节　近岸海域环境质量现状及其演变趋势

一、近岸海域自然概况

海西区大部分城市背山临海，区域整体拥有广阔的海域。海域总面积 16.65 万 km^2，大陆岸线总长 4 419 km，海洋资源丰富。2007 年海洋经济总量达 4 200 亿元以上，占全区 GDP 的 10% 左右。海域地理位置优越，海湾众多，海岛星罗棋布，海湾沿岸地形掩护条件优良，不少港湾湾中有湾、港中有港、口小腹大、水域平静，分布着许多天然良港。

1．洋流

海西区拥有的海域包括福建省海域、温州市海域和粤东地区海域。本海域是东海和南海的过渡海区，是冷暖流交汇的地方，影响本海域的主要海流有台湾暖流、闽浙沿岸水、南海水和沿岸入海河流。厦门湾以北（含厦门湾）为正规半日潮，厦门湾以南为非正规半日潮（见图 2-26）。

（1）台湾暖流

台湾暖流主体终年沿台湾东部北上，冬、春季受东北季风影响，部分水体深入福建省海域的东部和中部。黑潮暖流的另一分支从东南方向深入福建南部海域，但由于受沿岸流的影响而减弱，成为混合体。

（2）闽浙沿岸流（东海沿岸流）

闽浙沿岸流是一股“低盐低水温”、由北向南沿台湾海峡西侧流动的水流。它几乎终年影响福建海域。秋季该洋流作用随着东北季风的形成与强盛而增强，并向外向南扩展；冬季直抵南部海域；夏季由于西南季风的影响，该洋流北缩减弱。

（3）南海水（南海暖流）

该洋流由粤东进入福建海域。春季南海水随着西南季风的形成和强盛而向北扩展，达福建南部海域；夏季势力最强，夏末秋初，作用减弱，并与沿岸水交汇形成综合水体，造成南部海域夏季高温低盐的特殊环境。

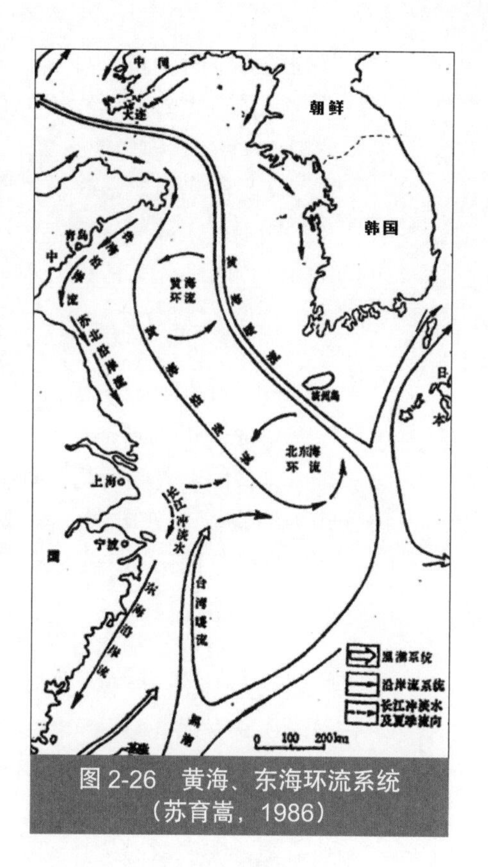

图 2-26　黄海、东海环流系统
（苏育嵩，1986）

2. 海域概况

（1）温州海域概况

温州市大陆海岸线全长 339 km，所辖海域面积约 11 000 km^2，全市所辖 3 个城区和 8 个县市中只有 2 个为内陆山区县，其余皆为沿海县市，其中含海岛建制县 1 个。全市海岸线绵长曲折，河口港湾众多，沿海岛屿广布。温州市沿海滩涂养殖面积达 650 hm^2，共有 239 个岛屿，面积 133.1 km^2，岛屿岸线长 567.9 km。主要入海河流为瓯江、飞云江、鳌江。

（2）福建海域概况

福建省海域总面积 13.6 万 km^2，大陆海岸线长 3 752 km，位居全国第二，直线距离 535 km，海岸线曲折率 1∶6.2，曲折率居全国首位。福建海域处于东海和南海的交界处，扼东北亚和东南亚航运通道的要冲，也位于我国南方航线的中段，地理位置十分优越与特殊，海湾众多，海岛星罗棋布。

福建海岸为构造断层海岸，北北东转北东向的主干断裂控制了海岸带的基本走向，而东西向的张性断裂则控制了多港湾的发育。福建全省有 125 个海湾，其中大型海湾（面积大于 100 km^2）9 个，中型海湾（面积为 30 ～ 100 km^2）4 个。

福建省大陆海岸线之外，分布着大量的海岛或海岛群，大潮高潮时面积大于 500 m^2 的岛屿有 1 546 个，岸线总长度为 2 812 km，乡级以上海岛海岸线长度为 807 km，岛屿总面积为 1 324 km^2。

福建省河流除交溪发源于浙江、汀江流经广东出海外，其余都发源于省内，流经省境，注入东海。全省共有闽江、九龙江等大小水系 29 条，总长 13 569 km，流域面积 11.28 万 km^2，多年平均入海水量约 1 000 亿 m^3，全省多年平均入海沙量 2 000 万 t。

（3）粤东海域概况

潮州市位于广东省的东南部，下辖的饶平县拥有大埕湾、柘林湾两大海湾（柘林湾是广东省 12 个重点开发海水养殖业的海湾之一）。潮州市大陆海岸线长 136.8 km，列入海洋功能区划的海域面积 680.9 km^2，全市共有海岛 33 个。

汕头市大陆海岸线长 110 km，纳入汕头市海洋功能区域面积超过 1 万 km^2，汕头有大小岛屿 40 个，其中南澳县 23 个、潮阳区 1 个、汕头市 12 个、澄海区 2 个、牛田洋 2 个。最大的海岛是南澳岛，是广东省唯一的海岛县，周围分布有南澎列岛、勒门列岛、凤屿、虎屿等。

揭阳市大陆岸线集中于惠来县，长 81.6 km，纳入海洋功能区域面积约 700 km^2，近岸海域明礁、暗礁分布密集，入海河流主要有榕江和练江。

3. 重点海湾概况

（1）乐清湾

乐清湾位于浙江南部沿海，瓯江口北侧，东、北、西三面由低山丘陵环抱，呈葫芦状，为一典型的半封闭海湾，南北长 47 km，东西宽 15 km。乐清湾内水产、滩涂、港口、潮汐能、旅游等资源十分丰富。海域面积 463.6 km^2，滩涂面积 220.8 km^2，海岸线全长约 184.7 km。湾内岛屿有西门岛、茅延岛等 30 个。

（2）三沙湾

三沙湾位于福建省东北部，地处霞浦、福安、蕉城、罗源四县（市、区）滨岸交界。湾口朝东南，口门宽仅 2.88 km，三沙湾由一澳（三都澳）、三港（卢门港、白马港、盐田港）、三洋（东吾洋、官井洋、福鼎洋）等次一级海湾汇集而成，海湾总面积为 726.75 km^2，滩涂面积为 299.44 km^2，是福建省六大天然深水港湾之一。三沙湾地形复杂，岛屿星罗棋布，水域多呈水道形式，潮流呈往复流，流向与水道走向基本一致。该海域属强潮海区，潮差大，潮流急，一般落潮流速大于涨潮流速，潮流流向与深槽走向基本一致。该区波浪主要为小风区波浪，且受周围山体岛屿掩护，风速不大，波浪较小，动力主要为潮流。

（3）罗源湾

罗源湾为福建省六大深水港湾之一，位于福建省东北部沿海，形似倒葫芦状，东起可门口，向西深入罗源县与连江县境内。罗源湾属窄口型海湾，仅在东北角有一窄口——可门口与东海相通，口小腹大，湾口宽度仅 1.9 km。罗源湾海域总面积 216.44 km^2，滩涂面积 78.18 km^2，沿海岸线曲折，岬角众多，海岸线长 115.80 km。罗源湾为强潮流作用的港湾，可门水道及冈屿附近海域潮流流速较大，而湾的南部海域潮流较弱；罗源湾潮差较大，具有较大的纳潮量，罗源湾海水的半更换期约为 17 个潮周期。

表 2-24 海西区近岸海域基本情况

地区		大陆岸线/km	海岛岸线/km	海域面积/万 km^2	主要入海河流
浙江省	温州	339	680.4	1.1	瓯江、飞云江、鳌江等
福建省	宁德	1 046	101	13.6	闽江、九龙江等
	福州	920	390		
	莆田	336	107		
	泉州	541	117		
	厦门	194	32		
	漳州	715	60		
广东省	潮州	136	153.1	1.95	韩江、榕江、练江等
	揭阳	82	77		
	汕头	110	167		
合计		4 419	1 884.5	16.65	

（4）兴化湾

兴化湾位于福建省沿海中部，属于淤积型的构造基岩海湾，湾顶有木兰溪等河流注入，海湾多平原，如莆田平原、江镜平原等。北岸为福清市，南岸为莆田市，海湾深入内陆，岬湾相间，岸线曲折，岛礁棋布。兴化湾是福建省最大的海湾，海域总面积 704.77 km^2，滩涂面积 223.70 km^2，海岸线长 171.70 km。海湾略呈长方形，海湾东西长 28 km，南北宽 23 km，主槽由西北朝向东南湾口，经兴化水道和南日水道与台湾海峡相通。湾口宽度 16.09 km。海域内有海岛 71 个，岸线长 105.20 km，海岛面积 83.16 km^2。

兴化湾潮差很大，平均大于 4.5 m，是我国少见的大潮差区。兴化湾实测最大流速、流向因地而异，流向一般与当地等深线走向一致，从垂直方向上看，实测最大流速一般出现在表层或次表层，往下递减，底层流速最小；从水平方向而言，实测最大流速基本上是湾口附近最大，向湾顶逐渐减小，湾顶流速最小；深槽水域的流速也较大，向两侧逐渐减小，岸边流速较小。

（5）湄洲湾

湄洲湾位于福建省中部沿海，三面被大陆环抱，湾口朝向东南，通台湾海峡。湄洲湾为多口门海湾，东部湄洲岛北有文甲口，南部湄洲岛至惠安小岞剑屿之间为深槽，湾口宽度 23.14 km。湄洲湾海域总面积 552.24 km^2，滩涂面积 169.90 km^2，海岸线长 220.20 km。海岸线曲折，主要由基岩海岸组成，局部出现淤积质、砂质和红树林海岸。海域共有海岛 66 个，岸线长 83.11 km，海岛面积 18.12 km^2。湄洲湾湾口有湄洲岛，湾内岛屿众多，形成两道天然屏障。主航道、南侧和湾口水域较深，最深达 52 m，是福建沿海优良港湾之一。

湄洲湾高潮位由口外向口内逐渐增高，低潮位由口外向口内逐渐降低；潮差大，平均潮差 4.65 m 以上，潮差由口外向口内逐渐增大。湄洲湾潮流为典型的往复流，大潮流速大于小潮流速，表层流速大于底层流速。林齿礁至大生岛附近为最大流速区，最大流速达 1.78 m/s，斗尾—大竹深槽部位，涨急流速可达 2.4 m/s，落急流速达 1.75 m/s，属涨潮优势流；峰尾—东吴以及肖厝—秀屿的深槽部位，落潮流速均大于涨潮流速，为落潮优势流。

（6）厦门湾

厦门湾位于福建省南部沿海，厦门湾海域范围包括厦门西海域（西港）、九龙江河口湾、厦门南部海域、厦门东部海域、同安湾和大嶝海域 6 个海域，湾外界线即围头角、料罗头与镇海角的连线，宽度 56.62 km。厦门湾海域总面积 1 281.21 km^2，滩涂面积 290.9 km^2，海岸线长 452.40 km。湾内有海岛 180 个，岸线长 67.59 km，海岛面积 349.80 km^2。

厦门湾属正规半日潮海区，最大潮差 6.63 m，平均潮差 3.99 m。厦门湾潮流呈往复形式，涨潮时，潮流由金门外海流入湾内，落潮时反之，潮流从湾内在厦门岛南北两侧分成两股落潮流往湾外退去。厦门湾潮流流速从湾口往湾顶减小。湾口的表层大潮实测最大落潮流流速为 1.82 m/s，实测最大涨潮流流速为 0.8 cm/s，表层流速大于底层流速。湾内波浪主要来自湾外波浪，湾外波浪由于金门岛屿屏障作用而减弱其势力。

（7）东山湾

东山湾位于福建省南部沿岸、台湾海峡南口的西岸。东山湾为云霄县和漳埔县陆域、古雷半岛、东山岛所环绕，湾口向南，口小腹大，宽度 5.31 km。湾外界线为古雷半岛南端至东山岛东北端。东山湾是我国天然深水良港之一。湾口有诸多岛屿屏障，潮流畅通；西南部海域原通过八尺门水道与诏安湾沟通，20 世纪 50 年代筑堤截断，形成水流交换差、养殖环境污染严重的区域；东北部湾顶为漳江入海口。东山湾海域总面积 283.14 km^2，滩涂面积 95.61 km^2，海岸线长 152.30 km。海岛 44 个，岸线长 24.03 km，海岛面积 52 km^2。

东山湾属规则半日潮流，但浅海分潮却比较显著，涨潮流、落潮流的流速不等，最大落潮流速大于最大涨潮流速。东山湾的潮流受底摩擦力的影响较大，最大流速大体随离底的距离增大而减少，底层和近底层的流速比表层要小。湾口附近流速大，湾内各水道次之，浅水区潮流小。在湾内各水道中，东水道的丰屿以南地区潮流流速较大，其次为马鞍附近的中水道南段，南水道和大霜附近较小。

二、生态敏感区和重要渔场

海西区近岸海域拥有32个保护区（包括4个重要河口湿地）和4个渔场，沿海主要渔场自北向南为浙江温州洞头渔场、福建省闽东渔场和闽中渔场以及台湾浅滩渔场（见表2-25和图2-27至图2-29）。

随着滨海居住、旅游、港口、临港工业以及海水养殖业的发展，大量围填海以及排污活动，对海西区近岸海域的生态环境造成较大的压力，生物群落结构发生一定的变化，生物多样性指数降低，珍稀海洋物种的数量有所减少，分布范围进一步缩小，生态环境保护与海洋开发的矛盾日益突出。

三、近岸海域水质现状及演变趋势

2007年海西区近岸海域环境状况基本良好，水质优于我国大部分近岸海域；但局部海域

表2-25　海西区近岸海域主要敏感区

序号	名称	位置	面积/hm²	保护对象	保护区级别
1	南麂列岛海洋自然保护区	平阳县东南部海域	20 100	海洋贝藻类物种资源及其生态环境	国家级
2	乐清市西门岛海洋特别保护区	乐清市西门岛	3 770	红树林、珍稀鸟类及滨海湿地环境	国家级
3	宁德官井洋大黄鱼繁殖保护区	宁德市官井洋	31 464	大黄鱼	省级
4	闽江河口湿地自然保护区	福州长乐市、马尾区	3 129	滨海湿地、野生动物、水鸟	省级
5	长乐海蚌资源增殖保护区	福州长乐市梅花至江田海域	4 660	海蚌	省级
6	泉州湾河口湿地自然保护区	泉州湾	7 046	滩涂湿地、红树林及其自然生态系统、中华白海豚、中华鲟、黄嘴白鹭、黑嘴鸥等一系列国家重点保护野生动物，中日、中澳候鸟保护协定鸟类	省级
7	深沪湾海底古森林遗迹自然保护区	泉州晋江市深沪	2 700	古树桩遗迹、古牡蛎礁、变质岩、红土台地等典型地质景观	国家级
8	厦门珍稀海洋物种自然保护区	厦门海域	12 000	中华白海豚、厦门文昌鱼、白鹭	国家级
9	龙海九龙江口红树林自然保护区	漳州龙海市浮宫、紫泥、角尾、港尾	420.2	红树林生态	省级
10	漳江口红树林自然保护区	漳州市云霄县东厦镇	1 300	红树林生态	国家级
11	东山珊瑚省级自然保护区	漳州市东山县马銮湾、金銮湾	3 630	珊瑚	省级
12	南澳候鸟自然保护区	南澳岛	256	候鸟	省级
13	广东南澎列岛海洋生态自然保护区	南海东北端	61 357	海底自然地貌水域环境	省级

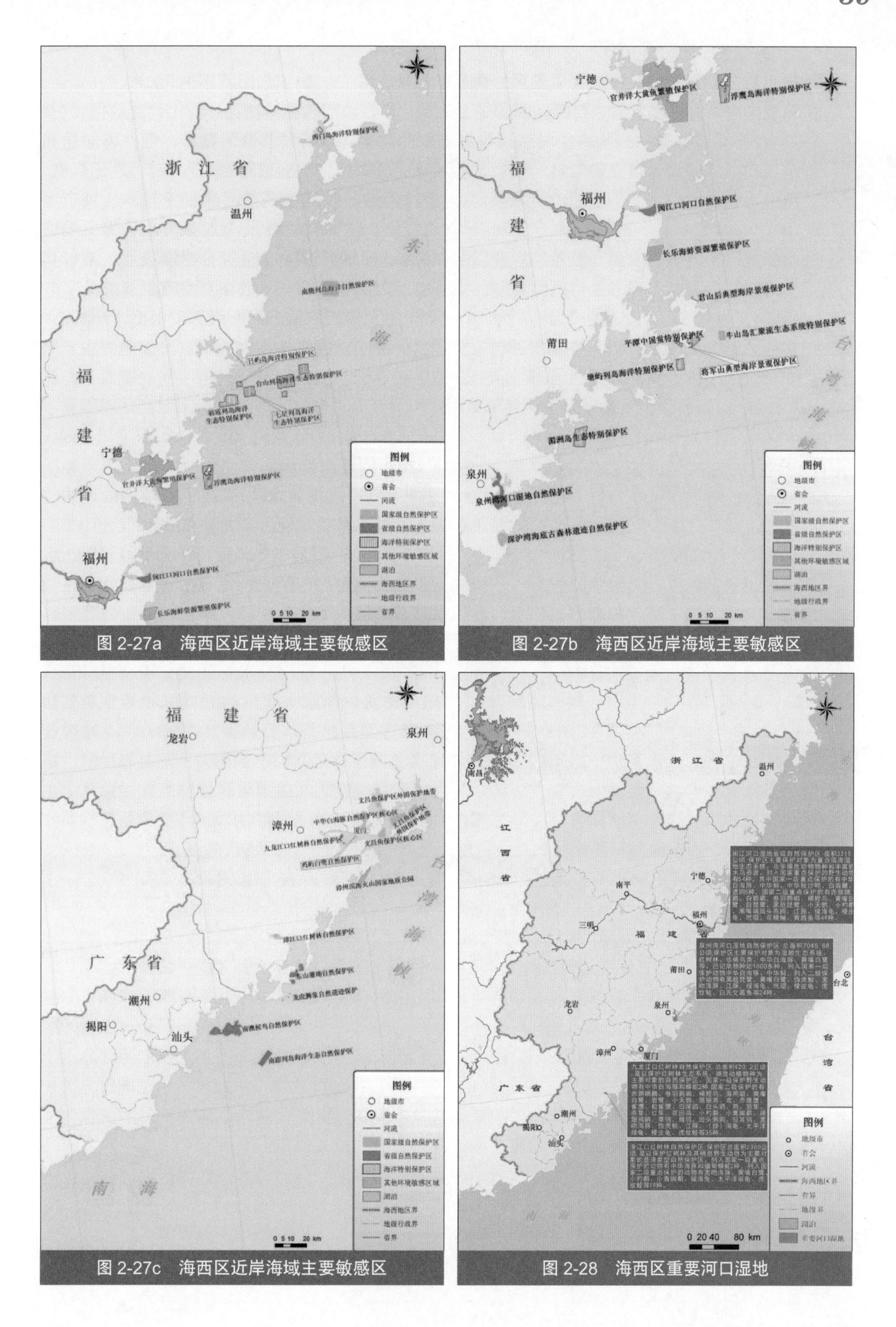

图 2-27a　海西区近岸海域主要敏感区

图 2-27b　海西区近岸海域主要敏感区

图 2-27c　海西区近岸海域主要敏感区

图 2-28　海西区重要河口湿地

污染明显，主要分布在各重点海湾、主要江河入海口和部分大中城市近岸局部水域。

近岸海域海水水质的主要超标因子是无机氮、活性磷酸盐和石油类。历年调查数据表明，海西区近岸海域海水中无机氮、活性磷酸盐和石油类的含量变化呈持续上升的趋势，无机氮、活性磷酸盐超标主要是河流径流输入、城市地表径流、生活排污以及海水养殖污染等原因造成的；石油类超标可能与船舶修造业、港口和渔业船舶排污有关。此外，还应注意的是，海水中铅和镉的含量虽然符合二类海水水质标准，但有上升的趋势。

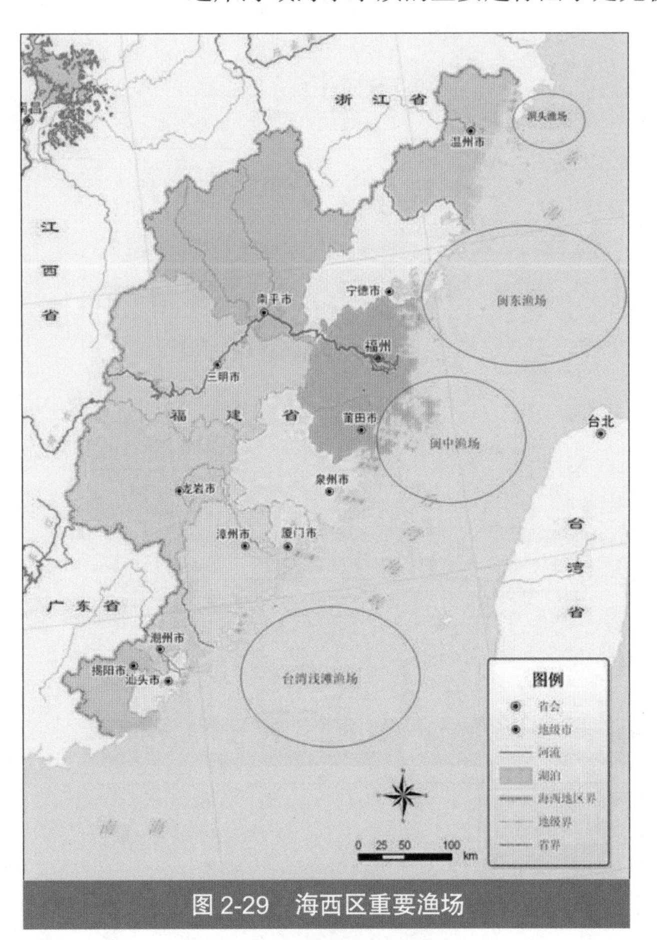

图 2-29　海西区重要渔场

1. 温州海域水质现状及演变趋势

2007 年温州市近岸海域水质污染较重。6 220 km^2 近岸海域均未达到一类海水水质标准要求，其中劣四类水质海域面积 559 km^2，约占 9%；四类水质海域污染面积 729 km^2，占 12%；三类水质海域和二类水质海域面积 4 932 km^2，占 79%。近岸水质严重污染海域主要分布在瓯江口、飞云江口、鳌江口和乐清湾，活性磷酸盐、无机氮是主要污染物（见图 2-30）。

以乐清湾为代表，与历史调查数据相比，乐清湾海域海水水质中的无机氮和活性磷酸盐浓度呈上升趋势，石油类、溶解氧、高锰酸盐指数、汞和锌的含量总体呈下降趋势，铜、铅以及镉含量除 2002 年监测值较高外，总体上也呈下降趋势；砷含量总体变化不大（见表 2-26）。

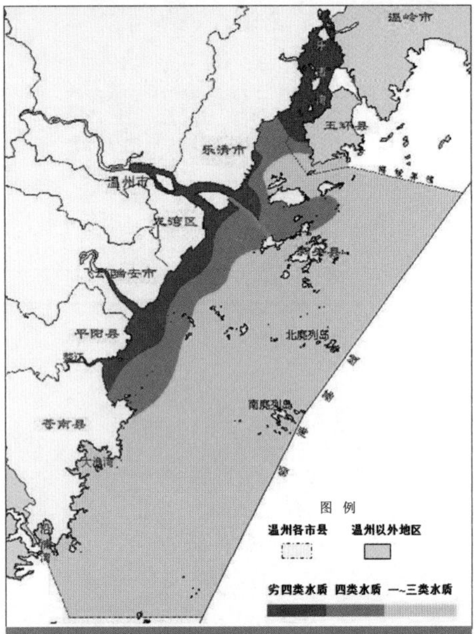

图 2-30　2007 年温州近岸海域水质情况

表 2-26　乐清湾海域水质变化

项目	1981—1982 年	1998 年	2002 年	2007 年
无机氮 /（mg/L）	0.188	0.444	0.61	0.476
活性磷酸盐 /（mg/L）	0.022 3	0.038	0.047 2	0.031 5
石油类 /（μg/L）	59.8	25	12.3	3.2
溶解氧 /（mg/L）	7.87	7.64	6.68	6.61
高锰酸盐指数 /(mg/L）	0.94	0.88	0.58	0.62
汞 /（μg/L）	0.06	0.073	0.033	0.018
铜 /（μg/L）	5.6	1.3	2.04	0.86
铅 /（μg/L）	4.5	0.367	1.319	0.097
镉 /（μg/L）	0.190	0.045	0.132	0.061
砷 /（μg/L）	—	2.15	1.9	2.28
锌 /（μg/L）	25.3	28.7	—	1.2

注：“—” 表示未监测。

2．福建海域水质现状及演变趋势

2007 年福建省近岸海域水质总体相对较好，水质总体符合一类海水水质标准，未达到一类水质标准要求的海域面积约 5 280 km^2，二类水质、三类水质、四类水质和劣四类水质海域面积分别为 2 850 km^2、1 640 km^2、240 km^2 和 550 km^2。严重污染海域主要分布在罗源湾和厦门湾近岸局部海域，以及闽江入海口等地区（见图 2-31）。主要污染物为无机氮、活性磷酸盐和石油类。无机氮和活性磷酸污染主要分布于沙埕港、三沙湾、罗源湾、闽江口、兴化湾和泉州湾以及厦门近岸海域；石油类则分布于沙埕港、兴化湾和泉州湾（见图 2-32）。水质污染与地区陆源污染物排放呈明显相关性（见表 2-27）。

图 2-31　2007 年福建省近岸海域环境质量状况分布

选取三个代表性的时间段，即 1983—1986 年开展的“福建省海岸带与海涂资源综合调查”、1998 年的“福建省海洋污染基线调查（第二次）”以及 2007 年“福建省近岸海域环境质量报告”，依此分析福建省近岸海域的水质变化情况。与 1983—1986 年的水质监测结果对比可知，1998 年福建省近岸海域水质恶化趋势较为严重，主要表现在营养盐含量大幅度上升。1998 年海域的活性磷酸盐和无机氮平均含量约为 1983—1986 年的 2.4 倍，已成为福建省近岸海域的主要污染因子。此外，石油类、重金属含量与 1983—1986 年相比也有不同幅度的上升，油类、汞、铅和镉的平均含量分别约为 1983—1986 年的 1.5 倍、6.6 倍、1.9 倍和 2.5 倍。高锰酸盐指数降低了 21%。

2007 年福建省近岸海域水体中的主要超标因子依然是无机氮和活性磷酸盐，与 1998 年相比浓度有所下降，但超标率在增加。化学需氧量浓度有所升高，溶解氧浓度有所下降；石油类、铅和镉的平均浓度均持续上升，分别增长了 42%、90% 和 130%；汞的浓度降低了 43%。

综上所述，福建海域水体中的铅、镉和石油类平均值呈持续上升趋势；与 20 世纪 80 年代相比，活性磷酸盐、无机氮和汞等指标有明显上升，但 2007 年已出现下降趋势；溶解氧和高锰酸盐指数的变化幅度不大（见表 2-28、图 2-33）。

3．粤东海域水质现状及演变趋势

2007 年粤东近岸海域由于受入海河流和陆源入海污染物排放等因素影响，污染海域主要分布在柘林湾、榕江、练江和濠江河口附近海域、汕头港邻近海域以及海门湾等，主要污染物是无机氮和活性磷酸盐。

受入海河流及陆源入海污染物排放等因素影响，潮州局部近岸海域和海湾水质较差，主要污染物是无机氮与活性磷酸盐。潮州柘林湾属半封闭海湾，水体交换能力弱，海流缓慢，水体自净能力不强，由于陆源排污和大规模海水养殖污染影响，柘林湾海域受无机氮和活性磷酸盐污染严重，整个海湾已处于富营养化状态。其中黄冈河口海域和三百门附近海域受无机氮和活性磷酸盐污染严重，处于劣四类水质，无机氮和活性磷酸盐浓度分布明显呈西北部海域高于东南部海域、湾内向湾口递减趋势。

汕头市近岸大部分海域海水石油类含量符合一类、二类海水水质要求，仅有汕头港外海域海水受到石油类的轻度污染。汕头市榕江、练江河口附近海域受无机氮和活性磷酸盐的污

表 2-27 2007 年重点入海排污口邻近海域环境质量状况

序号	排污口名称	类型	排污口邻近海域主要海洋功能区	海洋功能区水质要求	实际水质	生态环境质量
1	福鼎白琳石板材加工区	工业	养殖区	不劣于二类	三类	较差
2	宁德蕉城市政	市政	养殖区	不劣于二类	劣四类	极差
3	福鼎星火工业园区	工业	养殖区	不劣于二类	劣四类	极差
4	罗源松山	市政	航道区	不劣于三类	劣四类	差
5	连江苔录	工业	港口区	不劣于四类	三类	符合功能区要求
6	连江百胜	工业	港口区	不劣于四类	劣四类	较差
7	连江可门电厂	工业	养殖区	不劣于二类	四类	差
8	长乐松下腿头	工业	度假旅游区	不劣于二类	劣四类	极差
9	长乐金峰陈塘港	工业	海洋自然保护区	不劣于一类	劣四类	极差
10	福清三山后郑	市政	养殖区	不劣于二类	劣四类	极差
11	江阴工业集中区	工业	港口区	不劣于四类	劣四类	较差
12	平潭竹屿	排污河	港口区	不劣于四类	劣四类	较差
13	莆田涵江牙口	工业	航道区	不劣于三类	劣四类	差
14	莆田众和集团有限公司	工业	一般工业用水区	不劣于三类	四类	较差
15	莆田大地纸业有限公司	工业	港口区	不劣于四类	劣四类	较差
16	太平洋电力有限公司	工业	航道区	不劣于三类	劣四类	差
17	莆田城市污水处理厂	市政	航道区	不劣于三类	劣四类	差
18	泉港区市政	市政	锚地	不劣于三类	四类	差
19	石狮大堡集控区	工业	港口区	不劣于四类	四类	符合功能区要求
20	石狮伍堡集控区	工业	排污区	不劣于四类	四类	符合功能区要求
21	晋江深沪东海安集控区	工业	港口区	不劣于四类	四类	符合功能区要求
22	湄洲湾氯碱有限公司	工业	养殖区	不劣于二类	四类	差
23	晋江东石电镀集控区	工业	港口区	不劣于二类	劣四类	极差
24	晋江、石狮 11 孔桥	排污河	养殖区	不劣于二类	劣四类	极差
25	南埔火电厂	工业	锚地	不劣于三类	四类	较差
26	福建炼油厂	工业	港口区	不劣于四类	三类	符合功能区要求
27	石狮锦尚集控区	工业	排污区	不劣于四类	四类	符合功能区要求
28	厦门埭辽 TA08 号	工业	航道区	不劣于三类	劣四类	差
29	卿朴橡胶坝	工业	航道区	不劣于三类	劣四类	差
30	石浔溪闸	工业	航道区	不劣于三类	劣四类	差
31	杏林翁厝涵洞	工业	港口区	不劣于四类	劣四类	极差
32	漳州后石电厂	工业	一般工业用水区	不劣于三类	四类	较差
33	龙海东园华发	工业	增殖区	不劣于二类	劣四类	极差
34	漳浦污染集控区	工业	排污区	不劣于四类	劣四类	较差
35	东山铜钵坜沟	市政	度假旅游区	不劣于二类	二类	符合功能区要求
36	龙海龙海桥市政	工业	航道区	不劣于三类	劣四类	差

染，汕头港邻近海域、海门湾的无机氮浓度超过四类海水水质标准，属严重污染海域。汕头港外妈屿岛至濠江区赤屿附近海域无机氮和活性磷酸盐含量超过二类海水标准，属中度污染海域。而南澳大部分海域海水水质符合一类、二类海水水质标准要求，属清洁或较清洁海域。

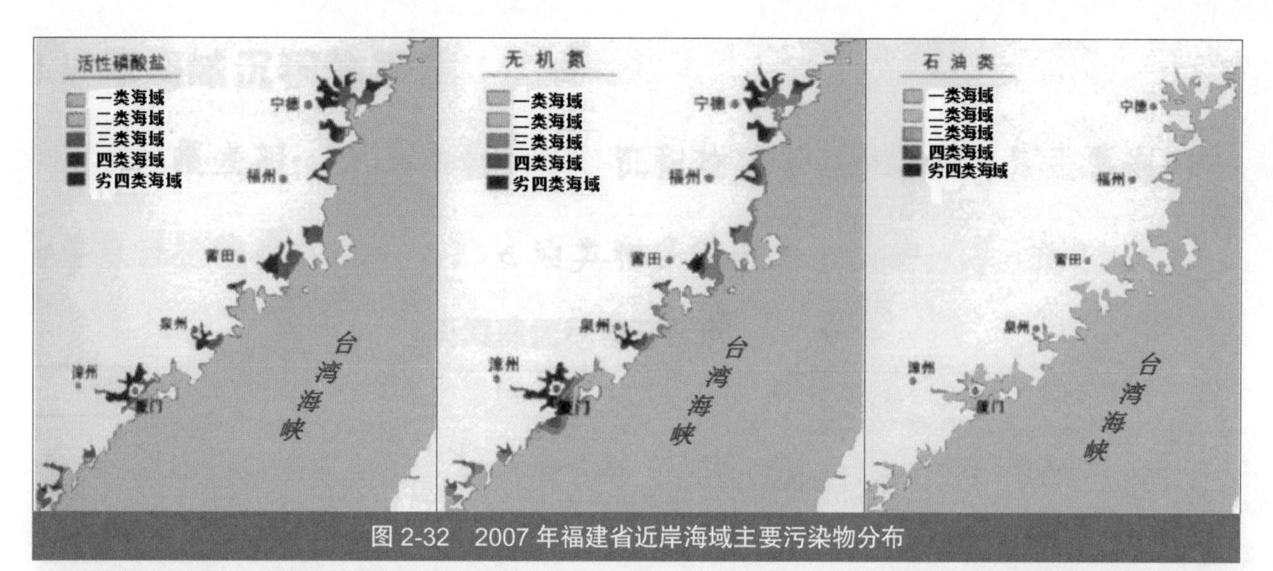

图 2-32　2007 年福建省近岸海域主要污染物分布

表 2-28　福建近岸海域水质变化

项目	1983—1986 年		1998 年		2007 年	
	浓度范围	均值	浓度范围	均值	浓度范围	均值
溶解氧 /（mg/L）	—	—	5.97 ～ 9.22	7.2	3.22 ～ 9.40	6.77
活性磷酸盐 /（mg/L）	0.001 ～ 0.023	0.012	0.002 ～ 0.071	0.029	ND ～ 0.152	0.021
无机氮 /（mg/L）	—	0.149	0.047 ～ 1.001	0.364	0.001 ～ 1.944	0.312
高锰酸盐指数 /（mg/L）	0.41 ～ 2.58	0.8	0.09 ～ 2.20	0.63	0.06 ～ 4.98	0.89
石油类 /（mg/L）	ND ～ 0.041	0.013	0.002 ～ 0.045	0.019	ND ～ 0.19	0.027
汞 /（μg/L）	ND ～ 0.044	0.008	0.015 ～ 0.159	0.053	ND ～ 0.260	0.03
铅 /（μg/L）	ND ～ 4.06	0.61	0.40 ～ 3.30	1.13	ND ～ 9.72	2.2
镉 /（μg/L）	ND ～ 1.106	0.035	0.035 ～ 0.340	0.087	ND ～ 1.50	0.197

注：ND 表示未检出；“—”表示未监测。

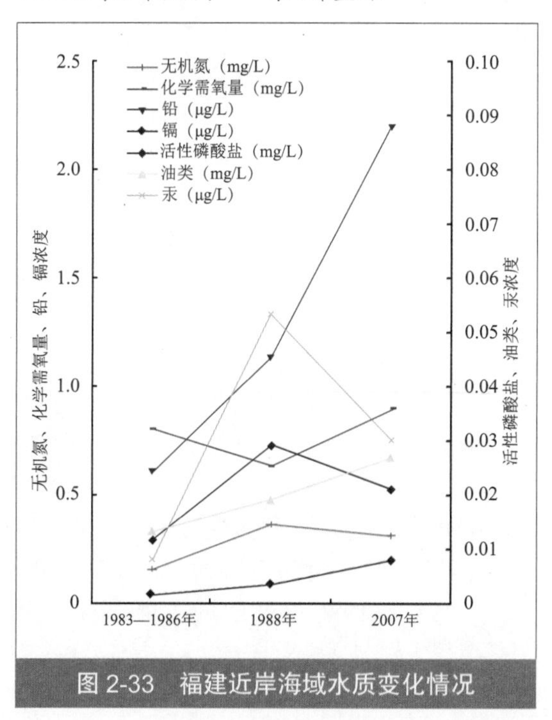

图 2-33　福建近岸海域水质变化情况

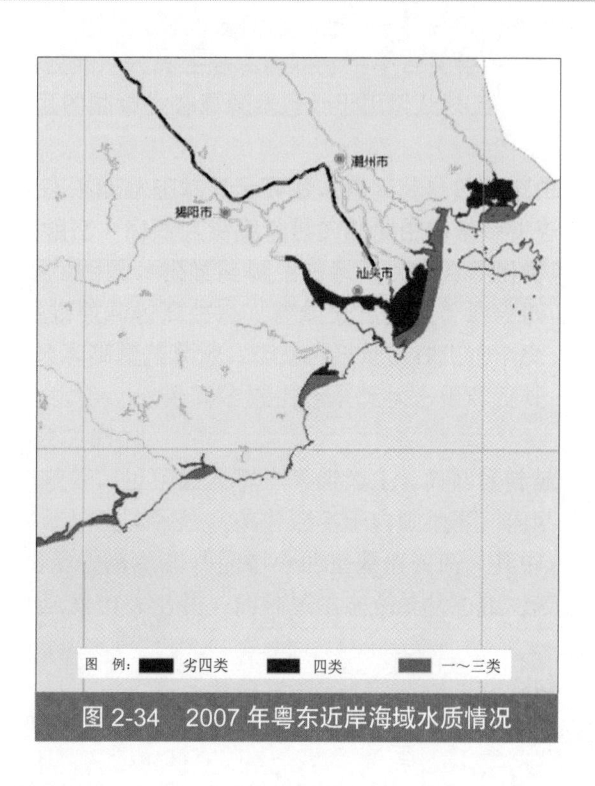

图 2-34　2007 年粤东近岸海域水质情况

表 2-29　粤东地区近岸海域水质变化

项目	1983 年		1991—1992 年		2007 年	
	浓度范围	均值	浓度范围	均值	浓度范围	均值
DO/（mg/L）	5.62 ～ 9.66	7.45	2.049 ～ 7.365	6.291	5.01 ～ 8.82	7.05
COD/（mg/L）	0.03 ～ 2.95	0.55	0.55 ～ 2.72	1.26	0.25 ～ 3.99	1.56
石油类 /（mg/L）	ND ～ 0.235	0.044	0.001 ～ 0.03	0.012	0.01 ～ 0.07	0.028
无机氮 /（mg/L）	—	—	—	0.363	0.179 ～ 0.39	0.284
活性磷酸盐 /（mg/L）	—	—	0.0005 ～ 0.014	0.012	0.001 ～ 0.03	0.018
镉 /（μg/L）	ND ～ 11	3	0.001 ～ 0.181	0.017	0.05 ～ 0.7	0.28
铜 /（μg/L）	1 ～ 10	4	0.05 ～ 1.73	0.399	0.5 ～ 17	3.285
铅 /（μg/L）	2 ～ 24	14	0.004 ～ 0.262	0.048	0.5 ～ 5	2.53

揭阳市近岸海域海水质量良好。除神泉湾局部海域受无机氮的轻度污染外，揭阳市近岸海域水质基本达到一类海水水质标准，属清洁海域（见图 2-34）。

选取三个代表性时间段的调查结果，即 1983 年开展的“广东省海岸带和海涂资源综合调查”、1991—1992 年的中国海湾志资料，以及 2007 年揭阳市、潮州市、汕头市的近岸海域水质监测数据，依此分析粤东近岸海域的海水水质变化情况。

与历史调查数据相比，粤东地区近岸海域的 DO、石油类，以及镉、铜、铅等含量均呈现先降低后上升的趋势；而 COD 的含量呈持续上升趋势。1991—1992 年至 2007 年，无机氮含量下降，活性磷酸盐含量上升（见表 2-29）。

四、海域沉积物质量现状

海西区近岸海域沉积物主要超标因子为铅、铜、镉、石油类，其中铅、镉和石油类与水质变化相关，铜可能与陆源输入有关。

1. 温州海域

2007 年，温州近岸海域沉积物质量总体较好，但局部海域沉积物受到重金属铜等污染，含量超过《海洋沉积物质量》（GB 18668—2002）第一类标准限值。以乐清湾为代表，与历史调查数据相比，乐清湾海域沉积物中石油类含量呈下降趋势，砷含量则有所上升，其余污染物变化不明显（见表 2-30）。

表 2-30　乐清湾海域沉积物中污染物含量变化

因子	1981—1982 年	1998 年	2003 年	2007 年
石油类 /（mg/kg）	133.8	34	28	6
砷 /（mg/kg）	—	12.6	12.95	14.95
铜 /（mg/kg）	37.0	25.8	38.1	37.4
镉 /（mg/kg）	0.32	0.092	0.172	0.168
铅 /（mg/kg）	32.0	22.3	15.7	27.7
总汞 /（mg/kg）	0.061	0.071	0.072	0.056
有机碳 /%	0.821	—	0.82	0.482

注：“—”表示未监测；为了方便比较，以有机碳 ×1.724 1 =有机质进行换算。

2. 福建海域

2007 年全省海域沉积物质量总体良好。但主要海湾部分站点沉积物存在重金属、石油类和多氯联苯超标的现象。其中三沙湾部分海域铅和多氯联苯超标，泉州湾部分海域石油类超标。

选取三个代表性时段的调查结果，即 1983—1986 年开展的“福建省海岸带与海涂资源综合调查”、1998 年的“福建省海洋污染基线调查（第二次）”以及福建海洋与渔业局提供的 2007 年福建省近岸海域沉积物监测数据，依此分析福建省近岸海域沉积物质量的变化情况。

分析表明，硫化物、镉的含量呈现先上升后降低趋势。1983—1986 年至 1998 年的十几年间，硫化物和镉含量分别增加了 90% 和 70%，最近十年硫化物和镉含量分别降低 24.18% 和 5.26%。汞的含量一直呈下降趋势，平均含量从 20 世纪 80 年代中期的 0.14 mg/kg 下降至 1998 年的 0.056 mg/kg，降低 60%，而近十年来降幅变化小，仅降低了 10.71%。铅、石油类、DDT 呈现先降低后上升的趋势。在此期间，铅、石油类、DDT 的含量分别降低 39.63%、21.76%、81.82%；最近十年，DDT 和铅的含量分别增长了 13% 和 102%，石油类的增长速度更快，增加了约 3.5 倍（见表 2-31、图 2-35）。

综上所述，三个调查时期海域沉积物中硫化物、镉的含量呈现先上升后降低的趋势；汞的含量一直呈下降趋势；铅、石油类、DDT 呈现先降低后上升的趋势，其中石油类的剧增可能与临海工业、港口、船舶排污有关。

3. 粤东海域

2007 年粤东地区近岸海域沉积物质量总体良好，六六六、DDT 和多氯联苯等有机氯持久性污染物，以及硫化物含量均低于《海洋沉积物质量》第一类标准值。大多数监测站位的石油类、总汞、铅、砷、铜和有机碳含量均低于《海洋沉积物质量》第一类标准值，但汕头近岸海域部分监测站位的铜和铅含量超过《海洋沉积物质量》第一类标准值。沉积物的镉含量普遍超过《海洋沉积物质量》第一类标准值。

选取三个代表性时段的调查结果，即 1983—1986 年开展的“广东省海岸带和海涂资源综合调查”、1998 年的“第二次全国海洋污染基线调查”以及 2006 年广东省海洋与渔业环境监测中心的近岸海域沉积物监测数据，依此分析粤东地区近岸海域的沉积物质量变化情况。

分析结果表明，铅、石油类均呈现先降低后上

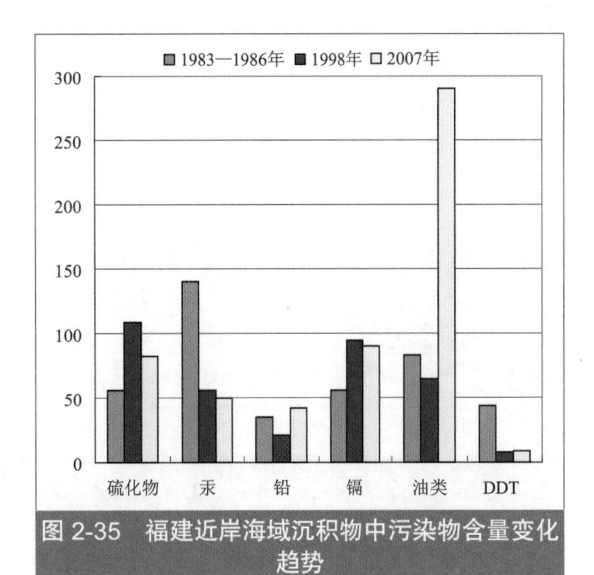

图 2-35　福建近岸海域沉积物中污染物含量变化趋势

注：汞、镉、DDT 以 μg/kg 计，其余均为 mg/kg。

表 2-31　福建近岸海域沉积物中污染物含量变化　单位：mg/kg

项目	1983—1986 年		1998 年		2007 年	
	测值范围	平均值	测值范围	平均值	测值范围	平均值
硫化物	ND ～ 677	56.2	2.50 ～ 556.4	108.8	0.3 ～ 454	82.49
汞	0.015 ～ 0.47	0.14	0.01 ～ 0.10	0.056	0.002 ～ 0.131	0.05
铅	6.0 ～ 108	34.8	9.3 ～ 34	21.01	0.607 ～ 153	42.45
镉	ND ～ 0.300	0.056	0.02 ～ 0.29	0.095	0.0036 ～ 0.76	0.09
石油类	ND ～ 717	83.1	2.50 ～ 784	65.02	6 ～ 1350	289.93
DDT	ND ～ 0.485	0.044	0.000 3 ～ 0.047	0.008	0.000 009 ～ 0.049	0.009

注：ND 表示未检出。

表 2-32 粤东地区近岸海域沉积物中污染物含量变化

项目	1983—1986 年		1998 年		2006 年	
	浓度范围	均值	浓度范围	均值	浓度范围	均值
汞 /（mg/kg）	0.013 ～ 0.298	0.058	0.06 ～ 0.07	0.06	0.014 ～ 0.07	0.054
镉 /（mg/kg）	0.009 ～ 4.520	0.858	0.48 ～ 0.62	0.53	0.16 ～ 0.39	0.25
砷 /（mg/kg）	5.0 ～ 19.7	9.9	15.00 ～ 17.10	16.01	21.50 ～ 32.22	26.86
铅 /（mg/kg）	28 ～ 88	49	29.20 ～ 35.30	32.72	57.00 ～ 102.84	72.48
石油类 /（mg/kg）	15 ～ 311	65	1.15 ～ 7.51	7.14	325.0 ～ 552.0	442.8
硫化物 /（mg/kg）	221 ～ 1031	545	22.10 ～ 97.20	70.84	32.36 ～ 33.54	32.95
有机碳 /%	0.26 ～ 1.32	0.78	0.10 ～ 0.97	0.90	0.475 ～ 2.98	1.69

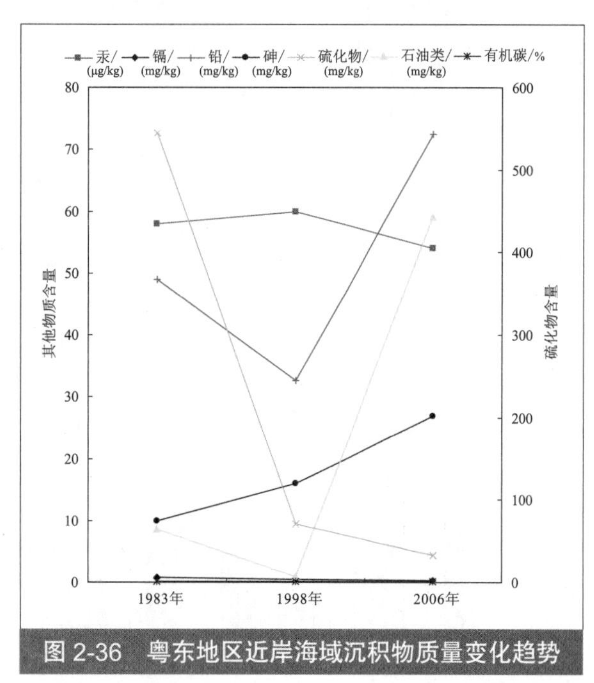

图 2-36 粤东地区近岸海域沉积物质量变化趋势

升的趋势。1983—1998 年，沉积物中铅含量降低了 33.22%，石油类降低了 89.02%。而 1998—2006 年，铅含量的平均监测值由 32.72 mg/kg 上升至 72.48 mg/kg，增高了 1.2 倍；石油类含量的平均监测值增加 61 倍，由 7.14 mg/kg 上升至 442.8 mg/kg。砷、有机碳的含量呈持续上升趋势，1983—1998 年砷和有机碳的含量分别上升了 61.72% 和 15.38%；近十年来，又分别上升了 67.77%、87.78%。镉、硫化物的含量呈持续下降趋势。1983—1998 年镉含量的平均监测值由 0.858 mg/kg 降低至 0.53 mg/kg，降低了 38.23%；硫化物含量的平均监测值由 545 mg/kg 降低至 70.84 mg/kg，降低了 87%。1998—2006 年镉、硫化物的含量又分别降低了 52.83%、53.49%。汞含量呈现先上升后下降的趋势。1983—1998 年汞含量的平均监测值由 0.058 mg/kg 上升至 0.06 mg/kg，上升了 3.45%；2006 年，汞含量下降至 0.054 mg/kg，下降了 10%（见表 2-32）。

综上所述，三个调查时期，粤东地区近岸海域沉积物的铅、石油类含量均呈现先降低后上升趋势，与海水中铅、石油类的变化趋势相类似；汞含量呈现先上升后下降的趋势；砷、有机碳的含量一直呈上升趋势；镉、硫化物的含量则呈持续下降趋势（见图 2-36）。

五、海域生物质量现状

海西区近岸海域生物体内的主要超标因子为镉、铅和石油类，可能与水质和沉积物环境质量变化有关。其中福建近岸海域生物体内的砷和 DDT 含量也出现一定的超标现象。近十几年来随着环境污染治理力度加强，海洋生物质量有好转的趋势，但应注意污染物在生物体内的累积效应。

1. 温州海域

2007 年的监测结果显示，所有贝类体内均有监测项目超过《海洋生物质量标准》

（GB 18421—2001）一类标准限值，主要污染物是重金属，其中铅超标率为100%，镉超标率为58%，而石油类超标率也达33%。表明监测海域环境已受到重金属铅的轻微污染，局部受到重金属镉和石油类的轻微污染。

与历史调查数据相比，乐清湾海洋生物中的砷含量呈下降趋势；铜、锌、镉含量不断上升；石油烃、总汞含量呈先上升后下降的趋势；而铅含量2007年明显增加（见表2-33）。

表2-33　乐清湾海域软体动物体内污染物残留量变化　单位：mg/kg

项目	1998年	2003年	2007年
石油烃	10	25	10
砷	3.8	2.35	1.07
铜	3.4	16.4	28.4
锌	9	22.8	32
镉	0.06	0.177	1.627
铅	0.066	0.065	0.241
总汞	0.015	0.021	0.008

2．福建海域

2007年监测结果显示：近岸海域贝类生物质量不容乐观，在牡蛎和缢蛏体内铅和砷指标均超过海洋生物质量第一类标准。其中牡蛎体内镉含量超过一类标准，缢蛏体内的石油烃和DDT指标亦超标。

与历史调查数据相比，牡蛎和缢蛏体内的汞和镉含量的变化趋势与沉积物中汞和镉的变化趋势相类似；其中汞的含量表现为不断下降趋势，镉呈现出先上升后降低的趋势。牡蛎和缢蛏体内的铅和DDT含量变化趋势有所不同，可能与不同生物对污染物的富集程度及采样位置差异等有关（见表2-34）。

3．粤东海域

2007年监测结果显示，柘林湾海域翡翠贻贝、牡蛎抽样检验结果表明：所有监测对象没有受到石油烃、总汞、砷、粪大肠菌群的污染，但体内镉、铅含量超过海洋生物质量第一类标准。汕头市海洋贝类质量总体良好，主要污染物质为铅、镉、石油类。主要贝类养殖区生产的贝类中农药类、石油类、微生物，重金属总汞、铜、镉、铅、砷，以及麻痹性贝类毒素和腹泻性贝类毒素含量均符合海洋生物质量第一类标准，但一些受陆源排污影响的贝类养殖区生产的贝类受到重金属的轻度污染，部分样品铅含量超过第一类标准，个别样品镉、石油类含量超过第一类标准。

与历史调查数据相比，1998—2007年，粤东海域主要超标因子是镉、铅和石油类，随着DDT的禁用，其在生物体内的含量有所下降，符合海洋生物质量第一类标准。

六、重点海湾生态环境现状

1．乐清湾

海水水质主要超标因子为无机氮和活性磷酸盐，且近年浓度呈上升的趋势，其他指标均

表2-34　福建近岸海域牡蛎体内污染物残留量变化　单位：mg/kg

项目	1983—1986年		1997—1998年		2007年	
	测值范围	均值	测值范围	均值	测值范围	均值
汞	0.016～0.052	0.035	0.009～0.080	0.029	0.002～0.056	0.016
铅	ND～1.80	0.84	0.12～1.10	0.41	0.15～1.5	0.393
镉	0.043～0.550	0.271	0.23～1.46	0.73	0.25～0.489	0.588
DDT	ND～0.151 0	0.025 0	0.012 8～0.110	0.047 8	0.002 30～0.012 58	0.007 1

可满足海水水质二类标准要求。沉积物符合海洋沉积物一类标准，主要超标因子为铬和铜，可能与周边五金加工业的排污有关，历年变化趋势不明显。海域软体类动物体内砷、铜、锌、镉和铅含量均超标，其中铜、锌、镉超标较严重且含量不断上升，仅能满足《海洋生物质量标准》三类标准。

湾内叶绿素 a 平均含量有逐年增高趋向；浮游植物密度的变化幅度较大；浮游动物组成主要有真刺唇角水蚤、针刺拟哲水蚤、太平洋纺锤水蚤、中华哲水蚤以及海龙剑虫等暖温带种类和河口湿地物种，浮游动物平均生物量年际波动较大，且浮游动物的数量有明显的季节

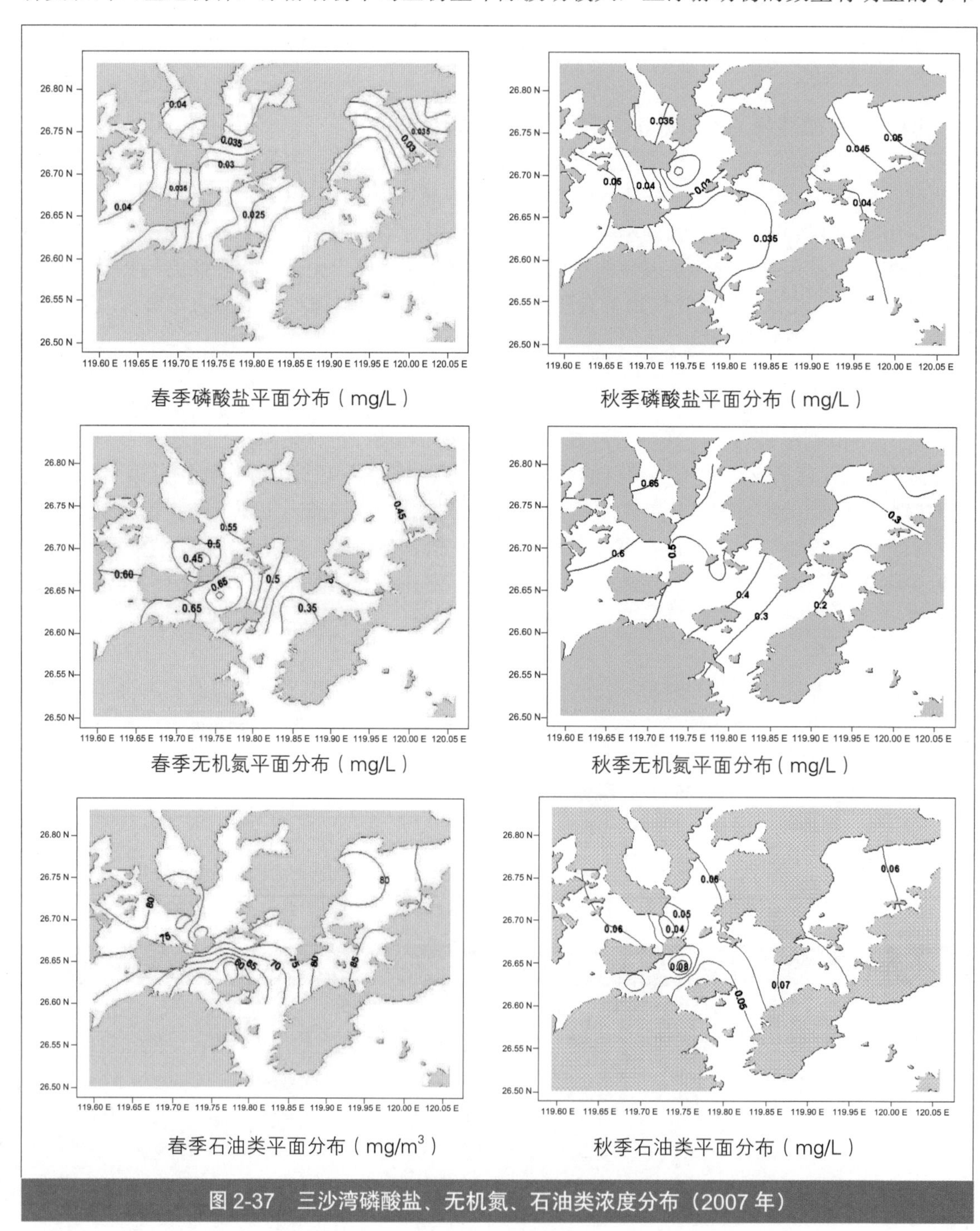

图 2-37 三沙湾磷酸盐、无机氮、石油类浓度分布（2007 年）

变化，春夏季浮游动物数量较多，7 月份出现峰值，冬季数量最低；大型底栖生物种类较丰富，栖息密度较高，主要种类中经济种类丰富，有小荚蛏、脊尾白虾、细螯虾、中国管鞭虾、三疣梭子蟹、棘头梅童鱼、龙头鱼等。

2．三沙湾

三沙湾海水主要超标因子为无机氮、活性磷酸盐和石油类，其他指标均可满足二类海水水质标准。从变化趋势上看，无机氮、活性磷酸盐和石油类含量呈持续上升的趋势，一定程度上与三沙湾周边区域生活排污、海水养殖及港口发展带来的污染物输入有关（见图 2-37）。

3．罗源湾

罗源湾潮下带、潮间带沉积物大部分评价因子满足海洋沉积物质量一类标准，潮间带沉积主要超标因子为石油类和铜，各类指标历年变化趋势不明显。海洋生物质量可以满足海洋生物质量一类标准，铜、铅、镉和汞含量在不同生物体中不同程度地超过海洋生物质量一类标准，其中铜、镉和汞含量仅在牡蛎体中有超标现象出现。与历史调查数据相比，牡蛎生物体中铅和镉含量总体呈上升趋势，六六六和 DDT 呈明显下降趋势，汞、铜、锌的含量波动较大。

罗源湾初级生产力季节变化较明显，夏季呈现最高值，且不同年代相同季节对比，初级生产力呈现逐渐增高的趋势。浮游植物种类变化不大，丰度从 1990 年以来有逐渐增加趋势。不同时期调查结果表明，浮游动物的种类数量、生物量和丰度均呈减少趋势。罗源湾底栖生物的种类数量呈逐年下降趋势，栖息密度和生物量年际有一定的变化，但总体趋势为下降。

目前，临海工业发展需求带来大规模的围海造地、占用滩涂湿地，破坏了海域生态平衡。沿岸港口开发、临海工业发展产生的污染物排放对环境质量和养殖造成不利影响。根据福建省海湾数值模拟研究资料，罗源湾 2005 年入海废水量为 1 565.21 万 t，化学需氧量排放量为 14 176.32 t、总氮排放量为 5 226.92 t。生活废水是主要的入海污染源，占 92%。水产养殖、禽畜养殖、生活污染是化学需氧量的主要来源；水产养殖是氮和磷排放的主要来源。同时，米草入侵破坏近海生物栖息环境，引起海水交换能力下降，导致水质下降，威胁本土海岸带生态系统。罗源湾海水水质总体上可满足二类海水水质标准，主要超标因子为活性磷酸盐、无机氮、石油类和溶解氧，其中无机氮和活性磷酸盐含量基本呈上升趋势（见图 2-38）。

4．兴化湾

兴化湾各站位海水水质基本符合海水水质二类标准，高锰酸盐指数、活性磷酸盐和无机氮部分站位超标，从变化趋势上看，浓度呈上升趋势；从区域差异看，上述因子监测浓度基本呈现出由西部海域向东部海域逐渐递减的趋势。兴化湾西部海域海水水质较差，可能与秋芦溪及木兰溪入海污染及水产养殖有关。

兴化湾潮下带沉积环境质量主要评价因子基本可满足海洋沉积物质量一类标准，主要超标因子为硫化物和锌，各因子历年变化趋势不明显。

目前，兴化湾生物质量各评价因子中，铜、锌、铅、镉、石油类和 DDT 含量在不同生物体中含量不同程度地超过海洋生物质量第一类标准，其他指标可以满足海洋生物质量第一类标准，其中石油烃近年呈一定程度上升趋势。

浮游动物种类组成基本一致，均以桡足类和水母类所占比例最大，其次为毛颚类，浮游动物的生物量历年呈明显上升趋势；软体动物、多毛类动物和甲壳动物为潮间带和潮下带底

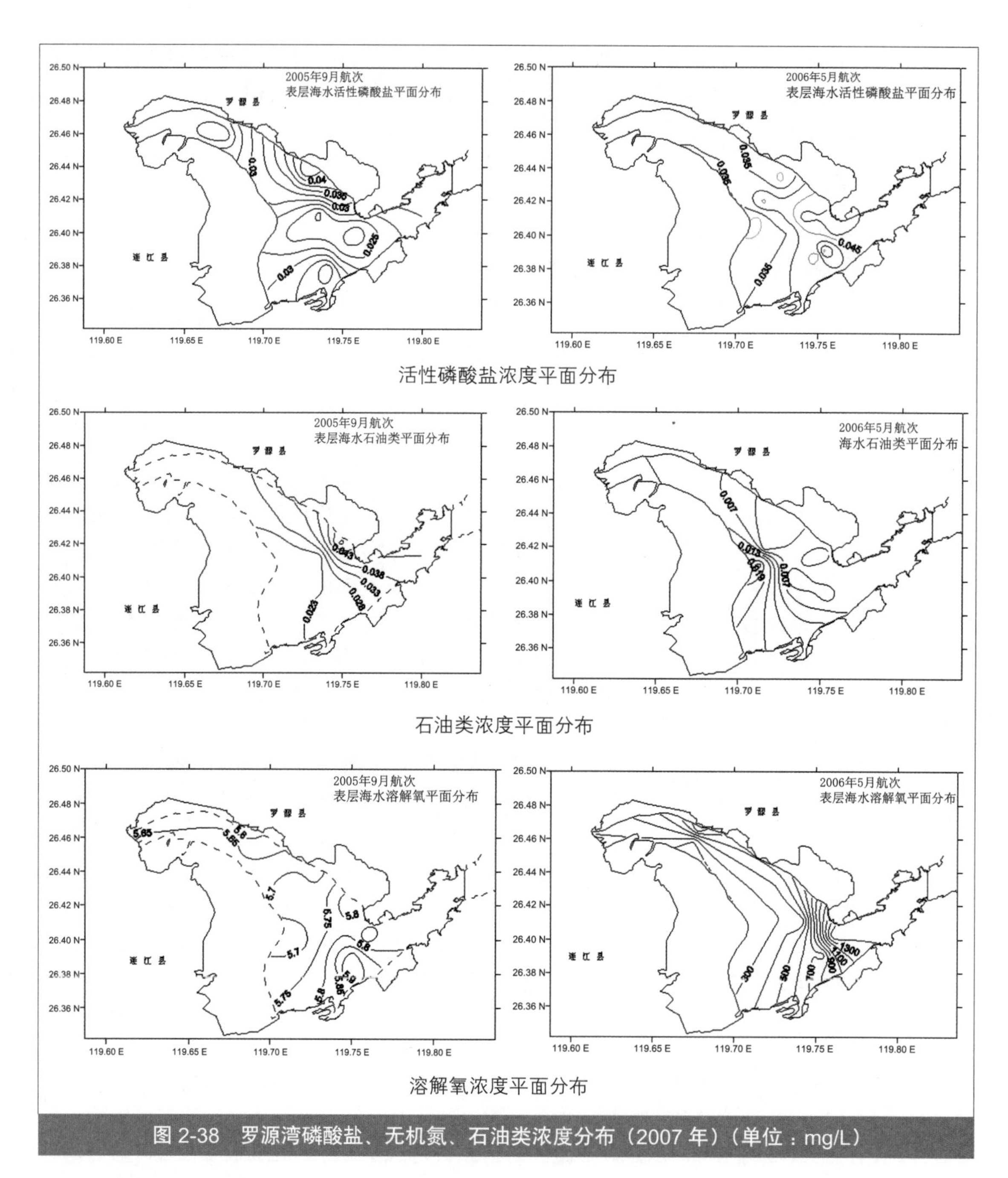

图 2-38　罗源湾磷酸盐、无机氮、石油类浓度分布（2007 年）（单位：mg/L）

栖生物的三大主要类群。

近年来，兴化湾周边区域经济发展迅速，尤其江阴岛港口经济及临港工业的发展迅猛，海域的主要污染源为城镇生活污染源和工业污染源，其中主要污染物为化学需氧量。目前，兴化湾年污水排放量为 5 942.35 万 t，化学需氧量为 10.19 万 t，生物化学需氧量为 3.52 万 t，总氮和总磷分别为 3.98 万 t 和 0.56 万 t。

湾内港口资源优势突出，莆田市养殖业有向兴化湾南部转移的趋势，而兴化湾北部正是福清市发展港口及加工业的区域，兴化湾将发展成为以港口、临港工业及海水养殖为主的港口经济。因此，兴化湾北部港口及工业发展将对南岸养殖业的可持续发展带来环境压力，需严格控制污染物排放，增殖和恢复渔业资源。

5．湄洲湾

湄洲湾除个别站位无机氮浓度略超海水水质二类标准外，其余监测因子浓度均符合国家海水水质二类标准。与历史调查资料相比，除无机氮和活性磷酸盐含量呈逐年略有上升趋势外，其他污染物含量较之前变化不大。

湄洲湾潮下带沉积环境质量各评价因子基本满足海洋沉积物质量第一类标准，个别站位锌略有超标，各类因子中有机碳呈逐渐递增的趋势；湄洲湾生物质量中铅、锌、汞和砷含量在不同生物体中略超海洋生物质量第一类标准，其他评价因子均可以满足海洋生物质量第一类标准。

湄洲湾叶绿素a含量变化趋势不明显，但初级生产力呈升高趋势。浮游植物种类变化不大，但浮游动物以桡足类为主，且年平均生物量有明显上升趋势。近年来，底栖生物种类数、生物量和栖息密度却呈现上升的趋势。多毛类动物和甲壳类动物是潮下带生物的主要类群。

6．厦门湾

厦门海域主要超标因子为无机氮、活性磷酸盐，还包括部分海域的石油类、铜、铅和锌等因子，其余评价因子均满足相应的水质标准。从演变趋势看，厦门湾各海域的水质总体呈现下降的趋势，各海域20世纪90年代中期之后的水质下降趋势均较明显，水质以劣四类为主，主要超标污染物为无机氮和活性磷酸盐（见图2-39）。

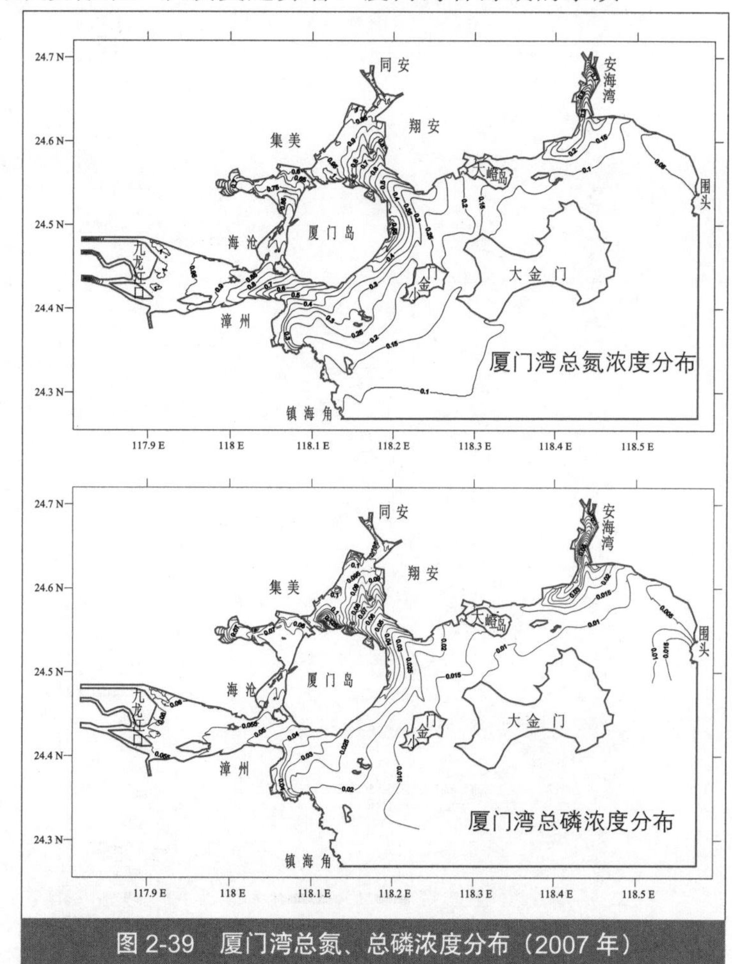

图2-39　厦门湾总氮、总磷浓度分布（2007年）

目前，厦门湾潮下带沉积环境质量尚属良好，除铜和锌含量略超第一类标准外，其他评价因子均满足海洋沉积物质量第一类标准；潮间带沉积环境中有机碳、硫化物、石油类、铜、铅、锌和镉含量均超过海洋沉积物质量第一类标准。与历史调查数据相比，沉积物质量总体上呈现改善的趋势。

厦门湾生物质量各评价因子中，仅六六六和DDT含量可以满足海洋生物质量第一类标准，重金属铜、铅、锌、镉、汞、砷含量在不同生物体中不同程度地超海洋生物质量第一类标准。与历史调查资料相比，重金属污染程度普遍加剧。

厦门海域叶绿素a含量呈现增长趋势，浮游植物种类数呈下降的趋势，生物量则有所上升，优势种出现了一定的变化。与20世纪90年代初调查数据相比，

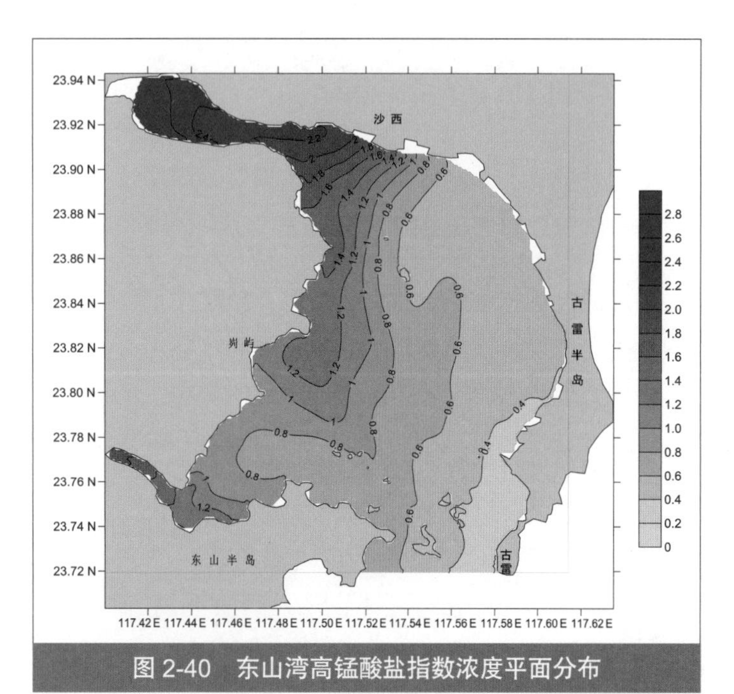

图 2-40 东山湾高锰酸盐指数浓度平面分布

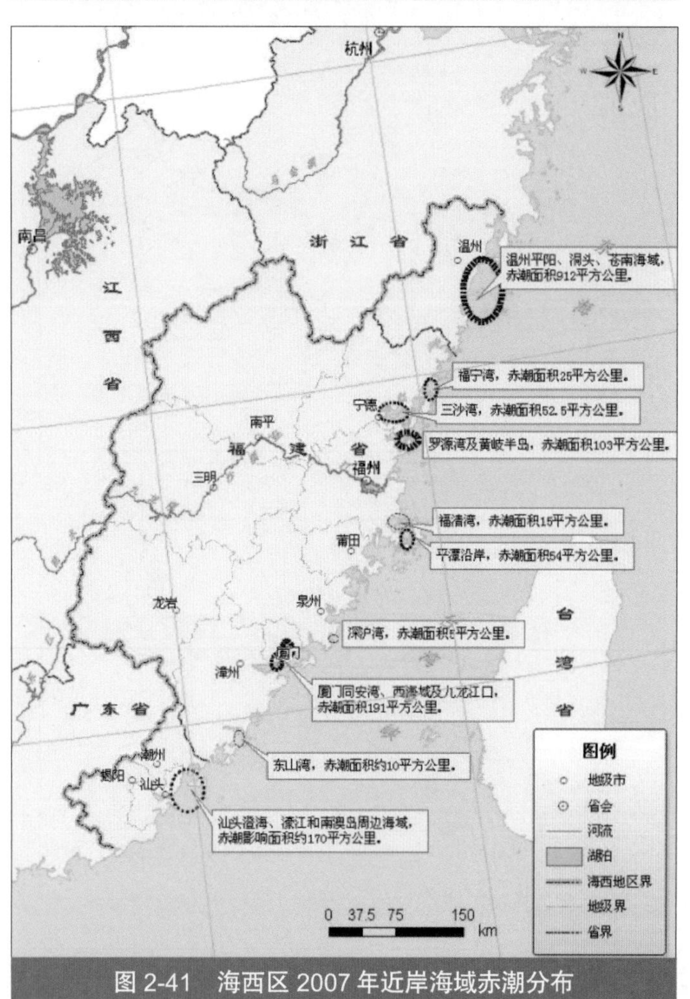

图 2-41 海西区 2007 年近岸海域赤潮分布

厦门湾潮间带生物的种类数、生物量和栖息密度均出现较大幅度的下降。

目前，厦门湾海水水质污染问题突出，其中湾内西海域旅游业发达，海域开发活动频繁，海域生态环境受到一定程度的污染，生态系统遭到一定程度的破坏；同安湾受陆源排污口及流域面源污染，以及水土流失、海水养殖、畜禽养殖及生活污水影响，水质污染也相当严重；东—南部海域受海水、淡水养殖，畜禽养殖及生活污水影响明显；而大嶝海域水质污染主要由于畜禽养殖及生活污染，以及部分农业化肥污染影响的结果。

7. 东山湾

东山湾现状水质主要超标因子为高锰酸盐指数（见图 2-40）、无机氮、活性磷酸盐、石油类、砷和汞，其他指标均可满足二类海水水质标准。与历史调查资料相比，无机氮、活性磷酸盐和石油类年均值大体呈持续增加趋势。

东山湾沉积环境质量良好，潮下带和潮间带各因子均满足海洋沉积物质量第一类标准，除石油类含量略呈增加趋势外，其余因子均呈下降趋势；东山湾生物质量中，铜、锌、铅、镉、砷、六六六和 DDT 含量在不同生物体中不同程度地超过海洋生物质量第一类标准，其中六六六和 DDT 含量呈上升趋势。

目前，东山湾的污染源主要是工农业污水、生活污水的排放，漳江陆地径流携带的陆源污染物质，以及湾内海水养殖废物、养殖废水和船舶排放的含油废水等。

七、海洋灾害

海西区海洋灾害主要表现为赤潮。2003—2008 年海西区近岸海域共发生赤潮 165 起，影响面积累计约 13 911 km^2。赤潮主要发生海域为南麂列岛、洞头、苍南、平阳、宁德沿岸、罗源湾、黄岐半岛沿岸、泉州、平潭沿岸、厦门西海域和同安湾、东山湾、汕头港外等近岸海域（见表2-35和图2-41）。

表 2-35 2003—2008 年海西区近岸海域赤潮概况

地区	年份	发生次数	发生海域	影响面积 / km^2
福建	2003	29	宁德沿海，闽江口、泉州湾、泉州近岸海域	1 739
	2004	12	宁德市沿海、平潭沿岸、厦门近岸海域	324
	2005	14	三沙湾、福宁湾、连江海域、平潭沿岸、厦门西海域	224
	2006	20	三沙湾、福宁湾、平潭沿岸、厦门同安湾及西海域、东山湾海域	1 800
	2007	20	宁德沿岸、罗源湾及黄岐半岛沿岸、平潭沿岸、深沪湾、厦门同安湾及西海域	456
	2008	14	宁德沿岸、黄岐半岛沿岸、平潭沿岸和厦门同安湾海域	480
温州	2003	5	南麂列岛和洞头县附近海域	900
	2004	9	南麂列岛、洞头县附近、苍南大渔湾海域	1 500
	2005	7	平阳、洞头、苍南海域	1 023
	2006	10	南麂列岛、洞头、苍南附近海域	3 082
	2007	6	平阳、洞头、苍南海域	912
	2008	9	平阳、洞头、苍南海域	823
粤东海域	2003	1	汕头港外妈屿岛附近海域	150
	2004	1	汕头港外海域	100
	2005	1	汕头港外海域	100
	2006	1	濠江区广澳至海门港一带海域	40
	2007	5	汕头澄海、濠江和南澳岛周边海域	205
	2008	1	汕头近岸海域	53
合计		165		13 911

八、小结

海西区地理位置优越，海湾、海岛众多，海域面积辽阔，岸线资源丰富，天然良港众多。总体上近岸海域水质和海洋沉积物质量良好，但受到工业发展和人口聚集影响，陆源污染物排放不断增加，近期存在下降趋势，海洋灾害发生频率则有所增加。

1. 近岸海域水质基本良好，局部海域水环境质量不容乐观

2007年海西区近岸海域环境状况基本良好，水质优于我国大部分近海海域，但乐清湾、罗源湾、泉州湾和厦门近岸海域等局部海域水质则不容乐观。

2. 海水水质存在下降趋势，氮磷污染有所控制

2007年近岸海域水质存在下降趋势，一类水质面积明显减少，污染海域面积增加。海域污染物指标整体呈上升趋势；氮磷污染有所控制，尤其是福建近岸海域各海湾指标均有小幅下降；重金属类则升降互现，其中汞下降明显。

近岸海域水质变化是人口密度增加、生活污水排放量增长、污水纳管率提高，工业废水排放以及近海养殖业治理等多种因素影响的综合体现，石油类及重金属浓度的上升则与港口和航运业不断发展密切相关。

3. 海洋沉积物质量总体良好，航运、港口等累积性生态风险有所上升

海西区近岸海域底质总体良好，主要评价因子大都可以满足海洋沉积物质量第一类标准。局部海湾如乐清湾、泉州湾、三沙湾及汕头近海海湾沉积物存在重金属、石油类或多氯联苯超标的现象。近岸海域贝类生物体内累积效应不容忽视，各地牡蛎和缢蛏体内均存在铅或砷

等重金属含量超过海洋沉积物质量第一类标准现象。乐清湾的电器电子行业、三沙湾的水产养殖、汕头近岸海域的电机产业以及日益发达的海洋运输与海洋沉积物存在的超标现象有密切关联。

海西区累积性生态风险有所上升。近年来随着航运、港口的发展，海水污染加重，部分近海海域海洋沉积物中汞、铅、砷和石油类含量经常超过第一类标准，而后三个指标近年来呈明显上升趋势，尤其是石油类含量增加迅速，汞含量则有所下降。

4．海洋灾害时有发生，溢油、危险品泄漏污染事故防范形势严峻

由于海域污染和富营养化等原因，海西区赤潮发生次数有所增多，2007 年海西区共发生赤潮 31 起，累计影响面积 1 573 km^2。临港工业特别是石化工业快速发展，海上物流规模日益加大，各类海洋经济活动显著增加，导致海上溢油、危险化学品泄漏等污染事故多发，1987—2005 年福建省海域发生 4 起重大溢油事故，造成滩涂和浅海养殖等损失超过 3 000 万元，对海洋生态环境、海洋资源和海上活动等构成了一定的安全隐患。

第四节　陆域生态环境质量现状及其演变趋势

一、陆域生态系统概况

按照生态系统的非生物成分和特征，地球上的生态系统从宏观上分为陆地生态系统和水域生态系统。根据组成要素、植被特点等，陆地生态系统可分为森林生态系统、草地生态系统、荒漠生态系统、苔原生态系统、农业生态系统和城市生态系统等。海西区陆地生态系统主要包括森林生态系统、草地生态系统、农田生态系统和城市生态系统（见图 2-42）。

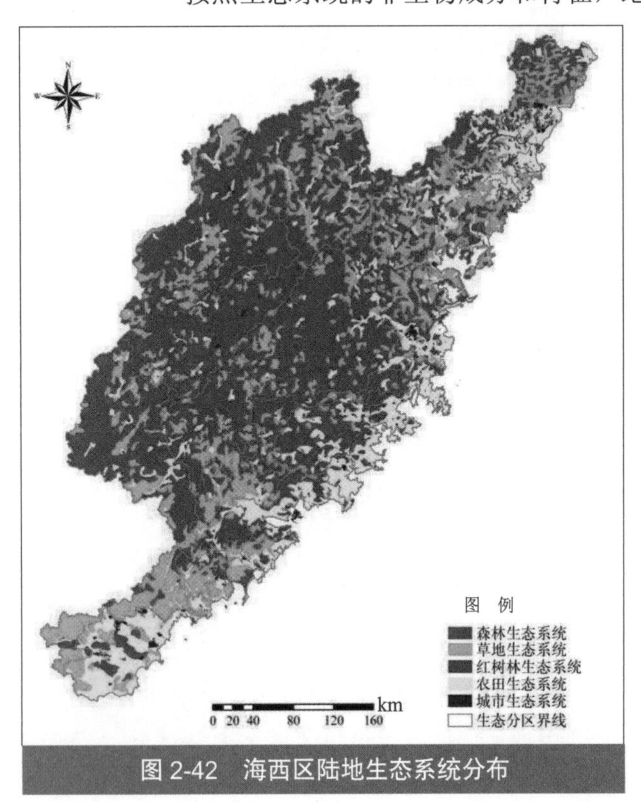

图 2-42　海西区陆地生态系统分布

1．森林生态系统

海西区森林生态系统面积为 8.45 万 km^2，占土地总面积的 59.8%。森林生态系统占海西区土地总面积的绝大部分，因此森林生态系统是海西区的优势生态系统。海西区森林生态系统主要由亚热带针叶林、亚热带常绿阔叶林和竹林及竹丛组成，分别占森林生态系统的 79.5%、14.2% 和 6.2%。可以看出，以马尾松、台湾松和杉木为主的亚热带针叶林是海西区森林生态系统的主要成分，亚热带常绿阔叶林次之，亚热带落叶阔叶林所占比例最小。

海西区的森林生态系统主要分布在武夷山

区和中部大山带（雁荡山—鹫峰山—戴云山—博平岭—凤凰山），亚热带针叶林分布较广泛，特别是福建省境内。在南亚热带气候区内，森林生态系统以亚热带针叶林为主；在中亚热带气候区内，亚热带常绿阔叶林和竹林及竹丛明显增多，森林生态系统的植被类型渐趋丰富。海西区的地带性植被属于南亚热带雨林和中亚热带常绿阔叶林，但亚热带针叶林的广泛分布可表明，海西区森林生态系统的针叶化现象严重；但是武夷山区亚热带常绿阔叶林分布仍然广泛，该区域森林生态系统的保存状态良好。

海西区森林生态系统分布较广泛，是该区域的优势生态系统。因此，森林生态系统分布状况及其组成要素直接关系到海西区陆域生态系统的健康状况、生态服务功能的发挥和区域生态安全状况。海西区森林生态系统以亚热带针叶林为主，地带性植被（亚热带常绿阔叶林）仍然占有较大比重，为生态服务功能的发挥、生物多样性的保护和陆域生态环境质量的维持提供了重要保障。总体来看，海西区森林生态系统针叶化现象严重，但武夷山区原始森林生态系统的保存状况仍然较好，使得海西区陆域生态系统状况上仍然处于全国前列。

2. 草地生态系统

海西区草地生态系统面积为 3.37 万 km^2，占土地面积的 23.9%，仅次于森林生态系统，是海西区第二大生态系统。海西区草地生态系统多是森林生态系统逆向演替的产物，一定程度上保留有森林生态系统的群落特征。

海西区草地生态系统主要由热带及亚热带常绿阔叶、落叶阔叶灌丛、旱生常绿灌丛和亚热带及热带草丛构成。其中，热带及亚热带常绿阔叶、落叶阔叶灌丛以檵木、乌饭树、映山红灌丛和桃金娘灌丛为主，广泛分布于区内森林生态系统的外围，总面积达 3.007 万 km^2，占草地生态系统的 89.2%。亚热带、热带草丛主要分布在南亚热带气候区，闽粤边界、揭阳西北部及福州、莆田沿海居多，面积 0.363 万 km^2，占草地生态系统的 10.8%。芒草、野古草、金茅草丛和蜈蚣草、纤毛鸭嘴草草丛是亚热带、热带草丛的主要植被类型。在草地生态系统中，旱生常绿灌丛所占比例较小，其分布面积仅为 2.789 km^2，占草地生态系统面积的 0.008%。

草地生态系统是海西区第二大生态系统，由热带及亚热带常绿阔叶、落叶阔叶灌丛、旱生常绿灌丛和亚热带、热带草丛构成，多是森林生态系统的逆向演替，一般与森林生态系统相间分布。热带、亚热带常绿落叶灌丛是海西区草地生态系统的主要组成成分，分布面积较广；亚热带、热带草丛面积相对较小，集中分布在南亚热带气候区。

3. 农田生态系统

海西区农田生态系统主要分布在沿海地带，特别是浙南沿海、九龙江口沿海、莆泉沿海、闽江口沿海和潮汕平原；在内陆地区，农田生态系统集中在建溪流域、富屯溪流域、沙溪流域和汀江流域等地。

海西区农田生态系统面积为 2.192 万 km^2，占陆域生态系统总面积的 15.5%。海西区农田分为旱田和水田两种类型，栽培植被类型以双季稻、冬小麦、茶、蚕豆等为主。

海西区农田生态系统的分布面积及其占生态系统的比例较大，仅仅低于森林、草地生态系统。但是农田生态系统以农作物生产为主，其自然生态服务功能明显削弱，维护陆域生态环境质量的能力较低。

4. 城市生态系统

海西区城市生态系统面积 1 124.535 km^2，占土地总面积的 0.8%，远低于森林、草地和农田等生态系统的面积及所占比例。从空间分布来看，海西区城市生态系统多集中分布在沿海地带，如浙南沿海、闽江口、莆泉沿海、九龙江口、潮汕平原等地；在内陆地区，城市生态系统主要分布在浙南诸河、沙溪流域、建溪流域、富屯溪流域、九龙江上游等。考虑到城市生态系统的自身特性，由于城市生态系统的集中分布，当地生态环境所承受的人类干扰相对较强。

从占地面积和比例上来看，城市生态系统也不是海西区的优势陆地生态系统。但是城市生态系统属于人工生态系统，强烈的人类干扰抑制了建成区及其周边地区陆地生态系统的自然特性和生态系统服务功能，对区域生态系统健康状况和生态安全造成影响。

二、陆域生态系统健康现状

1. 评价方法

以海西区 21 个生态分区为基本评价单元，以土地利用 / 覆被为切入点，综合考虑陆域生态系统的类型质量和空间格局，从区域层面上对海西区陆域生态系统健康状况及其演变趋势进行评价。

海西区陆域生态系统健康评价包括两个方面：① 提取海西区陆域生态系统类型质量、空间格局方面信息；② 确定海西区陆域生态系统健康状况。首先，以多源、多时相遥感影像为主要数据源，在遥感和地理信息系统（RS 和 GIS）技术支持下，提取海西区土地利用 / 覆被信息，识别森林、草地和农田等生态系统，进行海西区生态系统现状分析，确定海西区生态系统的类型质量状况和空间格局特征；其次，以生态系统结构、功能和过程为基础，从陆域生态系统的类型质量和空间格局两方面入手，遴选海西区陆域生态系统健康评价指标，构建陆域生态系统健康评价指标体系；采用综合指数法，计算陆域生态系统健康指数；根据海西区陆域生态系统健康状况的评价标准，对海西区陆域生态系统的健康状况进行排序、分级和评价，分析海西区陆域生态系统健康现状。

（1）数据来源及处理方法

数据来源主要由遥感影像数据及其他数据构成。其中，遥感影像数据以 Landsat TM 影像为主，分辨率为 30 m×30 m，时相为 1980 年、2000 年和 2007 年；其他数据包括社会经济统计数据、重要生态功能区调查资料、有关重点产业发展规划等。利用遥感处理软件（ERDAS）和地理信息系统软件（ArcGIS 9.2），进行遥感影像解译与信息处理，提取海西区土地利用 / 覆被和景观格局等方面的信息。

（2）评价指标

按照区域生态系统健康的评价思路，参照有关区域生态系统综合评价的已有成果，筛选区域生态健康评价指标，建立海西区陆域生态系统健康评价指标体系（见表 3-36）。

*① 状态指标。*状态指标包括生物丰度指数、植被覆盖指数、较高生态功能

表 2-36 区域生态系统健康评价指标体系

目标层	分目标层	指标层
区域生态系统健康状况	状态指标	生物丰度指数
		植被覆盖指数
		较高生态功能组分重要值
		较高生态功能组分破碎度
	压力指标	建设用地占土地总面积的比例
	响应指标	活力指数

组分重要值和较高生态功能组分破碎度 4 个指标。

i）生物丰度指数。生物丰度指数指通过单位面积上不同生态系统类型在生物物种数量上的差异，间接地反映被评价区域内生物丰度的丰贫程度。根据《生态环境状况评价技术规范（试行）》（HJ/T 192—2006），其中生物丰度指数分权重所示。生物丰度指数的计算方法为：

生物丰度指数＝A_{bio}×（0.35×林地＋0.21×草地＋0.28×水域湿地＋0.11×耕地＋0.04×建筑用地＋0.01×未利用地）/ 区域面积

式中，A_{bio} 为生物丰度指数的归一化系数。

ii）植被覆盖指数。根据《生态环境状况评价技术规范（试行）》的规定，植被覆盖指数指评价区域内林地、草地、农田、建设用地和未利用地 5 种类型的面积占被评价区域面积的比重，用于反映被评价区域植被覆盖的程度。植被覆盖指数的计算公式为：

植被覆盖指数＝A_{veg}×（0.38×林地＋0.34×草地＋0.19×耕地＋0.07×建筑用地＋0.02×未利用地）/ 区域面积

式中，A_{veg} 为植被覆盖指数的归一化系数。

iii）较高生态功能组分的重要值和破碎度。除植被面积及其所占比例外，空间格局也是影响陆域生态系统健康状况的重要因素，特别是较高生态功能组分的空间格局。在生物丰度指数、植被覆盖指数的基础上，选择较高生态功能组分的重要值和破碎度，对陆域生态系统的结构和格局进行评价。

较高生态功能组分的重要值表征较高生态功能组分在空间镶嵌体的生态服务功能和区域生态系统健康状况中的地位，包括较高生态功能组分的频度、密度和比例。较高生态功能组分的重要值为：

$$\text{重要值} = \frac{\text{频度} + \text{密度} + \text{比例}}{3}$$

其中，

$$\text{频度} = \frac{\text{较高生态功能组分的类型数}}{\text{总类型数}} \times 100\%$$

$$\text{密度} = \frac{\text{较高生态功能组分的斑块数}}{\text{总斑块数}} \times 100\%$$

$$\text{频度} = \frac{\text{较高生态功能组分面积}}{\text{土地总面积}} \times 100\%$$

生态功能组分的连通性也是影响其生态服务功能和陆域生态环境质量的重要因素。生态功能组分的连通性越好，生态功能组分的协调作用越强，不同类型生态系统空间镶嵌体的生态服务功能越强，陆域生态系统健康状况越好。连通性与破碎度具有一定的相关性，破碎度高则连通性低。较高生态功能组分的破碎度可表示为：

$$\text{破碎度} = \frac{\text{较高生态功能组分平均斑块面积} \times (\text{较高生态功能组分斑块数} - 1)}{\text{较高生态功能组分总面积}}$$

② 压力指标。生态系统研究强调过程与演替，当受到人类干扰时，生态系统会出现一系列变化。自然干扰和人为干扰的介入改变了生态系统的演替系列。人为干扰是多方面的，往往会改变生态系统的发展方向，加速生态系统改良或退化的过程。因此，在区域生态系统健

康评价中，压力指标以人类干扰指数为主，即

$$人类干扰指数 = \frac{建设用地面积}{土地总面积} \times 100\%$$

③ 响应指标。随着人类活动对陆域生态系统干扰的增强，将引起陆域生态系统结构的变化，对陆域生态系统的功能产生影响，陆域生态系统健康状况随之变化。活力是陆域生态系统功能的主要方面，生态功能组分在数量、格局等方面的变化都会对陆域生态系统的生产力、生物量产生影响。考虑到海西区陆域生态环境状况较好，陆域生态系统在维护生物多样性、涵养水源等生态服务功能上具有较强的优势，陆域生态系统在外界压力增大的条件下，首先表现为陆域生态系统活力的下降。因此，选择活力指标作为陆域生态系统健康状况的响应指标，由 NDVI 表示，即

$$\mathrm{NDVI} = \frac{\sum_{k=1}^{n} \mathrm{NDVI}_k \cdot S_k}{S}$$

式中，NDVI 为平均值；NDVI_k 和 S_k 为第 k 类土地利用 / 土地覆被的 NDVI 值和面积；S 为土地总面积。

（3）评价指数

为了消除量纲差异对评价结果的影响，对区域生态系统健康评价指标进行归一化处理，得出各评价指标的标准化值。在本专题中，采用极值归一化方法进行陆域生态系统健康评价指标的归一化处理，具体公式为：

$$越大越优指标：X_i = \frac{x_i - x_{\min}}{x_{\max} - x_{\min}}$$

$$越小越优指标：X_i = \frac{x_{\max} - x_i}{x_{\max} - x_{\min}}$$

式中，X_i 和 x_i 为第 i 个评价指标的标准化值和原始值；$x_{\max}$ 和 $x_{\min}$ 为第 i 个评价指标的最大值和最小值。空间镶嵌体的状态越好，越有利于区域生态系统健康；外界压力越大、生态异常现象越严重，越不利于区域生态系统健康。

按照压力 - 状态 - 响应模式，结合区域生态系统健康的涵义，本专题以区域生态系统健康指数为衡量指标，描述海西区陆域生态系统的自身状态、承受的外界压力和存在的生态异常现象等，对海西区陆域生态环境进行现状评价。其中区域生态系统健康指数可表示为：

$$\mathrm{REHI} = \sum_{i=1}^{n} (W_i \cdot X_i)$$

式中，REHI 为区域生态系统健康指数；W_i 和 X_i 为第 i 个评价指标的权重和标准化值。根据各评价指标对区域生态系统健康的影响程度，参考已有研究成果，采用层次分析法确定各指标的权重（W_i）。

除区域生态系统健康指数（REHI）外，本专题还采用状态指数（SI）、压力指数（PI）和响应指数（RI）3 个评价指数。其中区域生态系统健康指数（REHI）用于区域生态系统综合评价，从空间镶嵌体自身状态、外界压力和生态异常等方面对区域生态系统健康状况进行评价；状态指数（SI）用于评价区域生态系统自身状态；压力指数（PI）和响应指数（RI）

用于评价区域生态系统所承受的外界压力及可能出现的生态异常现象。

2．评价标准

从战略环境评价的角度出发，结合“区域生态系统健康”概念的相对性，本专题采用相对评价方法，对海西区陆域生态环境现状及其演变趋势进行评价。为了提高对区域生态系统健康状况的区分度、体现海西区的自身特征，以海西区陆域生态系统的最优状况和最差状况为上限、下限，按照陆域生态系统健康指数，将陆域生态系统健康划分为Ⅰ、Ⅱ、Ⅲ、Ⅳ、Ⅴ五个等级。

3．评价结果

以海西区不同时相的TM影像为主要数据源，结合社会经济、生态环境等方面的统计、监测和调查资料在RS、GIS技术支持下，进行海西区陆域生态系统健康现状评价。

（1）陆域生态系统状态较好，区域分异明显

以海西区陆域生态系统的最优状态和最差状态为参照标准，海西区21个生态分区的陆域生态系统状态分处“Ⅰ级、Ⅱ级、Ⅲ级、Ⅳ级”4个等级。其中，浙南诸河的陆域生态系统状态处于Ⅰ级，主要受其较高的林地面积和所占比例的影响；浙南诸河的有林地面积7 220.77 km^2，占其土地总面积（9 370.67 km^2）的77.05%。在海西区21个生态分区中，汀江流域、九龙江上游、龙江—木兰溪—晋江上游、粤东山地和闽江中游等5个生态分区的陆域生态系统状态均处于Ⅱ级。根据海西区陆域生态系统状况的分布情况，陆域生态系统状态处于Ⅰ级和Ⅱ级的生态分区集中分布在海西区中部大山带（即雁荡山—戴云山—博平岭—凤凰山脉）沿线，这一地区多为东南沿海诸河的中上游区域，在水源涵养、水土保持等方面具有重要意义。

建溪流域、富屯溪流域、沙溪流域、闽东诸河、九龙江下游和诏安东溪—漳江上游6个分区的陆域生态系统状态处于Ⅲ级。所有沿海生态分区的陆域生态系统状态均处于Ⅳ级，包括敖江流域和龙江—木兰溪—晋江中游；这一区域的社会经济水平较高，人类活动对陆域生态系统的干扰较强，使其生物丰度、植被覆盖率较低，较高生态功能组分也不占优势，导致陆域生态系统状态相对较差。海西区绝大多数地区的陆域生态系统状态处于Ⅲ级及以上等级，因此该区域陆域生态系统状态总体较好。

从海陆分布来看，海西区沿海分区的陆域生态系统状态均处于Ⅳ级，内陆分区的陆域生态系统状态则处于Ⅲ级及以上等级。与内陆地区相比，海西区沿海地区的陆域生态系统状态相对较差，陆域生态系统健康状态的影响因素不尽相同。根据陆域生态系统状态的分指标，海西区沿海生态分区的生物丰度指数、植被覆盖指数和较高生态功能组分重要值普遍较低，其较高生态功能组分所占比例较低，特别是有林地和高覆盖草地。但是内陆地区在生物丰度、植被覆盖特别是较高生态功能组分方面占有较大优势，使得其陆域生态系统状态相对较好，为陆域生态系统健康状况提供了良好的保障（见表2-37）。

综上所述，海西区陆域生态系统状态总体上较好，以Ⅲ级及以上等级为主。海西区陆域生态系统状态存在较大的区域差异，沿海地区的陆域生态系统状态普遍劣于内陆地区，内陆地区主要得益于较高的生物丰度、植被覆盖特别是较高生态功能组分的重要值较高。其中，海西区中部大山带（雁荡山—戴云山—博平岭—凤凰山脉沿线）的陆域生态系统状态相对较好（见图2-43）。

表 2-37 海西区陆域生态系统状态评价结果

生态分区	生物丰度指数	植被覆盖指数	较高生态功能组分重要值	较高生态功能组分破碎度	状态指数	评价等级
11	0.40	0.42	0.61	1.00	0.36	Ⅲ级
12	0.51	0.54	0.73	0.98	0.45	Ⅲ级
13	0.53	0.53	0.74	0.96	0.46	Ⅲ级
14	0.67	0.69	0.92	0.98	0.58	Ⅱ级
20	1.00	1.00	0.95	0.67	0.82	Ⅰ级
21	0.52	0.58	0.95	0.98	0.52	Ⅲ级
22	0.12	0.11	0.26	0.54	0.24	Ⅳ级
23	0.70	0.71	0.83	0.99	0.56	Ⅱ级
24	0.56	0.57	0.80	0.71	0.56	Ⅱ级
25	0.75	0.77	1.00	0.95	0.64	Ⅱ级
30	0.02	0.13	0.10	0.00	0.31	Ⅳ级
31	0.32	0.28	0.51	0.80	0.33	Ⅳ级
41	0.29	0.30	0.45	0.86	0.30	Ⅳ级
42	0.33	0.39	0.60	0.82	0.38	Ⅲ级
43	0.38	0.41	0.56	0.27	0.52	Ⅲ级
44	0.53	0.57	0.79	0.67	0.56	Ⅱ级
51	0.07	0.05	0.17	0.32	0.24	Ⅳ级
52	0.00	0.01	0.00	0.65	0.09	Ⅳ级
53	0.02	0.00	0.03	0.35	0.17	Ⅳ级
54	0.10	0.11	0.14	0.33	0.26	Ⅳ级
55	0.05	0.04	0.15	0.70	0.13	Ⅳ级

（2）陆域生态系统压力普遍较低，特别是北部、中部大山带

本专题对陆域生态系统所承受的外界压力主要考虑源自人类对土地利用 / 土地覆被的改变，表现为耕地和建设用地的增加。大气及地表水等方面的影响将在相应专题进一步论述。其中，耕地所对应的农田生态系统仍然保留部分自然生态系统的特征，具有相当的生态服务功能；而且基本农田也是土地开发、利用中重要的保护内容。因此，选择建设用地与土地面积的比例作为压力指标。

在海西区的 21 个生态分区中，浙南沿海、闽江口沿海、莆泉沿海、九龙江口沿海、浦云诏沿海和韩江口沿海 6 个生态分区的压力指数均超过 0.29，该区域陆域生态系统所承受的外界压力较大，其中农村居民点所占比例相对较高，城镇用地及其他建设用地所占比例基本相当。海西区其他 15 个生态分区的压力指数均低于 0.29。其中，海西区中部大山带的压力指数最低，包括敖江流域、闽东诸河、闽江中游以及龙江—木兰溪—晋江上游区域；其次是北部大山带的压力指数相对较低，主要包括建溪流域、沙溪流域和汀江流域。中部大山带向海侧的压力指数相对较大，但低于沿海地区的压力指数，包括龙江—木兰溪—晋江中游、九龙江下游、诏安东溪—漳江上游、闽东沿海。可以看出，海西区沿海各生态分区的压力指数相对较高，明显高于其他生态分区的相应指数；大多数生态分区的压力指数较小，陆域生态系统所承受的人为压力处于中等偏下水平。因此海西区陆域生态系统所承受的人为压力总体上较小（见表 2-38）。

从压力指数来看，海西区陆域生态系统的压力来源存在显著的区域差异。在沿海地区、中部大山带向海侧等生态分区中，农村居民点的面积和所占比例较大，是建设用地压力的主要组成部分。在中部大山带及北部山区，城镇用地的面积和所占比例相对较大，成为这一地区建设用地压力的主要来源。

根据各生态分区陆域生态系统的压力指数，可以将海西区由大到小划分为 4 组：① 沿海地带，包括浙南沿海和闽江口—韩江口所有沿海分区；② 中部大山带向海侧，即西部丘陵生态亚区的所有分区；③ 武夷山及浙南诸河，包括建溪流域、沙溪流域、汀江流域和浙南诸河等；④ 中部大山带，包括浙南，闽东，闽中山地森林与农业生态亚区的生态分区和富屯溪流域。其中，沿海地带的压力指数最大，中部大山带东南侧丘陵地区的压力指数次之，武夷山及浙

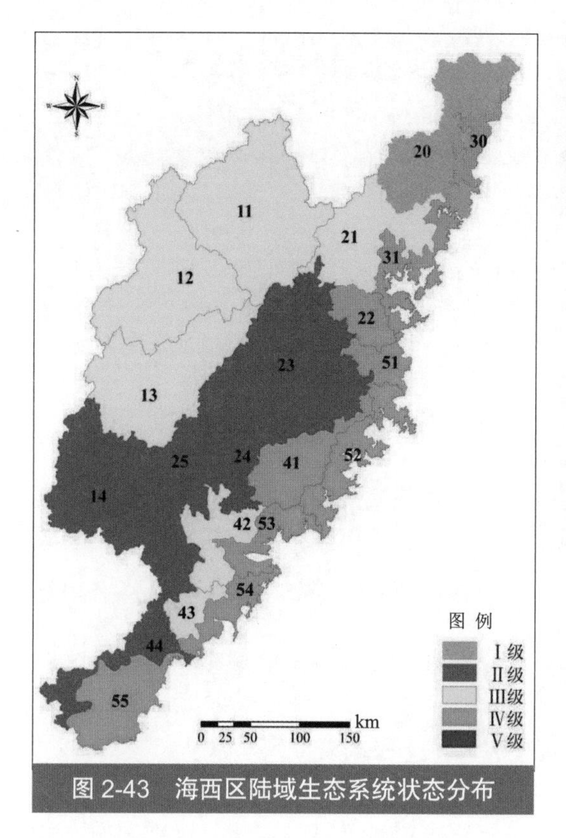

图 2-43　海西区陆域生态系统状态分布

表 2-38　海西区陆域生态系统压力评价结果

生态分区	城镇用地	农村居民点	其他建设用地	压力指数
11	0.041	0.008	0.003	0.012
12	0.038	0.000	0.004	0.006
13	0.065	0.020	0.026	0.034
14	0.028	0.060	0.015	0.036
20	0.030	0.034	0.013	0.022
21	0.015	0.009	0.007	0.001
22	0.015	0.009	0.002	0.000
23	0.018	0.011	0.010	0.005
24	0.000	0.036	0.000	0.007
25	0.039	0.062	0.005	0.039
30	1.000	0.746	0.678	1.000
31	0.124	0.073	0.031	0.090
41	0.063	0.161	0.025	0.107
42	0.037	0.171	0.072	0.112
43	0.010	0.034	0.014	0.014
44	0.041	0.128	0.109	0.100
51	0.869	0.239	0.428	0.613
52	0.271	0.940	0.374	0.695
53	0.348	0.951	1.000	0.891
54	0.160	0.247	0.413	0.292
55	0.544	1.000	0.326	0.839

南山区的压力指数较小，中部大山带的压力指数最小。因此，海西区沿海地带陆域生态系统所承受的人为压力最大，主要受其社会、经济快速发展的影响，尤其是农村居民点；中部大山带和武夷山区陆域生态系统所承受的人为压力相对较小，这与中部大山带和武夷山区的复杂地形有关，有利于这一区域生物多样性、陆域生态系统及其生态服务功能的保护。

总体来看，海西区多数分区的压力指数处于中等偏下水平，人类活动对陆域生态系统的干扰相对较轻。同时，海西区陆域生态系统的压力指数表现出明显的区域差异，沿海地带陆域生态系统的人为压力较大，中部大山带和武夷山区陆域生态系统承受的人为压力较小。

（3）生态异常现象不突出，陆域生态活力较高

以活力指数为指标，海西区陆域生态系统的响应程度由低到高分处Ⅰ级、Ⅱ级、Ⅲ级、Ⅳ级、Ⅴ级5个等级（见表2-39）。在人为压力作用下，建溪流域、富屯溪流域、沙溪流域和粤东山区的陆域生态系统响应处于Ⅰ级；敖江流域、闽江中游、龙江—木兰溪—晋江上游、莆泉沿海和九龙江沿海等地的陆域生态系统响应处于Ⅱ级，龙江—木兰溪—晋江中游、闽江口沿海和韩江口沿海的陆域生态系统响应则处于Ⅲ级。据统计，在海西区21个生态分区中，有12个生态分区的陆域生态系统响应处于Ⅲ级及以上等级，其他生态分区均处于Ⅳ级和Ⅴ级。陆域生态系统响应处于Ⅳ级和Ⅴ级的生态分区集中在博平岭地区，包括汀江流域、九龙江上游、闽东沿海、浦云诏沿海、浙南诸河、闽东诸河、浙南沿海、九龙江下游、诏安东溪—漳江上游等地。可以看出，海西区陆域生态系统的响应等级普遍较高，以Ⅲ级及以上等级为主，人为压力对陆域生态系统活力的干扰相对较弱，生态异常现象不突出。

表 2-39 海西区陆域生态系统响应指数

生态分区	响应指数	评价等级	生态分区	响应指数	评价等级	生态分区	响应指数	评价等级
11	0	Ⅰ级	23	0.596 9	Ⅱ级	43	0.855 7	Ⅳ级
12	0.281 1	Ⅰ级	24	0.557 3	Ⅱ级	44	0.761 6	Ⅰ级
13	0.429 1	Ⅰ级	25	0.930 7	Ⅴ级	51	0.622 9	Ⅲ级
14	0.977 1	Ⅴ级	30	0.429 7	Ⅳ级	52	0.476 2	Ⅱ级
20	0.744 3	Ⅳ级	31	1	Ⅴ级	53	0.487 3	Ⅱ级
21	0.767 8	Ⅳ级	41	0.614 9	Ⅲ级	54	0.993 8	Ⅴ级
22	0.580 8	Ⅱ级	42	0.830 3	Ⅳ级	55	0.797 5	Ⅲ级

海西区陆域生态系统的响应指数也存在一定的区域差异。武夷山区的响应指数最小，陆域生态系统的活力也相对最高；其次是中部大山带的中部（戴云山区）响应指数稍高，陆域生态系统的活力稍低；博平岭地区和闽东地区的响应指数最高，陆域生态系统响应等级相对较差，陆域生态系统的活力较低。

综上所述，海西区陆域生态系统的响应指数总体上较低，多数分区陆域生态系统的响应处于Ⅲ级及以上等级，陆域生态系统活力相对较高。

（4）陆域生态系统健康状况总体较好，特别是中部大山带和武夷山区

在海西区21个生态分区中，13个生态分区的陆域生态系统健康状况处于Ⅲ级及以上等级。其中，建溪流域的陆域生态系统健康状况处于Ⅰ级，富屯溪流域、沙溪流域、闽江中游、龙江—木兰溪—闽江中游及浙南诸河5个生态分区的陆域生态系统健康状况处于Ⅱ级。从海西区陆域生态系统健康状况的空间分布来看，陆域生态系统健康状况处于Ⅲ级及以上等级的生态分区面积占据绝对优势，陆域生态系统健康状况处于Ⅲ级以下等级的生态分区不仅数量少，而且面积小。根据区域生态系统健康的评价方法，区域生态系统健康指数是状态指数、压力指数和响应指数的综合函数，是对不同类型生态系统空间镶嵌体的自身状态及其所承受的外界压力和可能出现的生态异常的综合评价。从压力、状态和响应的角度综合来看，海西区大多数生态分区的陆域生态系统健康状况处于Ⅰ级、Ⅱ级和Ⅲ级（见表2-40）。可见，海西区陆域生态系统尚属稳定，陆域生态系统可能出现的生态异常现象较轻微，人为干扰尚未威胁到陆域生态系统结构、功能的稳定性及其生态服务功能的持续发挥。

海西区陆域生态系统健康状况具有显著的区域差异，是区域生态环境要素和社会经济活动相互作用的结果（见图2-44）。根据各生态分区的陆域生态系统健康指数，可将海西区划分为3个分区：①武夷山区，包括沙溪流域、建溪流域和富屯溪流域，该区域陆域生态系统健康状况以Ⅰ级和Ⅱ级为主，陆域生态系统健康状况相对较好；②中部大山带，包括浙南诸河、闽东诸河、敖江流域、闽江中游、龙江—木兰溪—晋江上游、九龙江上游、汀江流域、粤东山地及西南丘陵地区，陆域生态系统健康状况稍逊于武夷山区，以Ⅱ级和Ⅲ级为主；③沿海地带，包括浙南沿海、宁德—漳州沿海及潮汕平原，陆域生态系统健康状况均处于Ⅳ级和Ⅴ级，相对较差。

武夷山区和中部大山带的陆域生态系统健康状况最好，生态异常现象较轻，人为干扰尚未危及陆域生态系统的服务功能。海西区沿海地区的陆域生态系统健康状况相对最差，陆域生态系统健康状况多处于Ⅲ级及以下等级，主要表现为较高的人为压力和较低的生态活力，

表 2-40　海西区陆域生态系统健康状况					
地区	状态指数	压力指数	响应指数	综合指数	评价等级
11	0.356 1	0.011 6	1.000 0	0.781 5	Ⅰ级
12	0.448 7	0.006 1	0.718 9	0.720 5	Ⅱ级
13	0.460 0	0.034 3	0.570 9	0.665 5	Ⅱ级
14	0.576 1	0.035 9	0.022 9	0.521 0	Ⅲ级
20	0.820 1	0.022 4	0.255 7	0.684 5	Ⅱ级
21	0.518 3	0.001 0	0.232 2	0.583 1	Ⅲ级
22	0.238 3	0.000 0	0.419 2	0.552 5	Ⅲ级
23	0.564 0	0.004 6	0.403 1	0.654 2	Ⅱ级
24	0.558 0	0.007 0	0.442 7	0.664 6	Ⅱ级
25	0.642 7	0.039 2	0.069 3	0.557 6	Ⅲ级
30	0.314 1	1.000 0	0.570 3	0.294 8	Ⅳ级
31	0.327 9	0.090 1	0.000 0	0.412 6	Ⅳ级
41	0.296 8	0.107 2	0.385 1	0.524 9	Ⅲ级
42	0.375 8	0.112 4	0.169 7	0.477 7	Ⅳ级
43	0.518 1	0.013 8	0.144 3	0.549 5	Ⅲ级
44	0.556 5	0.100 5	0.238 4	0.564 8	Ⅲ级
51	0.242 5	0.613 5	0.377 1	0.335 4	Ⅳ级
52	0.090 1	0.694 9	0.523 8	0.306 3	Ⅳ级
53	0.174 1	0.890 9	0.512 7	0.265 3	Ⅳ级
54	0.255 6	0.292 2	0.006 2	0.323 2	Ⅳ级
55	0.133 8	0.838 6	0.202 5	0.165 9	Ⅴ级

致使其陆域生态系统健康状况相对较差。因此，与沿海地带相比，海西区内陆分区的陆域生态系统健康状况相对较好。

综上所述，以区域生态系统健康指数为衡量指标，以海西区陆域生态系统的最优状态和最差状态为评价标准，海西区陆域生态系统健康状况以Ⅰ级、Ⅱ级和Ⅲ级为主，陆域生态系统健康状况总体上较好。部分地区的陆域生态系统健康状况处于Ⅲ级以下等级，集中在沿海地带的生态分区。

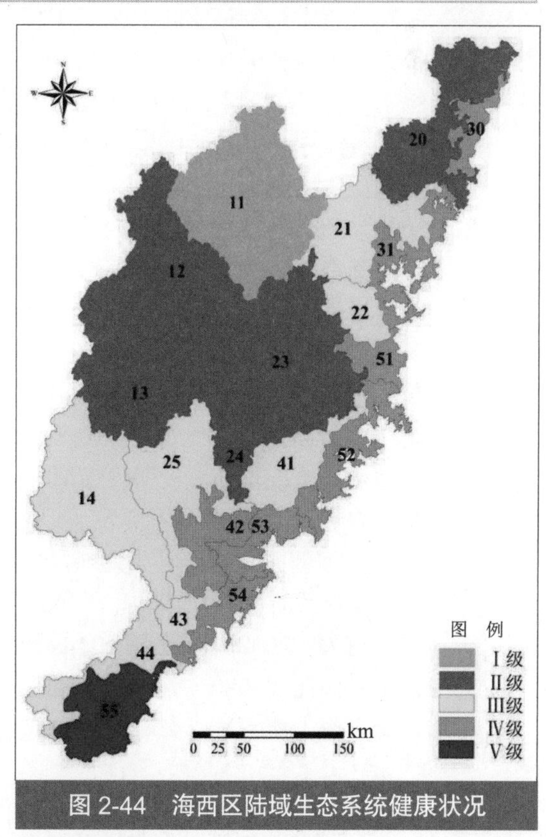

图 2-44　海西区陆域生态系统健康状况

三、陆域生态系统健康动态变化趋势

根据陆域生态系统现状评价和陆域生态系统演变趋势评估的相互关系，海西区陆域生态系统演变趋势评估仍然以区域生态系统健康为切入点。陆域生态系统健康演变趋势的评估方法是由陆域生态系统健康现状评价方法发展而来的，并根据陆域生态生态系统演变趋势的评估需求和基础资料的获取情况对现状评价方法进行适当调整。

1．评价标准

区域生态系统健康演变趋势评估的目的就是揭示近年来海西区生态系统健康状况演变的基本趋势。因此，海西区生态系统健康评价标准的选择必须要满足不同时期、不同分区生态系统健康的综合评价，以全面、准确地揭示海西区生态系统健康演变的基本趋势。选择20世纪80年代以来海西区陆域生态系统的最优状态和最差状态作为评价标准，进行陆域生态系统健康状况的分级和排序，通过对不同时期海西区陆域生态系统健康状况的综合评价，揭示海西区陆域生态系统健康状况的动态变化及其影响因素。

2．评价结果

运用区域生态系统健康演变趋势的评估方法，确定不同时期海西区各生态分区的区域生态系统健康指数，对不同时期海西区的陆域生态系统健康状况及其空间差异进行综合评价，分析该区域陆域生态系统健康状况的演变趋势。

（1）陆域生态系统健康状况总体上不断降低，部分区域有所好转

1980年，在海西区21个生态分区中，建溪流域、富屯溪流域和沙溪流域3个生态分区的陆域生态系统健康状况处于Ⅰ级，浙南诸河和龙江—木兰溪—晋江上游2个生态分区的陆域生态系统健康状况处于Ⅱ级，8个生态分区的陆域生态系统健康状况处于Ⅲ级，7个生态分区的陆域生态系统健康状况处于Ⅳ级，潮汕平原的陆域生态系统健康状况处于Ⅴ级。海西区绝大多数生态分区的陆域生态系统健康状况处于Ⅲ级及以上等级。因此，这一时期海西区陆域生态系统健康状况总体上较好。

2000年，在海西区21个生态分区中，建溪流域、富屯溪流域和沙溪流域3个生态分区的陆域生态系统健康状况处于Ⅰ级；浙南诸河、闽江中游和龙江—木兰溪—晋江上游的3个生态分区的陆域生态系统健康状况处于Ⅱ级；7个生态分区的陆域生态系统健康状况处于Ⅲ级；7个生态分区的陆域生态系统健康状况处于Ⅳ级；潮汕平原的陆域生态系统健康状况处于Ⅴ级。与1980年相比，2000年陆域生态系统健康状况处于Ⅱ级的生态分区由2个增至3个，陆域生态系统处于Ⅲ级的生态分区由8个降至7个。从陆域生态系统健康指数来看，1980—2000年海西区21个生态分区中有18个生态分区呈上升趋势，陆域生态系统健康状况不断改善，其中闽江中游的陆域生态系统健康状况更是由Ⅲ级转为Ⅱ级。因此，1980—2000年海西区陆域生态系统健康状况总体上呈不断改善趋势（见表2-41和图2-45）。

2007年，在海西区21个生态分区中，仅建溪流域的陆域生态系统健康状况处于Ⅰ级，陆域生态系统健康状况处于Ⅱ级的生态分区增至5个，包括富屯溪流域、沙溪流域、浙南诸河、闽江中游和龙江—木兰溪—晋江上游；有7个生态分区的陆域生态系统健康状况处于Ⅲ级；陆域生态系统健康状况处于Ⅴ级的生态分区增至2个，包括九龙江下游和潮汕平原。2000—2007年海西区陆域生态系统健康状况呈下降趋势。从陆域生态系统健康指数来看，2000—2007年海西区有20个生态分区的陆域生态系统健康指数是降低的，仅莆泉沿海的陆域生态系统健康指数略有上升。因此，2000—2007年海西区陆域生态系统健康状况总体上呈下降趋势。

另外，2007年海西区有14个生态分区的陆域生态系统健康指数均低于其1980年的相应指数。因此，1980—2007年海西区大多数生态分区的陆域生态系统健康指数不断降低，陆域生态系统健康状况总体上呈降低趋势；部分区域的陆域生态系统健康状况有所好转，集中分

布在西部山区（建溪流域）和中部大山带（包括闽东诸河、敖江流域、闽江中游、龙江—木兰溪—晋江上游和九龙江上游）。

综上所述，1980—2000 年海西区陆域生态系统健康状况不断改善，陆域生态系统健康状况以Ⅲ级及以上状态为主，外界干扰尚未危及其陆域生态系统的服务功能；2000—2007 年，海西区多数生态分区的陆域生态系统健康状况的降低趋势明显。自 1980 年以来，海西区陆域生态系统健康状况整体上仍然呈降低趋势，同期部分区域的陆域生态系统健康状况也得到了一定程度的改善，集中分布在建溪流域和中部大山带。

（2）陆域生态系统健康状况具有显著的区域差异

根据 1980 年、2000 年和 2007 年海西区 21 个生态分区的陆域生态系统健康指数，可以

表 2-41　不同年份海西区陆域生态系统健康状况

分区	1980 年		2000 年		2007 年	
	综合指数	评价等级	综合指数	评价等级	综合指数	评价等级
11	0.713	Ⅰ级	0.751	Ⅰ级	0.744	Ⅰ级
12	0.791	Ⅰ级	0.836	Ⅰ级	0.687	Ⅱ级
13	0.755	Ⅰ级	0.783	Ⅰ级	0.635	Ⅱ级
14	0.499	Ⅲ级	0.509	Ⅲ级	0.499	Ⅲ级
20	0.658	Ⅱ级	0.663	Ⅱ级	0.654	Ⅱ级
21	0.535	Ⅲ级	0.559	Ⅲ级	0.555	Ⅲ级
22	0.518	Ⅲ级	0.541	Ⅲ级	0.537	Ⅲ级
23	0.596	Ⅲ级	0.627	Ⅱ级	0.625	Ⅱ级
24	0.631	Ⅱ级	0.647	Ⅱ级	0.634	Ⅱ级
25	0.521	Ⅲ级	0.539	Ⅲ级	0.532	Ⅲ级
30	0.398	Ⅳ级	0.457	Ⅳ级	0.279	Ⅳ级
31	0.426	Ⅳ级	0.446	Ⅳ级	0.401	Ⅳ级
41	0.517	Ⅲ级	0.515	Ⅲ级	0.506	Ⅲ级
42	0.476	Ⅳ级	0.478	Ⅳ级	0.46	Ⅳ级
43	0.525	Ⅲ级	0.562	Ⅲ级	0.531	Ⅲ级
44	0.565	Ⅲ级	0.571	Ⅲ级	0.54	Ⅲ级
51	0.372	Ⅳ级	0.414	Ⅳ级	0.323	Ⅳ级
52	0.316	Ⅳ级	0.283	Ⅳ级	0.297	Ⅳ级
53	0.391	Ⅳ级	0.328	Ⅳ级	0.254	Ⅴ级
54	0.325	Ⅳ级	0.343	Ⅳ级	0.32	Ⅳ级
55	0.22	Ⅴ级	0.231	Ⅴ级	0.16	Ⅴ级

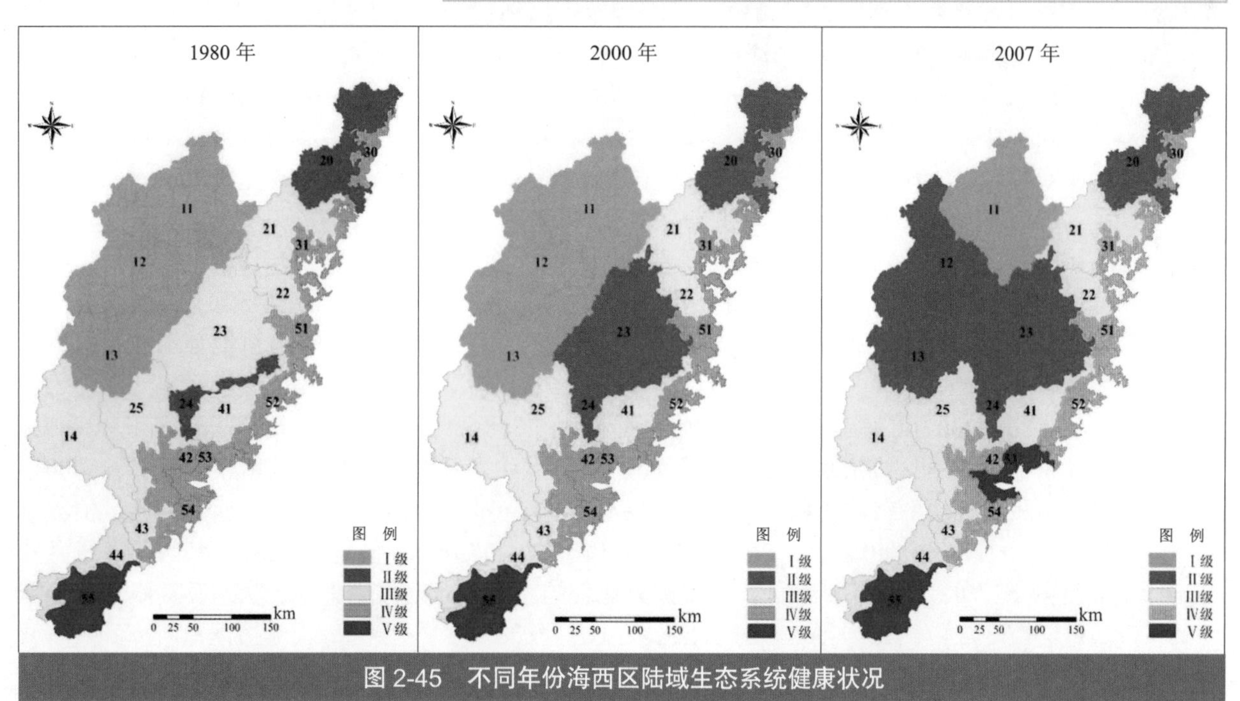

图 2-45　不同年份海西区陆域生态系统健康状况

将海西区划分为四大类：① 武夷山区，包括建溪流域、富屯溪流域、沙溪流域和汀江流域，1980—2007 年其陆域生态系统健康状况以Ⅰ级、Ⅱ级为主，外界干扰尚未危及陆域生态系统的服务功能；② 中部大山带，包括闽东诸河、敖江流域、闽江中游、龙江—木兰溪—晋江上游、九龙江上游、浙南诸河和粤东山地，该区域陆域生态系统健康状况以Ⅱ级、Ⅲ级为主，其陆域生态系统健康状况稍逊于武夷山区；③ 西部丘陵区，包括龙江—木兰溪—晋江中游、九龙江下游和诏安东溪—漳江上游，其陆域生态系统健康状况以Ⅲ级和Ⅳ级等级为主；④ 沿海地带，包括浙南—粤东的所有沿海地带，这一区域的陆域生态系统健康状况以Ⅳ级和Ⅴ级为主，陆域生态系统健康状况相对较差；其中潮汕平原的陆域生态系统健康状况最差。

综上所述，海西区武夷山区的陆域生态系统健康状况相对较好，中部大山带次之，沿海地带的陆域生态系统健康状况较差。

3. 变化原因分析

（1）建设用地不断增加，对陆域生态系统的人为干扰日益加大

在土地利用 / 覆被类型中，建设用地是人类活动对自然生态系统改造的产物，具有强烈的人工改造痕迹。与建设用地对应的生态系统多属人工或人工复合生态系统，种群结构简单，自然群落的特点不明显，生态服务功能严重削弱。建设用地的扩张不仅使得原位自然生态系统向人工生态系统转化，而且对周围生态系统造成威胁、破坏，如景观破碎化、生境萎缩等。因此，建设用地是陆域生态系统所承受的外界压力的主要表现形式之一，其面积、分布可以反映陆域生态系统的生态负荷及其区域分异。

1980 年以来，海西区建设用地不断增加，其面积由 1980 年的 2 945.21 km^2 增至 2007 年的 3 833.16 km^2，其占土地面积的比例自 1980 年的 2.06% 增至 2007 年的 2.68%。可以看出，海西区建设用地的面积、比例呈现出明显的增长趋势，人类活动对陆域生态系统的干扰日益加剧。

海西区陆域生态压力的加剧主要源自城市用地的扩张，农村居民点的影响也较大，工业用地的影响稍小。在建设用地中，海西区城镇用地和农村居民点的增幅大致相当，1980—2007 年两者分别增加了 426.47 km^2 和 416.18 km^2；工业用地的增幅稍小，为 45.29 km^2。

随着社会、经济的快速发展，海西区建设用地不断扩张，人类活动对自然生态系统的侵扰和威胁日益加剧，进而导致陆域生态系统健康状况的下降（见图 2-46）。

（2）高质量植被不断减少，生态服务功能逐渐受到影响

高质量植被是陆域生态系统的重要组分，不仅具有较高的生物生产功能，在保护生物多样性、调节气候、涵养水源和保持水土等生态服务功能方面也均具有重要意义。高质量植被以森林和草地为主，其数量和分布情况主要由有林地、灌木林和高覆盖草地等土地利用类型表示。

1980—2007 年海西区高质量植被面积由 7.758 万 km^2 降至 5.392 万 km^2。可以看出，1980 年以来海西区高质量植被面积不断减少，陆域生态系统的生态服务功能随之削弱。同时，高质量植被板块的破碎化程度也是影响生态系统服务功能的主要方面。海西区高质量植被斑块密度由 1980 年的 0.239 块 /km^2 降至 2007 年的 0.407 块 /km^2。总体来看，海西区高质量植被面积及其所占比例不断降低，景观破碎化日趋明显，对陆域生态系统状态及其服务功能形成威胁。

1980 年以来，海西区高质量植被面积不断减少，而且高质量植被的退化趋势明显。根据

1980—2007 年海西区土地利用 / 土地覆被转移矩阵，该地区有林地和灌木林的减少部分多转变为其他林地、高覆盖草地和中覆盖草地，高覆盖草地的减少部分则主要转变为耕地，特别是旱地。从陆地生态系统的活力、弹性力和生态服务功能来看，有林地和灌木林优于其他林地、高覆盖草地和中覆盖草地，高覆盖草地则明显好过耕地，因此海西区生态系统的服务功能不断减弱（见图 2-47）。

（3）水土流失治理效果明显，陆域生态系统稳定性不断增强

水土流失既是生态环境问题之一，也是影响陆域生态系统稳定性的重要因素。随着水土流失治理的不断开展，较高生态功能组分的面积和所占比例有所增加，从而增强了陆域生态系统的稳定性及其生态服务功能。

近年来，海西区不断加大对水土流失治理的投入力度，水土流失治理工作取得了一定成效，水土流失面积随之减少。据统计，2000—2006 年福建省水土流失面积减少 3 293 km^2，温州市水土流失面积也由 2000 年的 3 048.40 km^2 降至 2004 年的

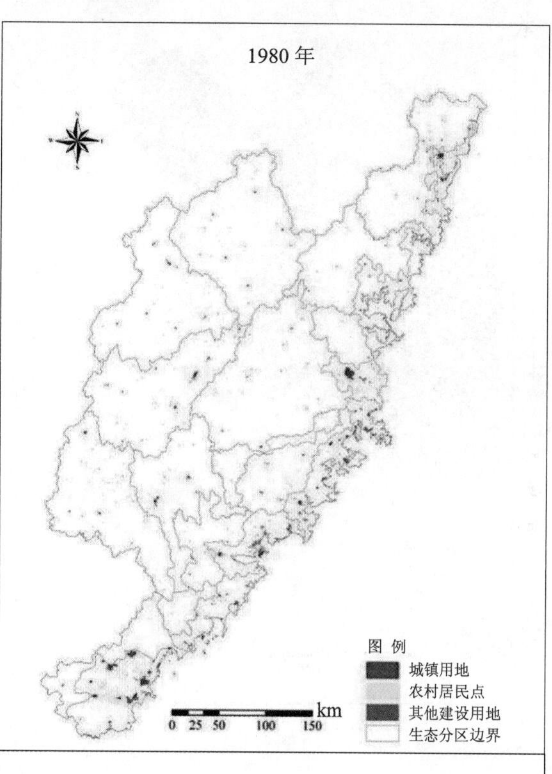

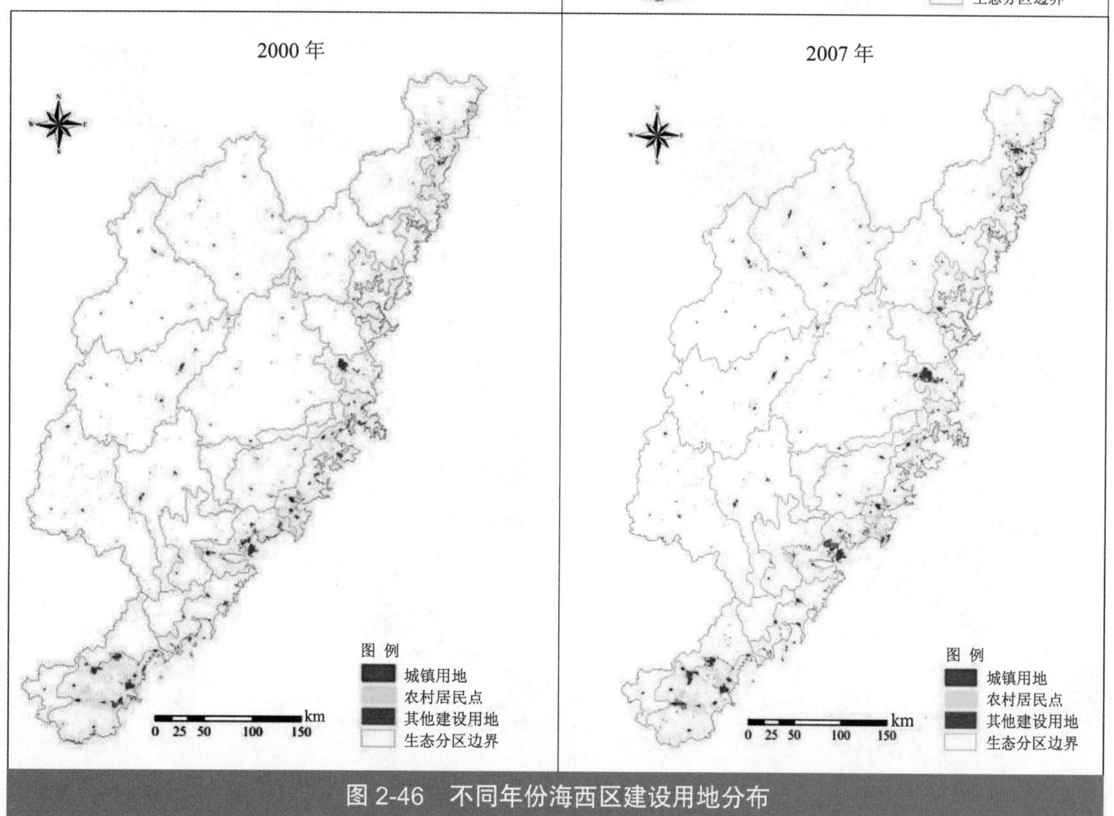

图 2-46　不同年份海西区建设用地分布

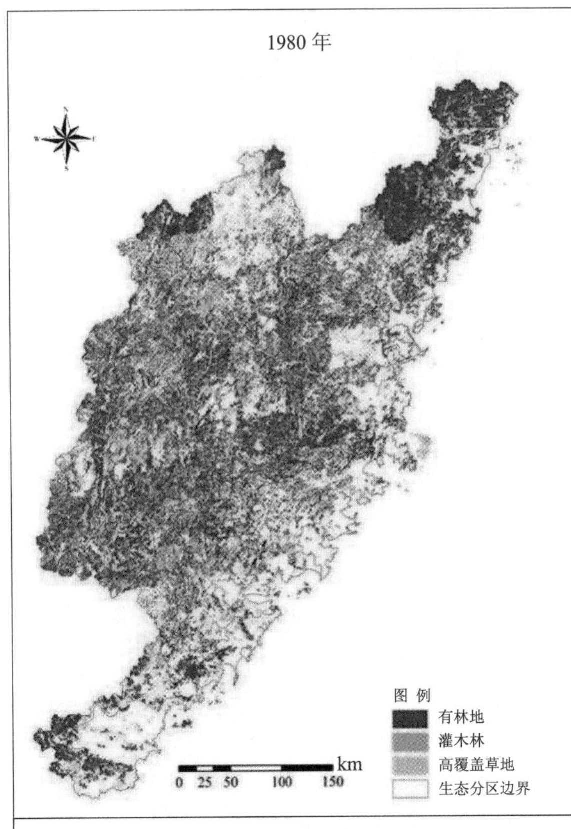

2 873.53 km^2。因此，随着各地水土流失治理工作的开展和水土流失治理效果的显现，海西区陆域生态系统要素逐渐得到改善，较高生态功能组分的面积和所占比例有所提高，使得部分区域的陆域生态环境渐趋好转。

四、主要陆域生态环境问题

海西区的浙江、福建、广东三省生态环境综合质量列全国 2 ～ 4 位，生态环境质量均属优等级。优越的气候条件和以山地、丘陵为主的地貌特征，造就了海西区生境类型的复杂性和生态系统的多样性。但随着近年来经济不断发展，人口逐渐增多，区域生态环境受到一定影响，主要生态环境问题主要表现为：

1. 陆域生态压力不断增大

海西区遥感影像的解译结果显示，近

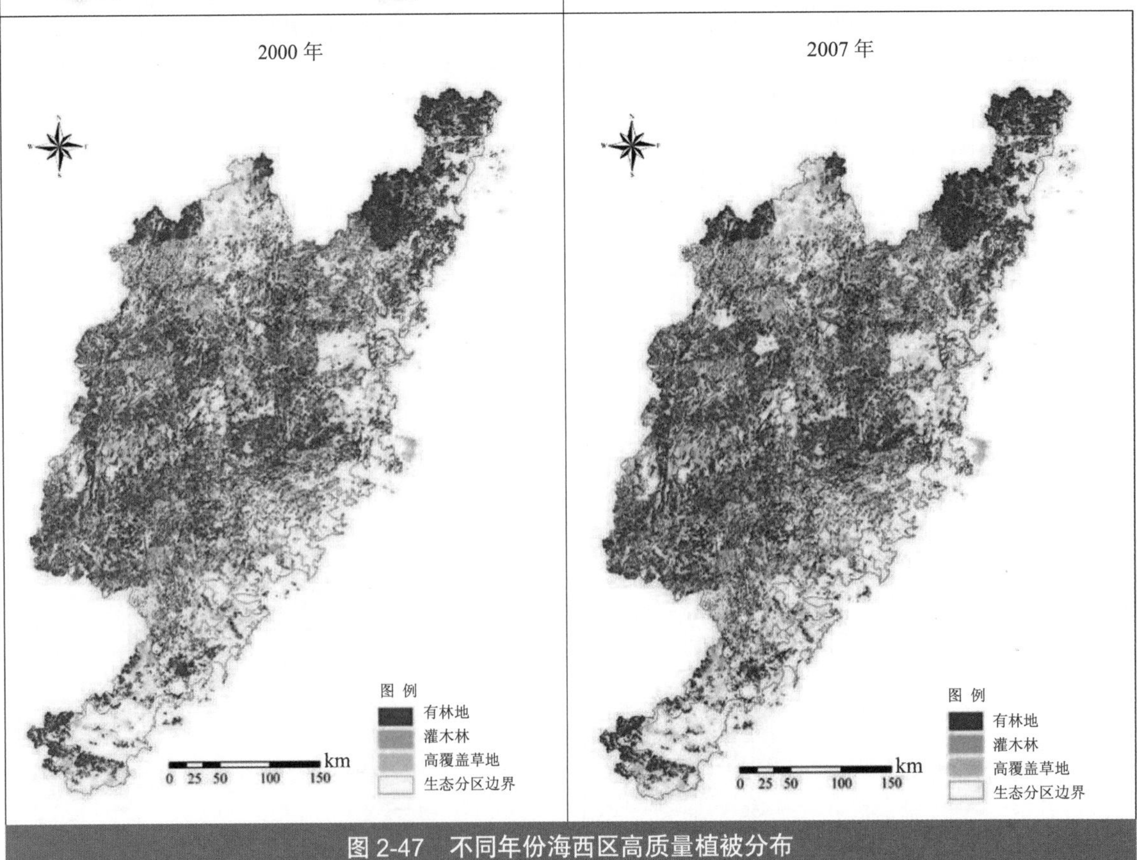

图 2-47 不同年份海西区高质量植被分布

年来海西区耕地、建设用地面积及其所占比例不断增加（见图 2-48）。其中，建设用地增幅较大，由 2000 年的 3 119.37 km^2 增至 2007 年的 3 833.16 km^2，增幅达 22.88%；其次是耕地，2000—2007 年耕地面积从 26 565.13 km^2 增至 27 932.90 km^2，增幅为 5.15%。随着耕地、建设用地面积和所占比例的不断上升，人类活动对陆域生态系统的干扰日益加剧，陆域生态压力也不断增大。

海西区耕地、建设用地的分布及其变化趋势存在显著的区域差异。浙南、粤东以及福州—九龙江口沿海地带的耕地、建设用地的面积和所占比例较高，特别是建设用地；富屯溪流域、沙溪流域也是耕地、建设用地快速增长区。总之，耕地、建设用地多分布在人类活动聚集区，人类活动对陆域生态系统的干扰较强烈。其中，沿海地区的建设用地增长较明显，主要受城市发展和经济发展的影响；内陆地区则主要受农业生产的影响。

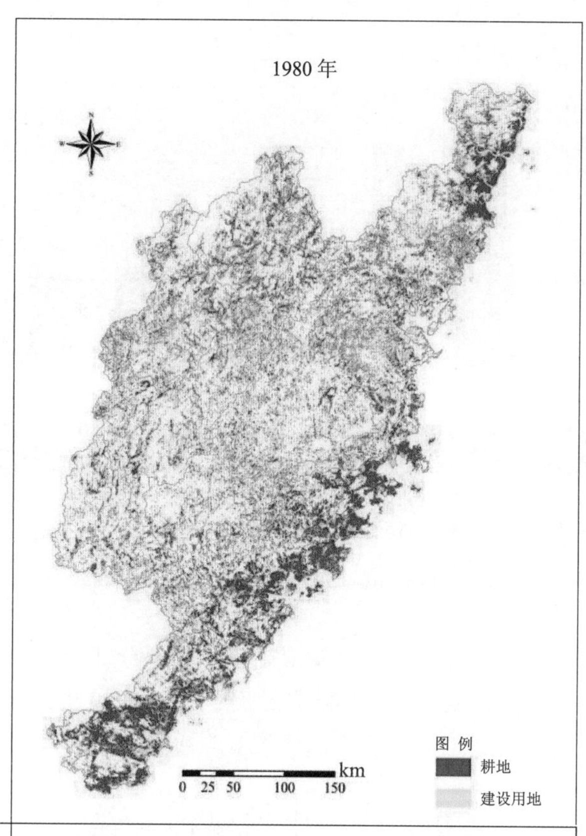

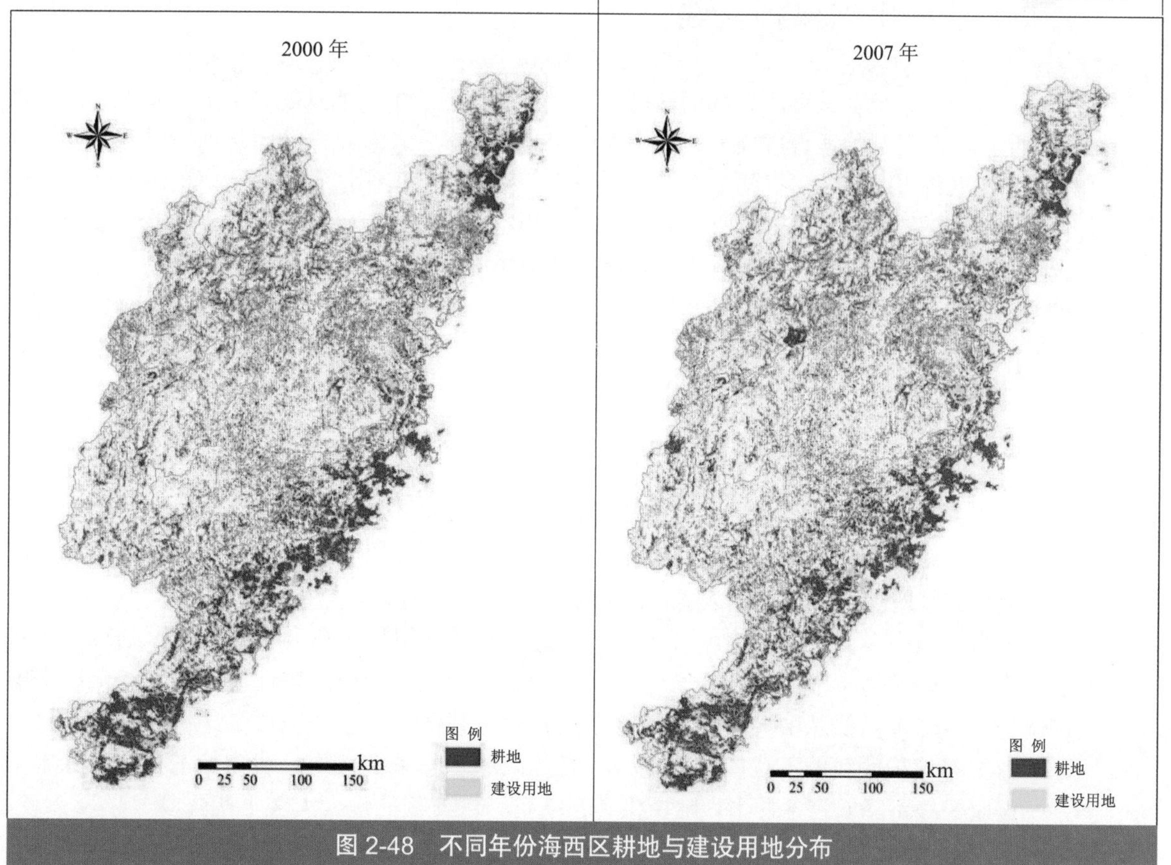

图 2-48　不同年份海西区耕地与建设用地分布

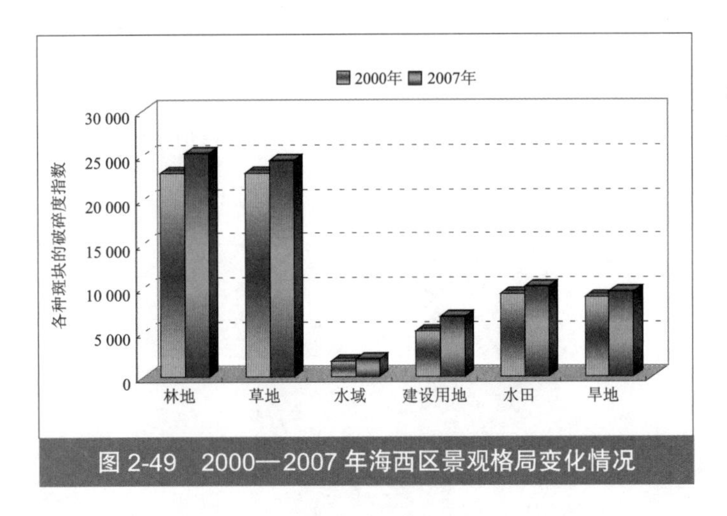

图 2-49　2000—2007 年海西区景观格局变化情况

综上所述，海西区耕地与建设用地的面积、比例不断增加，人类活动对陆域生态系统的干扰日益加剧，陆域生态压力随之增大。

2．景观破碎化日益明显

2000—2007 年海西区平均斑块面积不断缩小，斑块数量、斑块密度及破碎度均呈上升趋势。因此海西区景观破碎化趋势明显，不同景观类型的变化趋势存在较大差异。期间，海西区林地和草地的平均斑块面积、总面积均呈下降趋势，但是斑块数量、斑块密度和破碎度不断上升。因此，海西区森林、草地景观不仅面临着日渐萎缩的威胁，而且表现出显著的破碎化趋势。建设用地、水田和旱地的斑块数量、总面积和斑块密度显著增加，加剧林地、草地等自然景观类型的破碎化趋势（见图 2-49）。

随着人类活动对陆域生态系统干扰的增强，海西区建设用地和耕地的面积、比例不断增加，陆域生态压力随之增大；同时，耕地与建设用地的斑块数量、斑块密度也不断增加，从而加剧了对自然景观类型的切割，导致景观破碎化趋势明显。

五、陆域生态保护底线

在陆域生态系统及其健康状况的基础上，对于重点产业中长期发展来说，陆域生态保护底线包括重点产业发展的适宜规模和适宜空间两个方面。其中，重点产业中长期发展的适宜规模由区域生态系统可承载的干扰阈值界定，重点产业中长期发展的适宜空间主要由敏感区域来界定。区域生态系统可承载的干扰阈值和敏感区域相结合，一方面可以控制重点产业中长期发展对陆域生态系统的过度干扰，另一方面可以避免对重要生态功能区、生态敏感区的生态环境状况和生态服务功能的损坏，从而为“海西区生态环境质量继续保持全国先进水平”提供保障。

1．干扰阈值

陆域生态系统健康评价包括陆域生态系统的自身状态、所承受的外界压力和可能出现的生态异常现象三个方面。随着社会、经济的快速发展，陆域生态系统所承受的外界压力在一段时间内仍将呈上升趋势，对陆域生态系统状态的影响随之增强，导致陆域生态系统活力的下降。其中，陆域生态系统状态的基本稳定是陆域生态系统的服务功能和健康状况的根本保障，陆域生态系统的活力变化是人类活动对陆域生态系统的主要干扰结果。

根据海西区在全国生态安全格局中的重要地位及其环境保护需要，将海西区陆域生态保护的前提条件确定为：陆域生态系统结构、功能基本稳定，陆域生态环境质量继续保持全国先进水平。本专题主要从陆域生态系统健康的角度进行陆域生态环境质量评价。因此，将海西区陆域生态保护底线的干扰阈值界定为：在“陆域生态系统结构、功能基本稳定，陆域生态系统健康等级不降低”条件下，陆域生态系统可持续支撑的最大人类干扰强度（见表 2-42、图 2-50）。

表 2-42　海西区陆域生态保护底线之干扰阈值

生态分区	干扰阈值 /%	生态分区	干扰阈值 /%	生态分区	干扰阈值 /%
11	3.498 2	23	1.849	43	4.081 4
12	4.817 6	24	2.461 2	44	5.855 3
13	2.875 3	25	4.630 9	51	17.118 6
14	2.795	30	21.953	52	17.163 6
20	3.561 1	31	4.254 4	53	19.417 6
21	5.304 9	41	4.214 3	54	12.199 4
22	3.490 4	42	14.135	55	18.636 9

2. 敏感区域

根据《全国生态功能区划》《全国生态环境保护纲要》《福建省生态功能区划》《潮州市生态建设规划》《温州市区生态环境功能区规划》及相关生态功能区划，结合生态敏感区的环境保护需要，划定海西区陆域生态保护底线的敏感区域（见图 2-51）。

海西区拥有丰富的生物多样性，是我国生物多样性保护的重点地区之一。海西区陆域生态保护底线的重要敏感区以重要生态敏感区为主，包括省级以上的自然保护区、森林公园和重要湿地等，是野生动植物资源、珍稀濒危物种及生物多样性保护的重点地区。据统计，海西区陆域生态保护底线的重要敏感区的面积为 10 686.46 km^2，占土地总面积的 7.44%。

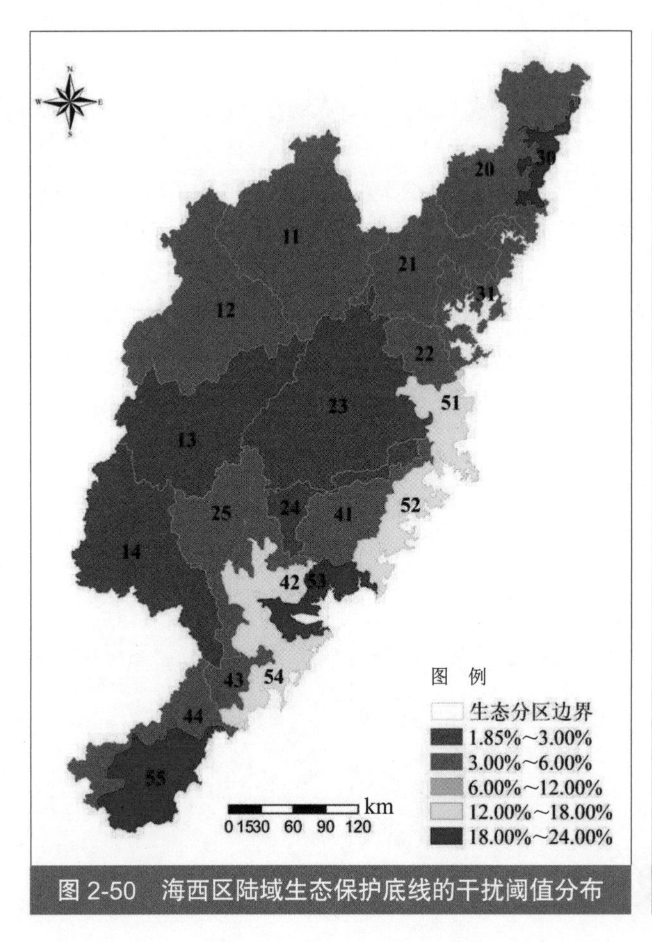

图 2-50　海西区陆域生态保护底线的干扰阈值分布

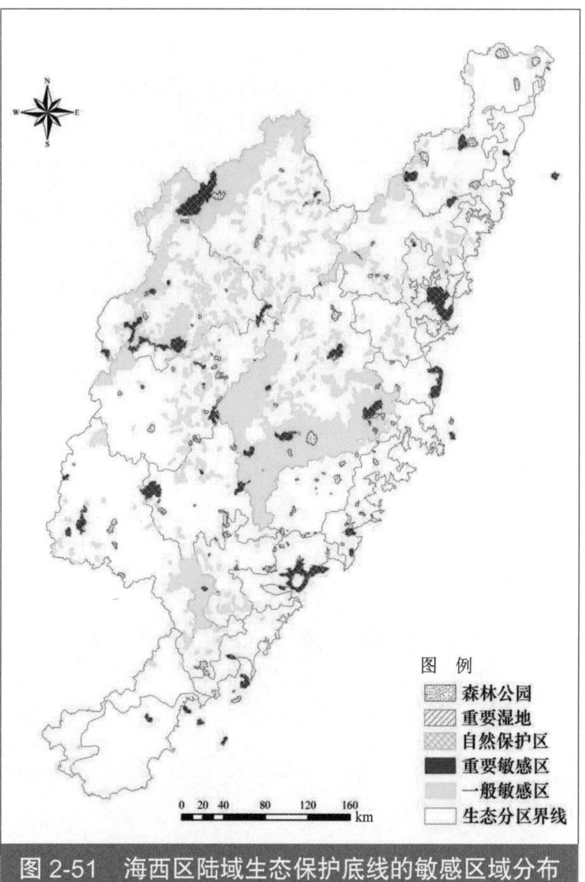

图 2-51　海西区陆域生态保护底线的敏感区域分布

针对“海西区陆域生态环境质量继续保持全国先进水平”、“海西区是我国东南沿海诸河的重要水源地之一”，海西区陆域生态保护底线的一般敏感区以重要生态功能区为主，强调对水源涵养、水土保持和生物多样性保护等生态服务功能的维护。地带性植被是陆域生态系统的重要组成部分，也是陆域生态系统健康状况和陆域生态环境质量的根本保障，热带雨林、亚热带常绿阔叶林等地带性植被分布区也是海西区陆域生态保护底线一般敏感区的一部分。据统计，海西区陆域生态保护底线一般敏感区的面积为 28 250 km^2，占土地总面积的 19.67%。

第五节　区域主要生态环境问题及其成因分析

一、区域经济增长对环境质量的影响

社会经济发展的无限性和环境资源的有限性是客观存在的矛盾。一方面，社会经济发展所造成的人口增长、资源能源消耗、环境污染和土地利用改变对生态环境产生胁迫作用；另一方面，生态环境通过环境选择、资源限制、人口增长对社会经济发展产生约束。

近年来，海西区经济社会持续快速增长，环境污染物排放量随着 GDP 的增长而持续增加。1998—2007 年，海西区 GDP 总量增加了 1.8 倍，人均 GDP 提高了 1.5 倍。环境库兹涅茨曲线（EKC）是描述经济发展与环境污染水平演替关系的计量模型。海西区经济发展与环境污染物排放之间的 EKC 尚未出现倒“U”形趋势，尤其是工业废气、废水排放量与经济发展基本呈线性增加态势（见图 2-52 和图 2-53）。

海西区经济发展与大气污染物排放之间并无完整的 EKC 趋势，趋势线完全呈线性增加态势，说明这一时期经济的发展很大程度上以能源消耗为代价。在人均 GDP 达到 13 000 元后，SO_2 排放增势有放缓趋势。

海西区人均 GDP 与工业废水排放量之间呈不完整 EKC 曲线关系，工业废水排放峰值出现在人均 GDP 18 000 元左右，其后工业废水排放量开始下降。海西区人均 GDP 与 COD 排放量之间则呈不明显“U 形 + 倒 U 形”曲线。说明海西区在经济发展到一定阶段后，社会环

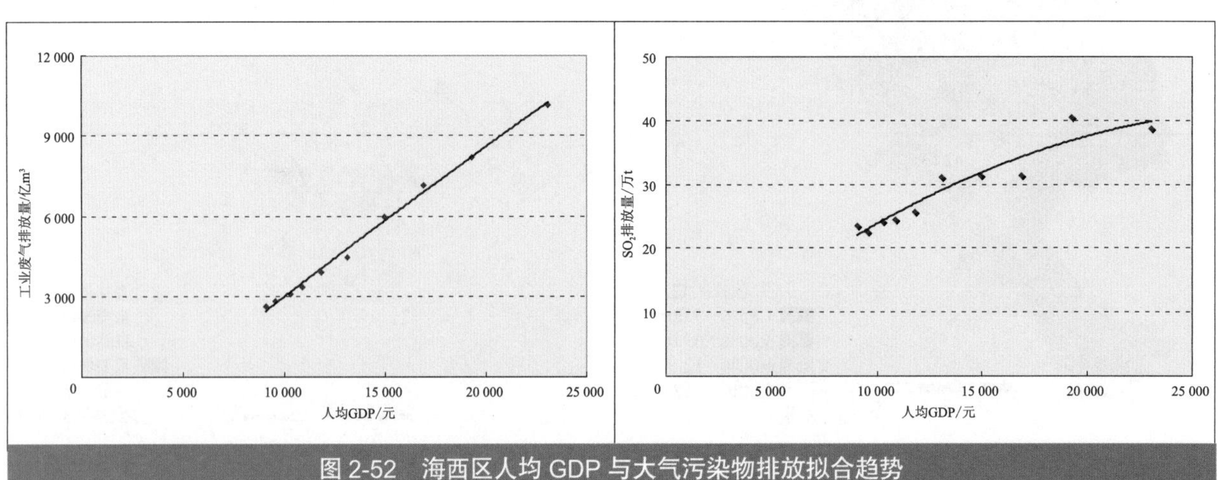

图 2-52　海西区人均 GDP 与大气污染物排放拟合趋势

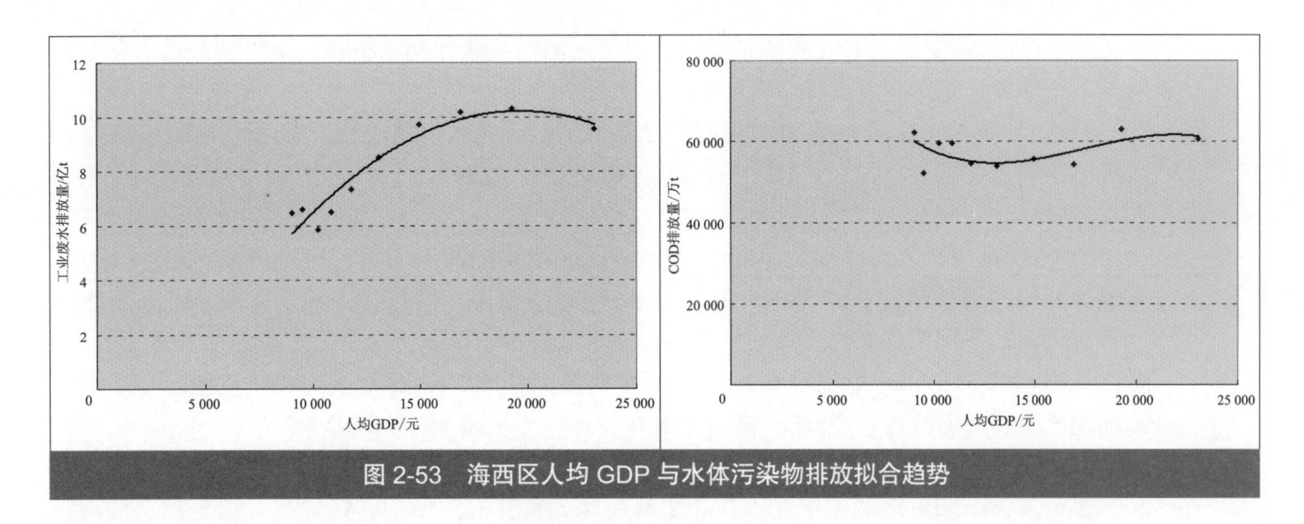

图 2-53　海西区人均 GDP 与水体污染物排放拟合趋势

保意识开始增强，环保投入加大，基础设施建设加快，在经济规模大幅度增长的情况下，工业资源消耗和污染排放增速相对开始放缓。

二、跨界输送对区域大气环境质量的影响

海西区位于全国四大酸雨区之一——华东酸雨区，其酸雨频率较高。从地理位置上看，海西区处于我国高度发达的两大经济圈“长三角”和“珠三角”之间。区域大气环境质量不可避免地受到这两个地区的跨界输送影响。

从 SO_2 排放量来看，长三角地区（16 个城市）的 SO_2 排放量达到 250 万 t/a，海西区为 63 万 t/a，珠三角地区的 SO_2 排放量为 67 万 t/a，与周围地区的 SO_2 排放量相比，海西区为 SO_2 的低排放区。SO_2 的外源输入占相当比例。基于 Model-3/CMAQ 模式分别就海西区内和区外的酸性气体排放源对海西区酸沉降的贡献进行模拟计算，海西区外来源的硫沉降贡献占 63% ～ 83%（见表 2-43）。

表 2-43　2007 年海西区内外硫沉降贡献率的计算结果

城市名	所有源的贡献 / [g/(m² · a)]	区外源的贡献 / [g/(m² · a)]	区外源贡献率 / %
汕头	0.297	0.209	70
揭阳	0.160	0.110	71
潮州	0.330	0.231	70
厦门	0.187	0.138	72
漳州	0.176	0.121	68
泉州	0.220	0.154	70
龙岩	0.292	0.204	69
莆田	0.440	0.314	71
福州	0.204	0.143	70
三明	0.220	0.138	63
南平	0.303	0.248	83
宁德	0.215	0.171	80
温州	0.407	0.314	78

三、陆源污染物对海洋生态环境的影响

1．陆源入海排污口污染物排放状况

根据海洋环境状况公报，2007 年海西区海域主要入海污染物是化学需氧量、无机氮、活性磷酸盐、悬浮物、石油类和重金属等，污染物主要来自江河流域面源排放及陆源直接排放口。

① 主要江河入海污染物。海西区海域主要入海污染源为城镇及农村生活、工业、农业排污，绝大部分通过瓯江、鳌江、闽江、九龙江、晋江、

木兰溪、榕江等12条主要径流携带入海。主要入海污染物包括无机氮、活性磷酸盐、化学需氧量、石油类、重金属及固体废弃物等。

根据2007年对鳌江、闽江、榕江等12条江河污染物入海量监测，海西区主要12条江河入海污染物总量为122.6万t。其中COD_{Cr} 110.0万t，氮磷11.3万t，石油类0.98万t、重金属0.32万t。

② 主要排污口入海污染物。2007年，海西区主要陆源入海排污口排放COD约10万t，氨氮8 481 t，活性磷酸盐约700 t。福建省36个重点陆源入海排污口污水排海总量（含部分入海排污河，下同）约32.1亿t，主要污染物总量约34.8万t，其中：悬浮物约22.4万t、化学需氧物质约3.7万t、氨氮约0.4万t、活性磷酸盐约525 t、石油类约40 t、重金属约40 t。潮汕地区主要入海排污口2007年排放氨氮4 481 t，无机磷86 t，COD 6.2万t。

84.4%的重点排污口超标排放污染物，主要污染物为化学需氧量、活性磷酸盐、悬浮物和氨氮。排污口邻近海域由于受工业和生活污水大量排海的影响，特别是大部分重点排污口的连续超标排放，致使排污口邻近海域生态环境持续恶化，50%的排污口邻近海域生态环境质量处于差和极差状态；77.9%的监测区域海水质量为四类和劣四类；底栖环境恶劣，沉积物质量不容乐观，底栖生物群落结构退化，大部分排污口邻近海域底栖贝类难以生存。

2. 陆源污染物与近岸海域海水质量

2002—2008年福建省近岸海域海水水质变化大致可以分为两个阶段：

2002—2005年，福建省近岸海域海水污染范围有所扩大，海水符合一类、二类标准的面积一直呈现下降趋势。与2002年相比，符合一类、二类标准的海水分布范围从56.41%下降到35.2%；符合三类标准的范围从28.21%上升到29.7%；符合四类标准的范围从5.13%上升到18.9%；劣四类的范围从10.25%上升到16.2%。

2005—2008年近岸海域海水符合一类、二类标准的面积呈上升的趋势，从35.2%上升到53%。

结合经济发展GDP的变化，可以发现：2002—2005年随着经济发展，污染物的排海量增加，海水水质下降。2005年起，随着节能减排措施的大力推广，城市污水处理厂等环保基础设施建设力度加大，以及污染控制加强，入海污染物排放量得以控制，海水水质得到一定程度的改善。

四、产业布局不合理带来的环境问题

1. 沿海大型港口开发建设提速，增加海洋累积性环境风险

近年来，海西区港口开发与建设十分迅速。2007年海西区货物吞吐量较1998年增长5.4倍，主要大型港口如福州港、厦门港和泉州港等都呈数倍增长态势，其中泉州港增长幅度最高达5.6倍。同期，近岸海域海洋底质中石油类含量增长近10倍（见图2-54）。大型港口开发建设一方面促进了海运业的日益发展，另一方面，由于含油类废水排放量和海洋溢油事故频率增加，对海洋生态系统的累积性环境风险也在不断增加。

2. 建材、钢铁集聚内陆，加重部分城市大气颗粒物污染

地处福建内陆山区的三明、龙岩等地是海西区建材、钢铁等产业的集中区。2007年内陆

地区冶金产业增加值占海西区同产业的 31.3%，该产业多以能源消耗型为主导。由于技术水平、环保措施等问题导致三明、龙岩的工业废气排放量和能耗量位居海西区前列。基于此原因，上述两个城市降尘和颗粒污染物的污染程度高于其他城市，降尘超标率分别达到 60.9% 和 67.4%，是海西区颗粒物污染最重的城市。

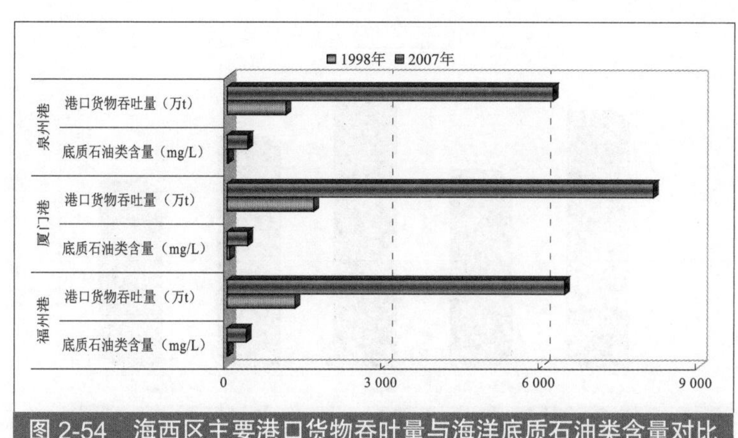

图 2-54　海西区主要港口货物吞吐量与海洋底质石油类含量对比（1998/2007 年）

3. 能源火电多依海而建，加大沿海地区二氧化硫污染

海西区能源电力产业以火电为主，水电为辅。目前，海西区 30 多家火电厂大多数布局在沿海地区，沿海地区火电总装机容量和火电厂数量均在 80% 以上（见图 2-55）。近十年内沿海地区火力发电量增长近 4.7 倍，而周边地区二氧化硫浓度也相应地增加 1.3 倍。近年来通过“上大压小”、脱硫改造和管理完善，二氧化硫污染排放得到有效控制，但对沿海地区环境空气质量仍有较大的污染贡献。

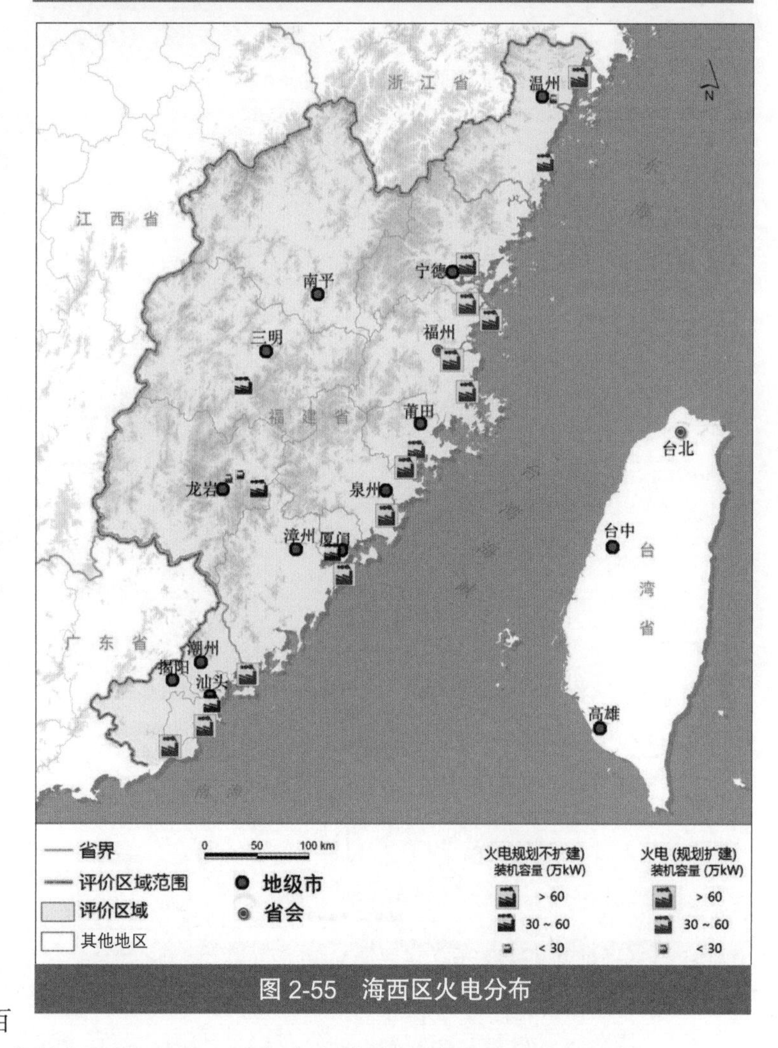

图 2-55　海西区火电分布

4. 电镀、皮革、纺织和畜禽养殖等产业密布流域下游，造成部分流域下游河段水质严重污染

地处鳌江流域的温州皮革制造业、龙江流域的福清畜禽养殖业、榕江流域的揭阳电镀业和练江流域的普宁印染纺织业都是下游地区的传统产业。这些产业的主要特征为“小而散”，以中小型企业为主，污染控制水平不高，环境管理能力较弱。如鳌江流域有超过 800 家中小皮革企业，龙江流域有上千家畜禽养殖企业，榕江流域有近百家电机电镀企业，练江流域有 2 000 多家纺织服装企业。近年来各地陆续开展了流域水环境综合整治，大量重污染企业开始关停和迁出，水环境质量有所改善，如龙江流域已拆除畜禽养殖场 90% 以上。但鳌江、练江传统产业污染物排放量仍占较高比例，对流域下游水质产生较大的影响（见图 2-56）。

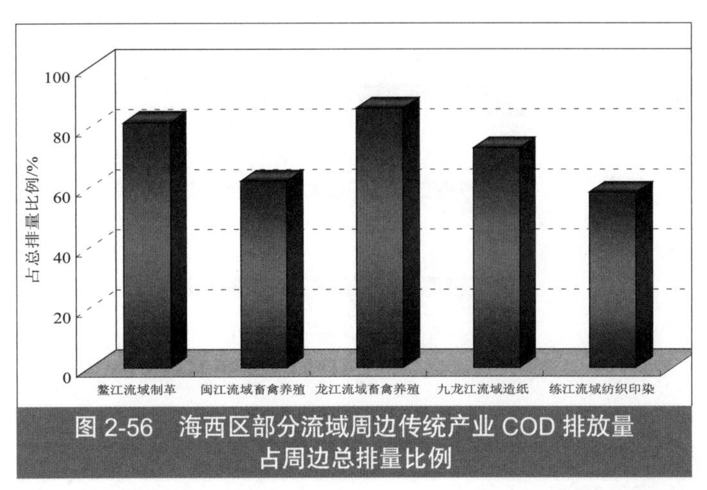

图 2-56 海西区部分流域周边传统产业 COD 排放量占周边总排量比例

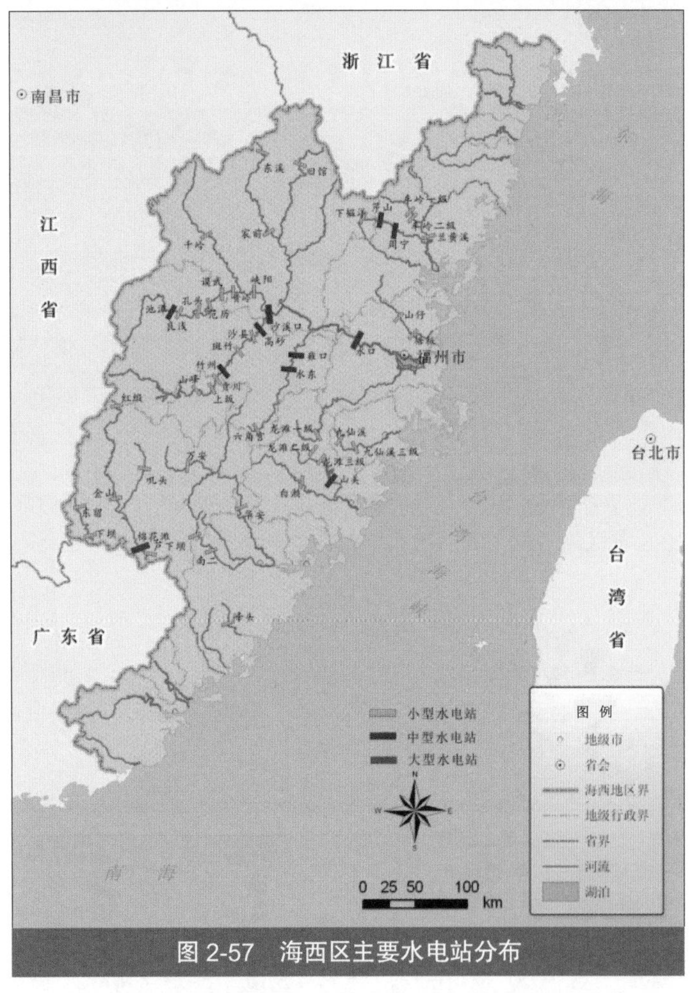

图 2-57 海西区主要水电站分布

5．水电梯级开发强度大，带来长期性生态环境影响

海西区河流梯级水电站的建设迅速发展，流域干流和各级支流水电站遍布。2005 年小水电站清理整顿前，海西区各流域已建成的水电站达 6 000 多座，其中 2001—2005 年建设的小水电站达 1 642 座。如闽江一级支流吉溪，79 km 长的河道上已建设的水电站就有 11 座，在枯水期造成河道减水、断流的河段约占 30%；闽江梯级电站建成后下泄泥沙量的大幅度减少，加上下游河道过量采砂，造成河床不断下切，使潮界上延、咸潮上溯，枯水期闽江河口的潮区界上移了 12 km，潮流界上移了 6 km；由于梯级开发改变了河流的水动力条件，使河流流速变缓，自净能力降低，库区和部分河段富营养化程度加剧（见图 2-57）。

五、环境基础设施建设滞后对环境质量的影响

在工业化的推动下，海西区的城市化进程也明显加速。1978 年海西区城镇化水平不足 14%，区内只有 9 个城市。2007 年，城市化水平提高至 48.7%，城市建成区面积达到 1.39 万 km^2，较 1978 年增加 8 倍。

在城市化进程中，环境基础设施建设也开始逐步加大。2007 年废气处理设施投资达 90 亿元，废水处理设施投资达 73 亿元，城市生活污水纳管率从 1998 年的 20.2% 提升至目前的 49.3%。然而，同其他地区相比，海西区环境基础建设仍然滞后，进而影响了城市环境的改善，如海西区大部分地区污水集中处理率较低，目前共有污水处理厂 64 家。且分布极为不均，截至 2007 年揭阳境内竟没有一座污水处理厂。大量生活污水未经处理直接排入河道，加剧了地表水环境的污染（见图 2-58）。

近几年海西区城市环境基础设施建设步伐明显加快，截至 2009 年福建省建成污水处理厂 71 座，城市污水处理率已达到 75%；2010 年揭阳市有 9 家污水处理厂建成并投入运行。

从垃圾处理方面来看，垃圾无害化处理率相对较低，但近2年建设力度明显加强。以福建省为例，2005年福建省生活垃圾无害化处理率为51.42%（见表2-44）。截至2007年年底，垃圾处理方面，23个城市中有宁德、福清、邵武、建瓯、建阳、武夷山等六个城市尚未建成垃圾处理场。44个县城中只有明溪、古田、德化建成垃圾处理场，除宁化、清流、将乐、长汀、霞浦、屏南在建外，其他县城均没有明显进展。

海西区生活垃圾收运尚不完善，处理水平提高缓慢。生活垃圾分类收集工作进展较为缓慢，源头分类收集与后续处理难以衔接，分类收集的效率普遍较低。许多中小城市收运装备简陋，存在二次污染，一些城市垃圾收运体系尚未做到全覆盖。农村地区目前基本未建立起有效的垃圾收运系统，无法及时收集和清运生活垃圾。生活垃圾处理能力难以满足垃圾清运量的增长速度，无害化处理率较低。

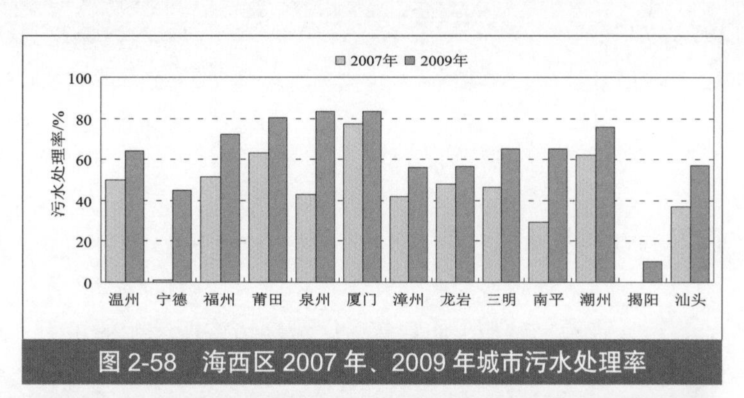

图2-58　海西区2007年、2009年城市污水处理率

表2-44　福建省各市生活垃圾无害化处理率　单位：%

福建省	福州	厦门	莆田	三明	泉州	漳州	南平	宁德	龙岩
51.42	31.86	100	75.19	50.41	76.23	51.03	18.58	20.95	49.46

数据来源：福建省城市建设统计2009年报。

第三章

区域重点产业发展态势及资源环境效率评估

通过资料收集和现场调查，研究区域重点产业的现状特征及发展趋势，分析重点产业的规模、结构、布局等对区域环境资源产生的压力。从经济发展、资源消耗、污染物排放、资源综合利用和区域生态风险等方面构建资源环境利用效率评价指标体系，采用多级灰色关联法评估海西区及不同产业的资源环境利用效率。基于地方发展愿景、国家发展需求和生态环境愿景，设计重点产业发展的不同情景。

研究表明，海西区以第二产业占主导，工业化水平处于中期，区域经济快速增长态势明显，工业结构逐渐转向重化工业，资源环境压力增大。随着“加快建设海西区”上升为国家战略，各地发展重化工产业意愿强烈，呈现规模持续扩张的态势，沿海产业带是海西区未来发展的主要承载区，石油化工、装备制造和电子信息三大产业成为海西区经济增长的主动力。石化、冶金、能源、大型装备等产业基地主要布局在海湾，生态风险向全局演变趋势加快。

第一节　产业发展历程及现状特征分析

一、经济发展历程及现状特征分析

1. 经济发展历程

海西区经济增长速度持续加快，1998—2007 年区域国内生产总值（GDP）年平均增幅 8.99%，2007 年增幅达到 12.83%；与全国总体增幅相比，2006 年之前海西区生产总值增幅总体略低于全国水平，2006 年之后则略高于全国水平，但总体相差不大。

1998—2007 年，海西区人均 GDP 也呈持续快速增长的态势，且一直高于全国平均水平。2007 年海西区人均 GDP 约为 2.3 万元，高于全国平均水平 23.2%（见图 3-1、图 3-2 及表 3-1）。

2. 经济内部发展特征

海西区内部各城市间经济发展不均衡。东部沿海城市的经济总量及人均 GDP 普遍高于内陆山区，其中，温州、福州、厦门、泉州四个沿海城市的经济总量占到整个海西区经济总量

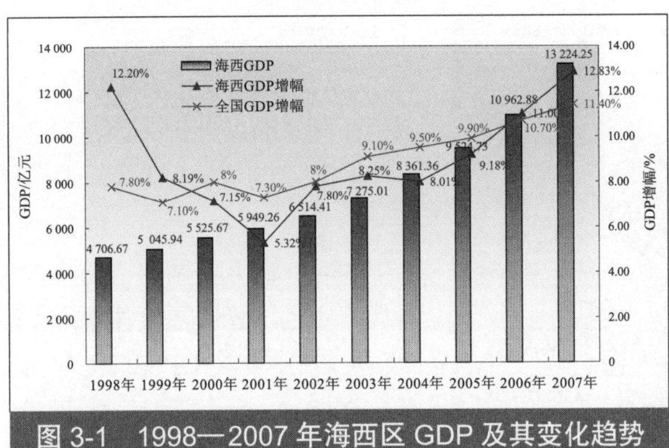

图 3-1　1998—2007 年海西区 GDP 及其变化趋势

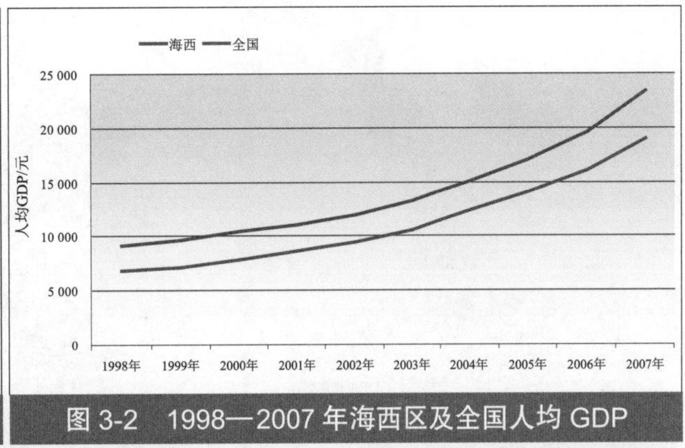

图 3-2　1998—2007 年海西区及全国人均 GDP

表 3-1　1998—2007 年海西区及全国生产总值及人均 GDP

年份	GDP / 亿元			人均 GDP/ 元		GDP 增幅 /%	
	海西区	全国	占比 /%	海西区	全国	海西区	全国
1998	4 706.67	84 402.3	5.58	9 098	6 796	12.20	7.80
1999	5 045.94	89 677.1	5.63	9 665	7 159	8.19	7.10
2000	5 525.67	99 214.6	5.57	10 403	7 858	7.15	8
2001	5 949.26	109 655.2	5.43	10 999	8 622	5.32	7.30
2002	6 514.41	120 332.7	5.41	11 935	9 398	7.80	8
2003	7 275.01	135 822.8	5.36	13 239	10 542	8.25	9.10
2004	8 361.36	159 878.3	5.23	15 104	12 336	8.01	9.50
2005	9 524.73	183 867.9	5.18	17 085	14 103	9.18	9.90
2006	10 962.88	210 871.0	5.20	19 564	16 084	11.00	10.70
2007	13 224.25	249 529.9	5.30	23 406	18 934	12.83	11.40

注：数据来源于各地级市及福建省、全国统计年鉴。

的 60%，可见，优越的港口条件、便利的交通、相对开放的社会经济环境使沿海地区成为海西区的经济发展重心（见表 3-2 和图 3-3）。

3．经济与周边经济圈比较特征

海西区处于台湾地区、长三角、珠三角等经济圈的联结部，由于基础设施、交通条件及对台政策等因素的制约，海西区工业基础相对较为薄弱，经济发展水平远低于周边经济区，处于周边经济圈围后形成的马鞍形的“凹”部，洼地特

表 3-2　2007 年海西区各城市 GDP 及人均 GDP

地区	GDP 统计数据			人均 GDP 统计数据	
	GDP/ 亿元	占海西区比例	排序	人均 GDP/ 元	排序
温州	2 158.91	16.59	2	28 387	4
宁德	457.46	3.52	12	15 023	11
福州	1 974.58	15.18	3	29 515	3
莆田	511.7	3.93	10	18 113	7
泉州	2 283.7	17.55	1	29 601	2
厦门	1 387.85	10.67	4	56 188	1
漳州	854.81	6.57	5	18 072	8
三明	545.69	4.19	9	20 749	5
南平	466.58	3.59	11	16 201	10
龙岩	553.44	4.25	8	20 088	6
潮州	380.22	2.92	13	15 021	12
揭阳	585.89	4.50	7	10 339	13
汕头	850.1	6.53	6	17 048	9
海西区	13 224	100		23 406	

注：数据来源于各地级市及福建省 2008 年统计年鉴。

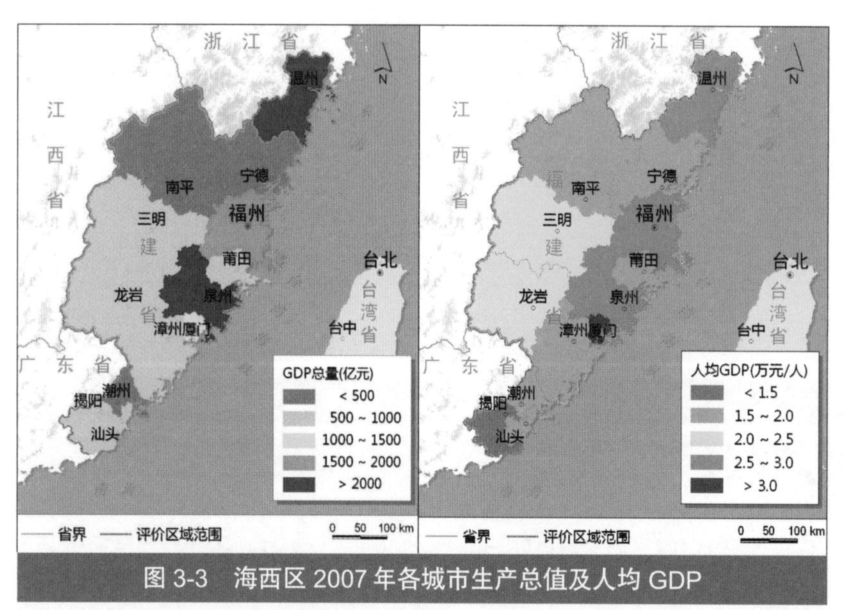

图 3-3 海西区 2007 年各城市生产总值及人均 GDP

注：无台湾省地形（DM）数据。

表 3-3 海西区及其他地区经济横向比较（2007 年）

区域	GDP/ 亿元	占全国比例 /%	GDP 增幅 /%	人均 GDP/ 元
海西区	13 224.25	5.3	12.8	23 406
长三角 (1)	46 672.07	18.9	15.2	55 778
珠三角 (2)	25 606.87	10.3	16.1	54 721
台湾地区	28 226 (3)	—	5.7	127 032
全国	249 529.9	—	11.4	18 934

注（1）长三角是指上海、江苏南部和浙江北部的区域，具体包括上海、苏州、无锡、泰州、扬州、南京、镇江、常州、南通、杭州、嘉兴、舟山、宁波、湖州、绍兴，共计 16 个城市。

（2）珠三角是指珠江沿岸的广州、深圳、佛山、珠海、东莞、中山、惠州、江门、肇庆，共计 9 个城市组成的区域。

（3）台湾地区 2007 年 GDP 按 2007 年 12 月 31 日汇率 1 元人民币＝4.46 元新台币折算。

表 3-4 1998—2007 年海西区人口规模变化趋势以及与全国的比较

年份	海西区总人口 / 万人	占全国的比例 / %	人口增长率 /‰	
			海西区	全国
1998	5 194	4.16	—	—
1999	5 299	4.21	20.27	8.22
2000	5 428	4.28	24.31	7.61
2001	5 467	4.28	7.17	6.97
2002	5 517	4.30	9.26	6.47
2003	5 554	4.30	6.75	6.03
2004	5 596	4.31	7.49	5.89
2005	5 636	4.31	7.18	5.91
2006	5 685	4.33	8.73	5.29
2007	5 735	4.34	8.75	5.18

注：数据来源于各地级市及福建省、全国 2008 年统计年鉴。

征比较明显。

从经济总量来看，2007 年，海西区 GDP 为 13 224 亿元，占全国 GDP 的 5.58%，与长三角（18.9%）、珠三角地区（10.3%）差距明显。

从经济增长幅度来看，海西区 2007 年 GDP 较上年增长 12.8%，增幅尽管高于全国水平 11.4%，但与长三角（15.2%）、珠三角地区（16.1%）的增幅差距较大。

从人均 GDP 来看，2007 年海西区人均 GDP 为 23 406 元，尽管高于全国水平 18 934 元，但明显落后于长三角（55 778 元）、珠三角（54 721 元）及台湾地区（127 032 元）（见表 3-3）。

4. 城市化发展特征

（1）人口增长速度逐步放缓

近 10 年来，海西区人口平稳增长，总人口占全国的比例保持在 4.16% ～ 4.34%；人口增长率总体呈现逐步放缓的趋势，与全国人口增长率相比，海西区人口增长率略高（见表 3-4）。

（2）区域城市化水平较高

一个地区的城市化水平是衡量其经济发展水平的重要指标，通常用人口城镇化率来表达。人口城镇化率为城镇人口占常住人口的比例，由于统计数据的缺乏，在分析一个地区多年间城镇化的发展进程时，也可使用非农业人口占总户籍人口的比例来表征，后者统计结果往往小于前者。近10年来，海西区城市化水平呈逐步上升的趋势（见图3-4）。

（3）区域内部城市化水平不均衡

从人口城镇化率的角度来看，海西区城市化水平总体高于全国平均水平。海西区内部各城市间发展不均衡，其中，厦门的城镇化率最高，达到81.2%；汕头、潮州、温州的城镇化率也较高，在60%以上；低于海西区平均水平的城市由低到高依次为宁德、龙岩、漳州、三明、南平、莆田、揭阳、泉州，其中宁德、龙岩、漳州、三明低于全国平均水平（见表3-5）。

一个地区的城市化水平与该地区的工业发展水平密切相关，海西区工业发展进程较快的沿海城市如厦门、温州等的城市化水平也相对较高，工业发展相对滞后的城市如宁德、龙岩、三明等的城市化水平相对较低。

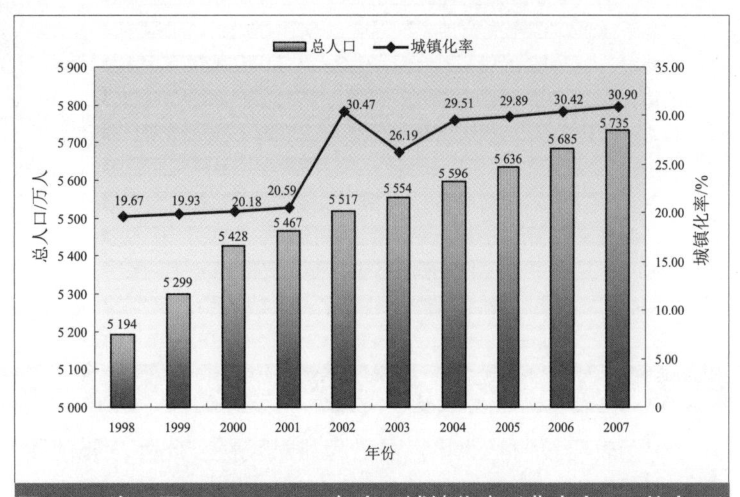

图3-4　海西区1998—2007年人口城镇化率（非农人口/总人口）

注：数据来源于各地级市及福建省2008年统计年鉴。

表3-5　2007年海西区及全国人口城镇化率（城镇人口/总人口）　单位：%

地区	温州	宁德	福州	莆田	泉州	厦门	漳州	三明	南平	龙岩	潮州	揭阳	汕头	海西区	全国
城镇化率	60.3	39.1	55.9	46.1	48.8	81.2	40.4	42.3	46.1	39.7	62.9	45.0	70.1	52.51	44.97

注：数据来源于各地级市及福建省2008年统计年鉴。

二、区域产业结构演变历程及现状特征分析

1. 区域产业结构演变历程及其特征

近十年来，海西区产业结构总体呈现“二、三、一”的格局，第二产业依然是地区经济发展的主导产业，其比重呈逐年上升的趋势；第三产业也呈现缓慢上升的趋势，对地区经济的贡献逐年提高；第一产业农业的比重则逐年下降。1998年海西区第一、第二、第三产业增加值比例为17.0∶45.5∶37.5，2007年三产比例为9.2∶50.7∶40.0。

与全国相比，2007年，海西区第二产业比例略高于全国，第一产业农业则略低于全国，第三产业基本持平。海西区产业结构总体与全国接近，工业化发展进程略高于全国总体水平，但优势不明显。

与台湾地区相比，台湾地区2007年产业结构比例1.5∶27.5∶71，呈现“三、二、一”的产业格局，表明台湾地区已进入工业化后期，海西区工业化发展进程明显滞后于台湾地区，两岸产业合作的互补性较强（见图3-5）。

2. 区域内部产业结构发展特征

海西区内部各城市间发展不均衡。厦门的三产比例为1.33∶53.10∶45.57，第二产业、第三产业比例明显高于全国平均水平，第一产业比例则明显低于全国水平及海西区其他城市，

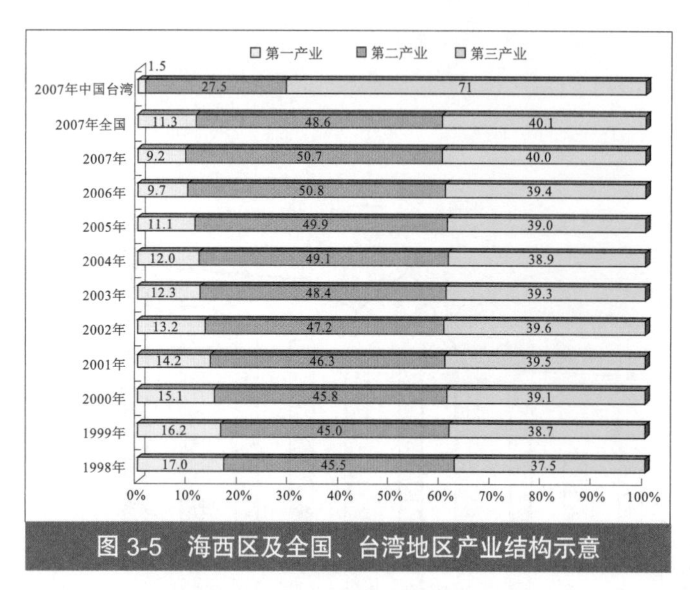
图 3-5 海西区及全国、台湾地区产业结构示意

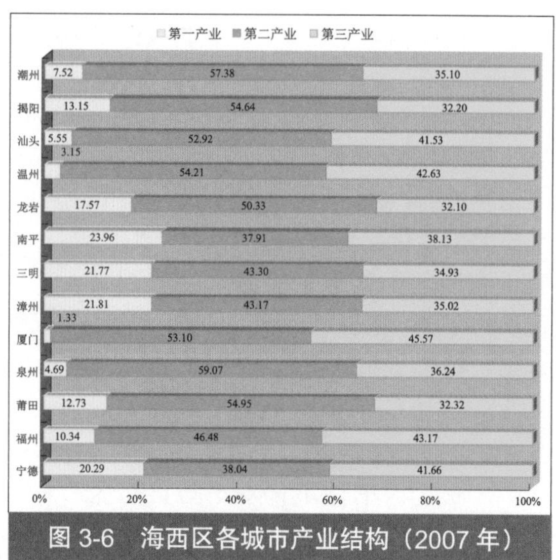
图 3-6 海西区各城市产业结构（2007 年）

表明厦门工业化发展进程相对较快；此外，厦门的第三产业比例也是海西区各城市中最高的，表明厦门服务业发展相对较快。其他沿海城市福州、温州、汕头也呈现第二产业、第三产业齐头并进的趋势。泉州是海西区第二产业比例最高的城市，第一产业、第三产业则低于全国水平；潮州、揭阳、莆田也总体呈现相同的趋势。

处于内陆山区的龙岩、南平、三明及沿海的漳州、宁德等城市的第一产业在国民经济中仍占有较大比例，均明显高于全国水平；第二产业则普遍低于全国水平，其中南平是海西区第一产业比例最高、第二产业比例最低的城市；第三产业比例也普遍低于全国水平，其中龙岩是海西区第三产业比例最低的城市。数据表明，上述城市的工业化发展进程相对比较滞后（见图 3-6）。

三、区域工业结构演变历程及现状特征分析

1. 区域工业结构发展现状特征

（1）区域工业产值分行业概况

海西区规模以上工业行业门类涵盖了国家统计分类中的 33 个工业行业（不涉及采掘业）。33 个工业行业中，电气机械及器材制造业产值占比最大，为 4.6%，废弃资源和废旧材料回收加工业占比最小，小于 0.1%（见表 3-6）。

（2）区域工业结构特征

海西区重点产业涵盖的 11 个行业工业增加值占比达到 74.1%，是海西区工业经济的支柱，其中装备制造业的工业增加值占比达到 15.6%，石化产业占比为 9.8%，电子信息、能源、冶金产业占比分别为 8%、7.6% 和 4.9%，林浆纸（造纸）产业占比为 1.8%（见表 3-7）。

数据表明，装备制造、石油化工、电子信息已经成为支柱产业，工业增加值占比达到 33.4%。从增长速度来看，装备制造、石油化工和电子信息产业发展最快，年均增速超过 30%，能源、农副产品加工增长速度较快，超过 15%。

目前，海西区以机械设备制造、金属冶金、电子信息、服装纺织、食品加工和林业加工几大行业为龙头的产业格局已经形成（见表 3-8）。

表 3-6　2007 年海西区规模以上工业产值统计

行业分类		产值 / 亿元	占比 /%
农副食品加工业		877.9	2.1
食品制造业		434.9	1.1
饮料制造业		323.1	0.8
烟草制品业		130.2	0.3
纺织业		952.9	2.3
纺织服装、鞋、帽制造业		1 103.8	2.7
皮革、毛皮、羽毛（绒）及其制品业		1 325.4	3.2
木材加工及木、竹、藤、棕、草制品业		310.8	0.8
家具制造业		146.6	0.4
造纸及纸制品业		398.0	1.0
印刷业和记录媒介的复制		186.3	0.5
文教体育用品制造业		229.7	0.6
石油加工、炼焦及核燃料加工业		198.7	0.5
化学原料及化学制品制造业		769.1	1.9
医药制造业		217.4	0.5
化学纤维制造业		261.5	0.6
橡胶制品业		250.8	0.6
塑料制品业		1 032.8	2.5
非金属矿物制品业		1 185.5	2.9
黑色金属冶炼及压延加工业		983.5	2.4
有色金属冶炼及压延加工业		560.9	1.4
金属制品业		568.3	1.4
通用设备制造业		872.2	2.1
专用设备制造业		406.7	1.0
交通运输设备制造业		1 087.4	2.6
电气机械及器材制造业		1 882.5	4.6
通信设备、计算机及其他电子设备制造		1 713.1	4.2
仪器仪表及文化、办公用机械制造业		245.5	0.6
工艺品及其他制造业		459.1	1.1
废弃资源和废旧材料回收加工业		5.3	0.0
非制造业	电力、热力的生产和供应	1 855.6	4.5
	燃气生产和供应	62.9	0.2
	水的生产和供应	48.8	0.1
制造业合计		37 310.9	90.8
总计		41 108.1	100.0

注：表中数据来自各地级市 2008 年统计年鉴。

表 3-7 海西区不同行业工业增加值（2007 年）

序号	行业	工业增加值 / 亿元	占海西区工业增加值比例 /%	占全国同行业工业增加值比例 /%
1	装备制造	857.6	15.6	3.3
2	石油化工	538.4	9.8	4.8
3	电子信息	438.1	8.0	5.6
4	能源电力	418.8	7.6	4.6
5	皮革、毛皮、羽毛（绒）制品	387.1	7.1	26.1
6	纺织服装、鞋、帽制造	321.8	5.9	14.2
7	非金属矿物制品	313.5	5.7	6.5
8	冶金	266.0	4.9	2.0
9	纺织	261.2	4.8	5.3
10	农副食品制造和加工	158.5	2.9	3.4
11	造纸	98.4	1.8	5.6
12	合计	3 763.1	74.1	3.2

注：表中数据来自各地级市 2008 年统计年鉴。

表 3-8 海西区各城市主要行业

地区		2007 年 GDP/ 亿元	2007 年工业增加值 / 亿元	主要行业
浙江	温州	2 157	1 063.30	电气制造、鞋革制造、通用设备制造、塑料、纺织服装
福建	宁德	471	148.95	电机电器、电力、食品、船舶修造
	福州	1 975	794.65	电子信息、机械制造、纺织、建材
	莆田	514	253.11	制鞋、纺织服装、食品、电子信息等
	泉州	2 289	1 249.20	纺织鞋服、建筑建材、工艺制品、食品饮料、机械制造
	厦门	1 375	625.00	电子信息、机械制造、化工
	漳州	864	329.08	电气机械及器材制造、能源、农副食品加工
	龙岩	556	241.90	烟草加工、机械制造、矿产
	三明	551	197.21	冶金、林产加工、机械、矿产、医药
	南平	473	144.71	竹木加工、纸及纸制品、食品加工、精细化工
广东	潮州	388	208.00	纺织鞋服、食品、五金制造、印刷包装、电子、陶瓷
	揭阳	592	295.94	纺织服装、食品饮料、医药化工、五金机械、电子信息
	汕头	850	412.77	纺织服装、化工塑料、食品医药、工艺玩具、机械装备、印刷包装、电子信息、音像制品
合计		13 055	5 963.82	

注：表中数据来自各地级市 2008 年统计年鉴。

2．区域轻重工业演变分析

以纺织、服装、鞋帽制造为代表的出口加工型、低技能劳动密集型产业具有一定的先发优势，为海西区的经济发展作出了一定的贡献，但进一步发展空间不大。随着海西区工业化、城市化的加速推进，加大了对能源、资源密集型产业的需求，工业结构逐渐偏向重化工业。目前，海西区重工业比例低于长三角、珠三角，也低于全国平均水平（见表 3-9）。

表 3-9　全国及不同地区轻重工业比重变化历程

统计范围		2000 年 *		2004 年 **				2007 年 **			
		轻工业	重工业	轻工业	年平均增长率 /%	重工业	年平均增长率 /%	轻工业	年平均增长率 /%	重工业	年平均增长率 /%
海西区	生产总值	1 988.63	1 764.51	4 378.05	22	5 298.22	32	8 125.22	17	9 831.66	17
	占全国 /%	5.83	3.42	6.99	—	4.25	—	6.79	—	3.44	—
	轻:重	1.13		0.83				0.83			
长三角	生产总值	10 995.43	13 084.08	20 733.24	17	37 427.58	30	36 248.97	15	76 249.98	19
	占全国 /%	32.25	25.37	33.09	—	30.05	—	30.30	—	26.70	—
	轻:重	0.84		0.55				0.48			
珠三角	生产总值	5 739.56	4 938.55	10 895.49	17	14 021.45	30	18 366.12	14	29 528.87	20
	占全国 /%	16.83	9.57	17.39	—	11.26	—	15.35	—	10.34	—
	轻:重	1.16		0.78				0.62			
全国	生产总值	34 094.50	51 579.20	62 654.00	16	124 566.70	25	119 640.00	18	285 537.0	23
	轻:重	0.66		0.50				0.42			

注：* 海西区 2000 年数据根据 2004 年及 2008 年数据外推；长三角、珠三角数据来自各地市统计年鉴及中华人民共和国国家统计数据库；全国数据来自中华人民共和国国家统计数据库。

**2004 年及 2008 年数据：福建省数据来自 2008 年福建经济与社会统计年鉴；广东三市及浙江温州市数据来自各地级市 2008 年统计年鉴；长三角、珠三角数据来自各地市统计年鉴及中华人民共和国国家统计数据库；全国数据来自中华人民共和国国家统计数据库。

四、区域工业化发展水平分析

1．工业化水平评价方法

工业化是一个国家或地区随着工业发展，人均收入和经济结构发生连续变化的过程，工业化水平是经济发展水平的体现。本报告采用《中国工业化进程报告 1995—2005 年中国省域工业化水平评价与研究》（中国社会科学院）中工业化发展水平评价方法，依据经济发展水平、产业结构、工业结构、就业结构和空间结构五方面的评价指标来构造工业化水平综合指数（见表 3-10），运用该指数来评价现状海西区的工业化水平。

表 3-10 工业化水平评价指标

工业化水平代表方面	评价指标	指标权重
(1) 经济发展水平	人均 GDP	0.36
(2) 产业结构	一、二、三产业增加值比值	0.22
(3) 工业结构	制造业增加值占总商品生产部门增加值比重	0.22
(4) 空间结构	人口城市化率	0.12
(5) 就业结构	第一产业就业占全社会就业比重	0.08

工业化水平综合指数采用如下加权合成法构成：

$$K=\sum_{i=1}^{n}\lambda_i W_i$$

其中：K 为国家或者地区的工业化水平综合指数，无量纲，指数值为 0 ～ 100；λ 为单个评价指标值，采用阶段阈值法对指标原始值无量纲化后得到，数值为 0 ～ 100（阶段阈值法的方法原理参见上述“中国工业化蓝皮书”），指标原始值摘自 2007 年海西区 13 个地级市的统计年鉴数据；W_i 为评价指标权重，采用层次分析法确定的各指标权重，评价指标包括经济发展水平、产业结构、工业结构、空间结构和就业结构五个方面，综合指数值对应着不同的工业化水平（或阶段）（见表 3-11）。

表 3-11 2007 年海西区及全国人口城镇化率（城镇人口 / 总人口） 单位：%

工业化水平（或阶段）	前工业化阶段	工业化实现阶段						后工业化阶段
		工业化初期		工业化中期		工业化后期		
		前半阶段	后半阶段	前半阶段	后半阶段	前半阶段	后半阶段	
	一	二（Ⅰ）	二（Ⅱ）	三（Ⅰ）	三（Ⅱ）	四（Ⅰ）	四（Ⅱ）	五
综合指数值	0	1 ～ 17	18 ～ 33	34 ～ 49	50 ～ 66	67 ～ 83	84 ～ 99	100

2．海西区工业化发展水平

海西区工业化水平综合指数值为 58，已经达到工业化中期后半阶段水平，与全国的工业化平均水平相当（全国平均指数为 56，达到中期后半阶段水平）。

通过分析发现，海西区工业化进程中，工业结构水平和产业结构水平相对高于经济发展水平、就业结构水平和空间结构水平。另外，地区发展不平衡也较明显，厦门、温州、福州、泉州和莆田五个地区的工业化水平相对较高，要高于海西区平均水平，而宁德、龙岩和揭阳三个地区工业化水平低于海西区平均水平，仅达到工业化初期阶段水平。

五、承接台湾地区产业转移现状

1．台湾地区产业转移大陆现状

台湾地区作为国际产业转移梯度上的一个梯层，在接受外来资本的同时，也在向外转移产业。大陆为台湾地区转移的资本提供了广阔的发展空间，台湾地区产业转移大陆明显加速，规模逐步扩大。据商务部统计，从 1989 年至 2006 年的 17 年间，台商投资大陆累计金额增加了 140 多倍。截至 2007 年 9 月底，大陆累计批准台商投资项目 74 327 项，台商实际投资 450.4 亿美元；大陆已成为台湾地区对外投资的最大目的地。台商的投资形态从初期的以劳动密集型为主的加工出口产业，兼以环境利用型及土地开发型等其他初级投资形态，逐步向以市场占领型为主，技术合作型和资源开发型为辅的高级投资形态过渡，技术层次越来越高，企业规模越来越大，投资领域也越来越宽。台湾地区产业转移大陆既有利于大陆经济发展，又有利于岛内产业结构调整升级和企业发展壮大，促进两岸互利双赢。台湾地区向大陆产业转移具有投资规模趋于大型化、投资区域相对集中、产业转移的层次不断提高的特征。

2. 海西区承接台湾地区产业现状

海西区与台湾地区一水之隔，两岸有着“地缘相近、血缘相亲、文缘相承、商缘相连、法缘相循”的“五缘”优势，是大陆最早承接台湾地区产业转移的地区。两岸产业合作自1979年大陆实行对外开放之时即起步，80年代末至90年代中期，海西区承接台湾地区产业转移进入快速发展阶段，而自90年代末以来，台商投资重点逐步转向在市场、腹地及产业链群方面更具优势的长三角、珠三角地区，海西区承接台湾地区产业转移的步伐相对滞缓。据统计，截至1999年年底，福建省累计批准台资企业5 894家，合同台资金额109.89亿美元，实际到资累计近80亿美元。截至2007年年底，粤东地区共批台资企业699家，投资总额为17.94亿美元。截至2006年年底，温州市共批台资企业150家，总投资为4.84亿美元，合同台资2.84亿美元，实际到资1.8亿美元。海西区承接台湾地区产业转移已形成较大规模，但与长三角、珠三角相比仍有较大差距。据台方统计，2004年1—6月份，台商赴大陆投资最多的五个省依次是江苏（58.39%）、广东（19.37%）、浙江（9.25%）、福建（6.03%）及河北（1.93%）。而随着当前两岸关系出现重大积极变化、国家出台政策大力支持海西区建设的新形势下，海西区将再度成为承接台湾地区产业转移的热土。目前，海西区承接台湾地区产业转移呈现以下特征。

（1）投资区域相对集中，行业分布以第二产业为主导

近年来，台商在海西区投资地域出现多极集聚的态势，大致可分为三个梯度：第一梯度集中在福州、厦门、泉州与漳州四地市；第二梯度集中在莆田、龙岩、汕头三地市；第三梯度集中在三明、南平、宁德、潮州、揭阳和温州六地市。台商投资行业以制造业为主，目前比重为第二产业占65%左右，第一产业约为10%，第三产业约为25%。

（2）投资技术层次不断提升，产业配套关联化明显

目前台商在海西区投资已从初期的劳动密集型产业转向资金密集、技术密集的电子、机械、石化等产业，与海西区培育的主导产业相吻合。

① 石化产业。海西区在承接台湾地区石化产业转移方面已具备一定基础，并形成了具有一定规模和实力的石化产业集群，主要集中在厦门海沧和漳州古雷。厦门海沧台商投资区已集聚翔鹭石化、翔鹭化纤、正新橡胶、腾龙特种树脂等石化中下游加工企业，聚集效应已经显现，其工业总产值占海西区石化产业的56%。2009年5月，选址湄洲湾石化基地泉港石化园区的台湾地区石化专区正式开始筹建，专区将重点建设一套100万t/a乙烯裂解装置及其下游聚丙烯、乙二醇、苯乙烯、醋酸乙烯、合成橡胶及合成纤维等53个项目。泉港园区台湾地区石化专区由台湾地区石化同业公会牵头投资兴建，是台湾地区石化界第一次大规模西进祖国大陆，是海峡两岸第一个完整产业链对接的专业园区，将极大地推动海西区与台湾地区石化产业的对接，促进海西区石化产业的发展。

② 机械装备产业。海西区承接台湾地区机械装备产业转移已具备一定规模，初步形成具有一定优势的产业集群，带动了相关产业链的逐步延伸和完善。1996年，海峡两岸最大的合资汽车项目——东南（福建）汽车工业有限公司落户福州青口后，大量台资汽车配套生产厂商纷至沓来，青口汽车产业链开始逐步延伸和完善，成为海西区承接台湾地区汽车产业转移的主要基地。目前，青口投资区已建成投产的企业有219家，其中有台资成分的企业121家。

2008年青口投资区实现工业总产值133亿元，其中75%的产值由台资企业创造。除了福州青口的汽车及零组件产业基地以外，海西区内还形成了厦门大中型客车及零部件与工程机械、福安电机电器等多个机械装备产业集群以及厦门ABB、太古飞机维修、南平电线电缆等区域产业生产基地。

③ 电子信息产业。电子信息产业是海西区产业门类中规模最大、带动面和影响面最广的支柱性产业，众多台资企业是其中的主力军。一批知名的台资企业如冠捷、华映光电、灿坤、台通等先后落户海西区，且吸引台湾地区的配套企业聚集，形成了比较完善的上下游产业链，如福州市形成了以冠捷、华映光电为龙头的显示器产业集群，成为全国最大的显示器生产基地之一；厦门市初步形成了计算机、手机和数字视听产品产业集群；莆田市形成了计算器和电子手表产业集群；漳州市形成了智能型小家电和数字化仪器仪表产业集群等。

从台湾地区产业外移现状来看，电子信息产业目前仍将是台湾地区产业转移的重点。今后，海西区将继续承接台湾地区电子信息产业的转移，加快培育两岸电子信息产业集群，以海西区电子信息制造业、通信设备制造业、电子计算机制造业、电子元器件制造业为重点，加快台湾地区电子信息产业与海西区产业集群发展方向、重点的结合，着力培育移动通信手机产业、计算机及外设、数字视听产品、显示器及软件五大产业集群。

（3）农业合作首开先河，合作规模位居大陆之首

海西区与台湾地区同属亚热带，在气候、温度、日照、土质条件、作物种类、栽培技术等方面基本相同，两地农业具有很强的互补性，因此，海西区一直是台湾地区农业外移的首选之地。1997年，福建的福州、漳州成为大陆首批海峡两岸农业合作试验区，2005年，试验区又获批准扩大至福建全省，正式成立了“海峡两岸（福建）农业合作试验区”。截至2006年9月，福建省累计批准台资农业项目1 903个，合同利用台资23.4亿美元，实际到资13.3亿美元，农业实际利用台资位居全国首位，一批台湾地区知名企业如台糖、兴农、农友、天福等公司纷纷落户福建。截至2008年年底，海西区累计引进台湾地区优良品种2 500多个，有150多个良种在生产中推广，累计批办农业台资项目2 200多个，是两岸农业合作的主要区域。先后成立的“海峡两岸（福建）农业合作试验区”和“潮南台湾地区农民创业园”更将促进两岸农业的深度合作。

（4）服务业合作开启新篇章

服务业是近年来海西区和台湾地区经贸合作中迅速兴起的产业，目前较多集中在生活性服务业方面。截至2007年，台商在福建省投资服务业的项目数占总项目数的14%，其中，批发零售、住宿餐饮等商贸业有195项，占12.72%；文化体育娱乐业有135项，占18.03%；运输仓储业33项，占2.25%。随着两岸“三通”的正式开启及两岸经贸关系的不断改善，由制造业带动的生产性服务业，如物流业、商业、金融业、保险业等将成为海西区承接台湾地区产业转移的新热点。在物流业方面，海西区可充分发挥福州、厦门、泉州、汕头等对台直航优势和保税区、物流中心及加工区的政策优势，引进台湾地区航运和运输服务企业、现代物流企业进入园区，并投资港口、机场，拓展两岸物流业合作业务。

第二节　重点产业发展现状特征分析

一、重点产业筛选

重点产业筛选原则：一是污染物排放量大，环境影响较大；二是经济贡献比重较大；三是属于区域未来发展重点。

国务院《支持福建加快建设海西区若干意见》明确提出：海西区将建设成为先进制造业基地，重点发展电子信息、装备制造、石油化工等产业，着力改造提升建材、冶金、纺织、食品等传统优势产业，并加强沿海能源基础设施建设，合理布局沿海大型煤电。海西区已形成以电子信息、装备制造、石油化工、能源电力、皮革、纺织、冶金为主的产业体系。2007年上述产业增加值占工业增加值的63.5%，并建立了各具特色的产业基地。从海西区的发展态势来看，各地都将石化、装备制造、冶金、能源电力和林浆纸产业作为重点发展的产业，这也是节能减排、发展低碳经济的重点领域。

综合考虑海西区未来产业的发展重点、经济贡献和环境影响，确定海西区的重点产业为石化、装备制造、电子信息、能源、冶金和林浆纸等六大产业。

二、重点产业发展布局

改革开放以前，海西区被列为海防战略前线。受国家指令性计划的影响，海西区内陆山区依靠资源优势发展资源密集型产业，即建材、冶金、煤炭和造纸产业，成为海西区的重工业基地，并培育了三明钢铁、紫金矿业、青山纸业等一批大型骨干企业。

改革开放以后，在全方位的对外开放政策引导下，产业重心逐渐向沿海地区转移，呈现“一带四圈”及山区重工业的产业布局，并形成了四圈辐射周边，福州、厦门两大城市引领发展的格局（见图3-7）。

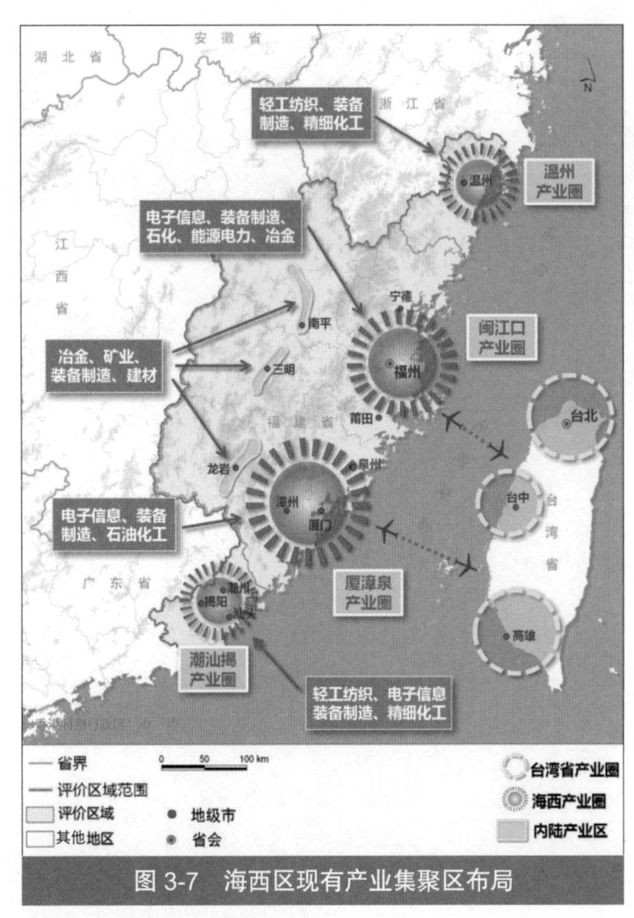

图3-7　海西区现有产业集聚区布局

注：无台湾省地形（DM）数据。

1．沿海产业带

在外资因素、经济中心优势和便利交通廊道的作用下，海西区的产业空间布局逐渐向沿海转移，形成以中心城市（温州—福州—泉州—厦门—汕头）为中心的沿海产业带。改革开放之初的1983年沿海中心地区（温州—福州—泉州—厦门—汕头）与其他地区的经济总量之比为0.86∶1；到1995年，两者之比为1.53∶1，而到2007年年末，两者之比为2.0∶1，经济重

表 3-12 海西区不同区域经济发展状况

地区	人口 / 万人	面积 / 万 km^2	GDP/ 亿元	人均 GDP/ 万元	主导产业
内陆山区	826	6.83	1 580	1.91	装备制造、木材加工、冶金、建材
沿海中心城市	2 959	3.88	8 646	2.92	电子信息、装备制造、化工、能源电力、冶金
沿海地区	4 899	9.75	11 475	2.34	石油化工、电子信息、装备制造

注：内陆山区包括龙岩、三明、南平；沿海中心城市包括温州、福州、厦门、汕头、泉州；沿海地区指沿海十城市。

心逐渐向沿海中心地区转移。海西区有国家级、省级开发区 108 个，其中 88 个分布在沿海一带（见表 3-12）。

2. 闽江口产业圈

以福州为中心，联动莆田、宁德的产业发展圈，是海西区沿海产业带的重要地区。借助中心城市福州的地域优势，产业发展起步较早，已经形成装备制造、电子信息、食品、石化、能源电力等五大支柱产业（见表 3-13），并建成了福清马尾电子城、青口汽车城、宁德电机电器等一批特色集聚区。

表 3-13 闽江口产业圈主要产业工业增加值比例 单位：%

主要产业 *	福州	宁德	莆田	闽江口合计	占海西区 **
装备制造	18.0	41.1	13.7	20.0	22.7
电子信息	19.8	0.2	3.7	14.3	37.3
食品制造和加工	7.9	12.0	20.3	10.8	35.7
石油化工	11.6	6.4	13.8	11.4	47.2
能源电力	8.6	14.7	4.9	8.7	24.5
冶金	7.8	13.2	0.8	7.1	27.3
纺织	8.6	0.1	2.9	6.4	27.4
皮革、毛皮、羽毛（绒）制品	2.7	0.2	20.4	5.8	17.5
非金属矿物制品	4.8	5.1	0.9	4.1	14.1
服装、鞋、帽制造	2.3	0.5	7.7	3.1	11.1
合计	92.1	94	89.1	91.7	—

注：* 统计产业圈内工业增加值 90% 以上的主要产业；** 工业增加值占海西区同类产业的比例。

3. 厦漳泉产业圈

以厦门为中心，联动泉州、漳州的产业发展圈，是构筑海西区沿海产业带的龙头。优越的区位条件和人文优势，使其成为台资企业投资最为集中的地区，海沧台商投资区（电子、机械）是我国最早最大的国家级台商投资区，拥有 107 家台资企业，集美（杏林）台商投资区（主导产业电子、机械、服装）是台资企业最为集中的开发区，拥有 280 多家台资企业。厦漳泉产业圈以技术密集型、资本密集型的产

表 3-14 厦漳泉产业圈主要产业工业增加值比例 单位：%

主要产业	泉州	厦门	漳州	厦漳泉合计	占海西区 **
装备制造 *	7.3	22.7	28.3	15.3	29.3
电子信息	1.0	33.3	3.5	12.2	54.1
皮革、毛皮、羽毛（绒）制品	17.3	1.5	1.2	9.8	50.0
石油化工	9.1	11.1	5.6	9.3	33.3
服装、鞋、帽	14.5	3.0	2.8	9.1	54.5
非金属矿物制品业	14.0	2.7	3.1	8.7	51.1
食品	6.4	4.6	15.8	7.1	39.6
能源电力	4.5	2.6	17.7	5.6	27.0
纺织业	8.3	2.2	1.6	5.3	38.6
工艺品及其他制造业	6.0	1.3	1.6	3.8	53.9
冶金	3.1	3.1	6.1	3.5	22.9
造纸及纸制品业	3.5	0.8	3.9	2.6	49.5
合计	95	88.9	91.2	92.3	—

注：* 统计产业圈内工业增加值 90% 以上的主要产业；** 工业增加值占海西区同类产业的比例。

业为主，已经形成电子信息、装备制造、石油化工三大支柱产业，并建成了厦门国家级电子信息产业基地、工程机械产业集群和湄洲湾石化基地，呈现出良好的发展势头（见表3-14）。

4．温州产业圈

以温州市城镇为中心，辐射周边山区地带，是我国民营经济最为发达的地区；以传统的轻工业为主，呈现大量小型民营企业为主体的产业集群发展模式；已经形成鞋革、低压电气、纺织服装、装备制造（以交通运输设备为主）、塑料化工等五大优势产业，并素有“中国鞋都”、“中国电气之都”称号。2007年温州产业圈工业增加值为830亿元，约占海西区的15.1%，但由于温州产业集群目前尚停留在劳动密集型、低加工度的发展阶段，基本依靠资源和成本的比较优势参与竞争，产业结构调整滞后于经济增长，存在科技含量低、资源消耗高、环境污染大等问题（见表3-15）。

表3-15　温州市主要产业工业增加值比例　　单位：%

主要产业*	占工业增加值比重	占海西区相关产业比例
装备制造	41.2	33.4
皮革、毛皮、羽毛（绒）制品	14.1	30.4
石油化工	12.3	18.7
能源电力	6.9	14.0
纺织服装、鞋、帽制造	5.7	14.6
冶金	4.7	12.8
金属制品	3.1	19.4
电子信息	2.6	4.9
合计	90.6	—

注：*统计产业圈内工业增加值90%以上的主要产业。

5．潮汕揭产业圈

以汕头为中心，辐射潮州、揭阳的产业发展圈，是海西区与珠三角的衔接点，属于经济落后地区，也是广东省境内重点发展的地区。支柱产业大多为传统产业，已经建立了以轻工业为主的工业体系（轻、重工业比为71.8∶28.2），形成了纺织服装、工艺玩具、电子信息、五金机械、化工塑料等一批有地方特色的支柱产业和优势产业，培育了一批经济实力较强的产业集群，汕头有“中国玩具礼品城”、揭阳有“中国五金基地”、潮州有“中国婚纱晚礼服名城”等品牌称号。2007年，潮汕揭产业圈工业增加值为634亿元，约占海西区的11.6%，但该区域企业规模较小，技术创新能力较弱，专业化生产协作程度低，尚未形成有较强竞争力的产业集群和带动作用强的龙头企业，现有支柱产业难以改变工业发展水平偏低的现实（见表3-16）。

表3-16　潮汕揭产业圈主要产业工业增加值比例　　单位：%

主要产业*	潮州	揭阳	汕头	潮汕揭合计	占海西区**
能源电力	13.6	13.6	15.1	14.1	22.6
石油化工	7.1	14.9	17.1	13.2	15.8
装备制造	10.8	17.3	12.4	13.1	8.4
非金属矿物制品	29.1	1.6	1.0	10.3	20.1
纺织服装、鞋、帽制造	6.5	10.6	8.8	8.5	17.0
纺织	1.8	8.8	10.1	7.0	17.0
食品	8.5	5.1	5.9	6.5	12.2
金属制品	7.1	8.7	1.3	5.1	24.9
印刷业和记录媒介的复制	4.0	1.1	4.9	3.6	43.3
工艺品及其他制造	2.9	2.2	3.5	2.9	13.9
文教体育用品制造	0.3	2.0	5.2	2.7	32.1
冶金	1.4	5.5	1.7	2.6	5.6
木材加工和家具制造	1.3	0.6	4.3	2.3	13.3
合计	94.4	92	91.3	91.9	—

注：*统计产业圈内工业增加值90%以上主要产业；**指潮汕揭产业圈主要产业工业增加值占海西区同类产业的比例。

6．内陆山区重工业产业带

改革开放以前，福建被列为

表 3-17　内陆山区重工业产业带主要产业工业增加值比例　单位：%

主要产业 *	三明	龙岩	南平	山区合计	占海西区 **
冶金	25.0	13.2	7.5	16.1	31.3
采矿	8.5	26.1	5.4	15.5	71.1
装备制造	8.6	8.7	18.8	10.8	6.2
烟草	0.1	22.9	0.4	10.1	57.6
建材（包括家具制造）	10.0	2.3	18.4	8.5	43.2
能源	7.2	8.5	9.4	8.3	11.8
石化	11.1	2.6	12.0	7.6	8.2
非金属矿物制品	7.0	7.6	3.2	6.5	11.3
纺织	9.7	1.6	4.4	5.0	10.9
食品	4.5	2.0	10.2	4.7	7.8
造纸	4.5	0.8	4.0	2.8	15.9
合计	96.3	96.5	93.6	95.8	—

注：* 统计产业圈内工业增加值 90% 以上主要产业；** 指内陆山区重工业产业带主要产业工业增加值占海西区同类产业的比例。

海防战备前线，投资重点倾斜于闽西北的“小三线”建设，依靠其丰富的石灰石、煤炭、铁矿、森林等资源，大力发展冶金、煤炭、装备制造、建材等工业，成为海西区早期工业的支柱和经济增长点。随着改革开放和市场经济的引入，沿海地区产业集群发展，而内陆山区受交通条件、人才优势和技术水平的限制，经济总量所占比重逐渐减小（见表 3-17）。

三、重点产业集聚发展现状

1．石化产业

湄洲湾石化基地处于泉州和莆田交界处，规划面积 79.7 km^2，是我国《石化产业调整和振兴规划》中提到的 20 个千万吨炼油基地之一。基地已有原油加工能力 1 200 万 t/a，乙烯生产能力 80 万 t/a，大型企业中石化、中化公司及地方化工企业逐渐在基地落户，目前已有石化及港口物流企业 39 家、总投资约 530 亿元，在建项目 20 多个，总投资超过 1 000 亿元。未来随着中化公司 1 200 万 t 炼油和台湾地区石化专区建设的不断推进，湄洲湾石化基地将成为我国重要的石化基地。

2．电子信息产业

海西区是国家首批认定的九个“国家信息产业基地”之一，电子信息产业高度集中，基本局限于厦门和福州两大城市，2007 年厦门和福州电子信息产业总产值占海西区的 86%。形成了厦门特区、福州市区、马尾开发区等信息产业基地，是全球最大的显像管生产基地、全球第二大彩色显示器生产基地、全球第四大液晶显示器生产基地，产品不仅提供给珠江三角洲、长江三角洲的企业进行配套，而且大量出口，成为世界电子信息产业链条的重要组成部分。海西区电子信息产业占全国同行业的比重也逐年增大，2007 年达到了 5.6%，初步显现出国内第四个电子信息产业集聚区的雏形。

3．装备制造产业

海西区装备制造业主要集中在厦门、福州和温州，其工业总产值占海西区的 68%。海西区装备制造业已初步形成了一批特色鲜明、辐射力大、竞争力强的产业集聚区域和产业集群。如温州的汽摩配和电器产业集群、厦门的大中客车产业集群和工程机械产业集群、福州（青口）汽车及零部件产业集群、福州（福安）电机产业集群等。海西区工程机械、电工电器、环保机械和飞机维修业在全国有一定优势和特色，厦门的民用飞机维修与改装规模和技术水平居亚洲第一；工程机械的主力机种装载机在国内市场占有率接近40%；福安的电机、厦门的工程机械、龙岩的环保机械和泉州的纺织机械在全国也有一定的知名度。

四、重点产业发展规模

1. 石化产业

目前，海西区原油加工能力为1 200万t/a，乙烯生产能力为80万t/a，分别仅占全国产能的3.5%和5.7%，与同处沿海的长三角（原油加工能力超过7 000万t/a）、珠三角（原油加工能力约4 000万t/a）相比差距巨大，沿海优势尚未充分发挥。

2. 装备制造产业

产业基础还比较薄弱，大多数属附加值低的加工型企业，在国内具有影响力的企业较少且规模不大，比较知名的金龙客车和厦工、龙工的工程机械分别占全国市场份额的26%、13%和15%，总产值不足长三角的12%，在全国的比重也仅为3.3%，远落后于其占全国GDP的比例（5.58%）。

3. 电子信息产业

海西区电子信息产业发展较快，工业增加值占海西区的8%，占全国同行业工业增加值的5.6%，以显示器和计算机产品占主导地位的投资类产品出口比重较大。福建省是全球最大的显像管生产基地、全球第二大彩色显示器生产基地、全球第四大液晶显示器生产基地，泉州微波通信产业基地、潮州灿坤工业园等一批特色产业基地（园区）已初具规模。

4. 冶金产业

2007年海西区钢产量600万t，钢材产量1 300万t，生铁产量650万t，分别仅占全国总量的2%、3%和3%，三明钢铁是海西区唯一的年产钢达500万t的特大型钢铁企业，2008年在全国钢铁产量排名中占第22位；其他企业产能多小于3万t/a。海西区有色金属生产种类较少，除钨和黄金的产能分别占全国的28%和9%外（钨全国第一，黄金全国第二），其余规模普遍偏小，铝和铜总产能分别仅占全国的5%和0.3%。

5. 能源电力产业

海西区能源电力产业占有一定比重，2007年完成工业增加值438亿元，占海西区工业增加值的7.6%，占全国同行业工业增加值的4.6%。总装机规模达到3 400万kW，电力缺口较大。规模最大的是漳州后石电厂，装机规模360万kW，大唐国际宁德电厂、华能福州电厂、福州可门电厂、国电福州江阴电厂、厦门嵩屿电厂、大唐潮州三百门电厂、汕头华能电厂、华能海门电厂、惠来电厂的装机规模大于100万kW。

6. 林浆纸产业

海西区2007年纸和纸板产量276万t，纸浆生产主要集中于福建南平、三明地区，产量57万t。除南纸、青山纸业、青州纸厂、恒安集团、优兰发集团等国内知名大型造纸企业以外，大部分企业规模较小，规模以上造纸企业的平均规模为 1.36 万 t，与全国平均水平（2.28 万 t）尚有一定差距。

五、重点产业发展结构

1. 石化产业

海西区石化产业起步较晚，基础薄弱，炼化企业属燃料型原油炼制。湄洲湾石化基地的炼化一体化工程乙烯、丙烯原料直接加工成聚乙烯、聚丙烯石化终端产品，属短流程石化产品延伸，对石化中下游产业带动作用不大，难以形成上游、中游、下游项目配套的石化产业集约发展格局。

2. 装备制造产业

海西区装备制造业主要集中在电器行业和交通运输制造业，分别占装备制造业总产值的 40% 和 20%。虽然高技术含量产品的比重不断增加，但总体仍处于产业链中偏于低端的地位，在技术水平上处于国内中游，且技术创新能力偏弱，多数装备生产企业以贴牌生产为主导赚取微薄的加工费。

3. 电子信息产业

海西区电子信息产业技术水平相对较低，结构性矛盾比较突出，与长三角、环渤海地区差距较为显著。电子信息产品结构主要集中在中下游，以显示终端、计算机及网络产品等为主，且以加工贸易为主，在国际产业分工中处于价值链低端，上游产品如集成电路设计及制造领域匮乏，关键技术和高端配套产品主要依赖进口，“空芯”现象较为突出。

4. 冶金产业

海西区钢铁产品结构单一，技术水平相对落后。生产的钢材以建筑用材为主，钢材板管比为 26.5%，低于全国平均水平（45.7%）。冷轧薄板、中厚板、冷轧硅钢板等附加值高的生产用材较少，大部分靠区外采购和进口。由于海西区冶金产业小企业众多，其技术层次参差不齐，小规模粗放经营模式仍较为普遍。

5. 能源电力产业

从国家能源发展格局来看，将“大力发展”核电；“积极推进”水电；“上大压小”火电。而目前海西区的火电比重较大，约占总发电量的 71%；其次为水电，约占总发电量的 25%（已经基本开发完毕）；核电和其他新能源基本上处于初步启动阶段，约占总发电量的 3%。海西区目前能源结构不尽合理，与国家积极发展核电，大力发展新能源及可再生能源发电有一定差距，核电、其他新能源及可再生能源发电是海西区能源电力产业发展的方向。

6. 林浆纸产业

目前我国造纸业结构问题主要是原料结构不合理，草浆比重仍然高，木浆的比例仅占 20%。提高木浆比重、淘汰落后草浆生产线、优化我国造纸原料结构，是解决我国造纸带来的环境污染问题的关键，林纸一体化也是未来造纸工业发展的必由之路。海西区林浆纸生产主要集中在南平和三明，已初步形成了林纸一体化的发展模式，但由于远离市场，生产规模较小。因而沿海地区的造纸企业主要是纸浆造纸。

第三节　重点产业资源环境效率评价

一、评价指标体系

1. 重点行业范围界定

根据《中华人民共和国国民经济行业代码》（GB/T 4754—2002），通过文献查阅与专家咨询的方法对于海西区六个重点行业进行范围界定：

•装备制造行业，包括“通用设备制造业”“专用设备制造业”;“交通运输设备制造业”“电机电器制造业（电气机械及器材制造业）”；

•石化行业，包括“石油加工、炼焦及核燃料加工业”“化学原料及化学制品制造业”“化学纤维制造业”；

•电子信息产业，包括“ 通信设备、计算机及其他电子设备制造业”；

•冶金行业，包括“黑色金属冶炼及压延加工业”“有色金属冶炼及压延加工业”；

•能源电力行业，包括“电力、热力的生产和供应业（含火电、水电、核电）”；

•纸浆造纸行业，包括“造纸及纸制品业”。

2. 指标体系建立的基本思路

•海西区 13 个地级市资源环境效率评价：侧重于对整个工业行业的资源环境效率评价，进行横向比较，评价方法采用灰色关联法。

•整个海西区的资源环境效率评价：将海西区同国内先进水平比较，评价方法采用标准指数法（国家清洁生产评价指标体系中的方法）。

•各重点行业在各地级市间的资源环境效率评价与比较：就海西区六个重点行业进行区域间比较。应注意的是，各重点行业在各地级市的重要程度是不同的（就现状而言），例如，钢铁行业在某一个或几个地级市非常重要，但在其他地级市就不重要，甚至几乎没有。如果某一行业在某一地级市产值极低、几乎没有，则该行业、该地级市就不参与评价。评价方法采用灰色关联指数法。

•整个海西区各重点行业的资源环境效率评价与比较：将海西区各重点行业的资源环境效率与同国内先进水平比较，方法采用标准指数法。

3. 指标体系的基本框架

从经济发展、资源消耗、污染物排放、资源综合利用和区域生态风险等方面建立区域和重点产业资源环境利用效率指标（见表 3-18 至表 3-24）。

表 3-18 区域尺度的评价指标体系

大类指标	单项指标	指标说明	单位	指标属性
经济	全员劳动生产率	工业增加值 / 工业从业人员数	万元 / 人	正向指标
	利税率	利税总额 /（固定资产净值平均余额＋流动资产平均余额）	%	正向指标
资源消耗	万元工业增加值能耗	综合能源消耗量 / 工业增加值	tce/ 万元	逆向指标
	万元工业增加值用电量	工业用电量 / 工业增加值	kW · h/ 万元	逆向指标
	万元工业增加值取水量	新鲜取水量 / 工业增加值	t/ 万元	逆向指标
	经济密度	第二、第三产业生产总值 / 城市建设用地	万元 /km^2	正向指标
污染物排放	万元增加值废水排放量	废水排放量 / 工业增加值	t/ 万元	逆向指标
	万元增加值 COD 排放量	COD 排放量 / 工业增加值	kg/ 万元	逆向指标
	万元增加值氨氮排放量	氨氮排放量 / 工业增加值	kg/ 万元	逆向指标
	万元增加值废气排放量	废气排放量 / 工业增加值	万 m^3/ 万元	逆向指标
	万元增加值烟（粉）尘排放量	烟（粉）尘排放量 / 工业增加值	kg/ 万元	逆向指标
	万元增加值 SO_2 排放量	SO_2 排放量 / 工业增加值	kg/ 万元	逆向指标
	万元增加值 NO_x 排放量	NO_x 排放量 / 工业增加值	kg/ 万元	逆向指标
	万元增加值工业固废产生量	工业固体废弃物产生量 / 工业增加值	kg/ 万元	逆向指标
资源综合利用	工业固体废物综合利用率	工业固废综合利用量占固体废物产生量的比重	%	正向指标
	工业用水重复利用率	工业重复用水量占工业用水量的比率	%	正向指标
区域生态风险	土地利用强度		—	逆向指标
	森林覆盖率		%	正向指标
	耕地面积比例		%	正向指标

二、评价模型

1. 多级灰色关联法

（1）分析模型

假设最低层指标序列为：

$$X_i = \{x_i(1),\ x_i(2),\ x_i(3),\cdots,x_i(k)\} \qquad j=1,2,3,\cdots,m$$

式中，k 表示指标数，当 j 表示某个时段时，表示相应时段评价指标统计值序列；当 j 表示某个地区时，表示相应地区评价指标统计值序列。

① 确定目标序列。在进行不同地区横向评价时，可选定各项指标中最优值组成目标序列。

② 无量纲化。对于某一指标序列值 $x_j(k)$，令 $T_{\max}=\max\limits_j x_j(k)$，$T_{\min}=\min\limits_j x_j(k)$，则，无量纲变换关系：$y_j(k)=\left[x_j(k)-T_{\min}\right]/(T_{\max}-T_{\min})$

③ 指标关联系数。各子序列 x_j 的每一指标相对目标序列对应指标的关联系数：

$$\xi_j(k)=(\Delta_{\min}+\rho\Delta_{\max})/(\Delta y_j(k)+\rho\Delta_{\max})$$

其中，$\Delta y_j(k)=\left|y_0(k)-y_j(k)\right|$ 表示在目标序列和子序列中指标 k 绝对差值；

表 3-19　装备制造业资源环境效率评价指标体系

大类指标	单项指标	指标说明	单位	指标属性	指标类型
经济指标	产业比重（产业结构）	该行业增加值 / 区域工业增加值	%	—	参比指标
	全员劳动生产率	该行业工业增加值 / 该行业从业人员数	万元 / 人	正向指标	横向比较
资源消耗指标	万元工业增加值能耗	综合能源消耗量 / 该行业工业增加值	t 标煤 / 万元	逆向指标	横向比较
	万元工业增加值水耗	新鲜取水量 / 该行业工业增加值	t/ 万元	逆向指标	横向比较
环境排放指标	万元工业增加值废水排放量	废水排放量 / 该行业工业增加值	t/ 万元	逆向指标	横向比较
	万元工业增加值 COD 排放量	COD 排放量 / 该行业工业增加值	kg/ 万元	逆向指标	横向比较
	万元工业增加值石油类排放量	石油类排放量 / 该行业工业增加值	kg/ 万元	逆向指标	横向比较
	万元工业增加值废气排放量	废气排放量 / 该行业工业增加值	万 m^3/ 万元	逆向指标	横向比较
	万元工业增加值烟（粉）尘排放量	烟（粉）尘排放量 / 该行业工业增加值	kg/ 万元	逆向指标	横向比较
	万元工业增加值 SO_2 排放量	SO_2 排放量 / 该行业工业增加值	kg/ 万元	逆向指标	横向比较
	万元工业增加值 NO_x 排放量	NO_x 排放量 / 该行业工业增加值	kg/ 万元	逆向指标	横向比较
资源综合利用指标	工业固体废物综合利用率	工业固体废物综合利用量占固体废物产生量的比重	%	正向指标	双重指标
	工业用水重复利用率	工业重复用水量占工业用水量的比率	%	正向指标	双重指标

表 3-20　电子信息行业资源环境效率评价指标体系

大类指标	单项指标	指标说明	单位	指标属性	指标类型
经济指标	产业比重（产业结构）	该行业增加值 / 区域工业增加值	%	—	参比指标
	全员劳动生产率	该行业工业增加值 / 该行业从业人员数	万元 / 人	正向指标	横向比较
资源消耗指标	万元工业增加值能耗	综合能源消耗量 / 该行业工业增加值	t 标煤 / 万元	逆向指标	横向比较
	万元工业增加值水耗	新鲜取水量 / 该行业工业增加值	t/ 万元	逆向指标	横向比较
环境排放指标	万元工业增加值废水排放量	废水排放量 / 该行业工业增加值	t/ 万元	逆向指标	横向比较
	万元工业增加值 COD 排放量	COD 排放量 / 该行业工业增加值	kg/ 万元	逆向指标	横向比较
	万元工业增加值石油类排放量	石油类排放量 / 该行业工业增加值	kg/ 万元	逆向指标	横向比较
	万元工业增加值废气排放量	废气排放量 / 该行业工业增加值	万 m^3/ 万元	逆向指标	横向比较
	万元工业增加值烟（粉）尘排放量	烟（粉）尘排放量 / 该行业工业增加值	kg/ 万元	逆向指标	横向比较
	万元工业增加值 SO_2 排放量	SO_2 排放量 / 该行业工业增加值	kg/ 万元	逆向指标	横向比较
资源综合利用指标	工业固体废物综合利用率	工业固体废物综合利用量占固体废物产生量的比重	%	正向指标	双重指标
	工业用水重复利用率	工业重复用水量占工业用水量的比率	%	正向指标	双重指标

表 3-21　石化行业资源环境效率评价指标体系

大类指标	单项指标	指标说明	单位	指标属性	指标类型
经济指标	产业比重（产业结构）	该行业增加值 / 区域工业增加值	%	—	参比指标
	全员劳动生产率	该行业工业增加值 / 该行业从业人员数	万元 / 人	正向指标	横向比较
资源消耗指标	万元工业增加值综合能耗	综合能源消耗量 / 该行业工业增加值	t 标煤 / 万元	逆向指标	横向比较
	万元工业增加值水耗	新鲜取水量 / 该产业工业增加值	t/ 万元	逆向指标	横向比较
	吨原油综合能耗	综合能源消耗量 / 炼油量	kgoe/t 原油	逆向指标	参比指标
	吨原油取水量	取水量 / 炼油量	t/t 原油	逆向指标	参比指标
	吨乙烯综合能耗	综合能源消耗量 / 乙烯产量	t 标煤 /t 乙烯	逆向指标	参比指标
	吨聚氯乙烯综合能耗	综合能源消耗量 / 聚氯乙烯产量	t 标煤 /t 聚氯乙烯	逆向指标	参比指标
	吨聚氯乙烯取水量	取水量 / 聚氯乙烯产量	t/t 聚氯乙烯	逆向指标	参比指标
	万元工业增加值废水排放量	废水排放量 / 该行业工业增加值	t/ 万元	逆向指标	横向比较
	万元工业增加值 COD 排放量	COD 排放量 / 该行业工业增加值	kg/ 万元	逆向指标	横向比较
	万元工业增加值氨氮排放量	氨氮排放量 / 该行业工业增加值	kg/ 万元	逆向指标	横向比较
	万元工业增加值 SO_2 排放量	SO_2 排放量 / 该行业工业增加值	kg/ 万元	逆向指标	横向比较
	万元工业增加值工业固废产生量	工业固废产生量 / 该行业工业增加值	t/ 万元	逆向指标	横向比较
环境排放指标	吨原油废水排放量	废水排放量 / 炼油量	t/t 原油	逆向指标	参比指标
	吨原油 COD 排放量	COD 排放量 / 炼油量	kg/t 原油	逆向指标	参比指标
	吨原油石油类排放量	石油类排放量 / 炼油量	kg/t 原油	逆向指标	参比指标
	吨原油废气排放量	废气排放量 / 炼油量	m^3/t 原油	逆向指标	参比指标
	吨原油 SO_2 排放量	SO_2 排放量 / 炼油量	kg/t 原油	逆向指标	参比指标
	吨原油工业固废产生量	工业固废产生量 / 炼油量	kg/t 原油	逆向指标	参比指标
	吨乙烯废水排放量	废水排放量 / 乙烯产量	t/t 乙烯	逆向指标	参比指标
	吨聚氯乙烯废水排放量	废水排放量 / 聚氯乙烯产量	t/t 聚氯乙烯	逆向指标	参比指标
	吨聚氯乙烯 COD 排放量	COD 排放量 / 聚氯乙烯产量	kg/t 聚氯乙烯	逆向指标	参比指标
资源综合利用指标	工业固体废物综合利用率	工业固体废物综合利用量占固体废物产生量的比重	%	正向指标	双重指标
	工业用水重复利用率	工业重复用水量占工业用水量的比率	%	正向指标	双重指标

表 3-22　冶金行业资源环境效率评价指标体系

大类指标	单项指标	指标说明	单位	指标属性	指标类型
经济指标	产业比重（产业结构）	该行业增加值 / 区域工业增加值	%	—	参比指标
	全员劳动生产率	该行业工业增加值 / 该行业从业人员数	万元 / 人	正向指标	横向比较
资源消耗指标	万元工业增加值综合能耗	综合能源消耗量 / 该行业工业增加值	t 标煤 / 万元	逆向指标	横向比较
	万元工业增加值水耗	新鲜取水量 / 该行业工业增加值	t/ 万元	逆向指标	横向比较
	吨钢综合能耗	综合能源消耗量 / 钢产量	kgce/t 钢	逆向指标	参比指标
	吨钢可比能耗	略	kgce/t 钢	逆向指标	参比指标
	吨钢取水量	新鲜用水量 / 钢产量	t/t 钢	逆向指标	参比指标
	铜冶炼单位产品综合能耗	详见国家环境保护行业标准《清洁生产标准—铜冶炼业》	kgce/t 铜	逆向指标	参比指标
	铜冶炼单位产品耗新水量	同上	t/t 铜	逆向指标	参比指标
	原铝综合电耗	详见国家环境保护行业标准《清洁生产标准—电解铝业》HJ/T 187—2006	kW · h/t 铝	逆向指标	参比指标
环境排放指标	万元工业增加值废水排放量	废水排放量 / 该行业工业增加值	t/ 万元	逆向指标	横向比较
	万元工业增加值 COD 排放量	COD 排放量 / 该行业工业增加值	kg/ 万元	逆向指标	横向比较
	万元工业增加值石油类排放量	石油类排放量 / 该行业工业增加值	kg/ 万元	逆向指标	横向比较
	万元工业增加值废气排放量	废气排放量 / 该行业工业增加值	万 m^3/万元	逆向指标	横向比较
	万元工业增加值烟（粉）尘排放量	烟（粉）尘排放量 / 该行业工业增加值	kg/ 万元	逆向指标	横向比较
	万元工业增加值 SO_2 排放量	SO_2 排放量 / 该行业工业增加值	kg/ 万元	逆向指标	横向比较
	万元工业增加值 NO_x 排放量	NO_x 排放量 / 该产业增加值	kg/ 万元	逆向指标	横向比较
	万元工业增加值工业固废排放量	工业固废排放量 / 该产业增加值	kg/ 万元	逆向指标	横向比较
	吨钢废水排放量	废水排放量 / 年钢产量	t/t 钢	逆向指标	参比指标
	吨钢 COD 排放量	COD 排放量 / 年钢产量	kg/t 钢	逆向指标	参比指标
	吨钢石油类排放量	石油类排放量 / 年钢产量	kg/t 钢	逆向指标	参比指标
	吨钢废气排放量	废气排放量 / 年钢产量	万 m^3/t 钢	逆向指标	参比指标
	吨钢烟（粉）尘排放量	烟（粉）尘排放量 / 年钢产量	kg/t 钢	逆向指标	参比指标
	吨钢 SO_2 排放量	SO_2 排放量 / 年钢产量	kg/t 钢	逆向指标	参比指标
	吨钢 NO_x 排放量	NO_x 排放量 / 年钢产量	kg/t 钢	逆向指标	参比指标
	吨钢工业固废排放量	工业固废产生量 / 年钢产量	kg/t 钢	逆向指标	参比指标
	铜冶炼单位产品废水产生量	详见国家环境保护行业标准《清洁生产标准—铜冶炼业》	t/t 铜	逆向指标	参比指标
	铜冶炼单位产品 COD 产生量	同上	kg/t 铜	逆向指标	参比指标
	铜冶炼单位产品废气产生量	同上	m^3/t 铜	逆向指标	参比指标
	铜冶炼单位产品 SO_2 产生量	同上	kg/t 铜	逆向指标	参比指标
	铜冶炼单位产品烟粉尘产生量	同上	kg/t 铜	逆向指标	参比指标
	全氟产生量（电解铝）	详见国家环境保护行业标准《清洁生产标准—电解铝业》HJ/T 187—2006	kg/t 铝	逆向指标	参比指标
	粉尘产生量（电解铝）	同上	kg/t 铝	逆向指标	参比指标
资源综合利用指标	工业固体废物综合利用率	工业固体废物综合利用量占固体废物产生量的比重	%	正向指标	双重指标
	工业用水重复利用率	工业重复用水量占工业用水量的比率	%	正向指标	双重指标

表 3-23　能源电力行业资源环境效率评价指标体系

大类指标	单项指标	指标说明	单位	指标属性	指标类型
经济指标	产业比重（产业结构）	该行业增加值 / 区域工业增加值	%	—	参比指标
	全员劳动生产率	该行业工业增加值 / 该行业从业人员数	万元 / 人	正向指标	横向比较
资源消耗指标	万元工业增加值综合能耗	综合能源消耗量 / 该行业工业增加值	t 标煤 / 万元	逆向指标	横向比较
	万元工业增加值水耗	新鲜取水量 / 该行业工业增加值	t/ 万元	逆向指标	横向比较
	单位发电量综合能耗	综合能源消耗量 / 年发电量	kgce/（kW·h）	逆向指标	双重指标
	单位发电量取水量	新鲜取水量 / 年发电量	kg/（kW·h）	逆向指标	双重指标
	单位发电量废水排放量	废水排放量 / 年发电量	kg/（kW·h）	逆向指标	双重指标
环境排放指标	单位发电量废气排放量	废气排放量 / 年发电量	m^3/（kW·h）	逆向指标	双重指标
	单位发电量烟（粉）尘排放量	烟（粉）尘排放量 / 年发电量	g/（kW·h）	逆向指标	双重指标
	单位发电量 SO_2 排放量	SO_2 排放量 / 年发电量	g/（kW·h）	逆向指标	双重指标
	单位发电量 NO_x 排放量	NO_x 排放量 / 年发电量	g/（kW·h）	逆向指标	双重指标
	单位发电量固废产生量	固废产生量 / 年发电量	g/（kW·h）	逆向指标	双重指标
资源综合利用指标	工业固体废物综合利用率	工业固体废物综合利用量占固体废物产生量的比重	%	正向指标	双重指标
	工业用水重复利用率	工业重复用水量占工业用水量的比率	%	正向指标	双重指标

表 3-24　纸浆造纸行业资源环境效率评价指标体系

大类指标	单项指标	指标说明	单位	指标属性	指标类型
经济指标	产业比重（产业结构）	该行业工业增加值 / 区域工业增加值	%	—	参比指标
	全员劳动生产率	该行业工业增加值 / 该行业从业人员数	万元 / 人	正向指标	横向比较
资源消耗指标	万元工业增加值能耗	综合能源消耗量 / 该行业工业增加值	t 标煤 / 万元	逆向指标	横向比较
	万元工业增加值水耗	新鲜取水量 / 该行业工业增加值	t/ 万元	逆向指标	横向比较
	吨风干浆综合能耗		kg 标煤 / t 风干浆（Adt）	逆向指标	参比指标
	吨风干浆取水量		t/t 风干浆（Adt）	逆向指标	参比指标
环境排放指标	万元工业增加值废水排放量	废水排放量 / 该行业工业增加值	t/ 万元	逆向指标	横向比较
	万元工业增加值 COD 排放量	COD 排放量 / 该行业工业增加值	kg/ 万元	逆向指标	横向比较
	万元工业增加值悬浮物（SS）排放量	悬浮物（SS）排放量 / 该行业工业增加值	kg/ 万元	逆向指标	参比指标
资源综合利用指标	工业用水重复利用率	工业重复用水量占工业用水量的比率	%	正向指标	双重指标

$\Delta_{min}=\min_j\min_k|y_0(k)-y_j(k)|$ 表示在目标序列与所有子序列每个指标绝对差值中的最小值；$\Delta_{max}=\max_j\max_k|y_0(k)-y_j(k)|$ 表示在目标序列与所有子序列每个指标绝对差值中的最大值；ρ 为分辨系数，其作用是提高关联系数之间的差异显著性，$\rho\in[0，1]$，一般取 ρ= 0.1 ～ 0.5，根据文献调研，本次研究选取 ρ=0.5。

④ 构造指标权重值。假设指标体系共有 L 层，显然下一层对于上一层目标的重要程度不同，一般可采用德尔菲法和变量分析法相结合的方法来计算权值，确定 L 层指标对 L−1 层相应指标的权重值 W。

⑤ 关联度及关联向量。考虑各层对上一层相应指标的重要性，进行加权逐层关联度计算，则目标序列对各子序列的加权关联度为：

$$r_j=\sum_{k=1}^{K}\prod_{l=1}^{L-1}W^{l}(k)\ \xi_j(k)$$

式中，K 为指标数。

最后可形成关联变量。

（2）关联度指数的分值范围及含义

表 3-25 为关联度指数的分值范围及含义。

表 3-25 关联度指数的分值范围及含义

评分范围	评价描述	意 义
＜ 0.5	低	表明该指标所描述的专题要素与目标值有很大偏离，处于低发展水平
0.5 ～ 0.6	较低	表明该指标所描述的专题要素与目标值有较大偏离，处于较低发展水平
0.6 ～ 0.7	中等	表明该指标所描述的专题要素与目标值有一定偏离，处于中等发展水平
0.7 ～ 0.8	较高	表明该指标所描述的专题接近目标值，处于相对较高的发展水平
0.8 ～ 1	高	表明该指标所描述的专题要素逼近目标值，处于相对高的发展水平

（3）在海西区资源环境效率评价中的应用

在区域层面应用于海西区 13 个地级市资源环境效率评价，在行业层面应用于各重点行业在各地级市之间资源环境效率的比较与评价。

选取各个指标的最优值组成目标序列 X_0，对于评价结果，关联度指数小于或等于 1，1 为最优结果，说明此时资源环境效率最高，与 1 越接近则说明资源环境效率越高，通过关联度指数的大小排序可比较不同区域的资源环境效率以及不同区域重点行业的资源环境效率。

2．标准指数法

（1）分析模型

对于正向指标，其计算公式为：$S_i=S_{xi}/S_{oi}$

对于逆向指标，其计算公式为：$S_i=S_{oi}/S_{xi}$

式中，S_i 为第 i 项评价指标的单项评价指数；S_{xi} 为第 i 项评价指标的实际值统计值；S_{oi} 为第 i 项评价指标的评价基准值（全国平均或国内先进水平值）。

本评价指标体系各二级指标的单项评价指数的正常值一般在 1.0 左右，但当其实际数值远小于（或远大于）评价基准值时，计算得出的 S_i 值就会较大，计算结果就会偏离实际，对其他评价指标的单项评价指数产生较大干扰。为了消除这种不合理影响，应对此进行修正处理。修正的方法是：当 $S_i > k/m$ 时（其中 k 为该类一级指标的权重值，m 为该类一级指标中实际参与考核的二级指标的项目数），取该 S_i 值为 k/m。

资源环境效率综合指数的计算公式为：

$$P_1=\sum_{i=1}^{n}(S_i \cdot K_i)$$

式中，P_1 为综合指数；n 为参与定量评价考核的二级指标项目总数；S_i 为第 i 项评价指标的单项评价指数；K_i 为第 i 项评价指标的权重值。

（2）在海西区资源环境效率评价中的应用

在区域层面，应用于整个海西区资源环境效率评价，将海西区区域总体情况与国内先进水平（上海市）进行比较。在重点行业层面，应用于整个海西区经济区不同（重点）行业与国内先进水平（上海市）的比较。选取海西区和上海市各指标最优值作为目标序列 S_0，这样对于评价结果，1 代表最优水平，与 1 越接近则说明资源环境效率越高。

三、各地级市资源环境效率评价

1. 评价结果

海西区 13 个地级市的资源环境效率存在一定的差异，指数差异最大为 0.24。其中：厦门、福州、温州和莆田的关联度指数都在 0.7 ～ 0.8，其资源环境效率在海西区属于相对较高水平，为第一梯度；泉州、揭阳、汕头、漳州和宁德的评价结果在 0.6 ～ 0.7，资源环境效率为中等水平，处于第二梯度；龙岩、南平、潮州和三明的评价结果在 0.5 ～ 0.6，资源环境效率较低，处于第三梯度，其中三明市最低（见表 3-26 和图 3-8）。

表 3-26 各地级市资源环境效率评价结果

地级市	厦门	福州	温州	莆田	泉州	揭阳	汕头
关联度指数	0.764	0.741	0.716	0.707	0.666	0.646	0.622
评价结果	较高	较高	较高	较高	中等	中等	中等
排序	1	2	3	4	5	6	7
地级市	漳州	宁德	龙岩	南平	潮州	三明	
关联度指数	0.620	0.616	0.577	0.568	0.561	0.524	
评价结果	中等	中等	较低	较低	较低	较低	
排序	8	9	10	11	12	13	

2. 原因分析

处于第一梯度的厦门、福州和温州均为海西区经济比较发达的城市，经济起步较早，不仅产业形成了一定的集群，并且有较大的龙头企业起到辐射和带动作用。由于经济取得了一定的成绩，对于资源和环境的重视程度也较其他城市高，注重技术创新和引进先进的设备，重视可持续发展。而莆田作为特例，可能是由于该地区经济并不十分发达，缺少高消耗和排放的产业，因此从指数评价结果看也属于资源环境效率较高的第一梯度。

作为第二梯度的几个城市，除泉州外，工业发展较第一梯度稍差，并且产业布局较分散，未能完全形成完整的产业链和产业集聚效应。同时，这几个城市的重点产业发展并不十分突出，资源的消耗相对少一些，资源环境利用效率处于中等水平。而泉州市工业基础较好，但石化产业属于高耗能产业，使得泉州的资源环境利用效率低于福州。

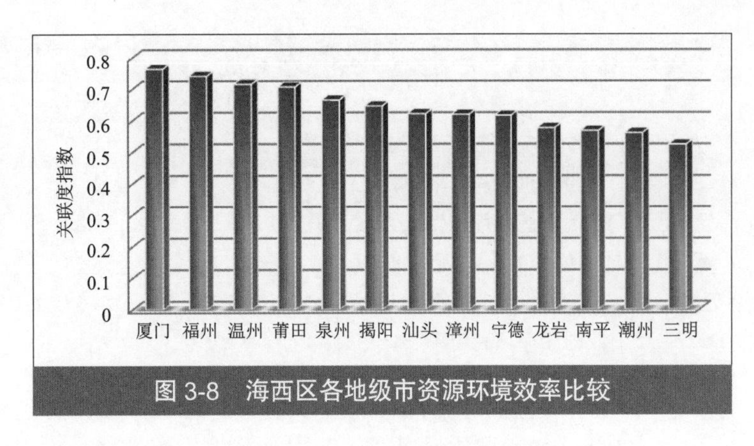

图 3-8　海西区各地级市资源环境效率比较

第三梯度的几个城市的资源环境效率都处于较低水平。这几个城市遍布较多资源消耗型产业，如冶金及造纸等，原材料和基础性产业比重大，深加工和高新技术产业比重小。缺少技术先进、规模较大的龙头企业带动，工业规模以小型化、分散化为主，因此资源环境利用效率较低。三明市重工业比例较高，并且以采掘工业和钢铁料工业等资源型工业为主，由于是老工业基地，同时几大支柱产业如冶金、造纸及水泥等都是高耗能、高排放的产业，因此资源环境效率在海西区最低。

四、海西区资源环境效率评价

采用标准指数法将海西区与国内先进水平进行比较，国内先进水平参考上海市的有关数据，选取海西区和上海市各项指标中的最优值作为参比，考察海西区的资源环境效率与国内先进水平的差距。

1. 海西区资源能源消耗及排污水平分析

2007 年，海西区万元工业增加值综合能耗为 1.18 tce/ 万元，远低于同期全国平均水平（1.62 tce/ 万元），总体处于先进水平，仅比国内先进水平高出 0.09 tce/ 万元，这主要与海西区重化工业比例低于全国平均（也低于上海市）有关。能源消耗主要集中在能源电力、冶金等高耗能行业，六大重点行业能源消耗量占海西区总量的 78.65%。潮州、三明和龙岩的万元工业增加值能耗排在海西区经济区的前三位，是区域平均水平的 2 ～ 4 倍。海西区工业用水重复利用率为 33.73%，仅为国内先进水平的一半，汕头、三明和龙岩的这一指标值高于海西区平均水平，能源电力、造纸和石化行业是海西区的用水大户。

2007 年，海西区的污染排放水平普遍稍好于同期全国平均水平，但与国内先进水平仍有不小差距。如海西区万元工业增加值 SO_2 排放量为 12.25 kg/ 万元，同期全国平均水平为 18.28 kg/ 万元，但仍高于国内先进水平近一倍。海西区万元工业增加值 NO_x 排放量为 7.25 kg/ 万元，同期全国平均水平和国内先进水平分别为 9.24 kg/ 万元和 6.12 kg/ 万元。海西区万元工业增加值 COD 排放量为 5.72 kg/ 万元，高于同期全国平均水平的 4.37 kg/ 万元。海西区工业固废循环利用率为 77.19%，优于全国平均水平（62.1%）。三明、南平、潮州和龙岩的万元增加值污染排放普遍高于海西区经济区的平均水平（见表 3-27）。

表 3-27 海西区资源环境效率分析结果

类别	海西区	全国平均	全国先进
万元工业增加值综合能耗 /（tce/ 万元）	1.18	1.62	1.09
工业用水重复利用率 /%	33.73	52	67.5
万元工业增加值用水量 /（t/ 万元）	202.3	119.86	—
万元工业增加值 SO_2 排放量 /（kg/ 万元）	12.25	18.28	6.12
万元工业增加值 COD 排放量 /（kg/ 万元）	5.72	4.37	—
工业固废循环利用率 /%	77.19	62.1	94.21

2．海西区资源环境效率评价结果

为综合考察海西区资源环境效率，建立了包含资源能源消耗、污染排放、资源综合利用以及区域生态风险等指标在内的评价体系。资源能源消耗主要包括万元工业增加值的综合能耗、取水量等，污染排放指标选取了万元工业增加值废水、COD、废气、SO_2、NO_x 排放量以及工业固废产生量等指标。采用标准指数法综合评价海西区资源环境效率与国内先进水平的差距。综合指数值为 0.619 2，表明海西区的资源环境效率与国内先进水平相比尚有一定差距（上海市的综合指数为 0.932）。

“十五”期间，海西区的能源消费弹性系数均在 1 以上，但与此相对应的是，相当部分单位产品能耗依然过高，除了电力和钢铁外，水泥、烧碱、造纸、合成氨等其他产品单耗均高于全国平均水平。地区工业固体废弃物和其他污染物排放量逐年增加，部分地区大气、水体污染和生物多样性减少等区域生态问题突出，畜禽养殖业污染严重。从指标数值上看，海西区与国内平均水平相比，单位工业增加值用水量和 COD 排放量较高，水重复利用率较低，但森林覆盖率处于全国先进水平。

五、各地市重点产业资源环境效率评价

1．装备制造产业资源环境效率

鉴于数据的可获得性等原因，本次装备制造行业资源效率仅选取温州、福州、宁德、厦门、漳州、龙岩和泉州七个地级市进行比较，这七个市是在对海西区重点产业分布进行深入分析基础上筛选而得。海西区的装备机械主要体现在船舶、汽车、工程机械、港口机械、产业机械和电机设备等装备机械产品。这些产品的制造主要分布在这七个城市，其他市产业的规模较小，因此不参与对比不会影响海西区装备制造产业的资源环境效率评价的代表性。

（1）评价结果

福州的装备制造业资源环境效率最高，处于海西区高水平；温州、厦门、宁德处于海西区较高发展水平，漳州、泉州处于海西区中等发展水平，龙岩资源环境效率较低（见图 3-9、表 3-28）。

（2）原因分析

近年来，海西区装备制造业已初步形成一批特色鲜明、辐射力大、竞争力强的产业集聚

表 3-28 部分地级市装备制造业资源环境效率评价

地级市	福州	温州	厦门	宁德	漳州	泉州	龙岩
关联度指数	0.828	0.737	0.717	0.703	0.695	0.670	0.584
评价分级	高	较高	较高	较高	中等	中等	较低
排序	1	2	3	4	5	6	7

区域和产业集群。例如，以“东南汽车”和“金龙汽车”为主体的福州、厦门汽车产业群；以坂中、秦溪洋、赛甘、湾坞四个专业园区为载体，以骨干企业为龙头，主导产品包括电动机、发电机、水泵、汽油柴油发电机组、电子保健医药器械、家用电器组成的福安电机电器产业集群；初步形成以福州、厦门为主体的造船中心和以福安、龙海为主体的民间船舶修理业产业格局，以及温州的汽摩配和电器产业集群。从结果上看，各地区装备制造业资源环境效率的差距主要与装备制造业结构和技术水平有关。

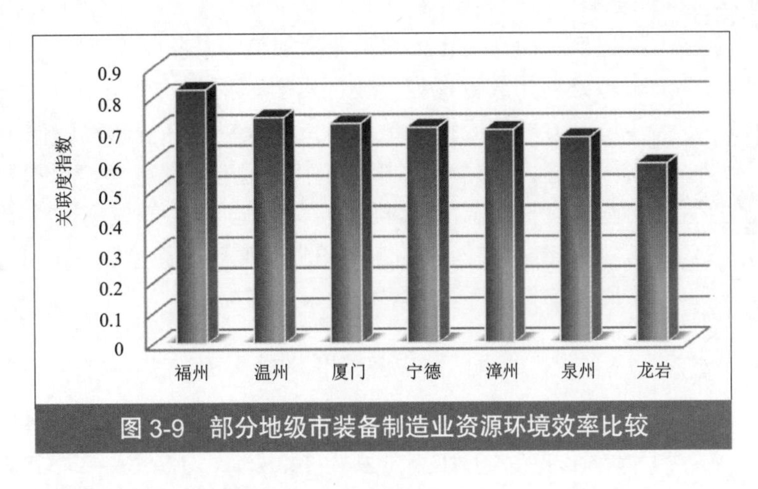

图 3-9　部分地级市装备制造业资源环境效率比较

2．石化行业资源环境效率

由于数据的可获得性等问题，本次石化行业资源效率仅选取温州、福州、泉州和厦门四个地级市进行比较。海西区石化产业主要集中在这四个市，2007 年这四个地市石化产业产值分别占全区石化总产值的 20.4%、19.3%、17.8% 和 13.8%，合计占 70% 以上。其他市石化行业的规模较小，因此不参与比较分析。

（1）评价结果

温州石化产业的资源环境效率处于海西区较高发展水平，泉州和福州处于中等发展水平，厦门石化产业资源环境效率较低。最高与最低城市关联度指数相差约 0.13（见图 3-10、表 3-29）。

（2）原因分析

温州市的石化产业主要以化学原料、化学制品生产和塑造制品生产为主，塑料加工、合成革、聚氨酯等在国内处于领先地位，是浙江省最大的塑料制品生产地区，塑料薄膜为全国著名的生产基地。相比石化行业的其他产品，温州市的这些产品能耗较少，污染物排放较少，使得温州市石化行业的资源环境利用效率在四个地级市中处于最高水平。

表 3-29　部分地级市石化行业资源环境效率评价

地级市	温州	泉州	福州	厦门
关联度指数	0.713	0.645	0.603	0.596
评价分级	较高	中等	中等	较低
排序	1	2	3	4

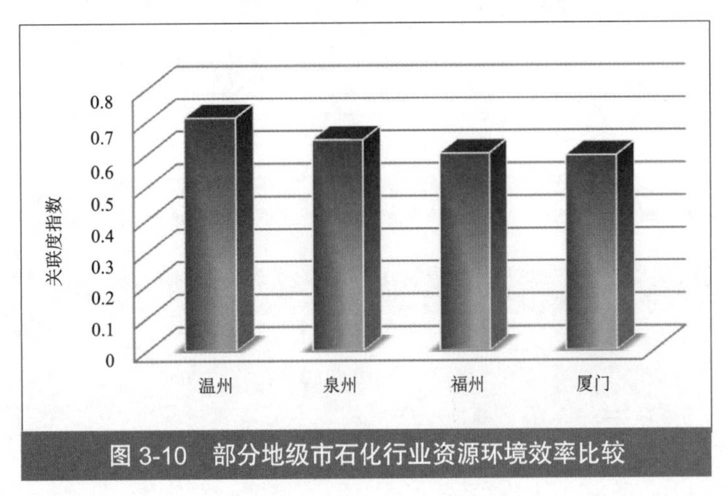

图 3-10　部分地级市石化行业资源环境效率比较

泉州是海西区最重要的石化产业集聚区，现已拥有福建炼化公司、湄洲湾氯碱工业有限公司、泉港海洋聚苯树脂有限公司、福建华星石化有限公司等一批较大的石化企业，其中福建联合石油化工有限公司是海西区目前唯一一家炼油企业，由中石化、福建省、美国埃克森美孚和沙特阿美合资建设。由此带来的优势在于先进技术的引进以及规模化生产、而产生较大的工业增加值。从指标上看，泉州的万元增加值能耗为四个地级市中最低，污染物排放量也处于较低水平。福州的全员劳动生产率是四个市中最低的，而万元工业增加值 SO_2 和固废排放量最高，导致资源环境效率较低。

厦门石化产业主要集中在海沧石化基地，以厦门翔鹭公司为龙头向上游推进，生产芳烃基本有机化工原料，同时向下游延伸，生产聚酯及其下游产品。目前已建的企业有：翔鹭石化、翔鹭涤纶纺纤、腾龙特种树脂、厦门正新橡胶、厦门世佳化工、青上化工等。从评价结果上看，厦门的资源环境效率低于泉州和福州。

3. 冶金产业资源环境效率

海西区钢铁工业主要集中在温州、三明、福州和漳州，2007 年这四个地市黑色冶金工业产值占全区的比重分别为 14.04%、21.76%、23.52% 和 10.84%。海西区的有色金属工业主要集中在温州、厦门、福州、龙岩、南平等地，其他市冶金产业的规模较小。在对海西区冶金产业分布进行深入分析的基础上，筛选出温州、福州、三明、龙岩、南平、厦门和漳州七个地级市进行资源环境效率评价。

（1）评价结果

海西区不同地级市之间冶金产业的环境资源效率相差很大，资源环境效率最高的是温州和厦门。属于中等水平的市有 3 个，包括福州、龙岩和漳州，属于较低水平的市也有 2 个，包括三明和南平（见图 3-11、表 3-30）。

（2）原因分析

海西区钢铁工业主要集中在三明、温州、福州和漳州，2007 年这四个地市黑色冶金工业产值占全区的比重达 65% 以上，但各个市的情况有所不同。三明是海西区钢铁和有色冶金工业的重要集聚区，拥有一批在省内外具有较大影响的规模企业，包括三钢集团有限责任公司、三钢小蕉轧钢厂、闽光冶炼有限公司、明光新型材料有限公司、三菲铝业有限公司、永安闽鑫钢铁制品有限公司、宁化鑫宇有色金属有限公司等。三钢是海西区地区目前唯一年产钢达 500 万 t 的特大型钢铁企业。福州目前全市亿元以上产值的钢铁企业有 20 多家，但规模远远不及三明。温州是全国最大的不锈钢生产销售基地，目前有不锈钢钢管企业 380 家，其中无缝钢管企业占 350 多家，拥有包括华迪、青山等在内的年产值超亿元的企业 10 家。漳州主要是薄板生产，

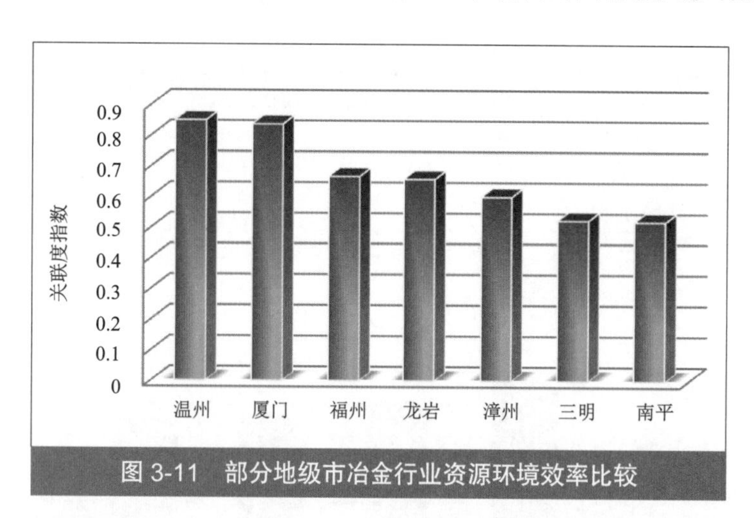

图 3-11　部分地级市冶金行业资源环境效率比较

表 3-30　部分地级市冶金行业资源环境效率评价

地级市	温州	厦门	福州	龙岩	漳州	三明	南平
关联度	0.848	0.8352	0.666	0.657	0.6	0.524	0.52
评价分级	高	高	中等	中等	中等	较低	较低
排序	1	2	3	4	5	6	7

力图打造特殊钢制造基地。因此虽然同是黑色金属行业，但对于资源的需求却大不相同。不锈钢加工属于劳动密集型行业，对人力资源的需求也比大型钢铁厂要大得多，因此温州的全员劳动生产率较低，但是对于自然资源的消耗和环境排放都较少，并且不锈钢作为环境友好的产品，符合“3R”要求，因此温州的资源环境效率最高。三明作为海西区最重要的钢铁基地，虽然每年为海西区提供较高的工业增加值，但钢铁生产过程消耗大量资源以及产生大量污染物是难以避免的，尽管三钢集团一直在追求减少污染物排放，并取得了卓越的成效，被评为福建省污染减排先进企业，但三明市资源消耗和污染物排放的几项指标仍是这几个城市中最高的，特别是废气和固废的排放，使得三明市的资源环境总体效率较低。

海西区的有色金属工业主要集中在温州、厦门、福州、龙岩、南平等地。厦门有色金属工业的重点是钨深加工。厦门钨材料产业经过二十几年的发展，形成了以厦门钨业股份有限公司、厦门金鹭特种合金有限公司和厦门虹鹭钨钼工业有限公司骨干企业为主的，厦芝科技工具、通士达照明、利胜电光源等配套企业为辅的钨材料特色产业基地。厦门钨材料产业坚持高起点引进国际最先进的技术，三个骨干企业还攻克了多组工艺流程中的难题，有效地利用了资源，降低了成本，解决了我国钨资源合理利用的根本性问题。并且厦门还形成了从钨开采到冶炼加工以及废钨回收的体系完整、结构合理、规模经济的钨生产链，既能优势互补，又能合理分配资源，降低能耗。以厦门钨业为例，它通过改造旧电网、改造压力反应釜和采用石英远红外加热等技术，有效地节省了用电量及能耗，因此厦门的万元增加值综合能耗在各市中较小，也有效地提升了厦门的资源环境效率。

从结果中看到龙岩的资源环境效率高于南平，这与两市的有色金属产业不同有一定的联系。龙岩市的有色金属工业主要是铜冶炼和铜材加工业，南平市主要是铝加工业，而铜管加工能耗远高于铝型材能耗。从指标数值上看，南平的万元增加值综合能耗是龙岩的两倍多。但从环境排放数据来看，龙岩的排放量远高于南平。分析南平市有色金属业的现状，发现在该行业中占据较大份额的龙头企业南平铝业公司非常重视环保工作，投资 3 000 多万元人民币，使新的生产厂房、设备达到国际先进水平，环保各项指标达到排放标准，实现了增产减污，为改善市区大气环境质量状况作出了极大的贡献，并投资 1 200 万元建设了两个废水处理站，废水处理达到国家综合排放一级标准。而依托龙岩丰富的铜矿资源，龙头企业紫金矿业集团随着开采规模的不断扩大，年产生固体废物达 2 668 万 t，占福建省工业固体废物产生量的 64.6%。虽然南平的环境排放指标较小，但由于能耗高，其资源环境效率仍低于龙岩。

4. 能源电力行业资源环境效率评价

由于数据的可获得性等问题，本次能源行业资源效率仅选取温州、福州、漳州、汕头、潮州和揭阳 6 个地级市进行比较。选取现有火电项目装机容量 120 MW 以上的城市，这 6 个城市的火电项目装机容量占海西区总容量的 80% 以上，其他城市能源电力产业的规模较小。

（1）评价结果

不同地级市之间能源产业的环境资源效率相差较大，关联度指数最大差异可达 0.4。漳州最高，为 0.805，处于海西区高水平，揭阳和汕头其次，处于海西区较高和中等水平，温州和福州资源环境效率较低，潮州能源电力行业的资源环境效率水平最低（见图 3-12、表 3-31）。

（2）原因分析

从结果上看，能源电力行业中，漳州的能源环境效率最高。漳州拥有台塑美国公司投资 32 亿美元建设的后石电厂，总装机规模 6×600 MW，已采购美、日制造的全部主辅设备。

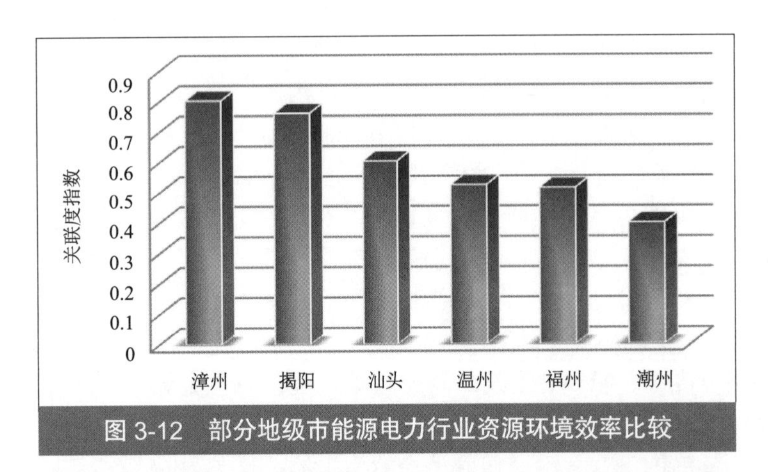

图 3-12 部分地级市能源电力行业资源环境效率比较

表 3-31 部分地级市能源电力行业资源环境效率评价

地级市	漳州	揭阳	汕头	温州	福州	潮州
关联度指数	0.805	0.763	0.605	0.526	0.516	0.4
评价分级	高	较高	中等	较低	较低	低
排序	1	2	3	4	5	6

1996 年建成时采用的是日本某公司镁法脱硫工艺装置，存在严重的缺少原料来源及不符合环保标准的问题：需要消耗大量镁矿和淡水，经济负担高昂并存在二次污染。1998 年后石电厂开始采用较环保的海水法脱硫工艺方案，并荣获专利技术，2006 年因采用 CEPT 的 NSW- FGD 工艺，漳州后石电厂工程项目入选中国“首届杰出专利工程技术项目”及中国首批“国家环境友好工程”。该项技术每年可节省近 20 万 t 矿石、约 500 万 m^3 淡水、数亿千瓦时电力，并可避免上百万吨废渣、废水的排放，总运行费用（含折旧）不到进口传统工艺的 1/3，既创造了高额的利润，又消耗了较少的资源，减少环境排放。因此从指标上看，漳州的能源行业万元增加值能耗、单位发电量能耗、污染物排放量在评价的六个市中是较低的，资源环境效率最高。

福州和潮州能源电力行业的资源环境效率分别排在第五和第六位，从指标数值上看，这两个地区能源电力行业单位增加值与单位发电量的能耗都较高，单位发电量的 SO_2 和 NO_x 排放量也高于其他地区，因此综合资源环境效率较低。

5. 纸浆造纸行业资源环境效率评价

福建省造纸工业的产业集群主要分布在两大地区，一是以国有或国有控股为代表的造纸集群，主要分布在靠林业产区的南平、三明地区；二是以民营企业为主的造纸集群，主要分布在闽东南沿海，更集中在泉州地区。温州和汕头的造纸工业也有一定的基础。其他市该产业的规模较小，因此不参与对比不会影响海西区地区纸浆造纸行业的资源环境效率评价的代表性。本次纸浆造纸行业资源效率评价选取温州、三明、南平、泉州和汕头 5 个地级市进行比较。

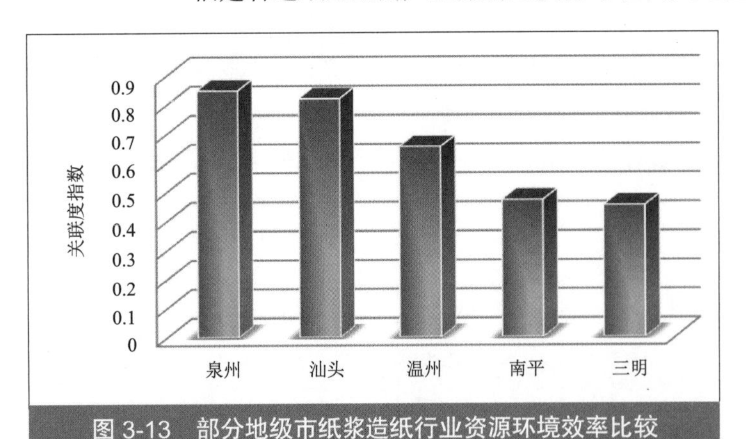

图 3-13 部分地级市纸浆造纸行业资源环境效率比较

表 3-32 部分地级市纸浆造纸行业资源环境效率评价

地级市	泉州	汕头	温州	南平	三明
关联度	0.850	0.822	0.656	0.472	0.454
评价分级	高	高	中等	低	低
排序	1	2	3	4	5

（1）评价结果

海西区不同地级市之间纸浆造纸产业的环境资源效率相差较大，关联度指数最大差异可达 0.4 左右。泉州和汕头最高，分别为 0.850、0.822，处于高水平；温州处于中等水平；南平和三明处于低水平（见图 3-13、表 3-32）。

（2）原因分析

从结果上看，三明和南平纸浆造纸业的资源环境效率最低，这两个市的造纸集群以国有或国有控股为主，如南纸、青山纸业、青州纸厂、邵武中竹、龙岩造纸等较大规模的纸浆造纸厂，由于两个市靠近林业产区，原材料以自制木浆为主。而泉州、温州以及汕头的造纸集群以民营企业为主，如泉州的恒安集团等，这些企业一般出于成本或规模等多方面条件考虑，采用直接购买纸浆的方式造纸。从福建省年产能 5 万 t 以上企业概况来看，截至 2007 年年底，福建省共有纸浆（木浆和非木浆）企业 6 家，年产能 43 万 t，其中 5 万 t 以上 4 家，年产能 37 万 t，全部分布在三明和南平两市。有学者对中国造纸产品的生命周期进行分析后发现，制浆和抄纸过程不仅是主要能源使用过程，污染物的排放也主要来自制浆、漂白和抄纸过程。由于三明和南平的造纸行业包含较大规模的制浆过程，因此无论能耗还是污染排放均远大于其余三个市，资源环境效率较低。

六、海西区重点产业资源环境效率评价

1．海西区重点产业资源能源消耗及排污情况

2007 年，海西区装备制造、石化、电子信息、能源电力、冶金和造纸等重点产业增加值合计达 2 321 亿元，占整个经济区工业增加值的 43.4%；综合能耗和取水量分别占整个海西区工业总能耗和总取水量的 78.7% 和 58.1%；COD 排放量和 SO_2 排放量分别占整个海西区工业排放的 36.9% 和 83.5%。可见，海西区上述 6 大重点产业无论是在经济规模、资源能源消耗还是污染排放上，均占有主导地位，具有举足轻重的作用（见表 3-33、图 3-14 至图 3-16）。

2．海西区重点产业资源环境效率评价

（1）装备制造业发展态势较好，资源环境效率处于较高水平

海西区装备制造业较为发达，区域凭借港口的地理优势大力发展船舶修造业。近年来，由于修船和游艇业较为发达的台湾地区受到劳动力成本居高不下的冲击，其船舶工业呈现向海峡西岸转移的态势。船舶工业已成为海西区大力推动的重点产业之一，同时汽车制造及通用、专用设备制造业也具有较大的规模。海西区经济区装备制造业的资源环境效率处于较高

表 3-33　部分地级市装备制造业资源环境效率评价

序号	行业	工业增加值 / 亿元	综合能耗		取水量		COD 排放量		SO_2 排放量	
			能耗量 / 万 t	占海西区工业百分比 /%	取水量 / 万 t	占海西区工业百分比 /%	COD 排放量 / 万 t	占海西区工业百分比 /%	SO_2 排放量 / 万 t	占海西区工业百分比 /%
1	装备制造	857.6	265.86	4.17	7 195.26	5.63	0.42	1.59	0.45	0.81
2	石油化工	242.1	372.8	5.84	12 339.8	9.66	2.37	8.98	3.83	6.8
3	电子信息	438.1	26.29	0.41	3 390.89	2.65	0.09	0.33	0.04	0.07
4	能源电力	418.8	3 152.5	49.39	27 500	21.53	—	—	37.18	66
5	冶金	266	968.24	15.17	4 817.26	3.77	0.95	3.6	5.52	9.8
6	造纸	98.4	234.2	3.67	18 981.4	14.86	5.92	22.5	—	—
合计		2 321	5 019.89	78.65	74 224.6	58.11	9.75	36.9	47.02	83.5

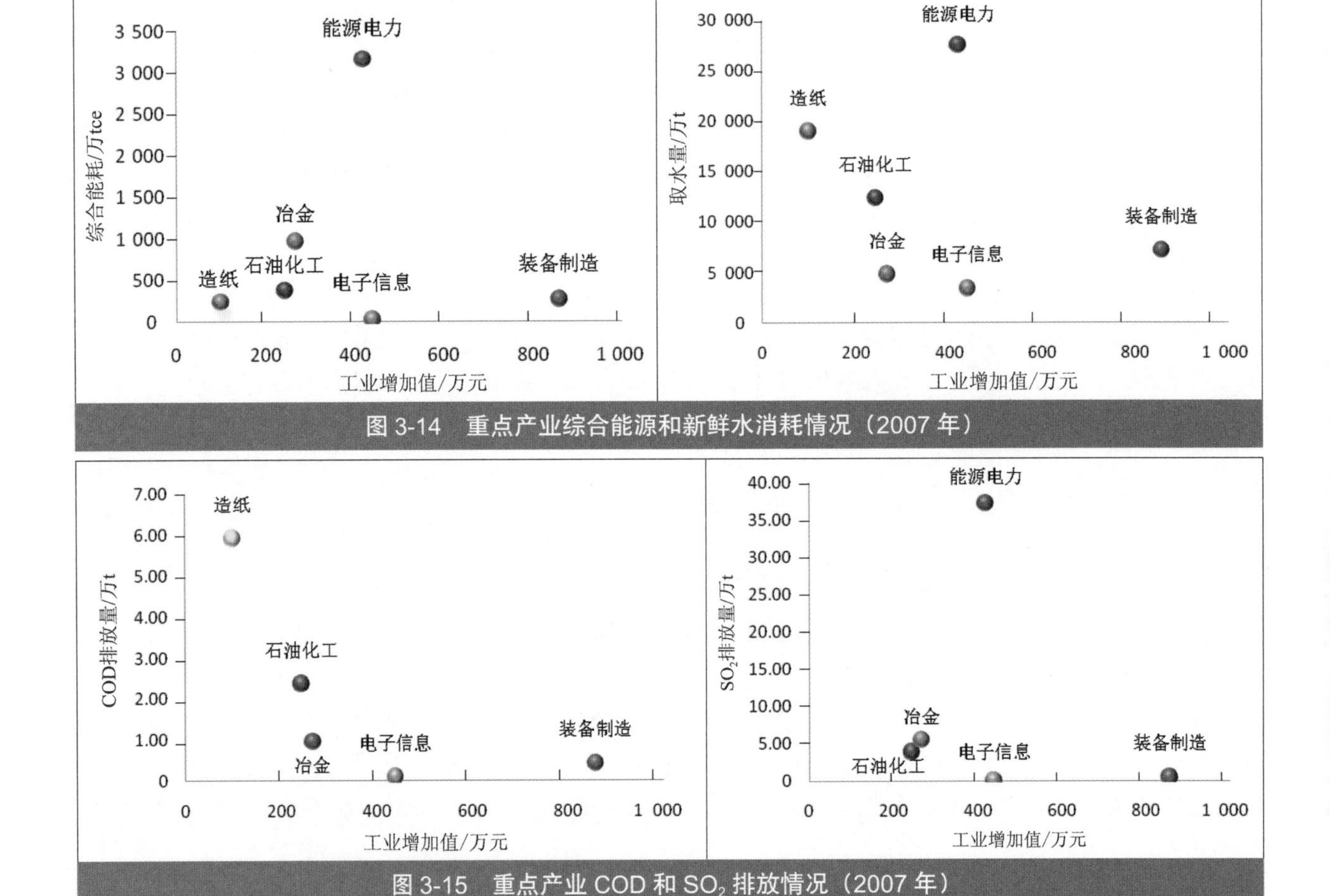

图 3-14 重点产业综合能源和新鲜水消耗情况（2007 年）

图 3-15 重点产业 COD 和 SO_2 排放情况（2007 年）

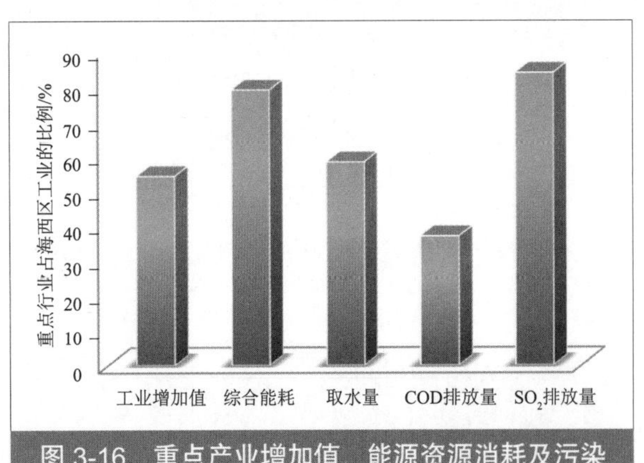

图 3-16 重点产业增加值、能源资源消耗及污染排放占海西区工业的比重

水平（见表 3-34）。

（2）石化行业资源环境效率相比国内先进水平差距较大

海西区石化产业经过多年的建设，已经基本形成了门类较多、品种初步配套、具有一定规模和基础的工业体系。海西区石化产业的发展虽然初具规模，但由于基础较弱，石化工业发展所必需的原料缺乏，化工产品自给率较低，每年需从国内外购入大量的石化原材料。

目前海西区石化行业的污染物排放基本和全国平均水平持平，但与国内先进水平差距较大（见表 3-35）。

（3）电子信息产业水资源循环率较低，总体资源环境效率趋势向好

海西区是国家首批认定的九个“国家信息产业基地”之一，近年来电子信息产业集聚不断壮大，自主创新能力逐步增强，发展势头良好。但海西区电子信息产业起步相对较晚，与长三角、环渤海地区还存在较为明显的差距，尤其是全员劳动生产率、工业水重复利用率等单项指标远低于国内先进水平，今后应该注重提高水资源循环利用水平。

表 3-34　海西区装备制造业资源能源消耗以及排污水平（2007 年）

项目	总消耗 / 排放		万元工业增加值水平		
	海西区	占海西区所有工业的比重 /%	海西区	国内平均水平	国内先进水平
综合能耗	265.86 万 tce	4.17	0.31 tce	0.37 tce	0.27 tce
取水量	7 195.26 万 t	5.63	8.39 t		7.25 t
SO_2 排放量	0.45 万 t	0.81	0.53 kg	0.56 kg	0.27 kg
COD 排放量	0.42 万 t	1.59	0.49 kg	0.4 kg	0.33 kg

表 3-35　海西区石化业资源能源消耗以及排污水平（2007 年）

项目	总消耗 / 排放		万元工业增加值水平		
	海西区	占海西区所有工业的比重 /%	海西区	国内平均水平	国内先进水平
综合能耗	372.8 万 tce	5.84	1.54 tce	3.73 tce	0.594 tce
取水量	12 339.8 万 t	9.66	50.97 t	—	15.45 t
COD 排放量	2.37 万 t	8.98	9.81 kg	6.51 kg	4.01 kg
氨氮排放量	0.23 万 t	17.57	0.93 kg	1.63 kg	0.23 kg
SO_2 排放总量	3.83 万 t	6.80	15.81 kg	16.83 kg	8.41 kg
固废产生量	0.36 万 t	—	1.47 t	1.29 t	0.24 t

海西区电子信息产业资源能源消耗及排污水平总体优于国内平均水平，接近国内先进水平。但取水量明显高于国内先进水平（见表 3-36），其原因可能是海西区电子行业工业用水重复利用率仅为 17.19%，远低于 68.44% 的国内先进水平。

（4）冶金行业基础薄弱，资源环境效率为中等水平

海西区钢铁工业的基础较为薄弱。2008 年海西区地区粗钢产量仅有 633.1 万 t，排在全国第 21 位。海西区有色金属工业的基础总体也不强，仅南平、厦门等几个地区有较大发展。

海西区冶金行业污染物排放量较大，万元增加值污染物排放量普遍高于国内先进水平。海西区的冶金行业资源环境效率与国内先进水平相比处于中等水平（见表 3-37）。

（5）能源电力行业综合能耗较高，资源环境效率与国内先进水平差距明显

海西区能源电力行业的综合能耗较高，相比较其他行业来说是能耗大户。废气污染物排放量中的 SO_2 及 NO_x 排放占海西区的比重较大。火电综合能耗、单位发电量的大气污染物排放优于国内平均水平，但劣于国内先进水平；固废综合利用率及工业用水重复利用率总体低于国内平均水平见表 3-38、表 3-39。

（6）纸浆造纸行业取水量较大，资源环境效率一般

海西区纸浆造纸行业资源能源利用水平优于全国平均水平，但与国内先进水平有一定差距；污染物排

表 3-36　海西区电子信息产业资源能源消耗以及排污水平（2007 年）

项目	总消耗 / 排放		万元工业增加值水平		
	海西区	占海西区所有工业的比重 /%	海西区	国内平均水平	国内先进水平
综合能耗	26.29 万 tce	0.41	0.09 tce	0.25 tce	0.075 tce
取水量	3 390.9 万 t	2.65	7.74 t	—	4.58 t
SO_2 排放量	0.04 万 t	0.07	0.09 kg	0.2 kg	0.06 kg
COD 排放量	0.09 万 t	0.33	0.2 kg	0.27 kg	—

放则处于全国平均水平，但与国内先进水平差距较大（见表 3-40）。

海西区的主体福建省是林浆纸一体化工程重点发展地区，区域内南纸、青山纸业、恒安集团等国内知名大型造纸企业带动了整个区域造纸产业技术装备水平的提升，但与国内先进水平仍存在一定差距，尤其需要注重提高水资源的循环利用以及减少水污染物的排放。

表 3-37 海西区冶金行业资源能源消耗以及排污水平（2007 年）

项目	总消耗 / 排放		万元工业增加值水平		
	海西区	占海西区所有工业的比重 /%	海西区	国内平均水平	国内先进水平
综合能耗	968.24 万 tce	15.17	3.64 tce	4.34 tce	3.17 tce
取水量	4 817.26 万 t	3.77	18.11 t		4.6 t
COD 排放量	0.95 万 t	3.60	3.5 kg	1.43 kg	0.43 kg
SO_2 排放量	5.52 万 t	9.8	20.74 kg	17.12 kg	7.38 kg

表 3-38 海西区能源电力行业资源能源消耗以及排污水平（2007 年）

项目		总消耗 / 排放	
		海西区	占海西区所有工业的比重 /%
综合能耗		3 152.5 万 t 标煤	49.39
取水量		27 500 万 t	21.53
废气	SO_2 排放量	37.18 万 t	66.00
	NO_x 排放量	26.54 万 t	52.37
	烟粉尘排放量	1.74 万 t	11.06

表 3-39 海西区火电污染物排放及效率水平（2007 年）

项目	海西区	国内平均水平	国内先进水平
火电综合能耗 /[kgce/（kW · h）]	0.31	0.37	0.28
单位发电量烟粉尘排放量 /[g/（kW · h）]	0.16	0.91	0.02
单位发电量 SO_2 排放量 /[g/（kW · h）]	3.38	3.50	3.11
单位发电量 NO_x 排放量 /[g/（kW · h）]	2.41	3.39	2.00
单位发电量工业固体废物排放量 /[g/（kW · h）]	92.25	—	69.85
固废综合利用率 /%	72.56	77.72	—
工业用水重复利用率 /%	44.65	69.5	96

表 3-40 海西区制浆造纸业资源能源消耗及排污水平（2007 年）

项目	总消耗 / 排放		吨产品资源能源消耗 / 污染物排放		
	海西区	占海西区所有工业的比重 /%	海西区	国内平均水平	国内先进水平
综合能耗	234.2 万 tce	3.67	1.11 tce/t	1.38 tce/t	0.9 tce/t
取水量	18 981.4 万 t	14.86	45.17 t/t	103 t/t	35 t/t
COD 排放量	5.92 万 t	22.50	77.19 kg/t	60 ～ 180 kg/t	44 kg/t

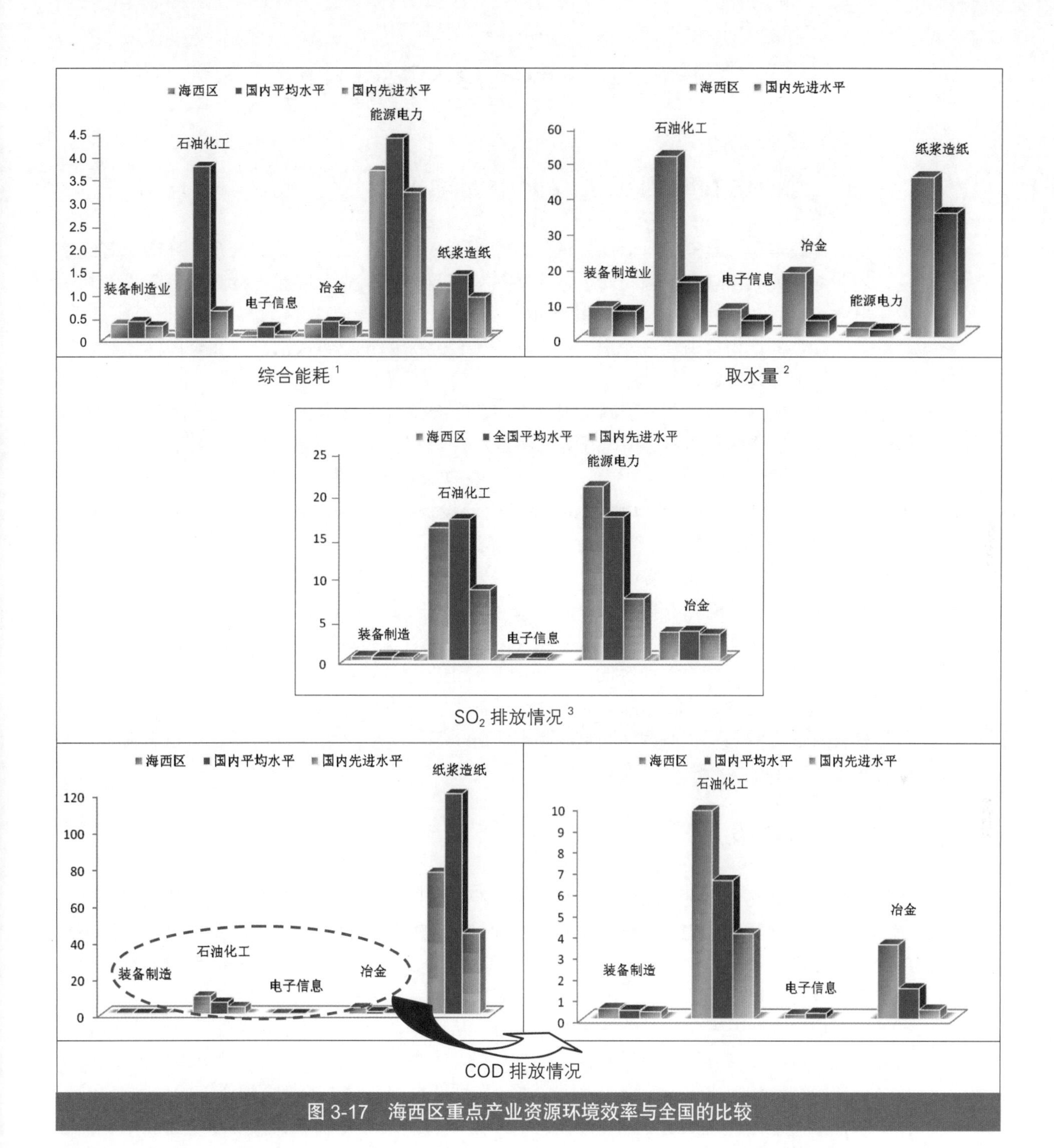

图 3-17　海西区重点产业资源环境效率与全国的比较

1 装备制造、石油化工、电子信息和冶金为万元工业增加值能耗，单位为 tce/ 万元；能源电力行业为单位发电量综合能耗，单位为 kgce/（kW · h）；纸浆造纸行业为单位产品能耗，单位为 tce/t 产品。

2 装备制造、石油化工、电子信息和冶金为万元工业增加值取水量，单位为 t/ 万元；能源电力行业为单位发电量取水量，单位为 kg/（kW · h）；纸浆造纸行业为单位产品取水量，单位为 t/t 产品。

3 装备制造、石油化工、电子信息和冶金为万元工业增加值 SO_2 排放量，单位为 kg/ 万元；能源电力行业为单位发电量 SO_2 排放量，单位为 g/（kW · h）。纸浆造纸行业主要排放水体污染物，未考虑 SO_2 排放情况。

第四节　区域经济发展战略

一、海西区在我国经济发展中的地位

受对台政策等因素制约，海西区的经济发展相对滞后于长三角、珠三角、环渤海等经济区。随着两岸关系出现重大积极转变，中央鼓励东部地区率先发展和支持海西区建设的相关意见出台，海西区发展迎来了新的历史契机。从区位特征来看，海西区东与台湾地区一水相隔，北承长江三角洲，南接珠江三角洲，是我国沿海经济带的重要组成部分，在全国区域经济发展布局中处于重要位置。

党的十六届五中全会《关于制定国民经济和社会发展第十一个五年规划的建议》、十六届六中全会《关于构建社会主义和谐社会的决定》《中华人民共和国国民经济和社会发展第十一个五年规划纲要》、十一届全国人大一次会议和二次会议审议通过的《政府工作报告》和党的十七大报告都明确提出“支持海峡西岸和其他台商投资相对集中地区经济发展”。2009 年 5 月，国务院发布了《关于支持福建省加快建设海西区的若干意见》，进一步明确了海西区的战略定位和目标，海西区的发展战略已经上升到国家战略。

海西区的发展战略已引起国家各部委及周边区域的强烈关注，已有 50 多个国家部委及大型国企出台了支持海西区发展的意见，给予许多实质性支持。许多省市特别是与福建接壤的周边地区主动融入对接，海西区的区域经济联盟正在形成。与此同时，台港澳侨、大型国企对海西区建设也是热切关注，台湾地区企业投资持续增加，呈现出新一轮投资热潮。

种种发展态势表明，海西区将成为继长三角、珠三角、环渤海经济区之后，中国又一大经济区域，成为中国经济新的“增长极”。

二、区域发展战略定位

按照《关于支持福建省加快建设海西区的若干意见》，海西区的区域发展战略定位如下：

两岸人民交流合作先行先试区域。发挥海西区独特的对台优势和工作基础，努力构筑两岸交流合作的前沿平台，实施先行先试政策，加强海西区与台湾地区经济的全面对接，推动两岸交流合作向更广范围、更大规模、更高层次迈进。

服务周边地区发展新的对外开放综合通道。从服务、引导和促进区域经济协调发展出发，大力加强基础设施建设，构建以铁路、高速公路、海空港为主骨架主枢纽的海峡西岸现代化综合交通网络，使之成为服务周边地区发展、拓展两岸交流合作的综合通道。

东部沿海地区先进制造业的重要基地。立足现有制造业基础，加强两岸产业合作，积极对接台湾地区制造业，大力发展电子信息、装备制造等产业，加快形成科技含量高、经济效益好、资源消耗低、环境污染少、人力资源优势得到充分发挥的在全国具有竞争力的先进制造业基地和两岸产业合作基地。

我国重要的自然和文化旅游中心。充分发挥海西区的自然和文化资源优势，增强武夷山、闽西南土楼、鼓浪屿等景区对两岸游客的吸引力，拓展闽南文化、客家文化、妈祖文化等两岸共同文化内涵，突出“海峡旅游”主题，使之成为国际知名的旅游目的地和富有特色的自然文化旅游中心。

第五节　区域重点产业发展趋势

一、区域重点产业布局

按照海西区各地的发展战略，沿海重点产业空间布局将由现在的以传统中心城市为主体的“城市”带动，转向城镇和港湾互动的“双重”带动。现有的“点状”开发模式，也将开始转向“沿线”拓展的开发模式。

内陆山区产业布局趋向集中，引导产业集中发展。龙岩建设新罗、漳平、永定、上杭、长汀等产业集中区；三明建设梅列、三元、永安、沙县等产业集中区；南平建设延平、闽北、邵武、浦城等产业集中区（见表 3-41）。

二、区域石化产业规划

在成品油定价机制基本理顺的前提下，全国各地都在积极扩大炼油规模，并布局新的炼

表 3-41　海西区重点产业布局及发展方向

产业基地		依托工业区	产业导向	发展规模
闽江口		温州市瓯江口经济开发区、浙江乐清经济开发区、瑞安经济开发区、浙江苍南工业园区	装备制造、冶金、能源、石化	炼油 1 200 万 t/a
环三都澳		宁德三都澳经济开发区、福安经济开发区和闽东物流集散中心	装备制造、冶金、能源、石化	钢铁 1 200 万 t/a
罗源湾		罗源湾经济开发区和可门干散货物流中心	冶金、装备制造、能源、石化	重交沥青项目
闽江口		福州经济技术开发区、长乐滨海工业集中区和元洪投资区等。	装备制造、电子信息	—
兴化湾		融侨经济技术开发区、江阴工业集中区、江阴保税物流园区、福清出口加工区、涵江高新区、兴化湾临港产业区等	电子信息、装备制造能源和石化（基础化工、精细化工）	重油深加工
湄洲湾		湄洲湾北岸经济开发区、东吴石化工业区、泉港石化工业园区、泉惠石化工业园区	石化、造纸、装备制造、能源	炼油 3 600 万 t/a
泉州湾		泉州经济开发区、泉州高新技术产业园区、泉州出口加工区和石湖物流园区等	电子信息、装备制造	—
厦门湾		厦门台商投资区、厦门火炬高新技术产业开发区、象屿保税区、物流园区、翔安工业集中区和漳州的龙海经济开发区、招商局经济开发区	装备制造、电子信息	—
东山湾		古雷经济开发区和东山经济技术开发区	石化、装备制造	炼油 2 000 万 t/a
潮汕揭		汕头高新技术产业园区、汕头金平工业园区、汕头龙湖工业园区、潮州经济开发区、饶平潮州港经济开发区、揭阳惠来国际石化综合工业园	石化、能源、装备制造	炼油 2 000 万 t/a
内陆山区	龙岩	龙岩经济开发区、龙州工业园区、连城工业园区、永定工业园区、上杭工业园区、武平工业园区	装备制造、冶金	—
	三明	宁化华侨经济开发区、三明高新技术产业园区、梅列经济开发区、三元经济开发区、将乐经济开发区、泰宁经济开发区	装备制造、冶金	—
	南平	南平工业园区、闽北经济开发、邵武经济开发区	造纸、装备制造、冶金	—

表 3-42 海西区石化产业布局趋势

地点	基地名称	规划面积 /km^2	性质	炼油能力 /（万 t/a）	乙烯能力 /（万 t/a）
瓯江口	大小门岛石化基地	30	规划	1 000	100
三都澳	溪南半岛石化基地	40	规划	原油储备	
兴化湾	江阴工业区石化基地	8	已有	重油深加工	
湄洲湾	湄洲湾石化基地	58	—	3 600	300
古雷港	古雷石化基地	28	—	2 000	200
潮汕揭	惠来石化基地	72	规划	2 000	—
合计		—	—	8 600	600

化一体化基地。海西区各地已开始显现争设石化基地，竞相建设炼油、乙烯大石化项目的态势。在沿海地区从北到南布设大小门岛、溪南半岛、江阴工业区、湄洲湾、古雷港和揭阳惠来六大石化基地，形成一条沿海大石化产业带（见表 3-42）。

三、区域电力项目规划

海西区各地都将能源产业作为本地区的重点产业，规划的能源产业以核电、火电为主。

海西区沿海地区经济较为发达，也是能源电力的主要消费地区。燃煤电厂延续现有状况，依托已有电厂，呈现沿海分散布局。新增核电集中在沿海，包括宁德、福清、揭阳、漳州（地点未最终确定）4 个核电基地。海西区火电发展势头迅猛，近期、远期均有较大幅度的增加，最终达到 8 428 万 kW 的装机能力。核电及其他新能源的比例迅速增大，由现阶段占总供电量的 3% 增加到 20%，其中核电将从无到有，占规划总供电量的 15%。总体而言，清洁能源发电总量有明显增加，规划清洁能源的发电量将达到现状的 3.7 倍左右（见表 3-43）。

表 3-43 海西区地区能源电力结构比较 单位：万 kW

类别 / 装机容量			现状	在建	规划
火电			1 991	1 752	8 428
清洁能源	水电		1 300	—	1 300
	新能源	核电	0	900	2 100
		其他	109	—	570
		小计	109	900	2 670
总计			3 400	2 652	12 398

四、区域重点产业发展趋势分析

1. 区域经济的增长动力

随着我国产业布局的调整，钢铁、石化、船舶等大型重化工工业布局将向沿海沿江地区转移，海西区发挥比较优势和现有的产业基础，积极培育发展石油化工、装备制造和电子信息三大主导产业，将以专业园区为承载体和产业协同配套，促进产业集群进一步扩展。

随着海西区新一轮建设的高潮，大型国企中石油、中石化、中海油、中化公司纷纷进驻海西区，大型石化基地建设指日可待；厦门湾、闽江口和湄洲湾台湾地区产业对接区吸引台商纷至沓来，承接台湾地区石油化工、电子信息和装备制造等优势产业转移的热潮将进一步高涨。国家发展战略推进海西区发展石油化工、电子信息和装备制造产业已成必然。海西区未来石化、装备制造和电子信息产业将进一步增长，成为海西区经济增长的动力。

2. 海西区未来发展的主要承载区

随着整体产业结构的升级，我国目前已开始步入第二波沿海化进程，与第一波沿海化以国际劳动密集型产业转移为动力不同，第二波沿海化是由国际重化产业转移，以及资源具有高度国际性依赖条件的国内基础重化产业布局优化所驱动。

随着海西区发展战略上升为国家战略，海西区各地纷纷出台各类规划和政策，进一步发展沿海产业带。福建省的《海峡西岸城市群协调发展规划》也已获住房和城乡建设部批复；《温台沿海产业带发展规划温州市实施规划》也已获浙江省批复；广东省的《东西北振兴计划》将潮汕揭列为重点发展的地区。空间布局将由现在的以传统中心城市为主题的“城市”带动，转向城镇和港湾互动的“双重”带动。海西区现有的“点状”开发模式，也将开始转向“沿线”拓展的开发模式。

海西区沿海地区将形成“一带、双核、十基地”。“一带”即沿海产业聚集带；“双核”为以福州中心城区和厦门中心城区为核心的两大现代服务业中心；“十基地”是指依托瓯江口、三都澳、罗源湾、闽江口—松下、兴化湾、湄洲湾、泉州湾、厦门湾、东山湾、潮汕揭等重点建设的十大重点产业集聚区。

3. 海西区面临的突出问题

海西区面临着难得的发展机遇，随着国家工业化的加快推进和台海两岸经济交流的深入推进，各地发展要求极为迫切，这突出体现在发展思路和产业规划上。提升经济总量、提高增长速度成为各地政府的主要任务，产业规划上各地纷纷提出了“能源重化工基地”“工业立市”“临港重化工业核心区”等建设目标（见图 3-18）。

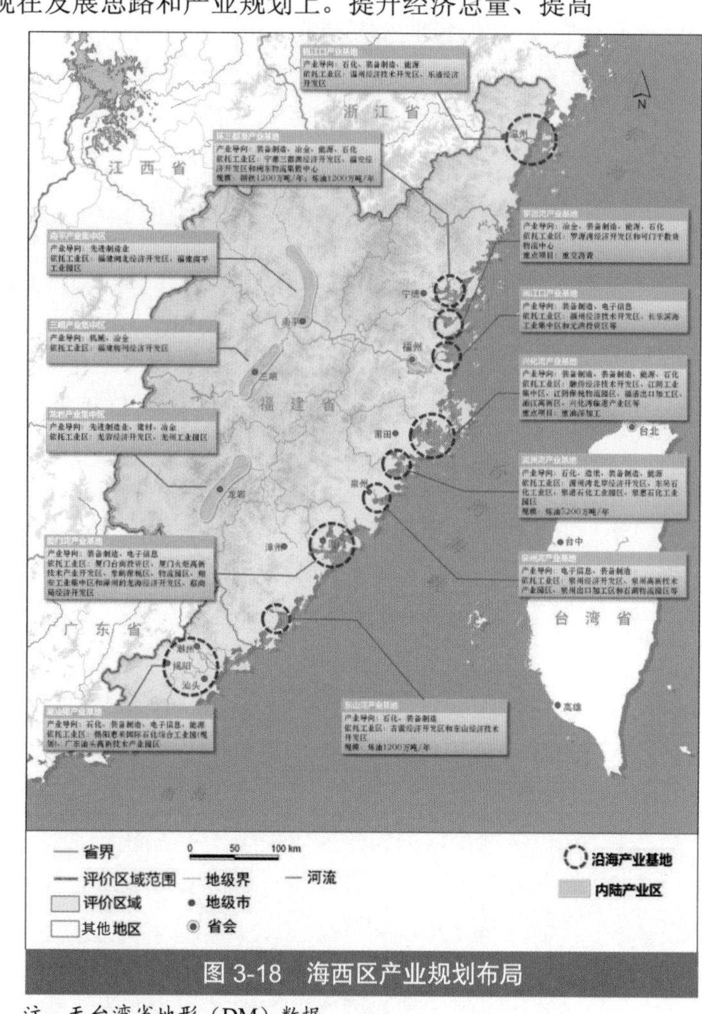

图 3-18　海西区产业规划布局

注：无台湾省地形（DM）数据。

（1）*超常规发展面临巨大资源环境压力*

通过梳理海西区各级规划，得出如下结论：各地发展意愿非常强烈，到 2020 年生产总值达到 5.9 万亿元，显著超过《海西区发展规划（讨论稿）》中生产总值达到或接近 4 万亿元的目标。石化、装备制造、能源电力、冶金、造纸等重化工业是未来发展的重点，其中石化和能源电力产业增速迅猛，炼油能力约增加 6 倍，尚不包括一些重油深加工项目。能源电力供电量约达 6 250 亿 kW·h，大大超过区域需求（4 960 亿 kW·h）。

海西区经济发展水平远低于长三角、珠三角、台湾地区等周边经济区，从现实的经济洼地达到战略定位的要求，不仅需要弥补巨大的差距，而且要有大大超越台湾地区以及长三角、珠三角等经济区的发展速度。发挥比较优势，在发展中保持生态环境质量位居全国先列，是海西区面临的超常规发展性问题。

（2）产业同构导致重复建设和资源浪费

海西区产业集聚化的推进，使得区域内各地区间产业结构趋同的现象较为明显。从各地的发展态势看，均将石化、装备制造、电子信息、能源列为重点发展产业，难以做到错位竞争，不利于海西区的可持续发展。在政府主导型经济和地区分割的情况下，区域间的产业同构化势必引发激烈的区域间竞争，导致重复建设和资源量费。这需要国家和海西区的各级政府进行统一规划、建立长效的协调机制和合作机制，根据各自资源、人才、区位等优势，进行科学分工，突出特色，整合资源，避免区域之间和区域内的恶性竞争和产业同构。

第六节 重点产业发展情景设计

一、情景设计原则

1. 基于国家发展需求

即将国家对相关产业的需求状态作为设计地方产业发展的基本依据，以适当反映国家对相关产业发展的总体要求。基于国家发展需求的情景设计要考虑两方面因素：其一，国家相关行业近几年平均增长速度及态势；其二，国家新近出台的相关产业中长期产业发展规划。在情景设计过程中，通过上述两方面因素对相关产业的规模扩张速度进行适当界定。

2. 基于地方发展愿景

即相对客观地描述地方相关产业发展的现状趋势，以真实反映地方经济发展诉求。基于地方发展愿景的情景设计主要考虑两方面因素：其一，相关产业近几年的平均增长速度及态势；其二，地方对相关产业中长期规模扩张的计划安排。通过上述两方面因素的综合界定，模拟出仅从地方发展愿望出发的产业发展情景方案。

3. 基于生态环境愿景

即将促进生态环境改进作为地方产业发展情景设计的主要依据，以体现科学发展观的根本要求。基于生态环境愿景的情景设计主要考虑三方面因素：其一，地方生态环境本底情况；其二，国家节能减排的总体要求；其三，地方生态环境保护相关规划要求。

二、重点产业发展情景设计

1. 情景一：基于国家发展需求

该方案依据国务院《关于支持福建省加快建设海西区的若干意见》（国发 [2009]24 号），重点考虑国际市场需求等外部环境的不确定性、产能过剩和国家宏观调控对海西区未来重点产业发展的可能影响。

当前国际金融危机对我国实体经济的影响已经使得一些重点产业出现产能过剩现象。一方面，我国成品油市场由供应紧张转变为过剩，与此同时我国的炼油能力却在迅速增长。另一方面，经过20世纪90年代产能的急速扩张，我国目前钢铁供需已经出现不平衡现象。根据国家统计局数据，2008年我国粗钢、钢材产量分别达到5亿t和5.8亿t，而消费量仅为4.5亿t和3亿t，面临严重的产能过剩。

未来国家对重点产业新上项目的审批将更为严格。国家宏观产业政策逐渐从推动总量增长向控制总量、调整结构和空间布局的方向转变，经济增长将进一步放缓，未来的成长趋势面临大幅下调的压力。随着国务院支持福建加快建设海西区若干意见的出台和一系列配套支持措施的贯彻落实，未来海西区经济仍将以超过全国平均增幅的速度加速增长。假定未来海西区与全国保持2个百分点的年均增长速度差距，则可确定海西区2015年前年均增速为9.5%，2016—2020年均增速为8.5%。

2. 情景二：基于地方发展愿景

该方案主要考虑海西区各地市的综合发展规划及相关产业发展规划，经过汇总、梳理和分析，得出对重点产业未来在该区域的趋势性判断。

福建省相关重点产业主要发展规划包括：《海峡西岸城市群发展规划（2008—2020年）》（福建省人民政府，2009.10）；《福建省建设海西区纲要（修编）》（福建省发改委，2010.1）；《福建省钢铁及有色金属等八大重点产业调整和振兴实施方案》（福建省经贸委、发改委，2009.10）；《环三都澳区域发展规划（2008—2020）》（福建省发改委，2008.9）；《湄洲湾石化产业发展规划（2008—2020）》（福建省发改委，2008.5）；《漳州古雷区域发展建设规划》（福建省发改委，2008.8）。

广东省相关重点产业主要发展规划包括：《关于促进粤东地区实现“五年大变化”的指导意见》（广东省发改委，2010.5）；《广东省石化产业调整和振兴规划》（广东省人民政府，2009.12）；《广东省工业九大产业发展规划》（广东省发改委，2005.2）；《广东省东西北振兴计划（2006—2010年）》（广东省发改委，2007.7）；《粤东地区发展产业与重大项目规划》（广东省发改委，2007.4）。

浙江省相关重点产业主要发展规划包括：《浙江省石化产业发展布局规划（2006—2020年）》（浙江省发改委，2007.12）；《温台沿海产业带发展规划（2004—2020年）》（浙江省发改委，2004.9）；《温台沿海产业带发展规划温州市实施规划》（温州市人民政府，2008.9）。

3. 情景三：基于生态环境愿景

该方案基于资源环境承载力等主要制约因素，能够满足一定环境保护目标情况下重点产业发展的合理规模、结构和布局。根据环境保护法律法规、节能减排以及环保、土地、海洋等规划，梳理区域产业发展在结构、布局、规模等方面的可能约束，综合区域资源环境承载能力和重点产业发展的中长期生态环境风险评估结果，重点考虑区域社会经济的协调发展、产业空间集聚的规模效应以及产业空间布局的优化。

三、重点产业发展的资源需求和排污预测

1. 规划方案资源需求

根据海西区重点产业中长期发展情景设计确定的原则，对国家宏观调控情景、协调增长情景及三个规划方案中确定的规划项目分别进行梳理，确定海西区重点产业、城市长期发展

规划的资源需求。重点产业的资源需求近期根据各行业国内先进水平，远期按照国际先进水平进行估算（见表 3-44）。

（1）国家宏观调控情景

按照协调增长情景方案，2015 年，海西区天然淡水需求量为 616 604 万 m^3/a，石油 2 000 万 t/a，煤耗 7 982.96 万 t/a，液化气耗用量 1 326 556 t/a，天然气 150 745 t/a。2020 年，天然淡水需求量为 842 352 万 m^3/a，石油 2000 万 t/a，煤耗 1 135.2 万 t/a，天然气 341 913.75 t/a。

（2）地方规划情景

按照地方规划情景方案，2015 年，海西区天然淡水需求量为 644 490 万 m^3/a，石油 5 750 万 t/a（包括 750 万 t/a 重油），煤耗 13 239.954 万 t/a，液化气耗用量 1 326 556.00 t/a，天然气 150 745.00 t/a。2020 年，海西区天然淡水需求量为 877 341 万 m^3/a，石油 11 150 万 t/a（包括 950 万 t/a 重油），煤耗 20 142.65 万 t/a，天然气 341 913.75 t/a。

表 3-44 三种情景方案下海西区重点产业发展规模

方案	产业	2015 年		2020 年	
		产能	产值 / 亿元	产能	产值 / 亿元
情景一	石化	炼油 2 400 万 t 乙烯 200 万 t	7 222.38	炼油 4 400 万 t 乙烯 200 万 t	12 139.67
	电力	火电 2 184 万 kW 核电 700 万 kW	676.48	火电 2 584 万 kW 核电 1 000 万 kW	848.48
	冶金	粗钢 1 000 万 t 铜冶炼 80 万 t 铝加工 70 万 t	2 855.73	粗钢 1 000 万 t 铜冶炼 80 万 t 铝加工 70 万 t	6 217.47
	装备制造	—	4 166.87	—	7 507.01
	造纸	—	832.96	—	1 665.09
情景二	石化	炼油 4 400 万 t 乙烯 200 万 t	7 447.53	炼油 8 500 万 t 乙烯 640 万 t	16 162.53
	电力	火电 5 817 万 kW 核电 1 100 万 kW	1 782.28	火电 8 333 万 kW 核电 2 100 万 kW	2 529.72
	冶金	粗钢 1 350 万 t 铜冶炼 80 万 t 铝加工 120 万 t	3 796.73	粗钢 1 950 万 t 铜冶炼 80 万 t 铝加工 150 万 t	7 887.61
	装备制造	—	9 370.41	—	19 593.98
	造纸	—	1 174.68	—	2 438.35
情景三	石化	炼油 4 400 万 t 乙烯 200 万 t	7 382.39	炼油 6 000 万 t 乙烯 440 万 t	15 006.02
	电力	火电 4 227 万 kW 核电 700 万 kW	1 387.6	火电 5 557 万 kW 核电 2 000 万 kW	1 945.9
	冶金	粗钢 1 350 万 t 铜冶炼 80 万 t 铝加工 120 万 t	3 796.73	粗钢 1 950 万 t 铜冶炼 80 万 t 铝加工 150 万 t	7 887.61
	装备制造	—	7 786.87	—	14 459.88
	造纸	—	981.02	—	1 882.63

（3）生态环境愿景（协调增长）情景

按照协调增长低约束方案，2015 年，海西区天然淡水需求量为 637 197 万 m^3/a，石油 4 000 万 t/a，煤耗 11 107.05 万 t/a，液化气耗用量 1 326 556 t/a，天然气 150 745 t/a。2020 年，海西区天然淡水需求量为 865 919 万 m^3/a，石油 5 600 万 t/a，煤耗 17 826.69 万 t/a，天然气 341 913.75 t/a。

按照协调增长中约束方案，2015 年，海西区天然淡水需求量为 637 119 万 m^3/a，石油 4 000 万 t/a，煤耗 11 107.05 万 t/a，液化气耗用量 1 326 556 t/a，天然气 150 745 t/a。2020 年，天然淡水需求量为 865 684 万 m^3/a，石油 5 600 万 t/a，煤耗 17 826.69 万 t/a，天然气 341 913.75 t/a。

按照协调增长高约束方案，2015 年，海西区天然淡水需求量为 631 119 万 m^3/a，石油 4 000 万 t/a，煤耗 11 660.16 万 t/a，液化气耗用量 1 326 556 t/a，天然气 150 745 t/a。2020 年，天然淡水需求量为 862 084 万 m^3/a，石油 5 600 万 t/a，煤耗 17 418.69 万 t/a，天然气 341 913.75 t/a。

2．规划方案排污预测

根据海西区重点产业中长期发展战略设计的三种情景，近期按各行业国内先进水平，远期按国际先进水平进行排污预测，同时考虑产业发展带动城市发展的排污预测，估算得到发展重点产业的废气、废水污染物排放量。按照情景二方案，远期二氧化硫排放量比 2007 年增加约 42%，化学需氧量增加约 37%，污染物减排压力将进一步加大。

表 3-45　中长期大气污染物新增排放总量预测结果汇总　单位：t/a

情景方案	规划期	SO_2	NO_x	烟粉尘	VOC	CO	HC
情景一	2015 年	73 458	64 960	15 922	3 000	20 274	5 599
情景二		189 030	167 256	53 547	5 250	20 274	5 599
情景三		145 517	135 072	43 178	5 100	20 274	5 599
情景一	2020 年	77 435	90 827	16 529	3 000	43 593	12 022
情景二		273 739	261 666	73 165	16 650	43 593	12 022
情景三		217 619	201 843	54 295	6 500	43 593	12 022

表 3-46　中长期水污染物新增排放总量预测结果汇总　单位：t/a

情景方案	规划期	废水量 /（万 m^3/a）	污染物排放量		
			COD	NH_3-N	石油类
情景一	2015 年	373 288	223 386	24 531	8 926
情景二		399 910	241 224	26 941	9 790
情景三		396 491	238 975	26 379	9 301
情景一	2020 年	486 547	302 166	31 154	11 344
情景二		494 695	308 512	32 099	11 658
情景三		490 077	305 063	31 537	11 471

第四章

区域资源环境承载能力评估

根据区域重点产业发展特征和资源环境禀赋，探索区域的资源与环境综合承载力特征和空间格局。评估区域水土资源、岸线资源和水环境、大气环境、近岸海域环境容量，并对其进行区域尺度上的整体性评估；分析区域的资源环境承载能力和空间格局特征。在单要素资源环境承载能力评估基础上，采用层次分析法，以重点产业集中开发区为单元，综合评估重点产业布局的适宜性。

研究表明，海西区在资源禀赋方面具有显著优势，尤其是福建省更为突出。海西区大气环境容量总体上比较充裕，通过合理配置后可缓解地表水资源时空分布不均的矛盾，岸线资源较为丰富。海西区土地资源量和重点海湾湾内水环境容量尚不能满足重点产业发展的需求，缓解并扭转这一矛盾的基本途径在于大幅提高土地资源产出率和废水湾外排放。从重点产业布局的资源环境承载条件来看，沿海地区好于内陆山区，其中湄洲湾产业基地和潮汕揭产业基地相对最好。

第一节　污染气象及大气承载力评估

一、大气输送与污染气象特征

1．气象气候资料引用

通过收集海西区13个地级市近20年的区域气象统计资料，分析地区长期气候特征。同时收集海西区及周边邻近地区11个地面气象站及6个高空站近三年（2005年、2006年、2007年）的监测数据（地面气象资料每天8次、高空站资料每天2次），结合有关污染气象观测资料、大气边界层综合观测资料，表征地区常规地面气象要素特征。涉及的气象站位范围涵盖海西区及其周边地区，可以全面反映沿海与内陆、平原与山区等不同地理地形条件下的气象特征。

2．常规地面气象要素特征

收集了2005—2007年三年浙江、福建和广东三省共11个地面气象站（见表4-1）的观测资料，重点分析风速、风向、温度、降水以及大气稳定度的时空特征。

（1）平均风速

海西区山区站点和沿海站点的平均风速、静风（< 0.5 m/s）和小风（0.5 ~ 1.5 m/s）频率均存在显著差异。山区和沿海地区下垫面的差异是造成这种差异的主要原因。就年均风速来看，沿海站点普遍高于山区站点，如嵊泗和大陈岛平均风速接近 7 m/s，而邵武、永安等山区站点仅为不到 2 m/s；就静风和小风频率来看，沿海站点则要远低于山区站点，大陈岛、阳江等站点静风和小风频率之和小于 10%，而邵武站点的静风和小风总频率超过 60%（见表 4-2）。

表 4-1 站点基本信息

地区	站点名称	站号	经纬度	海拔高度 /m
浙江	衢州	58633	29° N，118.9° E	82.4
	嵊泗	58472	30.73° N，122.45° E	79.6
	定海	58477	30.03° N，122.1° E	35.7
	大陈岛	58666	28.45° N，121.9° E	86.2
福建	邵武	58725	27.33° N，117.47° E	218
	南平	58834	26.39° N，118.1° E	127.8
	永安	58921	25.97° N，117.35° E	206
广东	汕尾	59501	22.81° N，115.37° E	17.3
	韶关	59082	24.68° N，113.6° E	61
	阳江	59663	21.83° N，111.97° E	89.9
	汕头	59316	23.41° N，116.68° E	2.9

表 4-2 2005—2007 年各站点平均气象统计资料

站点	主导风向	风向标准差	年平均风速 / (m/s)	静风频率 / %	小风频率 / %
衢州	ENE	87.26	2.87	5.29	18.04
嵊泗	ENE	100.58	6.82	0.48	2.30
定海	NE	113.75	2.79	3.37	21.99
大陈岛	NNE	105.20	6.90	1.26	2.68
邵武	SW	97.96	1.34	10.85	58.69
南平	NE	104.93	1.54	4.82	54.16
永安	NE	104.55	1.65	3.68	51.16
汕尾	E	68.59	2.30	5.48	24.51
韶关	WNW	112.68	1.74	19.00	35.13
阳江	ENE	82.60	4.07	1.10	5.79
汕头	ESE	67.67	1.96	5.31	35.95

注：表中数值为日风向标准差的平均值。日风向标准差指一日内各风向记录与日平均风向的标准偏差。

（2）平均风向与标准差

在大气边界层以下，海西区除夏季以西南和偏南风为主以外，其他季节主要由东北和偏北气流所控制，全年平均风向也为东北和偏北风。因此，海西区受浙江北部、上海和江苏等省市的影响较大，而海西区对广东其他地区的影响略大于广东其他地区对海西区的影响。

沿海站点的风向日变化标准差平均值普遍小于山区站点，如汕尾和汕头的风向标准差不到 70°，而韶关、永安等站点的风向标准差超过 100°，这说明沿海地区的风向比山区的风向具有更好的稳定性。形成这种差异的原因同样与山区和沿海地区的下垫面差异有关。

（3）大气稳定度

采用 Pasquill 大气稳定度分类法统计得到，无论山区站还是沿海站，中性 D 类稳定度出现的频率均为 80% 左右，远高于其他稳定度等级（见表 4-3）。

3．区域大气输送特征

利用新一代中尺度气象模式 WRF 对海西区 2007 年全年的气象场进行了数值模拟，采用站点观测资料进行同化。将模拟结果与观测资料进行了对比，总体来说，模拟结果与观测资料符合性较好，可以满足本评价工作的要求。

沿海地区地面年均风向为东北风；海西区西部地区的地面年均风向为偏北风；中部内陆地区由于受到山地地形的影响，流场分布较不规则。沿海地区地面风速最大，普遍在 4～6 m/s，从海岸线向内陆地区年均风速呈梯度递减趋势，在部分山区风速降至 2 m/s 以下。从地表温度场来看，沿海地区的气温普遍高于内陆地区，低海拔地区的气温明显高于高海拔地区（见图 4-1）。

表 4-3 各站 2005—2007 三年大气稳定度统计结果 单位：%

	A	B	C	D	E	F
衢州	1.00	3.95	4.75	80.46	6.36	1.00
嵊泗	0.31	1.49	3.42	90.04	3.86	0.31
定海	2.05	5.10	5.66	73.86	9.27	2.05
大陈岛	0.56	1.48	2.25	91.83	2.75	0.56
邵武	2.18	3.96	2.18	81.31	6.67	2.18
南平	1.92	5.26	4.34	76.10	6.33	1.92
永安	1.37	3.84	3.22	80.80	5.90	1.37
汕尾	1.20	4.15	4.48	80.13	6.62	1.20
韶关	2.00	2.70	2.12	85.77	4.64	2.00
阳江	0.47	3.32	3.38	86.71	4.60	0.47
汕头	1.72	4.00	3.51	79.60	6.82	1.72

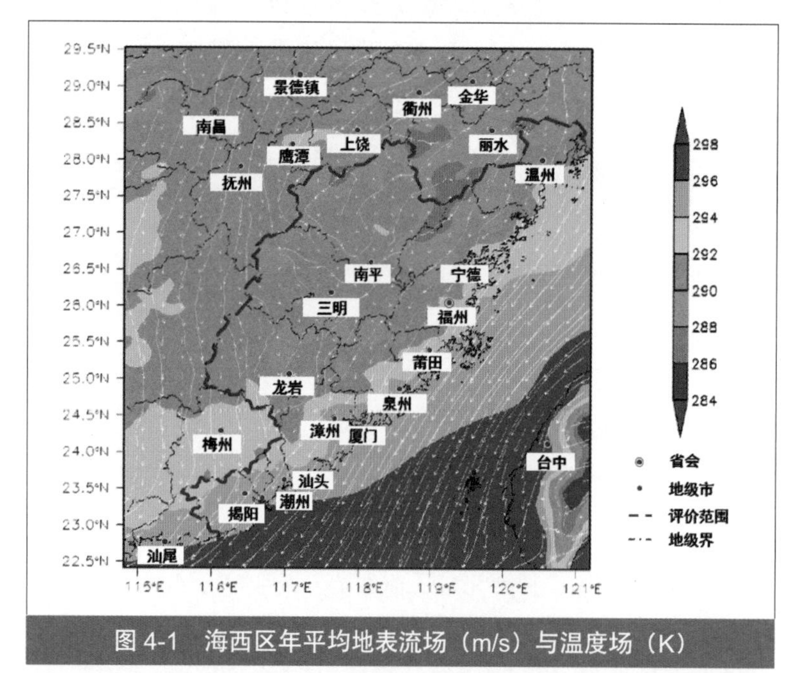

图 4-1 海西区年平均地表流场（m/s）与温度场（K）

典型区域气象场特征

① 海陆风

海西区的海陆风活动主要发生在春夏季，尤其以夏季发生频率为最高，且强度高于其他季节；秋冬季海陆风发生频率很低，强度也较弱（见表 4-4）。

表 4-4 海西区 2007 年海陆风统计特征

月份	发生频率 / %	海风向内陆伸展距离 /km	陆风向海上伸展距离 /km	海风在垂直方向伸展高度 /m
1 月	＜ 3.3	35	30	400～700
4 月	16.7～23.3	20～40	20～30	600～950
7 月	20.0～26.7	30～45	30～50	720～1 000
10 月	＜ 3.3	30	40	500～850

② 山谷风

山谷风对于污染物的输送和扩散具有重要影响，了解山谷风的特征，对于空气资源评估、污染源布局及其环境影响评价具有重要意义。考虑到海西区内陆山区地形复杂，本研究以一个典型地区（三明），来分析山谷风的基本特征。

三明地区由于地区地形的影响，地表风速总体较小。表 4-5 是该地区四个月静小风频率的统计结果。山谷四个月的静风频率均达到 10% 以上，最大可至 45%，其中 1 月、4 月静风频率比 7 月、10 月低。山谷小风频率四个月均达到 30% 以上，最大可达 60%。说明山谷近一半的时间受静小风控制。山峰的静小风频率均比山谷小很多，其中山峰的静风频率在四个月均小于 5%，小风频率小于 15%，其季节变化不是很显著。

③ 海湾地形对风场的影响

海西区海岸线漫长，海湾众多。根据规划，海西区的重点产业大部分布置在沿海地区，其中不少位于海湾地区。本研究对海湾地形对风场可能造成的影响给予了关注和研究。除三都澳以外，海西区地区的海湾地形对湾内及其周边的风场未产生明显影响。这主要是由于这些海湾多为开放型，且地形高度相对较低，对风场的扰动很小（见表4-6）。

表 4-5　三明地区静小风频率的统计分析

月份	山谷		山峰	
	静风频率 /%	小风频率 /%	静风频率 /%	小风频率 /%
1 月	15 ～ 27	30 ～ 60	＜ 3	＜ 15
4 月	12 ～ 27	30 ～ 50	＜ 3	＜ 15
7 月	10 ～ 45	40 ～ 55	＜ 5	＜ 10
10 月	15 ～ 35	40 ～ 55	＜ 5	＜ 5
平均	10 ～ 35	35 ～ 56	＜ 5	＜ 10

表 4-6　沿海部分地区的年均风速、主导风向、静风频率

地区（气象站）	风速 /(m/s)	主导风向	静风频率 /%
三都澳（宁德市）	1.4	SE（17.8%） ESE（10.9%）	32.6
江阴半岛（福清市）	5.6	NE（34%） N（14%）NNE（13%）	6
湄洲湾南岸（崇武）	4.8	NE（27.4%）NNE（27.1%）	—
古雷半岛（东山县）	5.4	NE（31%）ENE（15%）	4

三都澳是一个半封闭的海湾，除东南部有一较小开口外，大部分被山地丘陵所包围，且海拔较高，从而导致海湾内近地面风速明显低于湾外地区。根据三都澳内的多年气象观测结果，三都澳内年均风速仅为 1.4 m/s，且静风频率高达 32.6%，而其他沿海地区的年均风速通常在 4 ～ 6 m/s，静风频率一般低于 5%。由此可见，三都澳地形对该地区近地层风速有很大影响，使得该地区大气的稀释扩散能力较差，应严格控制大气重污染行业（特别是低矮、无组织废气排放较多的行业）的发展规模。

二、区域空气资源评价

1．技术方法

空气资源具有十分宽泛的含义，从大气环境和战略评价的角度来审视，在此定义的空气资源是大气扩散稀释和对污染物清除能力的度量。考虑到目前的研究水平，本书不赋予空气资源以确定的物理量纲，而是按各个地区大气扩散稀释和清除能力的大小划分不同的等级，给出对空气资源分布的评估。

以对气象台站观测资料、污染气象观测资料的分析，中尺度气象模式的模拟与典型地区空气污染过程数值试验相结合的方法，同时参照我国有关的气候统计和研究成果进行综合研究分析。

2．评价指标计算结果

经过分析，选取了年均地面风速、日最大混合层高度、混合层内平均风速、稳定度、年均降水量、地面风向日标准差、50 ～ 500 m 风向风速切变以及二氧化硫和 TSP 的干沉降速度作为计算海西区空气资源的主要影响因子，对上述因子的气象场以及边界层内各参数进行计算和分析。

为了便于比较，将上述各因子进行归一化处理，即除了稳定度参数 M-O 长度以外，其他因子均除以各自区域平均值。对 M-O 长度，首先将正值和负值分开各自求平均，然后正值的

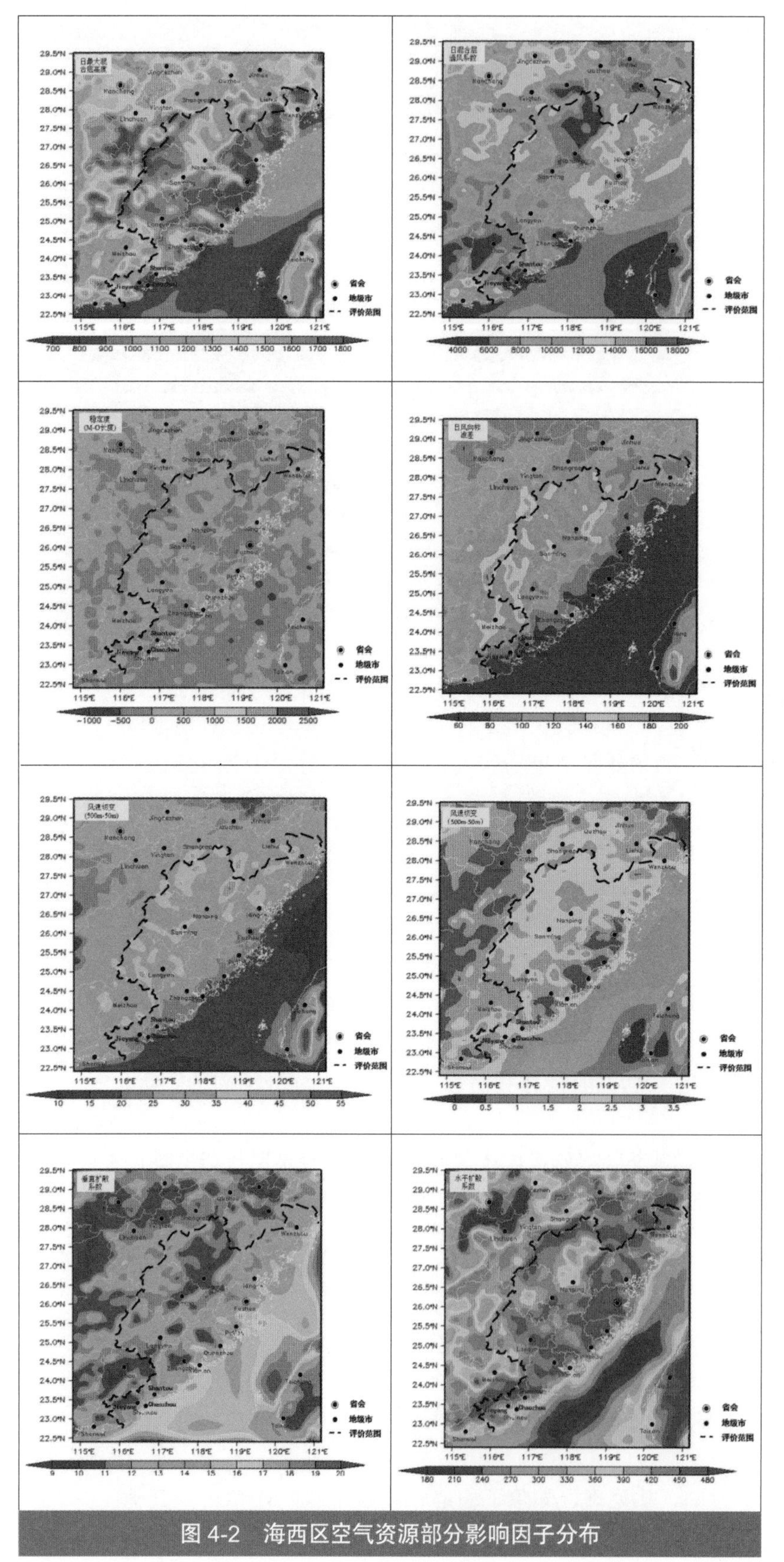

图 4-2 海西区空气资源部分影响因子分布

M-O 长度除以正的平均值，负值除上负平均的绝对值，为了便于在下面因子分档的处理中与其他因子统一起来，进一步将无量纲化的M-O长度求倒数。归一化处理前后各因子的空间分布规律不变（见图 4-2）。

3. 海西区空气资源等级的分布与调整

（1）空气资源等级划分与分布

为了分析海峡西岸地区的空气资源分布，并且考虑到各影响因子的典型性与代表性，选取上述 10 个归一化因子作为评分的依据。首先，将这 10 个因子按重要性分为三级：地面风速、混合层内平均风速和混合层高度为一级因子；稳定度参数（M-O 长度）、降水、风向日变化、风向切变（50 ～ 500 m）和风速切变（50 ～ 500 m）为二级因子；SO_2 干沉降速度和 TSP 干沉降速度为三级因子。每个影响因子按重要性有不同的权重系数。在获得以上各影响因子归一化分布的基础上，根据归一化值在海峡西岸地区的实际分布情况，对其进行分档。每个因子分为 6 档，并根据各因子所在的档位给分，最后将各因子的总分相加得到空气资源分数 P，由式（4-1）计算：

$$P=\sum_{i=1}^{10}(A_i \cdot W_i) \qquad (4\text{-}1)$$

式中，A_i 代表第 i 个影响因子的得分；W_i 代表第 i 个影响因子的权重系数。

经过上述空气资源影响因

子的分类、分档打分以及加权汇总后得到海西区地区空气资源的总体评分分布（介于 14 至 21），然后将评分划分为 5 个等级，其中 1 级表示空气资源最好，5 级最差，可得到海峡地区空气资源的等级分布，如图 4-3 所示。可见，海上和部分滨海地区为 1 级，空气资源最好，沿海地区一般为 2 级，海西区内陆主要为 3 级到 5 级，部分山区为次 5 级，相对较差。

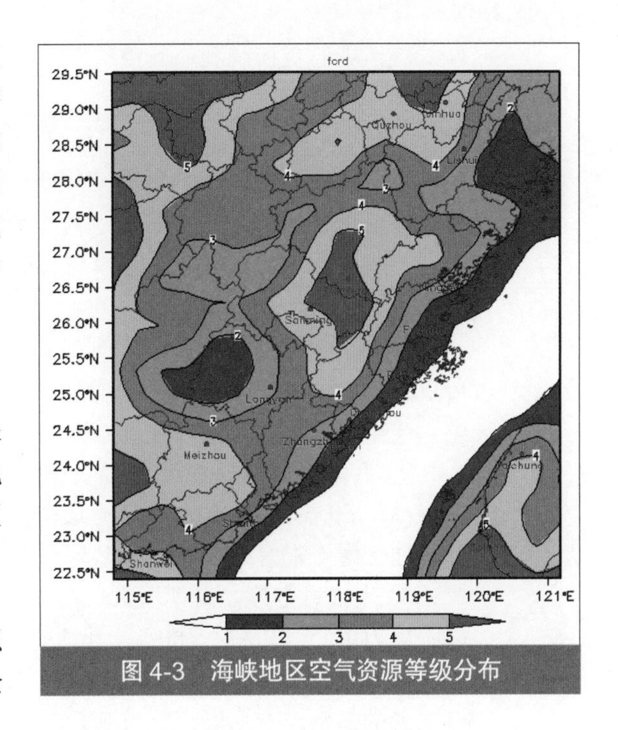

图 4-3　海峡地区空气资源等级分布

2. 空气资源等级调整

如前所述，由指标体系确定的空气资源分布并未考虑一些特殊空气污染过程的影响。针对海西区的地形地貌特征，主要分析海陆风、海湾封闭地形和山区气象场的影响。

（1）海陆风的影响

根据针对海西区地区和杭州湾北岸海陆风的模拟计算和污染气象综合观测的分析，本评价的初步结论是：

① 海陆风环流对沿岸工业区所形成的高地面浓度区的日均和年均浓度影响甚微，无须因海陆风对海岸地区的空气资源等级作调整。

② 海陆风环流不会成为海岸工业区建设的重要制约因素。

③ 白天吹海风时，因海陆风环流形成的污染物附加浓度一般不超过沿岸工业区污染浓度高值的 5% ～ 10%。海陆风对沿岸工业区局地布局、规模调整以及对其环境保护距离等方面的影响，应通过项目环评作具体的分析。

（2）海湾封闭地形的影响

海西区的沿海地带，局部地区存在丘陵和山峦，但大部分沿岸和海湾地区地形开阔，仅有分散的起伏地形，对空气资源没有明显影响。三都澳为四周大部分被丘陵山地所限制的海湾，尽管湾外地面风速较大，但海湾内局地风速很小，视源排放高度不同，对其空气资源的等级应降 1 ～ 2 级。

（3）山区地形的影响

按照前述对山区气象场关注的重点内容进行了分析。其中，山区近地层静小风的影响已纳入空气资源指标体系考虑，不需要据此对空气资源等级作进一步的调整。而夜间逆温层高度和地形风的转折高度则因不同的地形及梯度风向、风速的变化而改变，一般为周围地形高度的 1/4 ～ 3/4。本次环评受条件限制，仅对局部的山区气象场作了比较细微的分析，初步的结果是 2/3 ～ 3/4。综合以上分析所得的宏观结论如下：

① 若污染源的排放高度在周围地形高度的 2/3 ～ 3/4，则其空气资源评估的等级应降为 5 级或次 5 级；对于火电厂或热电厂等高空排放源，只要能脱离局地下洗气流的影响，则可在原评估等级的基础上升为 3 级或 4 级。

② 海西区内陆的丘陵山区对区域性二次大气污染物的扩散、稀释和输送的影响相对较小。此外，由于海西区地区的年降水量和降水日均属于全国最多的地区之一，对二次污染物的清除十分有利，在大气边界层以下，海西区全年有海上清洁空气的净流入，对减轻该地区区域

性二次污染的负荷有利。其空气资源的评估可达到全国中等偏上的水平。

3．海西区与其他地区空气资源的宏观比较

本书主要评估了海西区的空气资源分布，可以作为在海西区区域内工业规模和布局宏观决策时的依据之一。另一方面，为了更好地借鉴我国其他地区，特别是更发达地区的经验和教训，将海西区的空气资源等级与其他地区做一个横向的比较将是十分有益的。

（1）基本状况

根据前述气候统计资料及研究成果，对几个影响空气资源的主要因子进行了分析比较，可以得出海西区在全国范围内所处的水平。若根据是否对大气扩散稀释和清除机制有利的原则，简单地将其分为优、中、差三类，则海西区的基本状况为：

① 近地层风速。在沿海岸线 20 ～ 30 km 的地带平均风速都很大，属于全国优等水平，但在离岸 50 ～ 100 km 的地带迅速降至中等水平。而在海西区的广大内陆山区，除局部相对开阔地带属于中等或较差水平以外，大部分可归为差等。

② 大气稳定度。海西区大气边界层稳定度的季节变化不像我国内陆地区那样明显，全年以中性为主，占 70% ～ 80%，其次是弱不稳定的状态，总体上属于全国优等或较优的水平。

③ 混合层通风量。其基本态势与对近地层风速的评价相同，即沿海地带优而内陆山区差，但二者的差别已有所减弱。其原因有二：一是地形对风速的影响随高度增加而减小；二是海西区的混合层厚度在全国居中等偏低水平，故其沿海地带的通风量虽属优等，但已不是最优水平。

④ 降水。降水是大气中污染物最重要的清除机制。海西区是我国降水最充沛的区域，其大部分地区的年降水量达到 1 500 ～ 2 000 mm 或大于 2 000 mm，为我国雨量中等地区的 2 ～ 3 倍。而占我国国土面积 50% ～ 60% 的广大西部和北方地区的年降水量小于 500 mm，其中大部分小于 200 mm。影响降水清除机制的另一个重要指标是年降水日。海西区年降水日达到 100 ～ 200 天，与我国大部分地区比较，降水日的分布也相对均匀，只是冬季降水较少，多数地区冬季降水量只占年降水量的 5% 左右。综合分析，就降水对大气污染物的清除而言，海西区属于全国最优的地区，与华南广东和海南等相当，而明显优于我国大部分地区。

（2）比较结果

根据上述对各个影响因子的分析以及与海西区大体相同（评估指标体系不完全相同）的评价方案，得到海西区空气资源与我国其他地区的宏观比较结果如下：

① 海西区的一级和二级地区在全国也属于最优和次优的地区。这类地区在全国的面积也比较小，占国土面积的 10% ～ 15%。

② 海西区的五级区的情况比较复杂。对以二次大气污染物（细颗粒和酸沉降等）为主的区域性污染来说，该地区尚不属于全国最差的地区，即在我国内陆的局部地区可出现次五级的区域；但若针对某些集中的低矮源的空气污染进行评估，则在海西区的五级区（都在海西区中部的山区）仍可能出现最不利的空气污染态势，即出现次五级的状况。

（3）比较结论

海西区是一个空气资源分布相对不均匀的地区。其海岸地带，除个别海湾的局部地区受局地地形影响致使近地层稀释能力较差以外，总体上居于我国空气资源最充沛的地区之一。但在离岸 80 ～ 100 km 以外的大片丘陵山区，其近地层空气资源总体上居于全国较差的水平。海西区地区的年降水量和降水日均属于全国最优的地区之一，除冬季相对较差以外，其降水

状况对清除区域性大气污染物、改善空气质量十分有利。

三、区域大气环境容量评估

1. 技术方法

（1）基本概念

环境容量和环境承载力是两个密切相关的概念，目前对它们有多种理解和定义。一般来说，环境容量为在某一时间，某一区域对污染物的容纳能力，即满足一定的环境质量目标的最大容纳量，通常理解为该区域的环境容量。环境承载力是一个更加综合的概念，通常理解为某一时间，某种环境状态下，某一区域对人类社会经济活动支持能力的阈值，即人类活动作用的规模、强度和速度的限值。在一定程度上，环境容量是环境承载力的一种简单、直接的表征。本课题中，将某区域的环境容量直接作为该区域环境承载力的度量。

（2）计算方法

对于区域大气环境容量的定量评估，目前主要有三种技术方法，即 A-P 值法、模拟法、线性规划法。总体来说，三种方法各有优缺点。本书拟采用上述三种方法相结合，相互取长补短。首先将评价区域划分为不同的区块，对于单个区块，采用基于箱模型的“A 值法”评估该区块的环境容量，对于区域尺度（考虑区块之间的相互影响）的一次污染物（如 SO_2、NO_2、PM_{10} 等），采用线性规划方法评估其环境容量，而对于二次污染问题（如 O_3、$PM_{2.5}$ 等）则采用模拟法评估其主要前体物（如 NO_x、VOC 等）的环境容量。

本书主要基于 Model-3/CMAQ 模式系统，对不同的产业规划情景以及污染源排放情景进行模拟，根据控制点环境浓度与环境标准的比较，对前体物排放源的强度采用等比例等方式进行调整（削减或增加）—模拟—再调整，直至所有控制点的环境浓度均满足环境质量目标，且最大浓度等于或接近环境质量目标。在所有可能的排放情景（方案）中，选择区域污染物允许排放总量最大的方案作为最优方案，该方案下的污染物排放总量即可作为区域该污染物的环境容量。

（3）大气环境承载率评价技术

在此，将某时期、某区域的环境承载量（如污染物的排放量）与该区域相应的环境容量的比值定义为该区域的环境承载率（或称为环境承载指数）。为了提供尽可能多的决策参考信息，在评估中，将环境承载率分为单（污染）因子承载率、多因子承载率。

某污染因子的环境承载率定义为：

$$\mathrm{ECBI}_i = \mathrm{EBQ}_i / \mathrm{EBC}_i$$

式中，ECBI_i 表示环境指标 i 的环境承载率；EBQ_i 表示环境指标 i 的环境承载量；EBC_i 表示环境指标 i 的环境容量或环境承载力。

若同时考虑多个污染因子，则定义多因子承载率，其表达式为：

$$\mathrm{ECBI} = \sum (W_i \cdot \mathrm{EBI}_i) \qquad (i=1, 2, \cdots, n)$$

式中，ECBI 表示多因子环境承载率；W_i 表示环境因子 i 的权重（$\sum W_i = 1$）；n 为所考虑的污染因子数。在此，不区分各因子的相对重要性，W_i（$i=1, 2, \cdots, n$）的取值均为 $1/n$。

针对不同的产业规划方案和排污情景，利用上述承载率的定义，分别给出不同时期各种环境承载率的区域分布。

2. 评估单元、污染源及保护目标

(1) 评估单元与污染源

评价区域分为基本评价区和重点评价区。为了便于资料的收集与统计，基本评价区以地级市为基本单元，重点评价区主要包括重点产业集聚区，如规划的重点石化基地等。

结合海西区重点产业发展规划及社会经济发展规划，在对2015年和2020年的大气污染源预测的基础上，将污染源分为两大类。一类是重点规划源，即在产业发展规划中可能建设的，且规模及排污量可以调控的重点工业源或工业集中区（石化基地 / 工业区等），以点源或面源表征（共31个）；另一类是非重点规划源，即除上述重点规划源以外的其他源，包括一般工业源、交通及生活源等，以等效面源表征（共13个），等效面积相当于建设用地的总面积，包括城市和工业用地（见表4-7、表4-8）。

表4-7 重点规划源基本情况

序号	源名称	东经 /(°)	北纬 /(°)	源类型
1	湄洲湾石化基地东吴工业区	119.063	25.128	面源
2	湄洲湾石化工业基地泉惠工业区	118.902	25.028	面源
3	湄洲湾石化基地泉港工业区	118.955	25.182	面源
4	福建省石狮市石湖工业区	118.719	24.809	面源
5	漳州古雷化工基地	117.629	23.793	面源
6	福清江阴工业区	119.318	25.456	面源
7	环三都澳溪南石化基地	119.876	26.676	面源
8	福安市湾坞乡大唐国际宁德电厂	119.737	26.758	点源
9	罗源县将军帽村罗源火电厂	119.772	26.408	点源
10	长乐市华能福州电厂	119.456	25.969	点源
11	福州市连江可门港区可门电厂	119.759	26.373	点源
12	福清市江阴半岛国电福州江阴电厂	119.565	25.692	点源
13	莆田市秀屿区东埔镇湄洲湾火电厂	119.031	25.160	点源
14	泉州市泉港区南埔电厂	118.916	25.120	点源
15	石狮市鸿山热电厂	118.714	24.784	点源
16	龙岩市新罗区雁石镇龙岩坑口电厂	117.150	25.246	点源
17	龙海市港尾镇后石村后石电厂	118.127	24.306	点源
18	龙岩市马坑矿业	117.067	25.000	点源
19	南平市南平铝业	118.200	26.583	点源
20	宁德市宁德钢铁	119.183	26.567	点源
21	莆田市林浆纸一体化	119.050	25.250	点源
22	温州大小门岛石化基地	121.087	27.957	面源
23	温州市乐清磐石镇温州电厂	120.835	27.995	点源
24	温州市苍南县华润苍南电厂	120.629	27.488	点源
25	温州市乐清浙能乐清电厂	121.090	28.170	点源
26	乐清柳市冶金	120.883	28.033	面源
27	龙湾永强冶金	120.833	27.917	面源
28	揭阳大南海国际石化综合工业园	116.373	23.570	面源
29	潮州市饶平县大唐潮州三百门电厂	117.095	23.576	点源
30	汕头市潮阳区海门镇华能海门电厂	116.655	23.189	点源
31	揭阳市惠来县惠来电厂	116.294	23.033	点源

(2) 大气环境保护目标

① 大气环境重点保护对象与环境质量控制点。本评价的大气环境重点保护对象包括人口集中的城市以及自然保护区等生态敏感区。为了有效控制区域重点保护对象的环境质量，确定58个环境质量控制点，包括23个城市、18个国家级自然保护区和森林公园，以及17个一般控制点（考虑重污染区和均匀性原则）（见图4-4）。

② 环境质量控制目标。大气环境容量和承载力评价的污染因子主要包括二氧化硫（SO_2）、二氧化氮（NO_2）、可吸入颗粒物（PM_{10}）、挥发性有机化合物（VOC）、细颗粒物（$PM_{2.5}$）、臭氧（O_3）、酸沉降等。

对于海西区来说，目前大气环境质量总体上优于相应环

境功能区的大气环境质量标准，但不同地区大气环境质量现状相差较大。作为一个新兴的经济区，未来一段时期内，该地区的社会经济将迎来一个快速发展的时期，与此同时，环境质量也将面临一定程度的恶化趋势。为了确保未来的大气环境质量满足环境质量标准的要求，规划期内的大气环境质量控制目标相对于“环境质量标准”，应更加严格。一般来说，它是基于特定环境功能区的环境质量标准，综合考虑环境质量现状及演变趋势、社会经济发展与环境保护的协调关系，以及影响环境质量的各种不确定因素，而人为确定的一个管理性的环境保护目标。

表 4-8　非重点规划源基本情况

序号	源名称	东经 /(°)	北纬 /(°)	源类型
32	温州	120.694	27.994	面源
33	宁德	119.643	27.088	面源
34	福州	119.292	26.074	面源
35	莆田	119.003	25.454	面源
36	泉州	118.582	24.907	面源
37	厦门	118.092	24.576	面源
38	漳州	117.642	24.513	面源
39	龙岩	117.074	25.176	面源
40	三明	117.634	26.264	面源
41	南平	118.248	26.544	面源
42	潮州	116.650	23.723	面源
43	揭阳	116.161	23.298	面源
44	汕头	116.677	23.353	面源

另一方面，本研究着眼于宏观、战略性的规划，对于大气环境质量的控制总体上主要基于年均污染物浓度。研究表明，当某污染物的年均浓度达到环境质量标准时，日均浓度或小时平均浓度未必能够达标。为了保证日均浓度或小时平均浓度有较高的达标率，也需要设置更加严格的年均浓度控制目标。综合以上情况和目的，本研究将环境质量控制目标表达成如下形式：

$$C_{\mathrm{p}} = g \cdot C_{\mathrm{s}}$$

式中，C_{s} 为大气环境质量标准；g 是管理目标权重因子，即控制目标的占标率，本研究取 0.75。

在大气环境容量评估中，有一部分源没有直接纳入浓度的计算过程，如评价区内较小的污染源、评价区外的污染源，以及地面扬尘对 PM_{10} 的贡献等，本课题将这些源的浓度贡献作为背景浓度处理。

直接纳入计算的污染源，其浓度贡献的控制目标为：

$$C_{\mathrm{c}} = g \cdot C_{\mathrm{s}} - k \cdot C_{\mathrm{b}}$$

式中，C_{b} 为背景浓度；k 是考虑到背景浓度的削减率，它取决于对于未来产业结构、生产技术水平、污染控制水平等因素。

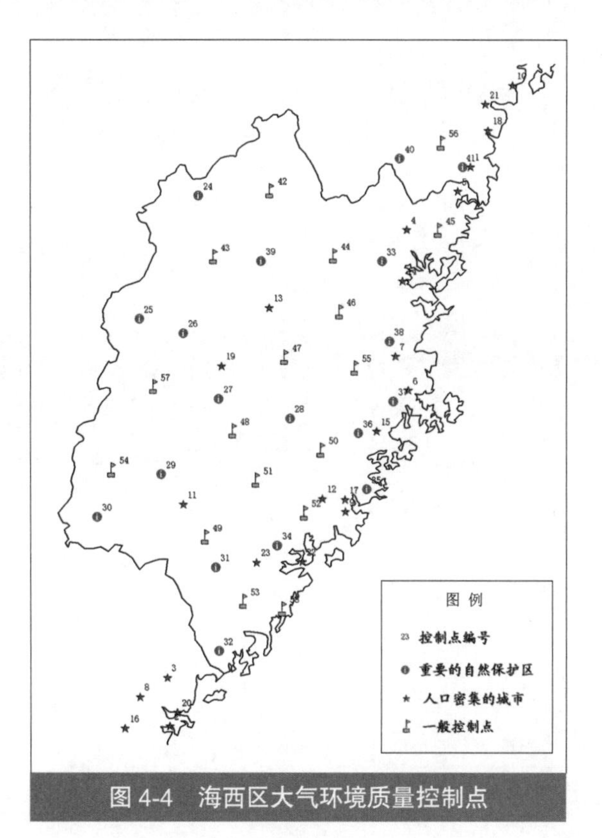

图 4-4　海西区大气环境质量控制点

3. 大气环境容量估算结果

（1）A 值法容量

海西区不同地级行政区 A 值法容量。A 值法容量评估重点考虑 SO_2、NO_2、PM_{10} 三个常规的污染因子。基于箱模型的 A 值法分别估算海西区 13 个地级行政区（基于等效面积）各污染因子的大气环境容量。A 值法容量估算中，将区外污染源及区内未计入排放清单的分散源贡献作为背景浓度。考虑到未来规划年背景浓度的变化，设计了两种背景浓度方案，其中

表 4-9 不同地区 SO_2 的 A 值法容量及规划排放量 单位：万 t/a

地区	A 值法容量		现状及规划年中方案[b]排放量		
	高背景浓度方案[a]	低背景浓度方案[a]	2007 年	2015 年	2020 年
温州	10.55	11.94	5.05	6.56	6.65
宁德	9.59	10.19	1.32	2.91	2.82
福州	14.09	15.98	8.79	11.61	14.60
莆田	14.84	16.49	2.98	3.13	3.65
泉州	23.50	27.84	9.97	12.85	14.54
厦门	12.11	13.68	3.65	3.92	4.07
漳州	20.37	23.07	3.14	3.53	4.02
龙岩	8.17	9.53	5.37	5.60	5.69
三明	5.00	6.67	7.74	7.92	7.93
南平	14.34	16.56	4.00	4.03	4.04
潮州	12.48	13.80	0.57	1.11	1.12
揭阳	16.25	16.83	1.92	3.48	3.50
汕头	12.28	13.45	4.46	5.03	5.07
汇总	173.58	196.04	58.96	71.68	77.70

注：a“高背景浓度方案”和“低背景浓度方案”分别指背景浓度占现状浓度的 30% 和 20%。表 4-10 和表 4-11 同此。

b“中方案”指重点产业发展规划情景中的“生态环境愿景中约束规划方案”，表 4-10 和表 4-11 同此。

表 4-10 不同地区 NO_2 的 A 值法容量及规划排放量 单位：万 t/a

地区	A 值法容量		现状及规划年中方案[b]排放量		
	高背景浓度方案[a]	低背景浓度方案[a]	2007 年	2015 年	2020 年
温州	11.05	12.51	6.20	7.50	7.89
宁德	10.90	11.25	3.29	5.78	5.11
福州	16.92	18.18	9.44	11.48	13.57
莆田	17.51	18.58	2.13	2.38	2.77
泉州	30.23	32.91	8.14	10.39	11.81
厦门	11.63	13.63	5.37	6.16	6.80
漳州	21.93	24.56	8.18	8.67	9.17
龙岩	9.81	10.82	4.29	4.81	5.16
三明	7.77	8.67	5.32	5.56	5.69
南平	18.15	19.43	2.38	2.58	2.72
潮州	12.99	14.40	4.98	5.42	5.57
揭阳	16.52	17.30	1.91	3.65	3.81
汕头	13.30	14.38	3.70	4.42	4.79
汇总	198.71	216.62	65.34	78.81	84.85

高背景方案设定的背景浓度为现状浓度的 30%，低背景方案设定的背景浓度为现状浓度的 20%。

总体上，海西区内各地区现状及各规划年的污染物排放量普遍低于 A 值法确定的环境容量，但不同地区差异较大。从 SO_2 来看，潮州、揭阳、漳州、厦门等地区的容量相对较大，即使在远期规划年仍有较多的容量剩余；而三明、福州、龙岩、温州等市，将在远期规划年接近或超出容量，尤其是三明市，现状排放已经超出了容量，该结果与环境质量现状监测及模拟结果相吻合（见表 4-9）。从 NO_2 来看，海西区全区目前都尚有容量剩余，其中莆田、南平、揭阳、宁德的剩余容量相对较多，而到远期规划年，厦门、温州、福州等地区的预测排放量将接近环境容量，需要予以适当控制（见表 4-10）。PM_{10} 的情况与 NO_2 相似，目前各地区都有容量剩余，其中以莆田、揭阳、南平、漳州、潮州剩余较大，而到远期规划年，厦门、温州等市的预测排放量将逼近环境容量，需要予以控制（见表 4-11）。

（2）规划法容量

本研究共考虑 44 个规划源，包括 31 个“重点规划源”和 13 个“非重点污染源”；共考虑 58 个受体（环境质量控制点），包括 23 个城市、18 个国家级自然保护区和森林公园，以及 17 个一般控制点。采用空气质量模式，计算了“源 - 受体”的响应关系，即某污染源的单位排放量对某控制点的浓度贡献。根据该结果，可以比较直观地了解某源对不同地区的相对影响程度（即某源的单位排放量对某地区的浓度贡献），以及某地区受不同污染源的相对影响程度（见表 4-12、表 4-13）。总体来说，影响程度的大小取决于“源”与“受体”的相对位置、气象特征以及排放高度等因素。

某控制点的环境质量控制目标取决于该点所在环境功能区的环境质量标准、环

表 4-11　不同地区 PM_{10} 的 A 值法容量及规划排放量　　单位：万 t/a

地区	A 值法容量		现状及规划年中方案[b]排放量		
	高背景浓度方案[a]	低背景浓度方案[a]	2007 年	2015 年	2020 年
温州	11.15	13.28	2.39	2.78	2.82
宁德	9.79	11.05	0.78	2.12	1.64
福州	15.15	17.94	2.60	3.29	4.00
莆田	16.06	18.56	0.50	0.54	0.66
泉州	28.00	33.16	4.23	4.89	5.30
厦门	11.75	14.51	1.45	1.57	1.66
漳州	19.26	24.13	1.81	1.92	2.05
龙岩	9.14	10.96	1.75	1.85	1.88
三明	7.53	8.99	2.89	2.95	2.97
南平	16.48	19.32	1.48	1.51	1.53
潮州	12.75	15.02	2.15	2.28	2.30
揭阳	15.77	17.65	1.27	1.62	1.64
汕头	12.24	14.43	2.24	2.43	2.49
汇总	185.07	219.00	25.54	29.74	30.96

表 4-12　不同地区之间环境质量的相对影响关系　　单位：$\times 10^{-8}$（mg/m^3）/（t/a）

	温州	宁德	福州	莆田	泉州	厦门	漳州	龙岩	三明	南平	潮州	揭阳	汕头
温州	55.18	1.13	0.89	0.68	0.53	0.44	0.40	0.24	0.34	0.47	0.30	0.27	0.28
宁德	1.38	9.08	2.61	0.95	0.66	0.56	0.62	0.50	0.75	1.08	0.43	0.39	0.37
福州	0.51	0.91	41.51	3.07	1.37	1.18	1.51	0.67	0.51	0.76	0.87	0.79	0.74
莆田	0.44	0.51	2.04	84.39	6.15	3.05	1.79	0.36	0.27	0.28	0.98	0.92	1.21
泉州	0.32	0.37	0.84	3.31	38.57	5.99	2.25	0.33	0.19	0.19	1.01	0.90	1.28
厦门	0.29	0.37	0.71	1.71	4.91	63.74	6.40	0.57	0.22	0.24	1.64	1.45	2.31
漳州	0.66	0.97	1.47	1.90	2.59	10.72	151.70	3.47	0.85	0.98	5.27	4.45	3.97
龙岩	0.29	0.46	0.45	0.34	0.25	0.20	0.36	75.56	1.02	0.82	0.89	1.03	0.53
三明	0.30	0.51	0.28	0.27	0.20	0.27	0.50	1.80	83.02	2.93	0.47	0.48	0.34
南平	0.35	0.55	0.54	0.60	0.65	0.58	0.74	0.89	3.32	96.27	0.43	0.39	0.37
潮州	0.15	0.20	0.30	0.40	0.50	0.66	0.89	0.40	0.20	0.19	162.51	24.64	4.37
揭阳	0.12	0.15	0.23	0.30	0.35	0.42	0.44	0.19	0.10	0.11	3.02	7.68	3.08
汕头	0.14	0.16	0.26	0.38	0.52	0.71	0.85	0.16	0.11	0.11	2.26	3.04	41.97

境背景浓度及其未来可能的削减程度，以及环境管理目标因子。本研究中，未来规划年的背景浓度控制水平（削减率）分为高、低两种情景，分别为现状浓度的 30% 和 20%，管理目标权重因子 g 取 0.75。

对于规划法来说，为简单起见，参与规划计算的污染源（即规划源）指产业发展规划（或区域社会经济发展规划）中新增加的，且其规模和排污量可以在一定范围内调控的污染源，并不包括现状污染源。因此，某区域的环境容量应该是现状排放量（考虑未来可能的控制水平）和规划源排放量之和（见表 4-14）。

表 4-13 规划中的重点石化基地对不同地区的相对影响关系 单位：$\times 10^{-8}$ (mg/m^3) / (t/a)

	潮州	福州	揭阳	龙岩	南平	宁德	莆田	泉州	三明	汕头	温州	厦门	漳州
湄洲湾石化 东吴	0.70	0.69	0.61	0.21	0.14	0.34	1.16	2.45	0.15	0.91	0.42	2.25	0.85
湄洲湾石化 泉惠	0.83	0.93	0.71	0.23	0.15	0.38	2.84	3.45	0.17	1.07	0.40	3.22	1.01
湄洲湾石化 泉港	0.90	1.39	0.80	0.25	0.18	0.41	5.23	10.82	0.20	1.14	0.42	4.34	1.70
石狮市 石湖	0.85	0.69	0.77	0.26	0.14	0.35	2.44	6.06	0.16	1.11	0.38	3.12	1.22
漳州古雷化工	1.31	0.38	1.35	0.23	0.16	0.22	0.74	1.28	0.15	2.95	0.21	2.83	2.68
福清江阴工业区	0.60	1.08	0.51	0.21	0.16	0.46	0.81	3.23	0.15	0.85	0.47	1.98	1.05
环三都澳溪南石化	0.59	4.97	0.54	0.54	1.24	4.31	1.61	1.05	0.70	0.53	1.09	0.84	0.88
温州大小门岛石化	0.25	0.87	0.21	0.24	0.40	0.73	0.65	0.54	0.28	0.25	3.12	0.45	0.40
揭阳大南海 石化	6.82	0.28	71.14	0.36	0.16	0.19	0.35	0.43	0.17	0.64	0.13	0.52	0.62

表 4-14 海西区 13 个地区规划法容量估算结果 单位：10^4 t/a

地区	SO_2		NO_2		PM_{10}		VOC	
	高背景	低背景	高背景	低背景	高背景	低背景	高背景	低背景
温州	12.18	12.18	11.33	11.33	3.61	3.61	8.51	8.51
宁德	5.78	5.78	8.27	8.27	2.76	2.76	1.00	1.00
福州	18.93	20.80	20.58	20.58	5.11	5.11	7.25	7.25
莆田	3.41	3.69	4.57	4.57	1.01	1.01	1.86	1.86
泉州	13.55	14.85	15.00	15.00	5.85	5.85	11.40	11.40
厦门	4.82	5.22	8.25	9.00	2.22	2.22	6.80	6.80
漳州	4.48	4.86	8.98	9.49	1.86	2.33	5.02	5.02
龙岩	8.36	8.36	6.57	6.57	2.19	2.19	3.41	3.41
三明	10.97	10.97	6.43	6.43	3.03	3.03	3.68	3.68
南平	6.10	6.10	3.45	3.45	1.75	1.75	2.47	2.47
潮州	3.47	3.47	7.10	7.10	2.61	2.61	1.81	1.81
揭阳	6.20	6.20	5.26	5.26	1.95	1.95	2.39	2.39
汕头	8.02	8.02	6.52	6.52	2.91	2.91	3.95	3.95
汇总	106.27	110.50	112.32	113.58	36.85	37.32	59.55	59.55

（3）模拟法容量

本研究中对于 O_3、$PM_{2.5}$、酸沉降等污染因子，采用模拟法对其前体物的环境容量进行评估。它通过空气质量模拟确定污染源的调整量，使得环境质量刚好满足特定的环境质量控制目标，此时所有污染源排放量之和便可视为区域的大气环境容量（见表 4-15）。

（4）大气环境容量综合评估结果

综合 A 值法、规划法和模拟法的估算结果，某一地区的环境容量取三者的最小值。局地环境质量约束主要来源于 A 值法的结果，区域一次污染物环境浓度约束主要来源于规划法的结果，区域二次污染的约束主要来源于模拟法的结果，其中包括 $PM_{2.5}$ 浓度对 SO_2 排放的约束，O_3 污染对 NO_2 和 VOC 的约束，以及酸沉降对 SO_2 和 NO_2 的约束等（见表 4-16）。

4．大气环境承载率评估

（1）现状承载率

对某一地区来说，实际或预测的排污量与环境容量之比定义为该地区的大气环境承载率。

总体来说，海西区 PM_{10} 的承载率相对较大，说明海西区目前最重要的一次污染物是 PM_{10}。但不同地区的污染特征差别较大，如三明、莆田和南平以 SO_2 污染为主；漳州、宁德则以 NO_2 为主；漳州、潮州、揭阳、汕头、泉州、龙岩均以 PM_{10} 为主（见图 4-5、表 4-17 和表 4-18）。

（2）中期承载率

在地方规划方案下，SO_2、NO_2、PM_{10} 的环境承载率均达到较高水平，多数地区的承载率都超过 0.9，其中部分地区已超过 1；生态环境愿景中约束方案下，大气环境承载率相对较低，三明和南平的 SO_2、漳州和南平的 NO_2、漳州的 PM_{10} 的承载率超过 0.9。仅有三明地区 SO_2 超过 1。在国家宏观调控方案下，除三明地区 SO_2 的承载率超过 1 以外，其他地区各因子的承载率均在 0.9 以下（见图 4-6、表 4-19 和表 4-20）。

（3）远期承载率

在地方规划方案下，大多数地区各污染因子的承载率均超过 0.9，其中大约一半地区承载率接近或超过 1。在生态环境愿景中约束方案下，三明、莆田、泉州的 SO_2 出现超载，南平的 NO_2 出现超载。此外，福州、南平的 SO_2，漳州、三明的 NO_2，泉州、漳州、三明的 PM_{10} 承载率超过 0.9。在国家宏观调控方案的发展情景下，除三明 SO_2 承载率超过 1、南平 NO_2 承载率超过 0.9 以外，其他各地区各因子的承载率均低于 0.9（见图 4-7、表 4-21 和表 4-22）。

表 4-15　海西区 13 个地区模拟法容量估算结果　　单位：10^4 t/a

地区	SO_2		NO_2		VOC	
	高背景	低背景	高背景	低背景	高背景	低背景
温州	6.35	10.63	10.41	10.99	8.11	8.27
宁德	3.75	5.28	7.04	7.67	0.92	0.96
福州	19.05	24.21	19.02	19.58	6.78	6.88
莆田	5.03	5.97	4.25	4.31	1.72	1.73
泉州	18.74	21.43	13.72	13.83	10.26	10.22
厦门	5.67	5.86	7.69	7.69	5.86	5.81
漳州	5.45	6.55	10.41	10.89	4.30	4.39
龙岩	6.41	8.02	6.01	6.35	3.21	3.30
三明	5.49	9.52	5.47	6.01	3.27	3.47
南平	3.70	4.87	2.45	2.86	1.82	2.10
潮州	3.13	3.41	6.82	6.95	1.76	1.78
揭阳	5.79	6.12	5.12	5.19	2.34	2.36
汕头	7.42	7.91	6.33	6.41	3.86	3.88
汇总	95.99	119.78	104.72	108.73	54.22	55.16

表 4-16　各地区大气环境容量综合评估结果　　单位：10^4 t/a

地区	SO_2		NO_2		PM_{10}	
	容量	约束项	容量	约束项	容量	约束项
温州	8.49	A	10.70	O	3.61	R
宁德	4.51	P	7.36	O	2.76	R
福州	15.04	L	17.55	L	5.11	R
莆田	3.55	R	4.28	O	1.01	R
泉州	14.20	R	13.78	O	5.85	R
厦门	5.02	R	7.69	O	2.22	R
漳州	4.67	R	9.24	R	2.10	R
龙岩	7.21	P	6.18	O	2.19	R
三明	5.84	L	5.74	O	3.03	R
南平	4.28	A	2.66	O	1.75	R
潮州	3.27	P	6.88	O	2.61	R
揭阳	5.96	P	5.15	O	1.95	R
汕头	7.67	P	6.37	O	2.91	R
汇总	89.71	—	103.58	—	37.1	—

注：约束项：L—本地空气质量约束；R—区域一次污染的空气质量；P—区域 $PM_{2.5}$ 对 SO_2 的约束；O—区域 O_3 对 NO_2 和 VOC 的约束；A—区域酸沉降对 SO_2 和 NO_2 的约束。

（4）多因子大气环境承载率

在单因子承载率评价的基础上，计算了不同地区的多因子环境承载率（综合承载率），相对于现状年来说，未来两个规划期多因子环境承载率都有不同程度的增高。不同规划方案对

表 4-17 现状年（2007 年）海西区各地区主要污染物排放量 单位：10^4 t/a

地区	SO_2	NO_2	PM_{10}
温州	5.05	6.20	2.39
宁德	1.32	3.29	0.78
福州	8.79	9.44	2.60
莆田	2.98	2.13	0.50
泉州	9.97	8.14	4.23
厦门	3.65	5.37	1.45
漳州	3.14	8.18	1.81
龙岩	5.37	4.29	1.75
三明	7.74	5.32	2.89
南平	4.00	2.38	1.48
潮州	0.57	4.98	2.15
揭阳	1.92	1.91	1.27
汕头	4.46	3.70	2.24
汇总	58.96	65.33	25.54

表 4-18 现状年（2007 年）海西区各地区大气环境承载率评价

地区	SO_2	NO_2	PM_{10}
温州	0.59	0.58	0.66
宁德	0.29	0.45	0.28
福州	0.58	0.54	0.51
莆田	0.84	0.50	0.50
泉州	0.70	0.59	0.72
厦门	0.73	0.70	0.65
漳州	0.67	0.89	0.86
龙岩	0.75	0.69	0.80
三明	1.33	0.93	0.96
南平	0.93	0.90	0.85
潮州	0.17	0.72	0.82
揭阳	0.32	0.37	0.65
汕头	0.58	0.58	0.77
海西区平均	0.65	0.63	0.69

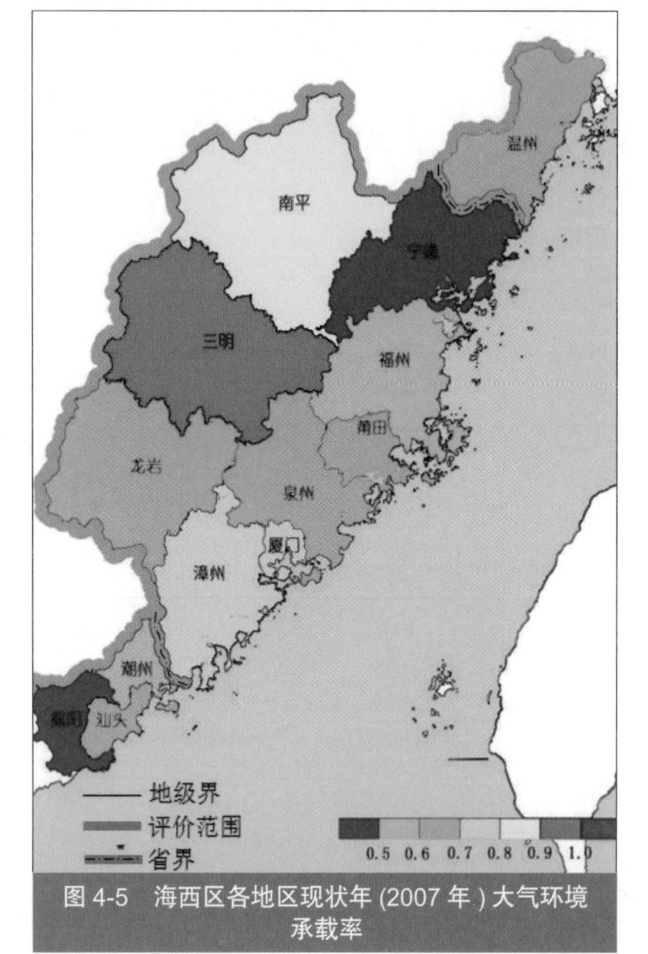

图 4-5 海西区各地区现状年 (2007 年) 大气环境承载率

承载率都有明显影响，在地方规划方案下，中期、远期分别有 3 个和 9 个地区的大气环境承载率将高于 0.9；生态环境愿景中约束方案下，中期、远期分别有 2 个和 4 个地区的大气环境承载率将高于 0.9；国家宏观调控方案下，除三明外，所有地区的大气环境承载率场均可保持在 0.9 范围内（见表 4-23）。

5. 大气污染物总量控制建议

（1）关于总量指标的确定与分配

污染物排放总量指标的确定与分配一直是环境管理中的一项重点和难点课题。原则上，总量控制目标的确定应综合考虑区域的环境容量、污染物排放现状、社会经济发展水平、生产以及污染物控制的技术水平与潜力等。环境容量的评估一般重点关注环境质量目标的可达性，而对排污现状、经济技术的可行性等方面考虑相对较少。同时，限于资料及技术水平，环境容量的评估结果也存在一定的不确定性。因此，建议海西区各地区总量控制目标的制定，以本研究环境容量的评估结果为基础，同时综合考虑其他具体情况，进行适当调整。

根据本研究环境容量的评估结果，海西区各

污染因子的环境容量均大于 2007 年的实际排放量。建议在制定总量控制目标时，将剩余容量的 30% 作为预留容量，由省环保部门统一管理和调配，为未来承接台湾产业转移以及支持一些重点项目的发展奠定基础。

表 4-19　中期规划年（2015 年）各地区污染因子排放量　单位：10^4 t/a

地区	情景二方案			情景三方案			情景一方案		
	SO_2	NO_2	PM_{10}	SO_2	NO_2	PM_{10}	SO_2	NO_2	PM_{10}
温州	6.94	7.93	3.00	6.56	7.50	2.78	5.30	6.60	2.36
宁德	3.56	6.17	2.30	2.91	5.78	2.12	1.57	3.53	0.82
福州	14.4	13.7	4.10	11.6	11.5	3.29	9.95	10.4	2.77
莆田	3.81	3.52	0.74	3.13	2.38	0.54	2.83	2.17	0.49
泉州	13.8	11.1	5.31	12.9	10.4	4.89	10.8	9.13	4.23
厦门	4.09	6.69	1.72	3.92	6.16	1.57	3.75	5.62	1.43
漳州	3.84	9.49	2.10	3.53	8.67	1.92	3.21	7.85	1.73
龙岩	6.30	5.32	2.06	5.60	4.81	1.85	5.06	4.38	1.67
三明	8.70	6.09	3.24	7.92	5.56	2.95	7.15	5.03	2.66
南平	4.43	2.82	1.66	4.03	2.58	1.51	3.63	2.35	1.37
潮州	1.69	6.21	2.61	1.11	5.42	2.28	1.05	4.93	2.07
揭阳	3.68	3.84	1.74	3.48	3.65	1.62	2.28	2.20	1.28
汕头	5.48	4.79	2.65	5.03	4.42	2.43	4.07	3.76	2.09
汇总	80.7	87.7	33.2	71.7	78.8	29.8	60.7	68.0	25.0

注：情景一方案为国家宏观调控方案；情景二方案为地方规划方案；情景三方案为生态方案。

表 4-20　中期规划年（2015 年）各地区大气环境承载率

地区	情景二方案			情景三方案			情景一方案		
	SO_2	NO_2	PM_{10}	SO_2	NO_2	PM_{10}	SO_2	NO_2	PM_{10}
温州	0.82	0.74	0.83	0.77	0.70	0.77	0.62	0.62	0.65
宁德	0.79	0.84	0.83	0.65	0.79	0.77	0.35	0.48	0.30
福州	0.96	0.78	0.80	0.77	0.65	0.64	0.66	0.59	0.54
莆田	1.07	0.82	0.73	0.88	0.56	0.53	0.80	0.51	0.48
泉州	0.97	0.80	0.91	0.91	0.75	0.84	0.76	0.66	0.72
厦门	0.81	0.87	0.77	0.78	0.80	0.71	0.75	0.73	0.64
漳州	0.82	1.03	1.00	0.75	0.94	0.91	0.69	0.85	0.83
龙岩	0.87	0.86	0.94	0.78	0.78	0.84	0.70	0.71	0.76
三明	1.49	1.06	1.07	1.36	0.97	0.98	1.22	0.88	0.88
南平	1.03	1.06	0.95	0.94	0.97	0.87	0.85	0.88	0.78
潮州	0.52	0.90	1.00	0.34	0.79	0.88	0.32	0.72	0.79
揭阳	0.62	0.75	0.90	0.59	0.71	0.83	0.38	0.43	0.66
汕头	0.72	0.75	0.91	0.66	0.69	0.84	0.53	0.59	0.72
汇总	0.90	0.85	0.90	0.80	0.76	0.80	0.67	0.66	0.67

注：情景二方案为地方规划方案；情景三方案为生态方案；情景一方案为国家宏观调控方案。

表 4-21 远期规划年（2020 年）各地区污染因子排放量 单位：10^4 t/a

地区	情景二方案			情景三方案			情景一方案		
	SO_2	NO_2	PM_{10}	SO_2	NO_2	PM_{10}	SO_2	NO_2	PM_{10}
温州	8.12	9.01	3.27	6.65	7.89	2.82	5.39	6.98	2.40
宁德	3.58	6.31	2.33	2.82	5.11	1.64	1.59	3.67	0.85
福州	15.9	15.9	4.57	14.6	13.6	4.00	10.1	10.9	2.85
莆田	4.33	3.91	0.86	3.65	2.77	0.66	2.85	2.27	0.50
泉州	15.5	12.5	5.71	14.5	11.8	5.30	10.8	9.57	4.28
厦门	4.23	7.34	1.81	4.07	6.80	1.66	3.90	6.26	1.52
漳州	4.83	11.3	2.38	4.02	9.17	2.05	3.25	8.11	1.77
龙岩	6.30	5.63	2.07	5.69	5.16	1.88	5.07	4.68	1.69
三明	8.71	6.22	3.26	7.93	5.69	2.97	7.16	5.15	2.68
南平	4.44	2.96	1.68	4.04	2.72	1.53	3.64	2.48	1.39
潮州	2.20	6.63	2.74	1.12	5.57	2.30	1.06	5.07	2.08
揭阳	4.20	4.28	1.88	3.50	3.81	1.64	2.29	2.36	1.31
汕头	6.02	5.43	2.82	5.07	4.79	2.49	4.10	4.13	2.15
汇总	88.4	97.4	35.4	77.7	84.9	30.9	61.2	71.6	25.5

注：情景二方案为地方规划方案；情景三方案为生态方案；情景一方案为国家宏观调控方案。

表 4-22 远期规划年（2020 年）各地区大气环境承载率

地区	情景二方案			情景三方案			情景一方案		
	SO_2	NO_2	PM_{10}	SO_2	NO_2	PM_{10}	SO_2	NO_2	PM_{10}
温州	0.96	0.84	0.91	0.78	0.74	0.78	0.63	0.65	0.67
宁德	0.79	0.86	0.84	0.62	0.70	0.59	0.35	0.50	0.31
福州	1.06	0.90	0.89	0.97	0.77	0.78	0.67	0.62	0.56
莆田	1.22	0.91	0.86	1.03	0.65	0.66	0.80	0.53	0.50
泉州	1.09	0.91	0.98	1.02	0.86	0.91	0.76	0.69	0.73
厦门	0.84	0.95	0.81	0.81	0.88	0.75	0.78	0.81	0.68
漳州	1.03	1.22	1.13	0.86	0.99	0.98	0.69	0.88	0.85
龙岩	0.87	0.91	0.95	0.79	0.83	0.86	0.70	0.76	0.77
三明	1.49	1.08	1.08	1.36	0.99	0.98	1.23	0.90	0.89
南平	1.04	1.11	0.96	0.94	1.02	0.88	0.85	0.93	0.79
潮州	0.67	0.96	1.05	0.34	0.81	0.88	0.32	0.74	0.80
揭阳	0.70	0.83	0.97	0.59	0.74	0.84	0.38	0.46	0.67
汕头	0.79	0.85	0.97	0.66	0.75	0.86	0.53	0.65	0.74
汇总	0.99	0.94	0.95	0.87	0.82	0.83	0.68	0.69	0.69

注：情景二方案为地方规划方案；情景三方案为生态方案；情景一方案为国家宏观调控方案。

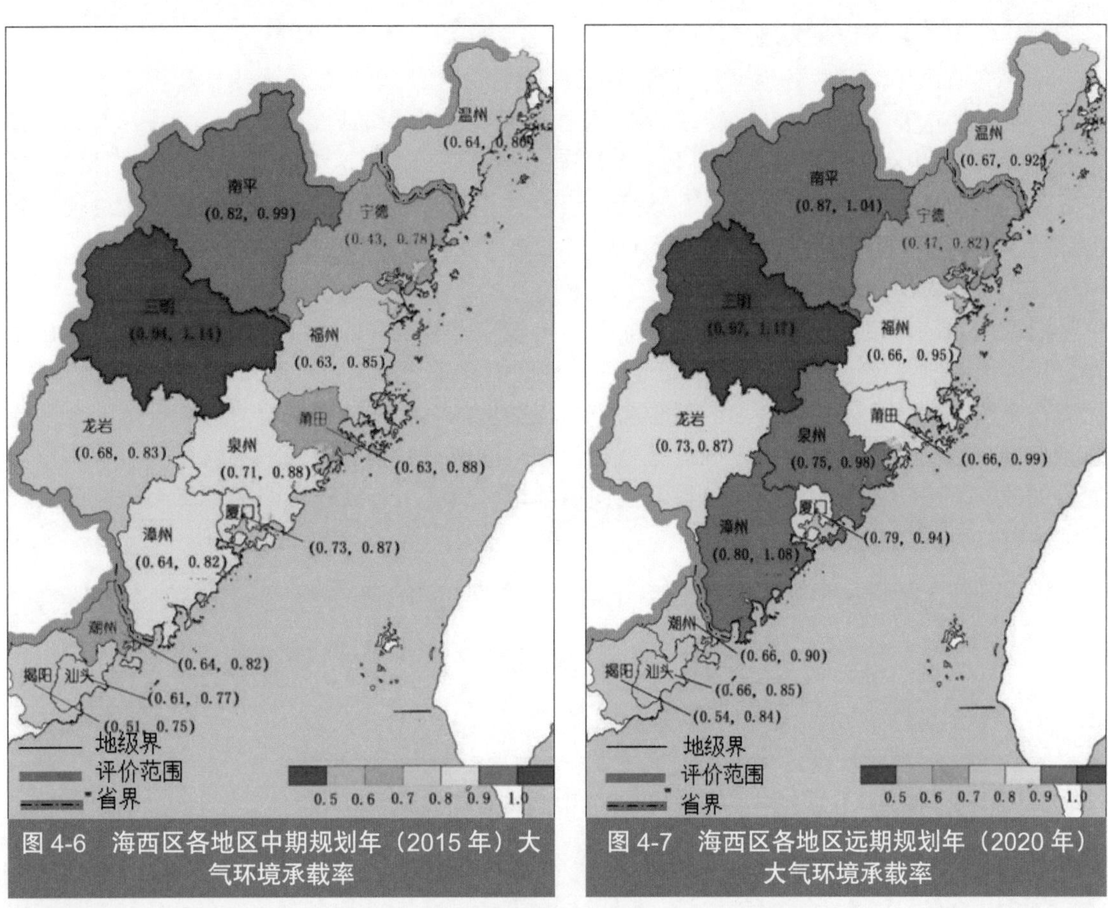

图 4-6　海西区各地区中期规划年（2015 年）大气环境承载率

图 4-7　海西区各地区远期规划年（2020 年）大气环境承载率

（图中色标值表示“生态环境愿景方案”，括号中的两个数值分别表示“国家发展需求方案”和“地方规划愿景方案”）

表 4-23　各地区的多因子大气环境承载率

地区	现状	中期 (2015 年)			远期 (2020 年)		
		高方案	中方案	低方案	高方案	中方案	低方案
温州	0.63	0.80	0.75	0.64	0.92	0.78	0.67
宁德	0.37	0.78	0.70	0.43	0.82	0.67	0.47
福州	0.59	0.85	0.72	0.63	0.95	0.85	0.66
莆田	0.64	0.88	0.69	0.63	0.99	0.81	0.66
泉州	0.66	0.88	0.81	0.71	0.98	0.91	0.75
厦门	0.72	0.85	0.80	0.73	0.92	0.86	0.78
漳州	0.76	0.92	0.85	0.77	1.08	0.92	0.80
龙岩	0.67	0.83	0.75	0.68	0.87	0.81	0.73
三明	1.00	1.14	1.04	0.94	1.17	1.07	0.97
南平	0.85	0.99	0.91	0.82	1.04	0.95	0.87
潮州	0.60	0.82	0.70	0.64	0.90	0.72	0.66
揭阳	0.47	0.75	0.71	0.51	0.84	0.74	0.54
汕头	0.61	0.77	0.71	0.61	0.85	0.76	0.66
全区	0.66	0.87	0.78	0.67	0.96	0.84	0.71

注：高方案为地方规划方案；中方案为生态愿景方案；低方案为国家宏观调控方案。

（2）关于总量指标的区域间调配

本研究给出了海西区各地区环境容量的评估结果，该结果可以作为制定和分配各地区总量控制指标的重要依据。在环境管理过程中，往往需要通过行政或经济手段（如排污交易等），进行总量指标的区域间调配。原则上，在调配范围（如相邻地区）及调配量不大的情况下，一般不会造成区域性环境质量的明显改变。但若进行跨区域、大量的调配，建议应进行必要的环境影响论证，特别应关注对局地环境质量可能造成的影响。

（3）关于内陆地区的总量控制

海西区内陆城市地区目前 SO_2、PM_{10} 等污染较重，且现有的工业布局也相对集中，这在一定程度上限制了该地区的环境容量。若内陆地区能够进一步加强对现有重污染行业的治理，大力提升清洁生产水平，则环境容量也会有相应的增加。针对这种情况，在制定内陆地区的总量控制目标时，建议给予一定的政策考虑。如根据现有污染的治理水平以及城市地区环境质量的改善水平，全省预留总量可以适当向内陆地区调配；若新建工业区远离污染较重的城市地区时，可适当放宽总量要求。

第二节　地表水资源承载能力评估

一、水资源空间差异及规律性特征

1. 不同保证率下水资源总量

10%、50%、90% 保证率下海西区主要河流水资源总量分别为 2 126 亿 m^3、1 542 亿 m^3、1 061 亿 m^3；其中闽江流域的水资源量分别为 822.4 亿 m^3、604.7 亿 m^3、430.4 亿 m^3，占海西区主要河流水资源量的 40% 左右；其次是韩江流域，水资源量分别为 356.2 亿 m^3、250.7 亿 m^3、170.1 亿 m^3，占海西区主要河流水资源量的 16% 左右；瓯江流域水资源量分别为 260.8 亿 m^3、180.7 亿 m^3、119.2 亿 m^3，占海西区主要河流水资源量的 12% 左右；九龙江流域水资源量分别为 194.9 亿 m^3、141.7 亿 m^3、103.2 亿 m^3，占海西区主要河流水资源量的 10% 左右（见表 4-24）。

闽江、韩江、瓯江、九龙江为海西区水资源量较大的河流，四条河的水资源量之和占海西区主要河流水资源总量的 78%，覆盖了海西区 79% 的区县、市（县级市）。

2. 生态用水及最小入海水量

（1）生态用水

所谓生态用水是指维系生态系统生物群落生存和一定生态环境质量而实际使用的水资源量。生态用水量包括河道内生态需水量、河道外生态需水量，其中河道内生态需水量取多年平均径流量的 10%，即海西区生态用水量为 165.76 亿 m^3。

（2）最小入海水量计算

最小入海水量计算一般考虑河口冲淤水量、防止盐碱入侵水量及维持河口生态平衡的用水量。本研究最小入海水量取河流多年平均径流量的 10%，即海西区最小入海水量为 141.65 亿 m^3。

表 4-24　海西区主要河流不同保证率下水资源总量计算结果

地区	河流	长度 /km	流域面积 /km²	水资源总量 / 亿 m³					
				10%	50%	75%	90%	95%	97%
浙江温州地区	瓯江	388	17 958	260.8	180.7	145.3	119.2	104.3	93.13
	飞云江	185	3 507	57.82	40.06	32.21	26.43	23.13	20.65
	鳌江	82	2 051	31.42	21.77	17.51	14.36	12.57	11.22
小计		655	23 231	350.0	242.5	195.0	160.0	140.0	125.0
福建	闽江	541	60 992	822.4	604.7	505.1	430.4	387.4	349.9
	交溪	162	5 549	88.05	64.20	53.06	45.20	40.60	36.69
	霍童溪	126	2 244	37.06	26.20	21.61	17.83	15.90	14.31
	敖江	137	2 655	35.70	26.11	20.72	16.08	13.85	11.99
	木兰溪	105	1 732	22.31	14.98	11.58	9.192	7.966	5.883
	萩芦溪	60	709	9.126	5.756	4.362	3.293	2.736	2.387
	龙江	62	538	5.968	4.237	3.463	2.888	2.558	2.306
	九龙江	285	14 741	194.9	141.7	125.0	103.2	100.3	90.19
	晋江	182	5 629	68.04	47.14	37.91	31.10	27.22	24.30
	漳江	58	961	16.28	10.83	8.593	6.666	5.741	4.971
	东溪	89	1 127	16.74	11.88	9.711	8.101	7.174	6.466
小计		899	96 877	1317	957.7	801.1	673.9	611.5	549.4
广东粤东地区	韩江	470	30 112	356.2	250.7	200.4	170.1	146.2	132.8
	榕江	175	4 589	80.65	71.48	55.92	45.20	36.89	32.57
	练江	72	1 446	22.07	19.29	14.60	11.48	9.081	7.830
小计		717	36 147	459.0	341.4	270.9	226.8	192.2	173.2
合计		3464	156 255	2 126	1 542	1 267	1 061	943.7	847.7

3．水资源时空分布特征

海西区水资源时空、地域分布不均，上游内陆地区水资源相对充裕，人均水资源占有量 6 799 ～ 7 047 m³。沿海地区水资源则相对贫乏，大部分地区人均水资源占有量低于 2 000 m³，宁德地区最高但也仅 4 190 m³，而洞头、平潭、南澳等海岛地区低于 600 m³，人均水资源拥有量远不及全国平均水平（2 300 m³）。这与地区经济发展重心分布在沿海，人口集聚有关。因此客观上需要进行跨地区、跨流域的水资源调配，以增强水资源对社会经济的支撑能力，保障海西区的可持续发展（见表 4-25）。

4．水资源利用效率分析

参考分析海西区相关水资源公报，整理得出海西区各市人均综合用水量、万元 GDP 用水量、万元工业增加值用水量、农田灌溉亩均用水量；根据中国水资源公报，整理得全国平均水平用水指标（见表 4-26）。

温州、福州、莆田、泉州、厦门、潮州、汕头和揭阳市的万元 GDP 用水量均小于全国平均万元 GDP 用水量（229 m³），而南平、三明、龙岩、宁德和漳州市均大于全国平均水平；温州、莆田、泉州、厦门、潮州、汕头和揭阳市的万元工业增加值用水量均小于全国平均万

表 4-25 海西区 2007 年各地市现状水资源量及人均水资源量

省级区	地级区	现状水资源总量 / 亿 m^3	人均水资源量 /m^3
浙江省	温州市	179.92	2 284
福建省	宁德市	127.78	4 190
	福州市	109.53	1 620
	莆田市	35.21	1 244
	泉州市	98.58	1 274
	厦门市	13.37	526
	漳州市	119.62	2 584
	龙岩市	188.38	6 825
	三明市	184.63	7 047
	南平市	195.80	6 799
	小计	1072.9	2 996
广东省	潮州市	40.27	2 058
	汕头市	18.65	373
	揭阳市	74.38	1 485
海西区	合计	1 386	2 421

表 4-26 海西区各地市现状主要用水指标与全国平均水平对比

区域	省份	地市	用水指标			
			人均综合用水量 /m^3	万元 GDP 用水量 /m^3	万元工业增加值用水量 /m^3	农田灌溉亩均用水量 /m^3
海西区	浙江	温州	229	84	46	—
	福建	南平	960	573	520	711
		三明	995	468	435	710
		龙岩	913	448	403	780
		宁德	505	322	283	658
		福州	486	165	180	720
		莆田	330	177	76	758
		泉州	404	136	126	684
		厦门	247	43	28	740
		漳州	475	260	148	684
		潮州	347	201	87	774
	广东	汕头	228	117	36	1 004
		揭阳	288	227	49	843
全国平均			442	229	131	434

注：广东省潮州市、汕头市、揭阳市为 2008 年水资源用水指标。其他地区为 2007 年水资源用水指标。

元工业增加值用水量（131 m^3），而南平、三明、龙岩、宁德、福州和漳州市均大于全国平均水平；海西区各地区农田灌溉亩均用水量均大于全国平均农田灌溉亩均用水量（434 m^3）。

农业是海西区的用水大户，由于区域内多数灌区存在灌溉设施老化、不配套、渠道渗漏严重等问题，农业基本沿用传统耕作方式，以漫灌和浇灌为主，多数渠系水利用系数不足 0.55，导致上游灌区用水浪费大，而尾灌区无水可用的结果，因此海西区农业节水前景广阔，应实施灌区改造工程，建设灌溉渠道配套工程，促进微喷灌、薄露灌溉等先进灌溉方式在海西区的应用。海西区部分地区工业用水方式比较粗放，存在节水空间。

综上所述，海西区用水指标与国内平均水平还存在一定的差距，节约用水潜力较大。

5. 沿海地区水资源问题分析

（1）福建省沿海地区水资源问题分析

① 三都澳。环三都澳区域多年平均水资源量为 123.75 亿 m^3，水资源相对比较丰富。但环三都澳区域水资源量时空分布不均，年内、年际和区域分布变化大。受地形因素影响，年降雨和年径流分布大体随海拔高度升高而递增，内陆水资源丰沛，年径流深在 1 200 mm 以上，滨海较低，年径流深多在 900 mm 以下。随着社会经济的不断发展，水资源需求量进一步加大，在充分实施节水措施的基础上，利用现有工程措施，适当建设蓄水、引水、调水工程，可以使水资源在时间、空间上分布更加合理，缓和区域内水资源供需矛盾。

② 罗源湾。罗源湾是福州市的深水外港海陆联运枢纽和新技术产业发展基地，是以海洋生物工程、电子信息产业、绿色食品加工工业为主的现代化海港旅游城市。根据现状调查分析，该区域用水情况较为紧缺，主要为农业灌溉缺水。随着社会经济的发展，特别是罗源湾开发区的大力发展，如钢铁厂、火电厂等大型耗水型工矿企业的发展，以及人口的城市化进程，未来罗源湾的缺水仍是十分严重的。

罗源湾及其周边地区溪河集水面积小，不具备建大型蓄水工程的条件，主要属于资源型缺水，因此该区域未来的水资源紧缺问题可以通过跨流域调水来解决。

③ 福州市。福州市沿海的福清、长乐、平潭等地存在资源型缺水，福清、长乐目前依靠闽江调水解决其缺水问题，其取水水源地为福州闽江南港。因为诸多人为因素和自然因素，闽江南、北港水流复杂多变，加上福州市城区的东扩南移，南港将变为福州的内河，水质污染有加剧的趋势。此外，闽江的咸潮已影响到洪山桥以上，因此从南港取水的福清、长乐等供水工程未来的水质不容乐观。规划加强污染治理及强化节水措施，考虑福州市闽江南港以南地区（长乐、福清、琅岐、平潭、福州大学城、东南汽车城）、福州市主城区等地的生产生活用水仍得不到保障，故由闽江中上游提供水源，替代现阶段直接从闽江南港、北港抽水，以缓解该地区缺水问题。

④ 莆田市。莆田市境内主要河流有木兰溪、萩芦溪，木兰溪下游水质污染较为严重。莆田市境内水资源较贫乏，尤其是莆田东南部的沿海地区，人口密集、经济较发达，人均水资源量不足 1 000 m^3，是莆田市最主要的缺水区。莆田市境内已加大挖掘本地可供水资源和治理污染力度以及采取节水措施，但是，随着社会经济的进一步发展，莆田东南沿海地区缺水程度越来越大，需要境外调水补充。

⑤ 泉州市。泉州境内主要河流为晋江，水资源总体上较为贫乏，多年平均水资源总量为 96.49 亿 m^3，仅占全省水资源量的 8.2%，全市人均水资源占有量远不及全省平均值，也不到全国平均值。晋江片多年平均水资源量 68.32 亿 m^3，占全市的 71%，现状年人均水资源量短缺，未来人均水资源量将进一步减少。泉州市水资源总量不丰富，加上水资源时空分布不均，人口密度大，经济发达且未来预期增长快，中远期存在资源型缺水问题，缺水主要在晋江中下游的泉州城区、晋江、石狮、南安、惠安及泉港等沿海地区。泉州市现有供水工程基本满足了现阶段社会经济水资源的需求，但未来境内水资源开发利用潜力小，建设难度大，中远期水资源供应能力将不能满足本地区用水的增长需要，所以需要外调水补充。

⑥ 厦门市。厦门市多年平均水资源总量为 12.64 亿 m^3，2007 年人均水资源量仅为 526 m^3，按照国际通用概念，年人均水资源量低于 1 700 m^3，高于 1 000 m^3，又经常发生缺水的，定为“水资源紧张区”；低于 1 000 m^3 的，是“贫水区”。可见，厦门市属于“贫水区”，厦门市经济发展较快，是人口比较密集的地方。故要满足厦门市社会经济发展，在实行强化节水措施的前提下，可以考虑从外流域调水来解决水资源短缺问题。

⑦ 古雷经济开发区、漳江流域及九龙江流域。漳州市古雷港口经济开发区位于漳浦县境内，是漳州市委、市政府贯彻落实省委、省政府构建“三条战略通道”，加快实施“工业兴市”战略的重点区域。根据古雷港口经济开发区的定位，区域内所引进的部分企业是用水大户，用水量将很大，而古雷港口经济开发区属于水资源相对缺乏地区，区域内主要河流有杜浔溪，流域面积 126 km^2，多年平均径流量 0.819 亿 m^3；另外还有沙西、霞美等小河流，这些小河流流域面积小，河道短，来水陡涨陡落，平时河道干枯，只有降水时才会产生径流，故需要从其附近流域调水才能解决古雷开发区水资源供需矛盾。

九龙江流域面积 14 741 km^2，水资源量较为充裕，年平均径流量为 145.04 亿 m^3，而漳州市和厦门市靠近九龙江流域，可以考虑补给漳州市和厦门市。

通过上述分析表明，福建省沿海地区各地市属于海西区的核心地区，未来经济发展速度快，需水量增长也快，而水资源空间分布不均，开发利用潜力小，局部地区中远期存在资源型缺水问题，需要外调水支撑其社会经济发展。纵观全省水资源格局，闽江、九龙江等福建省主要河流，水量充沛，水质良好，水资源利用程度低，结合地理位置优势，发挥这几条主要河流在福建省水资源配置中的重大作用，是从根本上解决福建省沿海地区缺水问题的关键。

（2）广东省韩江下游地区水资源问题分析

韩江流域水资源量比较丰富，水质较好，韩江潮安站以上多年平均水资源量为 252.6 m^3，能满足韩江三角洲下游地区的水资源需求，特枯年份在潮州水利枢纽调度下，也能满足需水要求。

揭阳市地处榕江下游，毗邻练江和韩江。榕江、练江以及枫江水质污染严重，榕江市区段为Ⅳ类，枫江、练江为Ⅳ～Ⅴ类，突出了揭阳市水资源供需矛盾。在利用部分农业富余水量、挖掘本地可供水资源、加大治理污染力度以及采取节水措施的基础上，揭阳市余下的缺水量可以从韩江引水。

南澳县是广东省唯一的海岛县，岛内人均水资源占有量仅为广东省人均占有量的 16.8%，是严重的资源型缺水地区。南澳县水资源短缺问题极大地影响了岛内社会经济发展和居民的生活生产。2015 年、2020 年南澳岛缺水量分别为 1 625 万 m^3、2 184 万 m^3，为了满足岛内生产生活需水，需要实施跨海引韩调水工程或采取海水淡化等措施。

广东粤东地区需水补给主要依赖韩江，在充分开发本地水资源、实施强化节水措施的基础上，结合适当的蓄水、引水、调水工程，能优化水资源配置，满足粤东地区社会经济发展，解决水资源供需矛盾。

（3）浙江省温州市水资源问题分析

温州市地处浙江省东南沿海，受地理、气候等自然因素以及人为因素的影响，既有资源型缺水，又有工程型缺水和水质型缺水。经济较发达沿海县市及半岛、海岛一带水资源匮乏，经济较为落后的山区县市水量丰沛。温州市供水主要依赖瓯江、飞云江及鳌江，在充分开发本地水资源、实施强化节水措施的基础上，结合已有的工程设施，适当建设蓄水、引水、调水工程，能优化地区水资源在时间和空间上的分配，满足温州市社会经济发展，解决水资源供需矛盾。

二、地表水资源承载能力评估

1. 温州市供水区水资源承载能力

温州市水资源总量相对比较丰富，90% 保证率本地水资源量为 84.22 亿 m^3/a，但是水资源时空分布不均，温州市区、洞头县等沿海部分地区和海岛，90% 保证率水资源量分别为 7.61 亿 m^3/a、0.324 亿 m^3/a，人均水资源量不足 1 000 m^3，缺水较为严重。

地方规划愿景温州市最大需水量为 39.20 亿 m^3，其中温州市区为 16.52 亿 m^3/a，洞头县为 1.937 亿 m^3/a，通过赵山渡引水工程（设计引水 11.35 亿 m^3/a）、泽雅水库引水工程（设计引水 1.136 亿 m^3/a）、楠溪江引水工程（设计引水 2.7 亿 m^3/a）、瓯江小溪引水工程（设计引水 8.515

亿 m^3/a）等跨流域调水工程，可基本满足温州市社会经济及重点产业发展对水资源的需求。

2．环三都澳区域及罗源湾地区水资源承载能力

（1）环三都澳地区

环三都澳区域水资源量比较丰沛，90% 保证率水资源量为 88.40 亿 m^3/a，其中主要水源水库上游区域 38.39 亿 m^3/a，地方规划愿景环三都澳区域最大需水量为 13.37 亿 m^3/a，环三都澳区域水资源量总体可满足地方规划愿景需求。

环三都澳区域的海岛及半岛一带水资源匮乏，人均水资源占有量低于福建省平均值（约为 2 996 m^3/a），利用杯溪供水工程、穆阳供水工程、茜洋溪供水工程、官昌水库供水工程、黄土岩水库供水工程、霍童溪供水工程、上白石水库供水工程等措施进行水资源调配，可满足本区域社会经济及重点产业（宁德钢铁、宁德装备制造业及大唐国际宁德电厂）对水资源的需求。

（2）罗源湾城市及开发区

地方规划愿景罗源湾城市及开发区最大需水量为 3.676 亿 m^3/a，罗源湾及其周边地区属于资源型缺水，难以满足罗源湾城市及开发区的需水要求。位于其西南的敖江 90% 保证率水资源量为 16.08 亿 m^3/a，通过敖江傍尾水库调水工程，可满足罗源湾城市及开发区和重点产业（罗源火电厂、可门火电厂）所需淡水资源量。

3．闽江北水南调工程区域水资源承载能力

福州市供水区 90% 保证率水资源量仅 11.73 亿 m^3/a，沿海的福清、长乐、平潭、琅岐等地区存在资源型缺水，2007 年人均水资源量不足 1 000 m^3；莆田市供水区 90% 保证率水资源量为 23.28 亿 m^3/a，泉州市供水区 90% 保证率水资源量为 45.36 亿 m^3/a，两市的人均水资源量均小于 1 300 m^3，水资源紧缺，湄洲湾、泉州湾等沿海地区缺水尤为严重，人均水资源量低于 500 m^3，不足福建省平均值的 17%。闽江作为福建省最大的河流，水资源丰富，且靠近福州、莆田和泉州，可以通过工程措施补给这三市。

福州、莆田、泉州供水区本地供水能力为 53.18 亿 m^3/a，地方规划愿景福州、莆田、泉州供水区最大需水量分别为 24.93 亿 m^3/a、12.81 亿 m^3/a、39.92 亿 m^3/a，供水能力难以满足需水量要求。利用闽江北水南调工程（设计引水 31.54 亿 m^3/a）和闽江下游支流大樟溪碧坑引水工程（设计引水 1.79 亿 m^3/a），使福州、莆田、泉州供水区供水能力达到 86.51 亿 m^3/a，可以满足福州供水区、莆田供水区、泉州供水区社会经济及重点产业发展对淡水资源的需求。

4．漳江流域及九龙江流域水资源承载能力

厦门市 90% 保证率水资源量为 8.393 亿 m^3/a，人均水资源量只有 550 m^3，远小于福建省人均水资源量（约 2 996 m^3/a），水资源贫乏，社会经济发展与水资源供给之间的矛盾突出。地方规划愿景厦门市最大需水量为 22.03 亿 m^3/a，利用九龙江流域西水东调工程、枋洋调水工程、莲花水库供水工程、汀溪供水工程等补充 16.27 亿 m^3/a 后，厦门市供水能力达 23.51 亿 m^3/a，可满足厦门市社会经济及重点产业（装备制造业）对水资源的需求。

漳江流域及东山县 90% 保证率水资源量为 8.03 亿 m^3/a，地方规划愿景漳江流域及东山县最大需水量 8.235 亿 m^3/a，水资源量难以满足需水量要求。利用九龙江花山溪（西溪支流）白沙水库、漳江流域峰头水库及祖妈林水库上游（杜浔溪）调水工程补充 1.743 亿 m^3/a，能

满足漳江流域及东山县区域（包括古雷开发区）社会经济及重点产业发展对淡水资源的需求。

地方规划愿景九龙江流域最大需水量为 53.64 亿 m^3/a，而九龙江流域水资源丰富，90% 保证率水资源量为 103.2 亿 m^3/a，能够满足九龙江流域（龙岩市、漳州市）社会经济及重点产业发展所需的水资源。

5．韩江下游供水区及揭阳市惠来县水资源承载能力

韩江流域水资源量比较丰富，90% 保证率水资源量为 170.1 亿 m^3/a，但下游供水区汕头地区及海岛（南澳县）水资源短缺，人均水资源量仅为 373 m^3、503 m^3。地方规划愿景韩江下游供水区最大需水量为 30.27 亿 m^3/a，结合潮州水利枢纽工程调度，利用南澳跨海引韩工程、揭阳城市引水工程、灌区渠道改造工程等配置水资源，能满足韩江下游供水区社会经济及重点产业发展对淡水资源的需求。

揭阳市惠来县 90% 保证率本地水资源量为 6.60 亿 m^3/a，其中龙江河水资源量为 3.50 亿 m^3/a；另外惠来县过境水量为 7.348 亿 m^3/a。惠来县东部地区河流短小，而中西部地区拥有石榴潭水库（大型水库）、龙江河，水资源较为丰富。地方规划愿景惠来县最大需水量为 9.478 亿 m^3/a，利用西片水源规划工程、龙江河与大中型水库联合调度的西水东调供水工程，可解决惠来县社会经济及重点产业发展的用水需求。

6．调水方案可行性及可靠性分析

海西区主要调水相关水系除晋江、九龙江、漳江以外，其余外调水量占本流域枯水年水资源量的比例均小于 8%，结合流域内蓄水工程、水利枢纽工程等的调度，由调水对流域生态环境和调水取水口下游地区生产生活用水等产生的影响很小。晋江流域现状供水总量较大，规划增加的调水量相对于现状供水总量而言不大；九龙江流域往外流域调水工程均已建或在建；漳江流域外调水主要供给古雷半岛，该供水工程已经在建。调水工程会对流域生态环境产生一定影响，大坝或其他建筑物对河道的阻隔将影响一些洄游性鱼类通道，淹没鱼类的产卵场，改变鱼类所属的生态条件；水文情势变化将造成水文结构改变，对农作物、鱼类产生一定的影响；水库建设将淹没保护林地，对区域植被产生一定程度的破坏，需要采取相应的措施，把不利的影响减少到最低程度。

调水后调水口下游区域水环境容量均将出现不同程度的减少，但减少量有限，均小于 10%，结合流域内水库的调蓄功能，增加枯水期河道径流，以及随下游区间来水的汇入，影响将逐渐减缓；调水会导致入海河流咸潮上溯距离增加，由于闽江下游入海口没有闸控，需要加强水源保护区的咸潮防御；而海西区九龙江、晋江、韩江等其他入海河流（即除闽江外）调水取水口下游均有闸控，可以有效保证下游调水取水口不受咸潮影响。根据海西区水质影响预测分析，调水后取水口下游的水质浓度增量很小，调水对取水口下游水质影响不大。

随着社会经济发展，调水后受水区相应的污水排放量也增大，为减少受水区主要河流下游水污染，应提高城市污水处理率不低于 70%，以减少污染物排放。

综上所述，从整体上看，调水方案的社会经济效益是好的，局部环境虽有些影响，但可以通过各种工程措施把不利影响降低至最低程度，因此，本研究调水方案是可行的。

第三节　地表水环境容量评估

一、水环境容量

1. 计算方法

水环境容量计算总体采用一维水质模型，对河宽大于 200 m 的河流采用二维水质模型，对河宽小于 200 m 的感潮河段或小湖库的容量则采用零维模型，计算中引入不均匀系数进行校正。

2. 计算结果

根据降解系数、流量、流速等参数的确定成果，计算海西区各行政区的水环境容量（见表 4-27）。

表 4-27　海西区各地市水环境容量计算结果　单位：t/a

省份	地市	水环境容量		
		COD	NH_3-N	TP
浙江	温州	127 299	16 592	2 765
福建	福州	138 117	11 645	1 941
	厦门	4 748	354	59
	莆田	71 163	6 444	1 074
	三明	149 172	9 884	2 176
	泉州	119 231	8 146	1 862
	漳州	86 594	6 107	1 527
	南平	220 083	15 783	3 246
	龙岩	108 659	7 745	1 936
	宁德	155 950	15 357	3 071
	合计	1 053 717	81 465	16 892
广东	汕头	54 982	3 510	585
	潮州	33 393	2 226	557
		57 427	2 046	341
总计		1 326 818	105 839	21 140

3. 调水前后调水取水口下游水环境容量变化

根据感潮河流水环境容量计算方法，计算调水取水口下游水环境容量，计算时考虑调水以及不调水情况下水环境容量的变化情况。调水后调水口下游区域水环境容量均有不同程度的减少，但减少量有限，一般小于 10%（见表 4-28）。

二、总量控制分析

1. 各地市污染物入河量计算

根据各地年鉴资料、污染源统计资料、社会经济发展规划资料及海西区产业发展规划资料进行 2007 年、2015 年及 2020 年海西区各地市各类污染物入河量计算（见表 4-29）。

2. 各地市水环境容量平衡分析

（1）各地市水环境容量剩余量计算

厦门、汕头、揭阳三市各自的污染物排放超过了其水环境容量的限值（见表 4-30）。厦门市污染物排放超过了其地表水环境容量的限值，考虑其污染物主要去向为排海，结合海西区海洋专题规划海洋污染物排放分析，通过污染物深海排放，厦门市地表水环境容量基本可以满足其发展需要。由《2007 年汕头市海洋环境质量公报》可知，2007 年汕头市陆源 COD 排海量为 869.43 t，陆源 NH_3-N 排海量为 361.29 t，大部分污染物排入地表水。因此，汕头市水环境容量不能满足当地社会经济发展需要。由于揭阳市仅有惠来县临海，可入海污染物较

表 4-28 各地区调水口下游区域主要河流调水前后环境容量计算结果对比 单位：t/a

地区	区域	调水前环境容量			调水后环境容量			减少量		
		COD	NH_3-N	TP	COD	NH_3-N	TP	COD	NH_3-N	TP
浙江温州	鳌江调水口下游	28 568	2 781	556	28 854	2 809	562	—	—	—
	瓯江楠溪江调水口及泽雅水库下游	47 726	4 765	953	46 950	4 687	937	776	77	15
	飞云江吴山界调水口下游	41 250	4 030	806	39 281	3 837	767	1 969	192	38
	小计	117 543	11 576	2 315	115 085	11 334	2 267	2 459	242	48
福建闽江下游	闽江（水口下游）	128 454	9 593	1 375	116 688	8 954	1 283	11 766	639	92
福建环三都澳区域	七都溪官昌水库下游	109	7	2	107	7	2	2	0	0
	杯溪里马水库下游	14 637	732	146	14 491	729	145	146	3	1
	赤溪黄土岩水库下游	587	46	9	575	45	9	12	1	0
	霍童溪大坞里泵站下游	9 753	368	46	9 583	351	43	170	17	3
	交溪穆阳溪穆阳水库下游	2 517	232	48	2 467	227	47	50	5	1
	交溪茜洋溪茜安引水坝下游	27 495	2 432	436	27 480	2 430	436	15	2	0
	交溪干流上白石水库下游	7 325	773	155	7 178	758	152	147	15	3
	小计	62 423	4 590	842	61 881	4 547	834	542	43	8
福建九龙江	花山溪调水口上游以外区域	140 492	5 136	1 027	138 975	5 081	1016	1 517	55	11
福建晋江	晋江（金鸡闸下游）	33 257	2 387	357	24 943	1 790	358	8 314	597	89
广东粤东	韩江（潮州水利枢纽下游）	45 026	2 657	266	42 352	2 499	250	2 674	158	16

表 4-29 海西区各地市污染物入河量计算结果 单位：t/a

省份	地市	2007 年入河量			2015 年入河量			2020 年入河量		
		COD	NH_3-N	TP	COD	NH_3-N	TP	COD	NH_3-N	TP
浙江	温州	120 303	15 332	897	122 466	15 578	908	124 669	15 829	918
福建	福州	63 733	9 385	1 574	64 830	9 534	1 593	65 946	9 685	1 613
	厦门	25 583	5 827	461	29 538	5 937	468	32 460	6 049	475
	莆田	28 649	4 162	656	29 136	4 227	664	29 632	4 293	672
	三明	58 333	4 918	1 623	59 695	5 172	1 634	60 108	5 261	1 652
	泉州	95 503	7 047	1 502	97 208	7 087	1 520	98 947	7 121	1 538
	漳州	46 684	5 078	1 366	47 442	5 155	1 381	48 214	5 232	1 396
	南平	57 708	4 348	1 766	58 730	4 579	1 716	59 365	4 697	1 734
	龙岩	40 847	4 302	1 647	42 320	4 568	1 665	43 009	4 721	1 682
	宁德	40 487	3 793	905	41 198	3 849	915	41 922	3 907	925
	合计	457 526	48 860	11 500	470 097	50 108	11 556	479 602	50 967	11 687
广东	汕头	55 527	7 957	738	56 589	8 099	748	57 672	8 244	759
	潮州	20 107	1 211	306	20 465	1 230	310	20 831	1 248	314
	揭阳	69 130	7 865	970	70 393	7 998	982	71 679	8 132	995
总计		722 592	81 224	14 411	740 010	83 012	14 504	754 454	84 421	14 673

少，因此，揭阳市水环境容量不能满足当地社会经济发展需要。

（2）水环境容量不足地区污染源分析

根据广东省年鉴资料及汕头、揭阳两地污染源统计资料，汕头市 COD 主要来源于城镇生活污水，NH_3-N 和 TP 主要来源于城镇生活污水和面源污染；揭阳市污染物主要来源于城镇生活污水和面源污染（见表 4-31）。

（3）各地市点源允许控制总量分析

根据海西区各地市污染物排放量调查计算成果以及控制总量研究成果，得出海西区各地市水污染物总量控制建议。温州、厦门、汕头、揭阳四个地市 2007 年、2015 年及 2020 年 COD 点源排放量超过建议点源允许控制总量；温州、福州、莆田、泉州、漳州、宁德、汕头、揭阳八个地市 2007 年 COD 点源排放量超过核定排放总量，漳州市超出的量最大，为 2.46 万 t/a，揭阳市其次，超出的量为 1.55 万 t/a（见表 4-32）。

表 4-30　海西区各地市污染物入河量计算结果　单位：t/a

省份	地市	2007 年环境容量剩余量			2015 年环境容量剩余量			2020 年环境容量剩余量		
		COD	NH_3-N	TP	COD	NH_3-N	TP	COD	NH_3-N	TP
浙江	温州	6 996	1 260	1 868	4 833	1 014	1 857	2 630	763	1 847
福建	福州	74 384	2 260	367	73 287	2 111	348	72 171	1 960	328
	厦门	−20 835	−5 473	−402	−24 790	−5 583	−409	−27 712	−5 695	−416
	莆田	42 514	2 282	418	42 027	2 217	410	41 531	2 151	402
	三明	90 839	4 966	553	89 477	4 712	542	89 064	4 623	524
	泉州	23 728	1 099	360	22 023	1 059	342	20 284	1 025	324
	漳州	39 910	1 029	161	39 152	952	146	38 380	875	131
	南平	162 375	11 435	1 480	161 353	11 204	1 530	160 718	11 086	1512
	龙岩	67 812	3 443	289	66 339	3 177	271	65 650	3 024	254
	宁德	115 463	11 564	2 166	114 752	11 508	2 156	114 028	11 450	2 146
	合计	596 191	32 605	5 392	583 620	31 357	5 336	574 115	30 498	5 205
广东	汕头	−545	−4 447	−153	−1 607	−4 589	−163	−2 690	−4 734	−174
	潮州	13 286	1 015	251	12 928	996	247	12 562	978	243
	揭阳	−11 703	−5 819	−629	−12 966	−5 952	−641	−14 252	−6 086	−654
总计		604 226	24 615	6 729	586 808	22 827	6 636	572 364	21 418	6 467

表 4-31　汕头、揭阳 2007 年污染源分析　单位：t/a

地市	污染物	污染物入河量				环境容量	剩余量
		工业	城镇生活	面源	合计		
汕头	COD	4 311	43 200	7 017	55 527	54 982	−545
	NH_3-N	349	6 635	973	7 957	3 510	−4 447
	TP	12	289	437	738	585	−153
揭阳	COD	3 628	46 337	19 165	69 130	57 427	−11 703
	NH_3-N	252	5 742	1 871	7 865	2 046	−5 819
	TP	8	225	738	970	341	−629

温州、厦门、泉州、汕头、揭阳五个地市2007年、2015年及2020年的氨氮点源排放量超过建议点源允许控制总量（见表4-33）。

表4-32 海西区各地市COD点源排放量、允许控制量计算结果 单位：万t/a

省份	地市	建议点源允许控制总量	2007年		2015年		2020年		核定COD排放总量
			点源实际排放量	削减量	规划点源排放量	削减量	规划点源排放量	削减量	
浙江	温州	10.61	11.51	−0.90	11.71	−1.11	11.93	−1.32	10.67
福建	福州	11.51	5.32	6.19	5.41	6.10	5.50	6.01	5.05
	厦门	0.40	2.47	−2.07	2.85	−2.45	3.13	−2.73	4.94
	莆田	5.93	2.25	3.68	2.30	3.63	2.33	3.60	1.87
	三明	12.43	4.30	8.13	4.40	8.03	4.44	8.00	4.62
	泉州	9.94	9.34	0.59	9.51	0.42	9.68	0.25	7.96
	漳州	7.22	5.15	2.07	5.23	1.98	5.32	1.90	2.69
	南平	18.34	3.23	15.11	3.28	15.06	3.32	15.02	4.37
	龙岩	9.05	1.42	7.64	1.47	7.58	1.50	7.56	2.77
	宁德	13.00	3.94	9.05	4.01	8.99	4.08	8.92	3.23
	合计	87.81	37.42	50.39	38.47	49.34	39.30	48.51	37.50
广东	汕头	4.58	4.95	−0.37	5.05	−0.47	5.14	−0.56	4.00
	潮州	2.78	1.62	1.16	1.65	1.13	1.68	1.10	2.30
	揭阳	4.79	5.15	−0.36	5.25	−0.46	5.34	−0.56	3.60
总计		110.57	60.65	49.92	62.12	48.44	63.39	47.18	58.07

表4-33 海西区各地市氨氮点源排放量、允许控制量计算结果 单位：万t/a

省份	地市	建议点源允许控制总量	2007年		2015年		2020年	
			点源实际排放量	削减量	规划点源排放量	削减量	规划点源排放量	削减量
浙江	温州	1.38	1.46	−0.08	1.49	−0.11	1.51	−0.13
福建	福州	0.97	0.76	0.21	0.77	0.20	0.78	0.19
	厦门	0.03	0.34	−0.31	0.34	−0.31	0.35	−0.32
	莆田	0.54	0.29	0.24	0.30	0.24	0.30	0.24
	三明	0.82	0.23	0.59	0.25	0.58	0.25	0.57
	泉州	0.68	0.99	−0.31	1.00	−0.32	1.01	−0.33
	漳州	0.51	0.44	0.07	0.45	0.06	0.46	0.05
	南平	1.32	0.20	1.11	0.22	1.10	0.22	1.09
	龙岩	0.65	0.22	0.43	0.23	0.41	0.24	0.40
	宁德	1.28	0.33	0.95	0.34	0.94	0.34	0.94
	合计	6.79	3.81	2.98	3.89	2.89	3.95	2.84
广东	汕头	0.29	0.72	−0.43	0.73	−0.44	0.74	−0.45
	潮州	0.19	0.06	0.13	0.06	0.12	0.06	0.12
	揭阳	0.17	0.62	−0.45	0.63	−0.46	0.64	−0.47
总计		8.82	6.67	2.15	6.80	2.02	6.91	1.91

第四节 土地资源承载力分析

一、土地资源

1. 土地利用现状

(1)土地资源的人均水平较低

根据海西区遥感影像的解译结果，2007 年海西区土地总面积为 1 431.66 万 hm^2，人均土地资源为 0.250 hm^2，低于全国土地资源的人均水平（0.727 hm^2）。海西区山地、丘陵占有较大比重，使得宜耕、宜园及宜于居住、工业生产和基础设施建设的土地资源更少。2007 年海西区的人均耕地面积仅为 0.049 hm^2，远远低于全国耕地资源的人均水平（0.092 hm^2）。从土地资源的人均水平看，海西区的土地资源相对紧缺，特别是耕地资源。

海西区山地、丘陵广布，人口、经济多聚集在沟谷盆地和沿海冲积平原。其中，盆谷基底面积≥ 100 km^2 的中型盆谷地大多为县域（或县级市的市区）所在地；盆谷基底面积＜ 100 km^2 的小型盆谷地基本上为乡镇政府所在地，部分为县城所在地。这一特征在福建省尤为突出，大部分县域都是以一个或几个较大盆地为中心，环绕或包含多个小盆地、以一条或几条河流的分水岭为界的地域单元；大部分乡镇都是以一个巴掌状小盆地为中心，并以该盆地的汇水区为地域范围，以该汇水区的分水岭为界的小地域单位。受地貌结构的制约，海西区人口、经济的扩展空间相对有限。

海西区山地、丘陵广布，土地资源的人均水平较低，低于全国平均水平；人口、经济多聚集在河谷盆地和沿海冲积平原。因此海西区人地矛盾较为突出。

(2)以林地、草地为主的自然生态用地在土地利用结构中占主导地位

海西区遥感影像的解译结果表明，2007 年海西区林地、草地面积分别为 8.843 万 km^2 和 2.208 万 km^2，占土地总面积的 61.770% 和 14.024%；其中有林地、灌木林和高覆盖草地等较高生态功能组分占土地总面积的 53.124%。以林地和草地为主的自然生态用地是海西区土地利用结构的主要组成部分，共占该区域土地总面积的 75.794%，为海西区陆域生态系统健康提供了基本保障，使得该区陆域生态环境质量位居全国前列。

以中部大山带（雁荡山—鹫峰山—戴云山—莲花山）为界，海西区林地主要分布在中部大山带及其西部的建溪流域、富屯溪流域、沙溪流域和汀江流域。这一区域林地占土地总面积的比例均超过 63%，高于海西区林地比例的平均水平（61.770%）；同时，该区域的草地比重也均超过 13%，形成林草共处的分布特征。总体来看，以林地和草地为主的自然生态用地主要分布在海西区的中、西部山区，组成海西区重要的生态安全屏障。

综上所述，海西区宜林、宜草地广阔，以林地和草地为主的自然生态用地在土地利用结构中占主导地位，有林地、灌木林和高覆盖草地等较高生态功能组分分布广泛，使得陆域生态环境质量较好。自然生态用地主要分布在海西区中、西部山区，远离社会经济相对发达的沿海地区，陆域生态系统的保存状况良好，有利于生态安全屏障功能的维护和发挥。

(3)社会经济用地以农业用地为主、建设用地所占比例较低

在土地利用 / 覆被类型中，耕地和建设用地是受人类干扰较强的地类，其动态变化主要

源于社会经济发展。根据土地利用 / 覆被的主要功能，耕地和建设用地可以归结为社会经济用地。

2007 年海西区社会经济用地的面积为 3.177 8 万 km^2，占土地总面积的 22.192%。其中农业用地（以耕地表示）的面积为 2.794 万 km^2，占土地总面积的 19.515%，高于全国平均水平（12.81%）；建设用地的面积为 0.383 3 万 km^2，占土地总面积的 2.677%，低于 2007 年全国平均水平（3.44%）。与自然生态用地相比，海西区社会经济用地并不占主导地位，以农业用地为主，建设用地所占比例较低。考虑到农田生态系统具有一定的生态服务功能，基本农田也是土地开发、利用的重点保护对象，从土地利用的角度来讲，海西区社会经济发展对陆域生态系统的干扰相对较轻，陆域生态压力较低。

根据生物气候条件的相似性和分异性，海西区可分为中亚热带和南亚热带两个分区，南亚热带分区的农业用地比重普遍较高。除粤东山区外，南亚热带分区的耕地比重均超过 20%，高于海西区耕地比重的平均水平；粤东山区的耕地比重也达到 18.704%。因此，南亚热带分区的农业用地所占比重较高，其中水田比重均超过海西区的平均水平。从海陆分布来看，沿海生态分区耕地比重的平均值为 32.986%，远高于内陆分区的平均值（17.396%）。因此，海西区沿海地带是农业生产活动的集中分布区，内陆生态分区的低耕地比重有利于陆域生态系统及其生态服务功能的维护。沿海地带也是建设用地的集中分布区。除闽东南沿海外，海西区沿海地带的建设用地比重均超过 5.5%，超过海西区建设用地比重的平均水平（2.677%）。因此，南亚热带分区、沿海地带的耕地比重较高，沿海地带的建设用地比重也较高，中、西部山区的耕地、建设用地比重相对较低。

总体来看，海西区社会经济用地以农业用地为主，建设用地所占比例相对较低，人类活动对陆域生态系统的干扰相对较低。其中，农业用地主要分布在南亚热带分布和沿海生态分区，建设用地则主要分布在沿海地带，中西部山区社会经济用地所占比重相对较低，有利于海西区生态安全屏障的保护及其生态服务功能的持续发挥。

2. 土地利用动态变化

以 1980 年、2000 年和 2007 年海西区遥感影像为基础数据，对不同年份海西区土地利用结构、土地利用综合程度及其动态变化进行了评价和分析。结果表明，1980 年以来海西区自然生态用地不断减少，主要表现为林地、草地向建设用地、农业用地转变；社会经济用地逐步增加，建设用地的年均增速较快；土地利用综合程度不断提高，沿海地带的土地利用程度较高，富屯溪流域、沙溪流域等内陆分区土地利用程度的增长趋势更为明显。

（1）自然生态用地不断减少，多转变为农业用地和建设用地

1980—2000 年、2000—2007 年、1980—2007 年海西区自然生态用地的年变化率分别为 −0.005%、−0.393% 和 −0.106%，该区域自然生态用地不断减少，而且减少速度有所加快。自然生态用地中，各地类的年变化率也各不相同。其中草地的减少趋势较明显，1980—2007 年其年变化率为 −0.349%，快于自然生态用地的减少速率；1980 年以来草地始终处于减少趋势，近年来其减少趋势有所减缓。比较而言，林地的减少趋势相对较慢，1980—2007 年其年变化率为 −0.045%，慢于自然生态用地的减少速率；但是近年来林地的减少趋势有所加快。因此，海西区自然生态用地的减少趋势主要受草地减少的影响。海西区自然生态用地仍然在土地利用结构中占据主导地位，由此保证了海西区生态环境质量在全国的先进水平。

根据 1980—2007 年海西区土地利用转移矩阵（见表 4-34），海西区自然生态用地主要转

表 4-34　1980—2007 年海西区土地利用转移矩阵

土地利用类型	项目	林地	草地	水域	建设用地	未利用地	耕地
林地	面积 / 万 km^2	75 672.28	62.26	33.96	84.70	7.76	113.74
	转移率 /%	99.60	0.08	0.04	0.11	0.01	0.15
	转移量比重 /%	99.39	0.48	0.66	1.01	3.74	0.28
草地	面积 / 万 km^2	89.87	13 024.69	16.39	51.48	1.82	27.40
	转移率 /%	0.68	98.58	0.12	0.39	0.01	0.21
	转移量比重 /%	0.12	99.45	0.32	0.61	0.88	0.07
水域	面积 / 万 km^2	3.48	0.94	4 607.09	9.10	0.22	20.86
	转移率 /%	0.07	0.02	99.25	0.20	0.00	0.45
	转移量比重 /%	0.00	0.01	89.76	0.11	0.11	0.05
建设用地	面积 / 万 km^2	9.58	0.93	329.79	7 599.28	0.00	27.53
	转移率 /%	0.12	0.01	4.14	95.38	0.00	0.35
	转移量比重 /%	0.01	0.01	6.43	90.70	0.00	0.07
未利用地	面积 / 万 km^2	0.49	0.00	0.59	12.47	162.48	0.00
	转移率 /%	0.28	0.00	0.34	7.08	92.30	0.00
	转移量比重 /%	0.00	0.00	0.01	0.15	78.28	0.00
耕地	面积 / 万 km^2	358.85	8.02	144.65	621.47	35.27	39 897.24
	转移率 /%	0.87	0.02	0.35	1.51	0.09	97.16
	转移量比重 /%	0.47	0.06	2.82	7.42	16.99	99.53

变为农业用地和建设用地，并存在一定的内部结构调整。具体来说，海西区林地的减少部分多流向农业用地、建设用地和草地；草地的减少部分则主要成为林地，其次是建设用地和农业用地。1980—2007 年，海西区自然生态用地的增加部分主要源自退耕还林、退耕还草及内部结构调整，其中林地的增加主要来自耕地和草地，草地的增加主要由林地和耕地转变而来。因此，除自然生态用地的内部结构调整外，自然生态用地的减少部分主要流向农业用地和建设用地，其增加部分则主要来自耕地。

海西区自然生态用地不断减少，主要受草地面积减少的影响，但是近年来林地的减少趋势有所加快。海西区自然生态用地的减少部分主要流向农业用地和建设用地，林地向耕地、草地向建设用地的转变趋势相对明显。期间，部分土地利用类型也存在向自然生态用地转变的趋势，主要表现为退耕还林、退耕还草。

（2）社会经济用地显著增加，对林地的占用相对较重

随着经济、社会的快速发展，海西区社会经济用地不断增加。1980—2000 年、2000—2007 年、1980—2007 年海西区社会经济用地的年变化率分别为 0.012%、1.003% 和 0.270%。在社会经济用地中，建设用地的年变化率较高，1980—2007 年其年变化率为 1.117%，远远高于社会经济用地的年均增速；同时，建设用地始终处于增长趋势且不断加快，1980—2000 年、2000—2007 年海西区建设用地的年变化率分别为 0.296% 和 3.269%。海西区农业用地的年变化率相对较低，1980—2007 年其年变化率为 0.176%，而且 1980—2000 年该区域农业用地呈现减少趋势。由于海西区农业用地的基数较大，目前该区域社会经济用地的增加主要受农业用地的影响，但是建设用地的增长趋势异常显著。

由 1980—2007 年海西区土地利用转移矩阵可看出，海西区社会经济用地的增加部分主

要由林地和草地转变而来，也存在一定的内部结构调整。其中，海西区建设用地的转入比例较大，占其总面积的9.3%。该区域建设用地的增加主要源自对农业用地的占用，占建设用地转入面积的79.76%；同时，还包括对林地和草地的占用。海西区农业用地的转入比例相对较小，占其总面积的0.47%；农业用地的转入来源依次为林地、草地和建设用地。因此，在社会经济用地中，各类型土地的转入来源存在差异，建设用地以耕地为主，农业用地以林地为主。

除内部结构调整外，1980—2007年海西区社会经济用地的转出部分主要转变为林地。其中，建设用地主要表现为向林地、水域和耕地转变，一定程度上增加了陆域生态系统的生物丰度，降低了建设用地对陆域生态系统的干扰。耕地的减少以流向建设用地和林地为主，表现为建设用地对耕地的占用和退耕还林。因此海西区社会经济用地的转出部分以内部结构调整为主，其次是向林地转变。

海西区社会经济用地不断增加，主要受耕地的影响，但是建设用地的增长趋势较为明显。海西区社会经济用地的转入部分以林地和草地为主，特别是林地；社会经济用地的内部结构调整也是该地区社会经济用地动态变化的主要方面，主要表现为建设用地对农业用地的占用；同时，林地也是社会经济用地的主要转出方向，一定程度上可以降低社会经济发展对陆域生态系统的干扰，提高土地资源的利用效率。

（3）土地综合利用程度日益提高，沿海地带土地利用程度较高，内陆地区土地利用程度的上升更明显

根据土地利用程度分级标准（见表4-35），1980年、2000年和2007年海西区土地利用综合指数分别为222.40、222.55和224.49，1980—2000年、2000—2007年、1980—2007年土地利用综合指数的年均增速分别为0.003%、0.124%和0.035%。可以看出，海西区土地综合利用程度不断提高，而且增长速度明显加快，证明该地区人类对土地资源开发、利用的深度和广度逐渐加剧。由土地利用综合指数和海西区土地利用转移矩阵看出，海西区土地利用程度的提高主要源于社会经济用地的增加，特别是建设用地。

表4-35 土地资源利用类型及分级

项目	未利用土地级	林、草、水用地级	农业用地级	城镇聚落用地级
土地利用类型	未利用土地或难利用土地	林地、草地、水域	耕地	城镇、建发设用地、工矿用地、交通用地
分级指数	1	2	3	4

受土地资源禀赋、社会经济水平的影响，海西区土地利用程度表现出显著的区域差异。2007年沿海地带土地利用综合指数的平均值为254.035，高于内陆生态分区的平均水平（218.919）。与内陆地区相比，海西区沿海地带对土地资源开发、利用的程度相对较高，尤其是浙南沿海、潮汕平原。近年来，内陆分区土地利用程度的增长趋势较为明显。1980—2007年富屯溪流域、沙溪流域的土地利用综合指数的年均增速为0.156%和0.169%，远高于同期海西区的年均增速（0.035%）。因此，海西区沿海地带的土地利用程度相对较高，但是内陆地区土地利用程度的增长趋势更为明显。

海西区土地综合利用程度不断提高，主要源于建设用地的显著增加。不同分区的土地利用程度及其动态变化也各不相同，沿海地带的土地利用程度较高，内陆分区对土地资源开发、利用的增长速度更快。

二、粮食供需平衡分析

1. 粮食供给能力

粮食总产量是一个地区粮食生产能力的总体反映，由粮食播种面积和粮食单产两项因子决定。其中，粮食播种面积的主要影响因素有耕地面积、农作物复种指数和粮食作物比例等。

（1）粮食总产量分析

近年来，海西区粮食总产量呈显著的下降趋势，粮食生产能力不断降低。1995—2007 年海西区粮食总产量由 1 312.47 万 t 降至 858.24 万 t，年均降速 3.48%；在全国粮食总产量中的比例也从 1995 年的 2.81% 降至 2007 年的 1.71%。同时，2000 年以来海西区粮食总产量的降低趋势不断加快。1995—2000 年海西区粮食总产量的年均降速为 1.23%，2000—2007 年年均降速增加至 5.05%。在全国粮食供需紧平衡的背景下，海西区粮食总产量的下降趋势加剧了国家粮食安全的供需压力。

在海西区中，浙南地区粮食总产量的下降趋势最明显，粤东地区次之，福建地区的最弱。2007 年浙南地区的粮食总产量仅为其 1995 年水平的 48.35%，年均降速达 5.88%，粮食供给能力持续下降。福建地区粮食总产量的下降趋势稍轻，年均降速也达到 3.04%，1995—2007 年粮食总产量减少了 284.87 万 t，对区域粮食供需平衡构成一定程度的威胁。1995—2000 年粤东地区的粮食总产量不断增加，但是 2000 年后粮食总产量持续下降，总体上该地区的粮食总产量呈下降趋势，年均降速为 3.91%，介于浙南地区和福建地区之间。

浙南地区、粤东地区和福建地区粮食总产量的降低速度也呈不断加快的趋势。1995—2000 年浙南地区、粤东地区和福建地区粮食总产量的年均降速分别为 3.14%、−0.65% 和 1.46%；2000—2007 年该年均降速分别增至 7.78%、7.04% 和 4.15%。

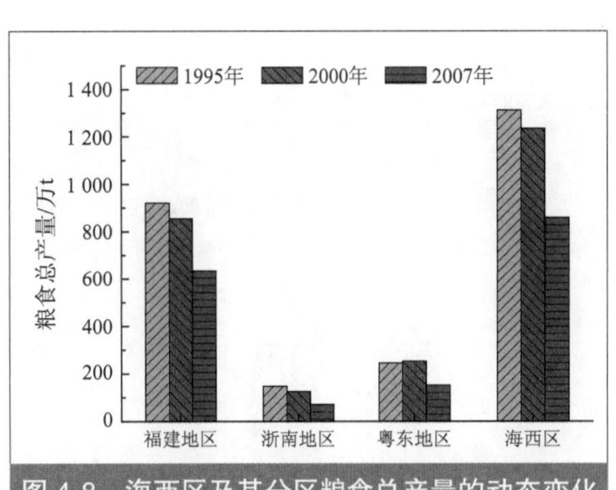

图 4-8　海西区及其分区粮食总产量的动态变化

综上所述，海西区及其各分区的粮食总产量不断下降，而且粮食总产量的年均降速不断加快。其中，浙南地区粮食总产量的年均降速最明显，粤东地区次之，福建地区最弱，三个分区粮食总产量的年均增速也不断加快。海西区及其分区粮食总产量的下降趋势，加剧了区域、国家粮食安全的供需压力（见图 4-8）。

（2）影响因素分析

海西区属亚热带海洋性季风气候，日照、水分充足，粮食品种较多，作物长势较好，单产较高，生产潜力大。1995—2007 年海西区粮食单产不断增加，由 4 924.43 kg/hm^2 增至 5 355.30 kg/hm^2，该区域单位面积的粮食生产能力渐趋增强（见图 4-9）。从海西区的分区来看，福建地区、浙南地区和粤东地区的粮食单产及其变化趋势均存在显著差异。1995—2007 年福建地区的粮食单产持续上升，浙南地区的粮食单产持续下降，粤东地区总体上呈下降趋势（1995—2000 年粤东地区的粮食单产不断上升）。其中，粤东地区的粮食单产最高，浙南地区次之，福建地区稍低；近年来福建地区的粮食单产已超过浙南地区。除 2007 年的浙南地区外，海西区及其分区的粮食单产均超过相应年份的全国平均水平，因此海西区粮食生产潜力巨大，为其粮食总产量的内涵式增长提供了坚实基础。

1995—2007 年海西区及其分区的耕地面积持续减少，各分区耕地面积的减少速度略有不同（见图 4-9）。其中，粤东地区耕地面积的减少速度最快，浙南地区次之，福建地区最慢。1995—2007 年福建地区、浙南地区、粤东地区和海西区耕地面积的年均降速分别为 0.53%、0.69%、0.76% 和 0.58%。如果没有复种指数、作物生产比例和粮食单产等因素的有利支持，耕地面积的减少将直接导致粮食总产量的下降。

由于优越的气候条件，海西区及其分区的复种指数都高于相应年份的全国平均水平。但是近年来海西区及其分区的复种指数也在不断下降。其中，浙南地区复种指数的下降趋势最明显，1995—2007 年年均降速为 2.55%，福建地区次之，粤东地区的较弱。海西区复种指数的不断下降，将带动农作物播种面积的降低，对粮食总产量的增长形成不利影响。

除耕地面积、复种指数外，粮食作物生产比例也是影响粮食作物播种面积的重要因素，与粮食价格关系密切。1995—2007 年海西区粮食作物比例始终低于全国平均水平，同时海西区及其分区的粮食作物比例也呈下降趋势。期间，福建地区粮食作物比例的下降趋势最明显，其次是浙南地区，粤东地区粮食作物比例的年均降速（0.72%）相对较小，但仍然高于同期全国平均水平（0.54%）。

从粮食总产量的影响因素来看，海西区的耕地面积、复种指数和粮食作物比例均呈下降趋势，使得粮食作物播种面积不断减少，成为海西区粮食总产量减少的根本原因；海西区的粮食单产表现出一定水平的增长趋势，但是年均增速较慢。在海西区各分区中，福建地区、浙南地区、粤东地区的耕地面积、复种指数和粮食作物比例多呈下降趋势，浙南地区和粤东地区的粮食单产不断降低，由此导致农作物播种面积的减少和粮食总产量的下降。

2. 粮食供需平衡

结合海西区及其分区的粮食总产量，以人均粮食占有量、粮食缺口和粮食自给率为主要

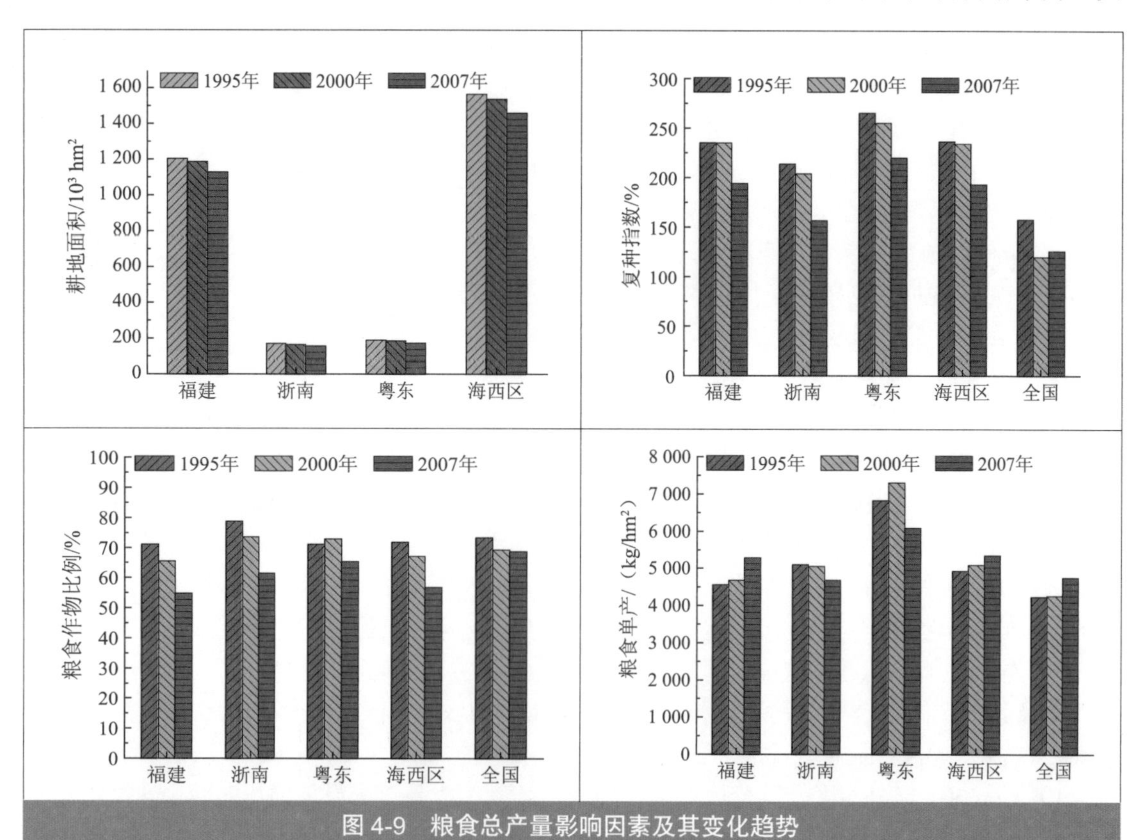

图 4-9 粮食总产量影响因素及其变化趋势

指标，对1995—2007年海西区粮食供需状况进行综合分析。

（1）人均粮食占有量

目前，国内多数研究把人均粮食占有量400 kg作为粮食生产是否达到小康水平的标准，人均粮食占有量300 kg是比较公认的温饱标准。但是20世纪80年代以来中国人均粮食消费量一直没有超过400 kg。研究表明，人均粮食370 kg是一个明显的界限，达到这个水平，就能够基本满足目前的食品消费需要。根据全国人均粮食消费水平及相关研究结果，按温饱型、宽裕型和小康型生活分类标准，将海西区人均粮食占有量分别设定为300 kg、370 kg和400 kg。

海西区及其分区的人均粮食占有量普遍较低，远低于同期全国平均水平。据统计，1995年、2000年和2007年海西区的人均粮食占有量分别为261.15 kg、229.45 kg和151.35 kg，仅是同期全国平均水平的67.79%、62.92%和39.87%，且远低于公认的温饱水平（300 kg）。在全国总量达到粮食供需平衡的情况下，以人均粮食占有量为主要指标，海西区的粮食供需状况属于紧缺型，甚至不能达到公认的温饱水平。因此，海西区粮食供需状况加剧了全国粮食供需的总体压力，不利于区域粮食供需平衡和国家粮食安全。同时，海西区的人均粮食占有量存在一定的区域差异。1995—2007年福建地区人均粮食占有量较高，其次是粤东地区，浙南地区的人均粮食占有量最少（见图4-10）。

由于人口总量与粮食总产量的反向变化，近年来海西区及其分区的人均粮食占有量均呈下降趋势。据统计，1995—2000年、2000—2007年和1995—2007年海西区人均粮食占有量的年均降速分别为1.09%、5.77%和4.44%，该区域人均粮食占有量不断降低，而且降速渐趋加快，使得海西区粮食供需状况更为紧缺。另外，海西区各分区的人均粮食占有量变化趋势也各不相同。1995—2007年浙南地区人均粮食占有量的降低趋势最明显，其年均降速达6.59%；粤东地区次之；福建地区的年均降速较慢，为3.88%。

综上所述，海西区及其分区的人均粮食占有量较低，远低于全国平均水平和公认的温饱标准；该区域及其分区的人均粮食占有量不断下降，且呈加快降低的趋势。海西区及其分区的粮食供需状况偏紧缺，加剧了国家粮食供需平衡的总体压力和对国家粮食安全的不利影响。

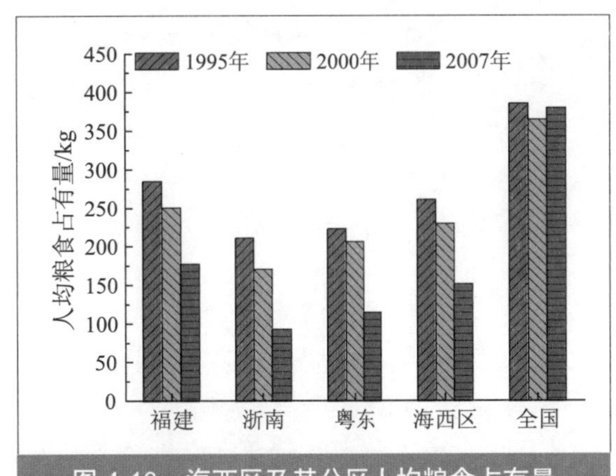

图4-10　海西区及其分区人均粮食占有量

（2）不同消费水平的粮食缺口与自给率

按温饱型、宽裕型和小康型粮食消费标准计算，1995年海西区粮食缺口分别为195.24万t、547.04万t和697.81万t，2007年粮食缺口分别为842.87万t、1 239.80万t和1 409.91万t。1995—2007年海西区粮食自给率均低于90%，粮食自给能力较差（见表4-36）。宽裕水平、小康水平下，2007年海西区的粮食缺口甚至超过其粮食总产量，粮食自给率不足

表4-36　不同年份海西区粮食供需状况

年份	总人口/万人	粮食总产量/万t	温饱型		宽裕型		小康型	
			粮食需求量/万t	自给率/%	粮食需求量/万t	自给率/%	粮食需求量/万t	自给率/%
1995	5 025.70	1 312.47	1 507.71	87.05	1 859.51	70.58	2 010.28	65.29
2000	5 376.35	1 233.61	1 612.91	76.48	1 989.25	62.01	2 150.54	57.36
2007	5 670.36	858.24	1 701.11	50.45	2 098.03	40.91	2 268.14	37.84

50%。由于海西区人多地少且以山地、丘陵为主，1995—2007年该区域粮食生产量难以满足粮食需求量，粮食供求缺口呈逐步扩大的趋势，对国家粮食安全构成一定程度的威胁。

不同粮食消费标准下，海西区粮食缺口和粮食自给率存在显著的区域差异。其中，福建地区的粮食自给率较高，介于44%～96%；粤东地区次之，其粮食自给率介于28%～75%；浙南地区的粮食自给率最小，均低于71%。不同粮食消费标准下，1995—2007年福建地区、粤东地区和浙南地区的粮食自给率均呈下降趋势。

综上所述，不同粮食消费水平下，海西区及其分区的粮食自给率较低，均存在较大的粮食缺口，部分年份粮食缺口甚至超过其粮食总产量。结果表明，海西区粮食供需矛盾一直存在，对外界粮食输入的依赖性较强。另据国家粮食局统计，北京、天津、上海、浙江、福建、广东、海南等7个粮食主销区的粮食自给率都低于50%，这些地区要实现粮食的供需平衡，对粮食主产区乃至全国的依赖性更强；这与本研究的评价结果相符。因此，海西区粮食供需失衡，对粮食主产区乃至全国粮食供需平衡的影响较大。

三、土地资源承载能力分析

1. 土地资源承载能力概念

土地资源承载力就是以土地资源的自然属性为基础，以土地资源利用效率为依据，评估土地资源对重点产业发展的支撑能力。考虑到土地资源开发利用与陆域生态系统健康的相互关系，将海西区土地资源承载能力确定为：在“陆域生态系统结构、功能基本稳定，陆域生态环境质量保持全国领先地位”的前提下，海西区及其分区土地资源可支撑的最大开发强度及其对重点产业用地需求的满足程度。

2. 土地资源承载能力评估

（1）土地资源开发强度

根据遥感调查，2007年海西区土地开发强度（以建设用地与土地总面积的比例计）为2.68%，低于同期全国平均水平（3.44%）。结合海西区土地利用结构，以林地、草地为主的自然生态用地在土地利用结构中占主导地位，为该区域陆域生态环境质量提供了良好的生态保障，使得该区域生态环境质量居全国前列，特别是中、西部山区的陆域生态系统保存状态较好。

受海陆位置、交通条件和对外开放程度等因素的影响，海西区土地资源开发强度表现出显著的区域差异。浙南、粤东以及闽江—九龙江口沿海地带的土地资源开发强度明显偏高，高于2007年全国平均水平（3.44%）；其中浙南沿海土地资源开发强度高达18.09%，甚至高于2006年长江三角洲土地资源开发强度（17.4%）。可以看出，沿海地带土地资源开发强度已经达到较高水平，明显高于海西区土地开发强度的平均水平。

以山地、丘陵为主的地貌特征限制了海西区内陆地区的社会经济发展。内陆地区土地资源开发强度普遍较低，均不超过2.4%；建溪流域、富屯溪流域、沙溪流域、浙南诸河、闽东诸河、敖江流域、闽江中游和龙江—木兰溪—晋江上游等地的土地资源开发强度均不足1%。考虑到内陆地区在水源涵养、生物多样性保护及生态环境质量维护等方面的重要意义，较低的土地资源开发强度也为海西区优越的生态环境质量提供了重要保障（见表4-37）。

综上所述，海西区土地资源开发强度总体上较低，但是土地资源开发强度表现出显著的区域差异。沿海地带的土地资源开发强度较高，高于全区平均水平；内陆地带土地资源开发强度相对较低，为海西区生态环境质量和区域生态安全提供了重要保障。

（2）后备土地资源

在陆域生态保护底线下，海西区土地资源可支撑的开发强度尚有一定的上升空间。海西区土地资源开发强度可以达到5.96%，高于目前的2.68%；建设用地可由目前的3 833 km^{2}增至8 929 km^2。因此，海西区土地资源尚具有一定程度的开发、利用潜力。

海西区土地资源人均水平较低，人地矛盾突出；加之山地、丘陵等地貌的制约，使得宜耕、宜园及宜于居住、宜于开发建设的土地资源更少；目前尚未开发的土地多为沼泽地、裸土地和裸岩石等，开发条件较差。即使海西区土地资源的开发强度升至5.96%，也远低于2006年长江三角洲土地资源开发强度（17.4%）。长远来看，海西区可利用土地资源比例较低，后备土地资源相对有限。因此，在陆域生态保护底线下，海西区及其分区土地资源尚具有一定的开发、利用潜力，但是相对有限，后备土地资源明显不足。

表4-37　海西区土地资源开发强度及其建设用地规模

生态分区	土地面积/km^2	开发强度		建设用地	
		现状值/%	调整值*/%	现状值 km^2	调整值*/km^2
11	15 911.96	0.54	3.50	86.61	556.64
12	13 654.24	0.45	4.82	60.96	657.80
13	12 607.23	0.95	2.88	119.44	362.50
14	12 417.32	0.98	2.80	121.17	347.07
20	9 370.67	0.74	3.56	69.00	333.70
21	7 750.35	0.36	5.30	27.67	411.15
22	2 709.91	0.34	3.49	9.18	94.59
23	16 943.62	0.42	1.85	71.06	313.28
24	2 862.11	0.46	2.46	13.23	70.44
25	8 767.16	1.04	4.63	90.75	406.00
30	1 753.00	18.09	21.95	317.09	384.84
31	3 982.37	1.94	14.25	77.17	567.66
41	5 054.53	2.24	4.21	113.25	213.01
42	4 114.12	2.33	14.14	96.04	581.53
43	1 810.91	0.58	4.08	10.58	73.91
44	4 353.94	2.12	5.86	92.38	254.94
51	2 047.82	11.23	17.12	229.92	350.56
52	4 713.17	12.67	17.16	597.31	808.95
53	3 321.26	16.15	19.42	536.45	644.91
54	2 880.42	5.53	12.20	159.17	351.39
55	6 140.33	15.22	18.64	934.75	1144.37
海西区	143 166.46	2.68	5.96	3 833.16	8 929.22

注：* 调整值表示在“陆域生态系统结构、功能基本稳定，陆域生态环境质量继续保持全国领先”的前提下土地资源可支撑的最大开发强度及相应的建设用地规模。

在陆域生态保护底线下，海西区沿海地带的土地开发强度均超过12.2%，建设用地面积可达4 252.68 km^2，占海西区建设用地总面积的47.63%，为沿海地带重点产业发展提供了相应的用地保障。闽江口沿海、九龙江沿海和莆泉沿海土地开发强度的增长趋势较明显。

在陆域生态保护底线下，中西部山区土地开发强度的上升空间较小；闽江中游、龙江—木兰溪—晋江上游、汀江流域、敖江流域、建溪流域等地的土地开发强度均不足3.5%，远远低于全区平均水平（5.96%）。这类地区一般是东南沿海诸河的中上游，植被覆盖条件和生态系统保护状况较好，在水土保持、水源涵养、生物多样性保护以及生态安全保障等方面具有重要意义，可供开发的土地资源比例更小。

从生态服务功能和生态安全的角度来看，海西区土地资源及其开发潜力存在显著的区域差异。沿海地带土地资源的开发条件较好，开发潜力较大，后备土地资源较中西部山区稍高，但是也很有限。由于海西区重点产业多布局在沿海地带，沿海地带后备土地资源为重点产业中长期发展提供了相应的用地保障。结合中西部山区的生态服务功能及其在生态安全保障方面的重要性考虑，中西部山区土地资源的开发强度和开发潜力相对较低。

（3）土地产出率

按照工业用地与居住用地的国际标准（1 ∶ 1），根据土地产出率（单位建设用地的重点产业产值）的现状水平和参考水平，估算不同情景方案下海西区重点产业中长期发展的用地需求；参照陆域生态保护底线下的干扰阈值，评价海西区土地资源对重点产业发展用地需求的满足程度。其中，土地产出率的现状水平是指 2007 年海西区及其分区建设用地对重点产业的产出率，土地产出率的参考水平采用 2007 年上海市建设用地对重点产业产出率的 75%，土地产出率由重点产业总产值与建设用地面积的比值表示。

① 按土地产出率的现状水平，多数分区无法满足重点产业发展的用地需求。

按照土地产出率的现状水平，国家宏观调控方案下海西区 9 个分区重点产业中期发展（2015 年）的用地需求将超过其土地资源可支撑的最大开发强度；生态环境愿景情景方案和地方愿景规划方案下均有 10 个分区重点产业中期发展的用地需求超过其土地资源可支撑的最大开发强度。因此，按照海西区土地产出率的现状水平，3 个方案下均有部分分区的土地资源无法满足其重点产业中期发展的用地需求，出现土地资源的超载状况，造成对自然生态用地的占用，并对陆域生态系统健康构成威胁；这类分区包括浙南沿海、闽东沿海、闽江口沿海、莆泉沿海、九龙江口沿海、龙江—木兰溪—晋江中游、粤东山地、潮汕平原、沙溪流域以及龙江—木兰溪—晋江上游区域。

按照土地产出率的现状水平，国家宏观调控方案和生态环境愿景情景方案下海西区均有 13 个分区的土地资源无法满足其重点产业长期发展（2020 年）的用地需求；地方愿景规划方案下将有 14 个分区的土地资源出现超载状况。与中期相比，更多分区的土地资源无法满足重点产业长期发展的用地需求，占海西区分区的一半以上；新增的无法满足重点产业长期发展用地需求的生态分区包括汀江流域、闽江中游、浦云诏沿海和浙南诸河。

就海西区整体而言，按照土地产出率的现状水平，3 个情景下重点产业中长期发展的用地需求均超过其土地资源的最大开发强度，后备土地资源无法满足重点产业中长期发展的用地需求。因此，海西区也将出现土地资源对重点产业中长期发展的超载状况。

总体来看，在陆域生态保护底线下，按照土地产出率的现状水平，3 个情景下海西区及其多数分区的土地资源均无法满足其重点产业中长期发展的用地需求。在后备土地资源有限的情况下，要实现规划的产业发展情景，必须大幅提高土地资源对重点产业的产出率。

② 按土地产出率的参考水平，多数分区可以满足重点产业发展的用地需求。

选择上海市建设用地对重点产业产出率的 75% 作为海西区土地产出率的参考水平，评价不同情景下海西区及其分区土地资源对重点产业中长期发展用地需求的满足程度。

按照上海市建设用地对重点产业产出率的 75%，国家宏观调控情景、生态环境愿景情景方案和地方愿景规划情景下分别有 19 个、18 个和 17 个分区土地资源可以满足重点产业中期发展的用地需求。就重点产业中期发展而言，通过土地产出率的大幅提高，海西区及其分区土地资源的供需矛盾将会得到有效缓解，绝大多数分区数可以实现土地资源与重点产业的协调发展，避免重点产业发展对陆域生态系统健康和生态环境质量造成威胁；仅沙溪流域、浙南沿海、闽东沿海、闽江口沿海的土地资源无法满足重点产业中期发展的用地需求。

按照上海市建设用地对重点产业产出率的 75%，国家宏观调控情景、生态环境愿景情景和地方愿景规划情景下分别有 17 个、17 个和 16 个分区的土地资源可以满足其重点产业长期发展的用地需求。通过土地产出率的大幅提高，海西区大多数分区的后备土地资源也可以满足重点产业长期发展的用地需求。其中，沙溪流域、浙南沿海、闽东沿海、闽江口沿海和潮汕平原的土地资源无法满足重点产业长期发展的用地需求。

就海西区整体而言，按照上海市建设用地对重点产业产出率的75%，国家宏观调控情景、生态环境愿景情景和地方愿景规划情景下海西区重点产业中长期发展的用地需求均低于其土地资源的开发强度，海西区土地资源可以满足其重点产业中长期发展的用地需求，不会对海西区陆域生态系统健康和生态环境质量造成威胁。

总体来看，在陆域生态保护底线下，按照上海市建设用地对重点产业产出率的75%，国家宏观调控情景、生态环境愿景情景和地方愿景规划情景下海西区及其大多数分区的土地资源可以满足重点产业中长期发展的用地需求，避免对陆域生态系统的健康状况和生态服务功能造成威胁；但是仍有部分分区的土地资源无法满足重点产业中长期发展的用地需求，包括沙溪流域、浙南沿海、闽东沿海、闽江口沿海和潮汕平原。一方面，沙溪流域等地处海西区北部山区，山地、丘陵广布，承担着水源涵养、生物多样性保护等生态服务功能，适宜建设、开发的土地资源较少；另一方面，沿海地带土地资源的开发强度较高，后备土地资源相对有限；土地资源的产出率已达到较高水平，从而导致按照土地产出率的参考水平也会出现“土地资源无法满足重点产业发展用地需求”的现象。

3．评价结论与建议

综上所述，以陆域生态保护底线为前提，在土地产出率的现状水平下，海西区及其多数分区的土地资源无法满足重点产业发展的用地需求；在土地产出率的参考水平下，海西区及其多数分区的土地资源可以满足重点产业发展的用地需求。因此，在海西区及其分区的后备土地资源相对有限的情况下，提高土地资源产出率成为满足该区域重点产业发展用地需求的必要途径。按照土地产出率的现状水平或参考水平，不同情景下，海西区及其分区重点产业中长期发展的用地需求各不相同，加之后备土地资源的区域差异，土地资源对重点产业用地需求的满足程度也存在较大差异。其中，国家宏观调控情景下海西区及其分区土地资源对重点产业发展用地需求的满足程度相对较好，生态环境愿景情景下次之，地方愿景规划情景下海西区及其分区土地资源对重点产业发展用地需求的满足程度相对较差。

第五节　岸线资源承载力评估

一、岸线资源及开发利用状况

海西区港口岸线资源丰富，区位优势独特，具有巨大的发展潜力。在全面推进海峡西岸两个先行区建设的过程中，港口已经成为区域经济社会发展的“一大资源、一大优势、一大潜力”，是海西区扩大对外开放、服务全国大局、促进两岸交流的有力支撑和重要平台。

台湾海峡地处西太平洋航道的中心，是世界货运主航道之一。海西区各港口在800 km海运半径内，北可上溯至长三角沿海港口群，南可下达珠三角城市港口群，东可横渡台湾海峡，到达台湾地区各大港，海运区位优势明显，货物与人员集疏运便利。

1．岸线资源

我国大陆海岸线北起辽宁省丹东鸭绿江口，南至广西壮族自治区北仑河口，长约1.84万km。海西区海岸线位于我国大陆岸线中部，北起温州乐清市（北纬28° 22' 41.47"，东经121° 12' 3.34"），南至潮州市海门湾（北纬23° 5' 57.51"，东经116° 32' 41.58"），海西区海岸线漫长曲折，大陆岸线总长4 419 km。沿海岛屿星罗棋布，优良港口众多，港口资源丰富，是我国深水岸线最富集的地区之一。海西区海岸类型主要有基岩海岸、砂质海岸和淤泥质海岸。砂质海岸多形成于基岩岬角间开阔的海湾内，沿岸沙堤、沙坝、沙嘴，海成阶地和平原地貌发育，岸线较为平直。淤泥质海岸主要分布于海湾顶部和河口地带，按其物质来源和地理位置可分为港湾型和河口型。

福建省海岸线长3 752 km，共有大小港湾125个，海湾沿岸地形掩护条件优良，不少海湾湾中有湾，港中有港，口小腹大，水域平静，分布着许多天然良港。其中深水港湾22个，可建5万t级以上深水泊位的天然港湾有沙埕湾、三沙湾、罗源湾、兴化湾、湄洲湾、厦门港、东山湾等7个港湾，全省可开发利用建港的岸线全长597.6 km，其中深水岸线311 km。福建港口资源具有三大优势特征：深水岸线资源丰富，具有建设深水大港的优势；建港自然条件优越，具有投资省的优势；大、中、小港址齐备，组合配套性好。

表4-38　海西区岸线资源统计汇总　单位：km

地区		大陆岸线	海岛岸线	其中深水岸线
浙江省	温州	339	676	67.3
福建省	宁德	1 046	101	311
	福州	920	390	
	莆田	336	107	
	泉州	541	117	
	厦门	194	32	
	漳州	715	60	
广东省	潮州	136	153.1	50
	揭阳	82	77	
	汕头	110	167	
合 计		4 419	1 880.1	428.3

浙江省温州市大陆海岸线北起乐清湾顶与台州市交界的湖雾，南至与福建省交界的沙埕港，总长339 km，海岛岸线长676 km。沿岸有乐清湾、温州湾等较大的港湾。温州市海岸带总体呈现大陆海岸带由丘陵海岸、基岩港湾、河口段相间分布，外部岛屿星罗棋布的特点，共有深水岸线67.3 km。

广东省潮州、汕头和揭阳三市海岸线达328 km，也可建不少万吨级以上的泊位，适宜建港的深水岸线超过50 km（见表4-38）。

2．岸线利用现状

目前，海西区已初步形成以厦门港、福州港为主枢纽港，以温州港、泉州港和汕头港为地区性重要港口的岸线利用格局。海西区范围内厦门港、福州港已进入全国十大港口行列，温州港、汕头港也分别是全国25个沿海主枢纽港之一。

福建省沿海已利用建港自然岸线为101.9 km，占全省大陆海岸线的2.7%，占规划利用建港自然岸线长度的17.1%（未利用建港自然岸线占82.9%），已利用深水建港自然岸线37.3 km，占规划深水建港自然岸线长度的12%，已利用岸线主要集中厦门港、福州港和泉州港。

截至2005年年底，温州港共有生产性泊位211个，通过能力2 782万t(其中深水泊位9个，通过能力711万t)，集装箱通过能力16万TEU，全港完成货物吞吐量3 637万t（其中集装箱23万TEU)。

截至2007年年底，福建省沿海港口共拥有生产性泊位495个，其中万吨级以上深水泊位89个；沿海港口2007年完成货物吞吐量2.36亿t，集装箱686万TEU。

表 4-39　海西区沿海港口现状

港口	码头长度 /m	生产性泊位数 / 个	其中：万吨级以上深水泊位数 / 个	通过能力		2007 年完成吞吐量	
				通过能力 / 万 t	其中集装箱 / 万 TEU	吞吐量 / 万 t	其中集装箱 / 万 TEU
厦门港	17 104	132	41	7 152	555	8 117	463
福州港	14 274	153	32	5 143	138	6 433	120
泉州港	8 402	66	12	3 318	101	6 215	102
莆田港	2 439	37	2	401	3	1 613	0.9
漳州港	1 509	21	0	388	2	533	0
宁德港	4 463	86	2	955	2	691	0.3
汕头港	4 892	82	16	2 518	58	2 301	59.4
温州港		211	9	5 043	38	4 247	23

截至 2007 年年底，汕头港共有生产性泊位 82 个，万吨级以上泊位仅有 16 个，通过能力 2 518 万 t，集装箱 58 万 TEU；全港完成货物吞吐量 2 301 万 t，集装箱 59.4 万 TEU（见表 4-39）。

3．岸线利用规划

海西区从北至南分布着温州港、宁德港、福州港、莆田港、泉州港、厦门港、漳州港、汕头港八个主要港口（见图 4-11）。

温州市规划的港口岸线总长 189.26 km，占海岸线长度的 55.8%。深水岸线资源 67.3 km，占港口岸线的 35.5%，全部为可成片开发岸线。其中未开发且条件较好的深水成片开发岸线仅有 15.6 km，占港口岸线的 8.4%。福建省沿海港口规划可利用建港的自然岸线全长 597.6 km，其中深水岸线 311 km，占全部规划可建港自然岸线的 52%。规划重点建港岸段共 25 段，长度 386.9 km，占全省大陆海岸线 10.3%，其中深水岸线 243 km（见表 4-40）。汕头市海岸线长约 110 km，规划港口岸线约 19.2 km，占海岸线长度的 17.5%。

福建省、温州市和汕头市规划建港岸线长 595.36 km，占海西区大陆海岸线的 13.5%。

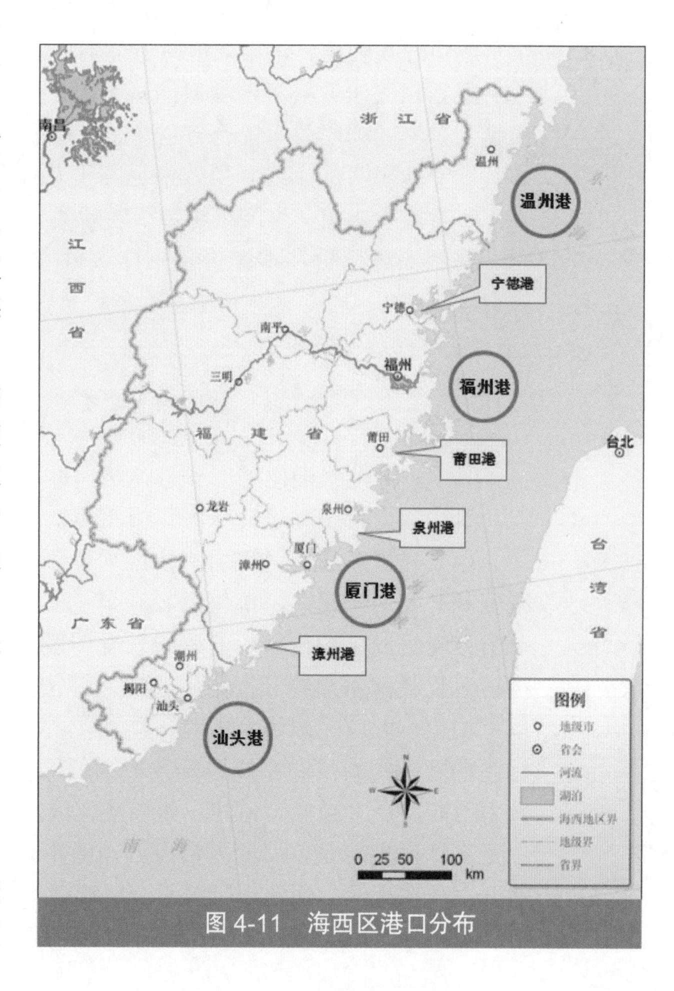

图 4-11　海西区港口分布

4．岸线资源利用效率分析

（1）评价指标

岸线作为港口的重要资源，其利用效率必然会受地理位置、水深条件、腹地条件、政策环境、货物吞吐量、集疏运系统等资源条件因

表 4-40 福建省沿海重点建港自然岸线利用规划

序号	港口名称	岸线名称	规划利用岸线长度 / km	已利用岸线长度 / km	已利用岸线长度 / 规划利用岸线长度 /%	利用现状
1	宁德	杨岐、城澳、溪南、白马门、漳湾等 5 段岸线	84.9	1.6	1.9	除溪南岸段未利用外，其余岸段部分利用
2	福州	青州—长安、松下、狮岐—将军帽、可门、江阴、牛头尾共 6 段岸线	95.3	18.5	19.4	除牛头尾岸段未利用外，其余岸段部分利用
3	莆田	兴化湾南岸、秀屿、东吴共 3 段岸线	87.2	5.0	5.7	除兴化湾南岸岸段未利用外，其余岸段部分利用
4	泉州	肖厝—鲤鱼尾、斗尾、秀涂、石湖共 4 段岸线	43.7	17.0	38.9	除秀涂岸段未利用外，其余岸段部分利用
5	厦门	刘五店、东渡、嵩屿—海沧、招银、后石共 5 段岸线	55.4	32.9	59.4	除东渡岸段已利用外，其余岸段部分利用
6	漳州	古雷、城垵共 2 段岸线	20.4	1.0	4.9	部分利用
合计		共 25 段	386.9	76.0	19.6	

素的影响。不同的港口本身所具有的条件千差万别，本评价是从宏观角度讨论岸线利用效率的影响因素，因此对由于港口自身条件而影响岸线利用效率的各种因素不进行讨论，而是着重从港口开发强度、港口规模两方面对岸线利用效率的影响进行分析。

根据相关研究资料，港口的规模对于岸线利用效率会产生“规模效应”的影响，港口规模越大，岸线利用效率会趋向越高。不同的货物结构会有不同的岸线利用效率，煤炭、石油、矿石等专业码头的岸线利用效率远高于其他货码头的利用效率。港口的规模由通过该港口的人流、货流所决定，生产组织最终表现为货物的装卸量，因此，吞吐量可以反映港口规模。

综合上述分析，本评价采用岸线开发效率、岸线产出效率指标进行岸线资源利用效率评价。

① 岸线开发效率。

$$岸线开发效率=\sqrt{\frac{万吨级泊位密度}{平均泊位占用码头岸线长度}}$$

其中，万吨级泊位密度 = 万吨级泊位总数 / 码头岸线总长度；

平均泊位占用岸线长度 = 码头岸线总长度 / 泊位总数。

由上式可以看出，平均泊位占用岸线长度可以表征岸线的利用效率，该指标越小表明岸线资源开发效率越高，单位为 km/ 个；但是该指标并不能完全反映岸线资源利用效率，因为单个万吨级以上泊位占用的岸线长度一般大于较小泊位所占用的岸线长度。万吨级泊位密度指标可反映深水岸线开发利用情况，单位为个 /km。以上两指标相除，可以消除由于万吨级以上泊位一般占用较长岸线对平均泊位占用岸线长度的干扰；为了使单位更规范，取两个指标商的开方作为反映岸线开发效率高低的指标，单位为个 /km，该指标值越大说明岸线开发效率越高，反之越低。另外，如果某区域没有万吨级泊位，则该指标值为零，显然不太合理，由于本评价主要是以海西区沿海各地级市作为评价对象，如果没有万吨级泊位，则说明其岸线开发效率极低，因此该问题不会影响评价结论。

② 岸线产出效率。岸线产出效率采用货物吞吐量密度指标表征。

货物吞吐量密度 = 货物吞吐量 / 码头岸线总长度

由上式可以看出，该指标反映了单位岸线长度所容纳的货物吞吐量，单位为 t/m。该指标值越大表示已开发岸线产出效率越高，反之则越低。

（2）各地市岸线资源利用效率分析

海西区沿海岸线开发效率和岸线产出效率都明显小于国内主要港口相应值，海西区岸线开发效率最大值仅是上海港的 50% 左右，岸线产出效率最大值仅是宁波港的 28% 左右，说明海西区沿海岸线资源利用效率远低于国内领先水平（见表 4-41、表 4-42 及图 4-12）。

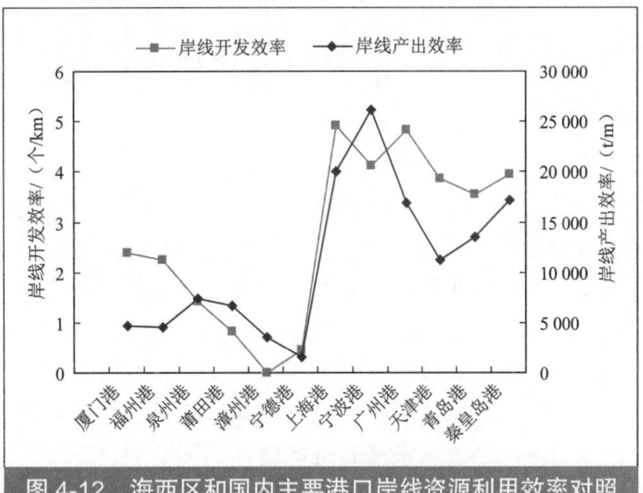

图 4-12　海西区和国内主要港口岸线资源利用效率对照

海西区岸线开发效率以厦门港最大，依次为福州港、泉州港、莆田港、宁德港，漳州港现状万吨级以上泊位数为零，说明其岸线开发效率较低。岸线产出效率以泉州港最大，依次为莆田港、厦门港、福州港、漳州港和宁德港。根据相关研究，岸线产出效率受到港口规模和货物结构的影响，不同的货

表 4-41　海西区岸线资源利用效率指标

港口	码头岸线长度 / m	生产性泊位数 / 个	其中：万吨级以上深水泊位数 / 个	吞吐量		万吨级泊位密度 / (个 /km)	平均泊位占用岸线长度 / (km/ 个)	岸线开发效率 / (个 /km)	岸线产出效率 /(t/m)
				吞吐量 / 万 t	其中集装箱 / 万 TEU				
厦门港	17 104	132	41	8 117	463	2.40	0.42	2.40	4 745.67
福州港	14 274	153	32	6 433	120	2.24	0.45	2.24	4 506.80
泉州港	8 402	66	12	6 215	102	1.43	0.70	1.43	7 397.05
莆田港	2 439	37	2	1 613	0.9	0.82	1.22	0.82	6 613.37
漳州港	1 509	21	0	533	0	—	0.07	—	3 532.14
宁德港	4 463	86	2	691	0.3	0.45	2.23	0.45	1 548.29
汕头港	4 892	82	16	2 301	59.4	—	—	—	—
温州港	—	211	9	4 247	23	—	—	—	—

表 4-42　我国主要港口岸线资源利用效率指标

港口	码头岸线长度 /m	生产性泊位数 / 个	其中：万吨级以上深水泊位数 / 个	吞吐量 / 万 t	岸线开发效率 / (个 /km)	岸线产出效率 / (t/m)
上海港	18 959	117	74	37 896	4.91	19 988.40
宁波港	8 645	49	26	22 586	4.13	26 126.08
广州港	12 768	103	37	21 520	4.84	16 854.64
天津港	18 380	98	52	20 619	3.88	11 218.17
青岛港	12 005	49	37	16 265	3.55	13 548.52
秦皇岛港	8 759	36	33	15 037	3.94	17 167.48

物结构会有不同的岸线利用效率，煤岸、石油、矿石等专业码头货物集运量大、密度高，其岸线产出效率远高于其他货种码头。由于泉州港是海西区石油及其制品运输的主要港区，莆田港以粮食、煤炭、矿建材料等运输为主，厦门港和福州港集装箱运输量所占比重较大，因此，厦门港和福州港岸线产出效率较泉州港、莆田港小。

综上所述，海西区岸线资源利用效率较低，远低于国内先进水平，厦门港、福州港岸线利用效率大于海西区其他港口。

二、重点海湾岸线资源承载力分析

1. 乐清湾

（1）岸线资源

乐清湾为半封闭型港湾，三面环山，湾口有大小门岛、横趾岛、鹿栖岛等天然屏障，掩护条件良好。乐清湾属于在基岩港湾背景上发育形成的淤泥质海岸，部分岬角、基岩海岸相间分布。海域面积 463.6 km^2，滩涂面积 220.8 km^2，海岸线全长约 184.7 km。

从自然条件看，乐清湾三面环山，湾口有众多岛屿为屏障，是天然避风港。同时，乐清湾港区城市依托好，具有良好建港自然条件，是温州港易于起步的外海深水港区。

（2）岸线利用现状

目前温州港的岸线开发以瓯江口内岸线为主，口外的海岸线及岛屿岸线因后方交通困难，腹地经济发展水平不高，开发利用率较低。温州港总体岸线利用效率约为 1 600 t/m，乐清湾港区与深圳盐田港区、宁波镇海港区相比有一定的差距，除陆域面积、泊位、航道、集疏运等各方面因素外，分析认为温州港的岸线还具有进一步提高利用率的潜力。

（3）生态敏感性分析

乐清湾是浙江省政府确定的海水增养殖基地，也是浙江省极为难得的滩涂贝类苗种基地，现已成为我国最大的泥蚶苗种基地和最大的泥蚶苗中间培育基地。而苗种生产是发展海水养殖业的咽喉，在海水养殖中占重要位置。

乐清市西门岛海洋特别保护区属国家级海洋特别保护区，海域面积 30.8 km^2，陆域面积 6.9 km^2。主要保护对象为红树林、珍稀鸟类及滨海湿地环境。西门岛周边浅海滩涂面积广阔，海洋资源种类繁多，构成以丰富的海洋生物资源、全国最北端的红树林植物和黑嘴鸥、黑脸琵鹭等珍稀鸟类为主体的滨海湿地生态系统，具有极大的生态保护、科学研究和综合开发价值。

（4）岸线资源承载力分析

乐清湾港口岸线资源是温州市目前尚未开发的最好的港口岸线资源，有着良好的深水岸线资源和广阔平坦的陆域，城市依托条件良好，集疏运条件易于解决，靠近腹地货源。成规模、集约化开发该处港口岸线资源可以有效带动后方土地开发，缓和部分工业用地不足，促进城市空间布局的完善，形成温州市新的经济增长区。

总体来讲，乐清湾港区发展潜力较大，拥有水产、深水港口和土地三大资源，但鉴于各种资源存在着相互依存、互相制约的密切关系，在岸线资源开发利用中应该注意两方面的问题：一是需要统筹协调好港口开发与海水养殖的关系，在合理规划和利用围垦海域与滩涂的同时，对现有滩涂湿地生态系统加以有效保护，可适当改变海水养殖模式；二是乐清湾港区的开发要适度控制，与其港口的地位相一致，与区域综合运输的枢纽相匹配，做到规模化、集约化发展，方能真正促进和带动后方土地开发。

2. 三沙湾

（1）岸线资源

三沙湾四周为山环绕，海岸曲折复杂，主要由基岩、台地和人工海岸组成，岸线总长度为 488.835 km。三沙湾拥有水域面积 675.503 km²，其中 −50 ～ −10 m 深水锚地 84 km²，岸线 72 km。随着三沙湾周边的工业、商业和内陆交通运输业的发展，港口发展也很迅速，而且由于三沙湾腹大、口小、水深且风小、浪低，具备建设大型港口的优越的自然条件。深水港口资源尚未开发，蕴藏巨大开发潜力。

三沙湾拥有天然的深水航道，主航道水深多在 30 m 以上，大型船舶可全天候进港。三沙湾岸线资源丰富，适宜建港的岸线主要有城澳、漳湾、白马、溪南（长腰岛）、关厝埕、东冲、三都岛等岸线。

（2）岸线利用现状

三沙湾海岸线除了港口码头占用岸线外，还有城镇、工业企业、居民村落、驻军、城市生活、旅游休闲、渔业及水产养殖、生态保护区等大量沿海岸线。三都澳适港岸线除城澳、漳湾、白马岸线已部分作为港口或临港工业开发外，其他都未开发利用。

从港口岸线利用现状分析看，除三都澳的城澳、漳湾、白马外，其余港口岸线尚未开发利用。这些未开发的港口岸线，尤其是深水岸线资源具有极好的自然条件，具有极高的开发价值，但需合理规避生态敏感岸线。

（3）生态敏感性分析

三沙湾的生态敏感区主要为：官井洋大黄鱼繁殖保护区和环三都澳湿地水禽红树林保护区。

① 官井洋大黄鱼繁殖保护区。1985 年福建省设立“官井洋大黄鱼繁殖保护区”，包括官井洋大黄鱼产卵及周边海域，总面积为 314.64 km²，其核心的产卵场面积为 88 km²，周边海域缓冲区面积为 226.64 km²，主要保护对象为大黄鱼产卵群体（见图 4-13）。

② 官井洋大黄鱼国家级水产种质资源保护区。物种种质资源的收集和保存是维护生态环境、保持物种多样性的有效措施之一，建立水产种质资源保护区是我国渔业资源养护工作的一项重要举措，水生生物资源养护工作纳入了国家生态安全建设的总体部署。为保护大黄鱼这一国家重点保护经济水生动物和地方特有的水生动物，保护我国唯一的（官井洋）内湾性大黄鱼产卵场、索饵场、洄游通道等重要的繁殖栖息水域，协调开发与建设、保护、利用的关系，强化保护水生生物多样性和水域生态系统完整性，2007 年 12 月，官井洋大黄鱼列入首批农业部公布的国家级水产种质资源保护区，2007 年又设立“官井

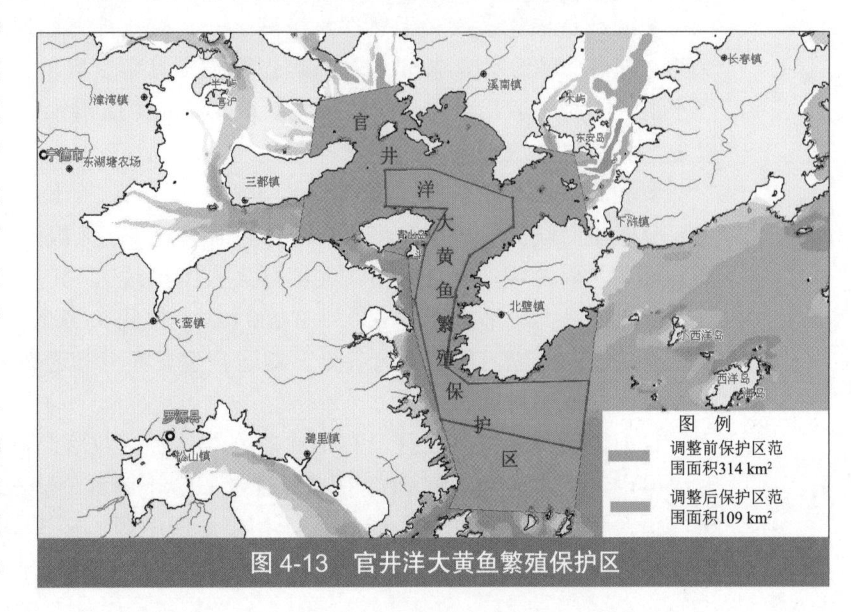

图 4-13　官井洋大黄鱼繁殖保护区

洋大黄鱼国家级水产种质资源保护区”，保护区总面积 19 000 hm^2，划分为核心区和实验区两个功能区，其中核心区面积 3 500 hm^2，实验区面积 15 500 hm^2。

（4）岸线资源承载力分析

环三都澳虽然具备相对丰富的后备土地资源，但可建设用地资源有限，人地矛盾突出，面对港口和临港工业未来发展的巨大需求，港口建设应在满足使用功能的要求下，采用科学、合理的布置方案，尽量减少围海造陆和滩涂使用面积，以实现岸线资源的可持续利用。港口建设尽可能避免布置在渔业资源养护区、海洋保护区和生态环境比较敏感的海区，鉴于三沙湾在我国海洋生态系统中的特殊地位，以及湾内官井洋分布有我国唯一的内湾性大黄鱼繁殖区和种质资源保护区，需对其给予特别保护。

① 三都澳腹大口小，岸线曲折绵长，滩涂面积大，湾内各个水道水流流态复杂，大规模港口和临港工业开发带来的围海造陆和码头建设，必然会对湾内水动力特性和泥沙运动形态产生影响，因此，湾内围填需适度控制、逐步引导湾外发展。

② 三沙湾生态环境保护较好，拥有官井洋大黄鱼国家级水产种质资源保护区（国家级）、官井洋大黄鱼繁殖保护区（省级），港湾内又是重要的水产养殖区，应加强对三沙湾生态环境和官井洋大黄鱼产卵场的保护。大型钢铁、重化工业都属于生态环境影响较大的工业产业，且港口运输的海洋污染事故风险较高。因此，对于这类产业的引进必须十分慎重。

③ 三沙湾拥有大量未开发的深水岸线，同时还拥有丰富的滩涂资源，这是该地区具有的独特优势。但要加强对规划的岸线资源和滩涂资源开发利用的控制，合理利用岸线资源和滩涂资源，提高港口资源利用率。

④ 未来港口不仅具有海上交通、客货转运、商贸和生产功能，同时具有旅游、生活、人文景观的功能，港口选址、布局和规模应从自然环境、资源、空间等角度考虑海域、陆域和岸线的开发利用，注重开发与保护相协调，力求防止水域污染，维护生态平衡，保护沿岸自然景观。

3. 罗源湾

（1）岸线资源

罗源湾是福建省六大大然深水港湾之一，深水岸线、港口航道、锚地资源丰富，湾内纵深约 25 km，平均宽度 7 km，有岛屿作屏障，具备良好的避风条件，水体含沙量少，湾口可门水道、岗屿水道、岗屿—门边一线以东及湾北侧航道水深大多大于 10 m，最大水深达 70 m 以上，具有建设深水港口的良好条件。

罗源湾深水岸线东自罗源湾口、西至松山镇迹头，全长约 35 km，其中深水岸线长 9.05 km，主要分布在狮歧头、碧里和将军帽，可建万吨至 5 万 t 级泊位码头 20 多个。中深岸线从迹头至狮歧头，海岸线全长 11 km（大部分为人工岸线），其深水岸线长近 5 km，主要分布在迹头至下土港之间，适合于建 300 ～ 3 000 t 级泊位码头多个。浅水岸线遍布除深水、中深水岸线以外的罗源县境内的罗源湾各处，均适合建设渔港和避风港。

（2）岸线利用现状

目前罗源湾经济开发区已有 100 多家内外资企业落户，其中总投资超亿美元的项目有罗源火电厂、亿鑫钢铁、BOPP、德盛镍业、三金不锈钢、华东船厂、宇星精品涂层板、田丰机械、恒逸含酸低硫重质油等 10 多个，初步形成能源、轻工食品、机械制造、冶金、石化、船舶修造、建材七大产业。

①罗源湾东南侧岸线。罗源湾东南侧岸线为可门—前屿港口及工业开发岸线。根据《福建省海洋功能区划》，该岸线海域主导海洋功能区是可门港口区、可门港口预留区、可门排污区，依托陆域是连江县下宫乡、坑园镇。依托陆域现状和规划功能区是港口和临港工业区。该岸段的发展方向是港口和临港工业。

②罗源湾北侧岸线。罗源湾北侧岸线为港口与工业开发岸段，位于福州市罗源湾北侧，该岸段的范围包括福州市罗源县松山镇迹头—白水围垦区西堤头—碧里乡新澳—濂澳岸线。根据《福建省海洋功能区划》，该岸线海域的主导海洋功能区是碧里港口区、牛坑湾港口预留区、白水排污预留区、濂澳限养区，依托陆域是福州市罗源县碧里乡、松山镇。

海湾北岸顶部已围成的松山、白水两大围垦区，造地面积近5万亩，土地储备总量近10万亩，为仓储和发展临港工业提供了宽裕的用地。该岸段依托陆域现状和规划功能区是城市、港口和临港工业区、农业区。该岸段的发展方向是港口和临港工业。

（3）岸线资源承载力分析

总体来看，罗源湾的岸线资源可以满足港口及临港工业发展的需求，可以支撑重点产业发展规划实施。但随着罗源湾港口的开发，海域环境将发生较大的变化，罗源湾的海洋主导功能由渔业生产转变为发展港口和临海工业，海域的功能区划发生了根本性的改变。罗源湾内的水产业要逐步转型，养殖生物的数量和品种结构都需要随之调整。在合理进行港口和工业布局的前提下，应严格控制港口和临港工业废水污染，加强对港口建设过程的非污染生态破坏的控制，完善溢油和危险品事故防范体系。

4. 兴化湾

（1）岸线资源

兴化湾东西长28 km，南北宽23 km，总面积约为622 km^2，大陆岸线总长约255.8 km。兴化湾伸入内陆，地形隐蔽，海蚀作用弱，而海积作用较强烈，是个淤积型的构造基岩海湾，大部分海域水深在10 m之内，潮滩面积较大，水深在10 m之内的滩涂面积约为233 km^2，占湾内面积的37%左右；深槽水深在10 m以上，水深20 m以上海区在海湾口区的南日岛周围及窄长水道，湾口附近的深槽水深可达30 m以上。注入兴化湾的主要河流有木兰溪、萩芦。

兴化湾内自然水深条件适合建设20万t级以上码头泊位的深水港址岸线有3处，分别为江阴港区规划东部作业区岸线、牛头尾岸线、目屿岛岸线。而兴化湾南岸地区大部分为浅水区，港口湾顶和河口地区岸线大部分为淤泥质海岸和人工岸，岸滩处于缓慢淤积夷平之中，滩涂发育，缺少深水岸线；湾口和半岛岬角突出地段为基岩和砂质岸，平直开敞，掩护条件相对较差，自然水深浅，不宜发展深水泊位。

（2）岸线利用现状

兴化湾码头已利用岸线主要分布在江阴港区和三江口港区。

江阴港区：在江阴岛的东北部建成下垄港区，拥有3 000 t级集装箱码头和500 t级码头各一座，形成通往香港航线的国轮外贸运输港区。在江阴岛南部建设江阴港区，目前已建成5万t级集装箱，船舶全天候进港双向航道，航程44 km，航道宽360 m，航道大部分航段自然水深大于16 m。

三江口港区：位于涵江区三江口镇，为木兰溪入海口附近的河口码头，现有1 000 t级码头泊位1个、500 t级码头泊位3个，300 t级码头泊位1个，码头岸线227 m，年通过能力37万t，仓库及堆场面积约1.3万m^2。由于兴化湾顶淤积较严重，航道受河口拦门浅滩影响，港口发展前景和规模受到限制。

此外，石城现有 500 t 级客渡码头 1 个，南日岛现有 500 t 级客运码头 1 个，服务于陆岛交通运输。

（3）生态敏感性分析

① 目屿旅游区。位于福清沙埔西南端，有长达 5 km、宽 500 m 的海滨沙滩，为我国罕见的一处大型优质海滨沙滩，一湾绿水，十里金沙，水清浪软，沙纯坡缓，有“不是夏威夷，胜似夏威夷”之美誉。

② 哆头蛏苗增殖区。位于木兰溪河口，是我国优质蛏苗产地，由于过度开发，蛏苗资源遭到一定破坏，需要恢复。

（4）岸线资源承载力分析

兴化湾南岸水深条件较差，分布有大面积的养殖水域，且涉及兴化湾重要湿地及鸟类栖息地、鳗鱼苗保护区、苦鹅头海滩岩自然历史遗迹保护区、褶牡蛎原种区和日本鳗鲡种质资源区等敏感区，因此不适合建设大宗散货、集装箱运输港区和深水泊位，岸线开发应以城市生活、渔业和旅游利用为主，可适当考虑地方经济发展需求和海洋资源优势开发，建设中小泊位。

根据重点产业发展规划，兴化湾重点发展产业为装备制造、精细化工和能源，依托江阴港口及深水岸线资源，主要以江阴经济开发区和出口加工区为载体。江阴港区是兴化湾主要深水岸线分布区域，目前已建成 5 万 t 级集装箱泊位，已利用深水岸线比例较小，可以支撑重点产业发展需要，且未涉及生态敏感岸线。因此，兴化湾岸线资源条件可以支持其重点产业发展规划需求。

5. 湄洲湾

（1）岸线资源

湄洲湾属构造成因的海湾，海岸线长 247 km，隐蔽性和稳定性较好，湾内具有潮差大和水深大的特征。湾内大部分水深均在 10 m 以上，并从湾内北侧、东西两侧向中心航道、南侧和湾口逐渐变深，最大水深达 52 m。湄洲湾为多口门的海湾，从东北部文甲口经采屿、大竹到西南部后屿等共有 4 个较大口门，其宽度共达 9.5 km。湾内岛屿层层阻挡，口内有盘屿、大竹岛、小竹岛、大生岛，湾内又有横屿和砾屿形成两道天然屏障，基本不受外海波浪侵袭；湄洲湾淤积轻微，岸线、岸滩和深槽长期稳定，为发展港口提供了丰富的天然深水港口岸线、深水航道与锚地。

湄洲湾北岸秀屿、砾屿、东吴和南岸的肖厝、鲤鱼尾、斗尾等 6 处为深水岸段，长约 54.5 km，可建 1 万～ 30 万 t 级泊位 30 ～ 40 个。秀屿至莆头段为潮流冲刷槽，主槽水深一般 10 ～ 15 m，自然状态滩槽长期稳定，水域宽阔，掩护条件好；门峡屿至西亭岸段长 4.5 km，位于盘屿水道北侧，水深 10 m 以上，有盘屿掩护，泊稳条件良好；砾屿岛离大陆仅 500 m，该岛西侧岸线水深 15 m 以上，临近主航道，水域宽阔，可建设 20 万 t 级以上的深水泊位；肖厝深水岸线长约 2 400 m，水深 10 ～ 20 m，斗尾至黄瓜屿深水岸线长约 5 000 m，水深 20 ～ 30 m，分别可建多个万吨至 30 万 t 泊位。

湄洲口门至海湾中部的进港航道水深 20 ～ 40 m，往湾内至主要深水港区的航道水深均在 13 m 以上，锚地泊稳条件好，有 25 km^2 的锚地面积，可同时锚泊 1 万～ 10 万 t 级船舶 30 多艘。受海底礁石的限制，目前湄洲湾内航道仅能通航 10 万 t 级船舶，还不能适应 20 万 t 级以上远洋原油运输船舶进出港的需要。

（2）岸线利用现状

目前，湄洲湾码头已占用自然岸线 22.4 km，含深水岸线 12.56 km，已形成泊位 28 个，其中万吨级以上泊位 10 个，在建泊位 6 个。秀屿—莆头岸段建有 5 万 t 级多用途泊位 1 个，万吨级泊位 1 个，中级泊位 3 个；秀屿山南侧正在兴建 10 万 t 级 LNG 码头；塔林有东吴电厂码头；枫亭港区现有 500 t 级以下泊位 3 个；文甲现有 500 t 级客渡码头和车渡码头各 1 个；湄洲岛现有 3 000 t 级对台客运码头 1 个，500 t 级客渡码头和车渡码头各 1 个；肖厝岸线已建 2 个万 t 级泊位、1 个 7 万 t 级泊位和 2 个 5 t 级泊位；鲤鱼尾岸线已建 1 个 10 万 t 泊位，在建 4 个泊位；斗尾岸线在建福炼 30 万 t 级泊位。

总体上看，湄洲湾港口岸线利用与重大产业布局、货运流量和流向联系密切，港口的开发建设发挥了积极的带动作用，促进了区域经济的发展。湄洲湾深水岸线约 54.5 km，已占用深水岸线比例约为 23.0%，已占用自然岸线占湄洲湾岸线总长约 9.0%，其中万吨级泊位占用岸线长度约为已占用深水岸线的 50.0%。可以看出，湄洲湾岸线使用效率较低，中小型码头占据相当部分深水岸线，不利于港口的规模化扩张，湄洲湾丰富的深水岸线资源未得到有效发挥。

（3）生态敏感性分析

① 湄洲岛生态特别保护区。根据《莆田市湄洲岛海岛生态特别保护区建区报告》(2004)，湄洲岛海岛生态特别保护区建设的重点包括：鹅尾海蚀地貌特别保护区、牛头尾生态系统特别保护区、猴屿生态系统特别保护区、虎狮列岛生态系统特别保护区、莲池澳海滨沙滩特别保护区、九宝澜海滨沙滩特别保护区、白波面红树林特别保护区和湖石果淡水生态系统特别保护区。特别保护区总面积 99.9 km^2，其中海域面积 94.4 km^2。

② 大竹岛海珍品增养殖区。根据《泉港区海洋功能区划图》(2007)，大竹岛海珍品增养殖区位于湄洲湾中部大竹岛附近海域，区内开展放养增殖试验，控制周边污染源排放，保护养殖区生态环境；其他用海活动要处理好与增殖之间的关系，避免相互影响，禁止在规定的增殖区内进行有碍渔业增殖生产或污染水域环境的活动；未经批准，任何单位或个人不得在保护区内从事捕捞活动；禁止捕捞贝类苗种和亲体。

③ 其他旅游和沙滩资源。湄洲湾内主要的海洋旅游资源包括滨海沙滩、岛屿景观等，主要有后龙湾滨海沙滩旅游度假区、湄洲岛生态特别保护区。其中湄洲岛黄金沙滩以及湄屿潮音、海蚀地貌、滨海风光优美独特，还有护国庇民的海上女神妈祖及由此形成的妈祖文化，不仅在海峡两岸而且在我国的香港和澳门地区以及日本、韩国和东南亚国家和地区都享有盛誉。惠屿岛四面环海，淡水资源丰富，有数百米长的优质沙滩，气候宜人。后龙湾滨海沙滩旅游度假区也可利用其优质沙滩的资源，重点开发休闲度假、海上运动、海滨娱乐等旅游经济。

（4）岸线资源承载力分析

湄洲湾拥有丰富的天然深水港口岸线，可为区域经济发展和临港工业提供重要的港口资源支持。根据相关社会、经济规划，湄洲湾发展定位是依托南、北岸的深水岸线资源和临港工业区，重点培育石化、船舶、能源、浆纸和木材加工等临港工业。可为区域经济发展和临港工业提供重要的港口资源支持。目前已利用岸线占岸线总长约 9%，已占用深水岸线比例约为 23%，未开发利用的深水岸线资源较丰富，在加强岸线资源集约化利用的前提下，湄洲湾岸线资源条件可以支持其重点产业发展规划需求。

从资源敏感性分析，仅莆田塔林—秀屿预留港口岸线、预留临港工业港口岸线开发将占用东庄盐场湿地，以及外走埭临港工业港口岸线紧临山腰盐场至辋川的湿地，其余重要产业利用岸线基本不占用生态敏感岸线，因此，不管是从充分利用岸线资源，还是从服务社会经济发展的角度，湄洲湾岸线资源可以支撑重点产业发展规划实施。石门澳岸线资源开发应尽量缩减围填面积，减少占用湿地资源。

6. 厦门湾

（1）岸线资源

厦门湾是我国东南沿海天然深水良港，自然条件优越，区位优势明显，为港口和港湾城市提供了良好的发展空间。厦门湾的岸线资源具有以下几个特点：

① 湾内水域宽阔，岸线曲折、湾中有湾，口外有岛屿掩护，港湾深入隐蔽，天然水深和掩护条件好。

② 潮汐动力强，环境容量大，水清沙少，淤积轻微。

③ 西海域湾口段深水岸线利用程度较高，厦门湾西海域内尚未利用的天然水深 10 m 以上港口岸线不足 10 km，其中湾内不足 2 km 已规划开发。

④ 东海域港口岸线水深条件较好。

港航资源主要包括深水岸线、航道和锚地三个部分。厦门湾具有丰富的深水岸线资源，总长为 41.8 km，主要分布于厦门岛西侧和五通，海沧东侧的排头和大屿、南侧嵩屿至青礁一带，同安刘五店一带，以及漳州龙海的打石坑一带和塔角附近。

（2）岸线利用现状

目前，西海域已开发利用了大部分深水岸线，而同安湾的刘五店—五通一带、南部海域与河口湾的漳州龙海沿岸还有大量岸线有待开发。随着厦金水道开道后通航条件的改善，刘五店—五通一带深水岸线资源将具有较大的开发前景。围头湾和安海湾内岸线已部分开发，围头湾北岸岸线已规划开发作业区和旅游码头。

① 西海域湾口段深水岸线利用程度较高，继续开发尚待研究。

东渡港区深水岸线已用尽，仅有 1 000 m 浅水岸线尚未利用；海沧港区先后建成 $1^{\#}$ ～ $9^{\#}$ 泊位，还有 9.3 km 岸线未利用；嵩屿港区建成电厂煤码头、10 万 t 级油码头等，仅余 1.5 km 可利用岸线。厦门湾西海域内尚未利用的天然水深 10 m 以上港口岸线不足 10 km，开发成深水港区后的维护条件尚待深入研究。

② 东海域港口岸线开发空间大、利用程度低，不定因素多。

东海域澳头—鳄鱼屿水域水深条件较好，通过大、小金门间的深水潮流通道和厦门东侧水道与外海相通，五通、澳头—刘五店岸段长约 6.5 km。除五通西、刘五店和澳头建有小码头外，还有近 11 km 深水港口岸线未利用，其中五通西 0.8 km 岸线水深、泊稳条件较好；澳头—下后滨岸段多为最大波高 3.5 m 以下的良好深水岸线。

（3）生态敏感性分析

厦门海洋珍稀物种自然保护区位于福建省厦门市海域，总面积 33 088 hm^2。保护区由原有的厦门中华白海豚省级保护区、厦门大屿白鹭省级保护区和厦门文昌鱼市级保护区合并而成。主要保护 12 种珍稀物种及其生境，分别是国家一级保护动物中华白海豚，国家二级保护动物文昌鱼以及黄嘴白鹭和岩鹭、（小）白鹭、大白鹭、中白鹭、夜鹭、池鹭、中背鹭、苍鹭和小杓鹬等 8 种鸟。

保护区实行核心区、实验区、缓冲区分级管理。核心区包括黄厝海区、南线至十八线海区和小嶝岛海区，实行封闭式保护；严禁任何危害文昌鱼资源及其栖息环境的开发利用活动。实验区为鳄鱼屿海区，进行有控制的开发和科学研究，缓冲区为保护区陆域部分。

（4）岸线资源承载力分析

从环境保护的角度看，厦门的环境容量已经很有限，只适合于发展较为清洁的海洋产业，而不适合于扩大化工、石化等工业的生产规模。厦门湾岸线资源较为适合建港，但西海域深水岸线开发基本完全，其余岸线开发成深水港区后的维护条件尚待深入研究。

① 岸线开发利用合理性分析。

A. 可供开发的深水岸线资源不足，应优化布局。海沧港区、招银港区已成为厦门湾地区港口开发的重点区域，但岸线资源有限，深水岸线只能满足港口 5 ～ 10 年的发展需要。为了开发岸线资源，各地大量填海造地，港口的开发建设与海湾生态环境保护的矛盾日益突显，需通过进一步合理分工、整合深水岸线资源和合理布局维护良好的海湾环境。

B. 部分港区建设与保护区及旅游区存在矛盾。嵩屿港区与鼓浪屿国家级风景区隔海相望，最近距离不足 1.5 km，很大程度上影响了鼓浪屿风景区的自然景观，港区安全也影响着风景区的生态安全。同时港口建设对进出口西海域的白海豚也有一定的影响，今后的开发在生态、景观上应有一定限制。

② 开发利用建议。

在厦门湾岸线资源开发利用中，应特别重视围填海活动对敏感生物生态的影响。应尽量减少围填海活动对中华白海豚、白鹭和文昌鱼生境的直接和间接影响，尽量减少对红树林的破坏，或通过异地补偿等各种有效手段进行生态恢复。

刘五店港区建设面临土地资源相对紧张的难题，同时该区域处于中华白海豚保护区。同安湾口是厦门海洋珍稀物种中华白海豚保护区的核心区，该港区建设将占用核心区，这与自然保护区管理条例相违背。鳄鱼屿预留发展区一方面与厦门海洋功能区划原定的旅游功能区相违背，另一方面还将影响到海洋珍稀保护动物文昌鱼（该区为文昌鱼保护区之一）。因此，港区建设应做好与土地资源利用和相关保护区的协调工作，建议保留鳄鱼屿现有的岸线资源。

7. 东山湾

（1）岸线资源

东山湾南北长 20 km，东西宽约 15 km。湾口朝南，口门狭窄，约 5 km。东山湾西北的湾顶，有漳江注入。东山湾水域宽阔，南北纵深 18 km，东西宽达 11 km，面积 180 km^2，底质为淤泥质，湾口向东南被塔屿（又称东门屿）分为东、西两口，东口宽 4 km^2，水深 20 ～ 30 m，西口宽 2 km，水深 10 m 以上。湾东有古雷半岛作屏障，湾内有虎屿、又鞍屿、大平屿、亦屿、对面屿、铁钉屿等岛屿呈西北、东南向排列，呈层层环抱之势，成为东山湾内的一道天然防波堤，减弱了东北向强浪的影响。湾内水域宽而深，许多地方水深 10 m 以上，可以通行大型船只，且拥有天然深水外航道和避风锚地。

（2）岸线利用现状

东山湾是漳州港建港条件最好的深水港湾，其中古雷头—汕尾屿岸段适合于建设大、中型泊位，城安西—城安东岸段水域宽阔、深水近岸、风浪掩护条件好、天然深水航道直达港区前沿，为漳州港重点发展的综合性深水港区。

东山湾东部岸线利用程度低，发展空间大。目前东岸古雷港区仅建成明达 5 000 t 级建材码头、滚装泊位以及 5 万 t 级液体化工码头各一座。沿岸滩地以沙滩为主，近海水域有较大面积水产养殖，岸线基本处于自然状态，具有较大的发展空间。古雷半岛遮挡住东北向常风浪的影响，泊稳条件好，天然深水航道可直达港区前沿。港区可围填造地。陆域形成后，纵深可达 1 300 m 左右，是建设大型深水港区和深水中转港的理想港址。

东山湾云霄港区青径—刺仔尾一带天然岸线约 12.1 km，离岸约 1 km 处有一长约 1.5 km，宽约 200 m，泥面标高为 -11.0 m 左右的深槽。码头前沿可利用该深槽的天然水深，后方山丘平整后可满足港区建设的用地需要。

东山岛城安一带岸线长约 9.8 km，滩地较宽阔，港区前沿自然底标高 -10 m 以上，天然深水外航道直达港区前沿。港区外面有一群岛屿排列，是建设防波堤的理想位置。后方的矮丘是港口建设理想的土石方来源，这些矮丘平整后可形成大片平地，可满足港区建设的用地需要，是建设大型深水港区的理想岸段。

（3）生态敏感性分析

东山湾的敏感生境主要有：东山湾漳江河口红树林自然保护区、东山湾口的石珊瑚分布区。对围填海敏感的生态类型有红树林、滨海湿地和珊瑚礁。

漳江口红树林国家级自然保护区以漳江河口为主体，位于东山湾西北部的漳江河口，距云霄县城 10 km。保护区在漳江河口石矾塔以西广阔的滩涂湿地上，总面积 23.60 km^2。漳江口红树林自然保护区内有福建省迄今为止种类最多的红树林群落，也是北归线北侧种类最多、生长最好的红树林天然群落。

东山珊瑚省级自然保护区面积 3 630 hm^2，其中核心区 1 498 hm^2。东山珊瑚是西太平洋大陆沿岸分布的北部边缘，资源丰富，具有高度代表性和典型性，对海洋生物多样性保护有较大价值。主要分布在东山湾口的东门屿、虎屿、大坪屿以及湾外马銮湾附近的头屿附近。

（4）岸线资源承载力分析

在地理区位上，东山湾毗邻厦门、汕头等化工原材料消费市场，具备水源、港口等良好的基础条件和较大的环境容量优势，使得漳州古雷半岛成为海西区和福建省规划的泉州以外下一步石化产业发展的优先备选区域，具有很强的石化产业发展潜力。但漳州市目前经济发展水平还处于相对落后状态，港口设施薄弱、布局分散，深水港区城市依托条件较差，制约港口的快速发展。

从岸线资源承载力角度，东山湾可以满足近期重点产业发展需求，但是港口的建设必须科学预测需求，适度开发，各港区应合理布局和规划，加强陆域污染的控制和治理，以满足港口环境功能的要求。同时，港口建设应注意保护好养殖海域功能区、保护区等生态敏感区，确保海域自然环境和生态系统健康。

8. 粤东海域

（1）岸线资源

粤东海域面积 9 000 km^2，滩涂面积 156.19 km^2，海岸线长约 1 215 km，其中大陆岸线 869.8 km，海岛岸线长 345.2 km；涉及潮州、汕头和揭阳三个地级市。

汕头港建港岸线资源丰富，具有天然深水良港。全市共有海岸线 289 km，其中适宜建港的自然深水岸线有 28 km，深水岸线资源丰富，可建 5 万 t 级至 10 万 t 级乃至 30 万 t 级泊位 50 多个。同时具有泥沙回淤轻微，地质构造稳定，靠近国际航线，建港材料丰富等有利条件。其中广澳港区是粤东唯一天然深水良港，距岸 2.5 km 即可建设 30 万 t 级原油码头，建港水深条件非常优越。

（2）岸线利用现状

汕头港七大港区包括老港区、珠池港区、马山港区、广澳港区、潮阳港区、澄海港区、南澳港区，而目前广澳港区和潮阳（海门）港区因其优良的建港条件和广阔的后方陆域，不但具备建设 5 万 t 级以上大型码头的条件，还具备发展临港工业的条件。

广澳港区外海自然岸线长度约 12.28 km。目前已建有广澳港区起步工程、加德士 LPG 码头、广澳东深水防波堤及广澳港区一期工程（在建）等。

珠池港区有 1 800 m 万 t 级以上顺岸岸线，有约 900 m 的陆域纵深形成的大型完整港区，共建成 9 个万 t 级深水泊位，其中有 2 个 2.5 万 t 级专业集装箱泊位，是目前奥东地区建成的最大规模港区。

潮阳港区内河岸线总长约 51 km，其中港口岸线约 4.5 km，占岸线总长度的 8.8%；其余均为城市预留岸线。潮阳区外海岸线总长约 21.3 km，将近一半为城市生活及旅游岸线，其余大部分尚未开发利用。

澄海区内河岸线总长约 86 km，均为城市预留岸线。外海岸线总长约 14.3 km，其中约 700 m 为港口岸线，其余为未开发利用。

南澳县自然岸线总长约 77 km，均为外海岸线。其中城市生活及旅游岸线约 7 km，占总岸线长度的 9.1%；渔业及养殖岸线约 18 km，占总岸线长度的 9.1%；港口岸线约 5.5 km（含临港工业占用岸线），占总岸线长度的 7.1%；其余为自然生态岸线。

（3）生态敏感性分析

汕头海域重点保护物种包括中华白海豚、中国龙虾、锦绣龙虾等。汕头市先后建立南澎列岛海洋生态省级自然保护区、澄海莱芜中华白海豚市级自然保护区、潮阳龙头湾中华白海豚市级自然保护区，加上联合国开发计划署、全球环境基金、中国政府共同资助的“中国南部生物多样性管理东山—南澳示范区”，中华白海豚的保护范围超过 4 600 km^2。

南澳候鸟自然保护区地处粤东沿海，位于闽、粤、台三省交界处，由 23 个岛屿组成，主岛面积 106.36 km^2。候鸟自然保护区分布于主岛以外的其他 22 个岛屿，陆地总面积 256 hm^2，海域面积 4 300 km^2，海岸线长 24 km。

（4）岸线资源承载力分析

粤东海域岸线资源较为丰富，已利用深水岸线比例较小，且未涉及生态敏感岸线。因此，粤东海域岸线资源条件可以支持其重点产业发展规划需求。

9．综合分析

港口经济已成为区域经济发展的增长极，带动腹地经济发展的强大引擎。沿海区域经济普遍繁荣的现象使人们认识到海岸线对于经济发展的重要性，岸线也因此被视为稀缺的战略资源。港口是临港工业区发展的依托条件，也是临港工业区发展的客观需要。

（1）岸线生态敏感性分析

根据海岸带及近岸海域生态敏感性分析，海西区港口及临港工业岸线利用控制见图 4-14。

生态红线是指具有重大生态系统服务价值或生态环境极其敏感、需要严格保护的岸线及与其关系密切的相邻岸线，一般涉及保护区，属于禁止或严格限制开发岸段，实现对典型海洋生态系统的强制性保护；生态黄线是指重要生态功能区和生态系统较敏感区岸线，以与人类生活和健康直接相关的活动为主的综合性岸线区域，主要涉及旅游、养殖等功能，属于限制或慎重开发岸段，在开发中需强调主导功能的保护，对环境质量的要求较高；生态蓝线主要针对自然条件较好的岸线及海域，这一类岸线已经或正面临着高速、大规模、高强度开发形势，可作为港口和临港工业区集中开发岸线，需要在提高资源集约利用效率的同时，采取必要的措施，加强监督管理，防止对海洋生态环境产生大的不利影响。

海西区生态红线占岸线总长的 12.2%，生态黄线占 59.9%，生态蓝线占 27.9%。其中生态黄线和生态红线共占 72.1%。

(2) 港口工业岸线资源承载力分析

基于生态敏感性岸线占各重点海湾（地区）岸线长度的比例，并考虑岸线分布特征，进行岸线资源承载力分析。基本上，每个重点海湾（地区）都有生态敏感岸线分布，其中湄洲湾生态敏感岸线所占比例很少，其岸线资源承载力好；粤东地区生态敏感岸线虽达 74.7%，但其禁止开发岸线很少，故其岸线资源承载力为较好；温州地区生态敏感岸线为 72.2%，但多为海岛岸线，对港口建设的限制性因素较低，其岸线资源承载力为较好；三沙湾和东山湾生态敏感岸线比例高，其岸线资源承载力一般。

综合考虑以上分析结果，罗源湾岸线资源承载力好，温州市、罗源湾、兴化湾、粤东地区岸线资源承载力较好，厦门湾、三沙湾、东山湾岸线资源承载力一般。总体上，海西区具有丰富的岸线资源，在注重集约化利用、合理规避敏感岸段的前提下，岸线资源基本满足重点产业发展的需求（见表 4-43）。

(3) 岸线资源利用建议

岸线资源是不可再生资源，是港口可持续发展的基础。海西区岸线资源丰富，但宜港深水岸线资源有限。部分港口建设点多线长，布局分散，岸线资源集约化利用程度低，造成岸线资源浪费。港口建设应实行深水深用、浅水深用，结合资源环境特点以及社会经济发展趋势，严格控制岸线开发规模，重视生活岸线和旅游岸线的保护和开发，特别是沙滩岸线的保护利用。至 2020 年，海西区沿海港口及临港工业利用岸线应控制在 30% 以内。

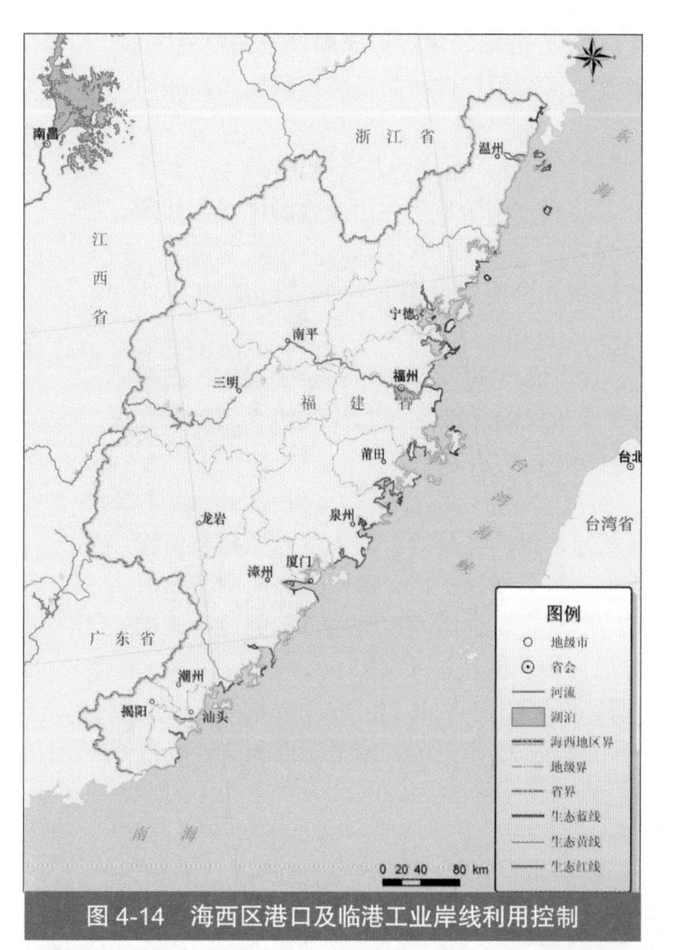

图 4-14 海西区港口及临港工业岸线利用控制

表 4-43 重点海湾（地区）的岸线资源承载力分析结果

重点海湾及区域	禁止开发岸线占岸线段长度比例 /%	限制开发岸线占岸线段长度比例 /%	生态敏感性岸线占岸线段长度比例 /%	岸线资源承载能力
温州市	16.8	55.4	72.2	较好
三沙湾	14.8	57.8	72.6	一般
罗源湾	0	34.3	34.3	较好
兴化湾	0	46.3	46.3	较好
湄洲湾	0	12.8	12.8	好
厦门湾	12.7	49.5	62.6	一般
东山湾	18.5	60.6	79.1	一般
粤东地区	2.0	72.7	74.7	较好

第六节　近岸海域生态环境承载力

一、重点港湾围填海规模适宜性分析

随着海西区建设的快速展开、沿海中心城市和城市化建设的加快以及电力、钢铁、石化等临海工业的大规模建设，土地后备资源匮乏必将制约海峡西岸社会经济的可持续发展，也必将对围填海有较大的需求。

1．后备土地资源供给能力评价方法

土地资源紧缺是制约海西区发展的主要因素，而海西区毗邻的海域滩涂资源丰富，围填海已成为各地解决土地资源不足的主要手段。但是，大规模围填海在提供沿海地区社会经济发展的土地资源同时，也对海洋生态环境造成了严重的影响。本次评价在“福建省海湾数模与环境研究”成果的基础上，评价主要海湾可供围填的后备土地资源供给能力。

（1）情景设计

由于每一个海湾不同的开发规模导致不同的围填海需求，研究中针对各港湾不同的开发强度及生态敏感性，设计不同的围填方案。方案设计中，考虑以下基本原则：

① 坚持开发与保护相结合，实现海洋资源可持续利用原则：海洋保护区严禁围填海；滨海旅游区、重要水产养殖区、渔业“三场”和洄游路线等栖息繁衍生境等海洋生态敏感区严格控制围填海。

② 优势资源优先与统筹兼顾、突出重点相结合原则：优先保障省级已审批的港口规划、大型临港工业需求，优先保障优势海洋资源利用。

③ 可行性与必要性相结合原则：自然地形地貌适宜，围填海后对港湾环境和海洋资源影响不大，且使用功能明确，对当地社会经济发展具有明显促进作用。

基于上述原则，重点港湾围填海方案设计了以下围填情景：

情景 0：现状岸线，即零方案。

情景 1：在现状岸线基础上，考虑已批在建围填海工程可能对海洋环境的影响。

情景 2：在情景 1 考虑已批在建围填海工程的基础上，叠加各海湾港口规划、省级海洋功能区划、临港工业规划等组合不同围填海情景，保障重点区域大型港口航运业、临港工业发展及产业调整布局需求。

情景 3：在上述情景基础上，再叠加沿海地市的围填海需求，满足地方临港工业发展需求。

此外，在上述情景基础上，选择适宜围垦区域作为备选围填区，在条件适宜时实施围垦，衍生不同的围填方案。

（2）评价方法

不同围填情景的海域评价方法，首先考虑对海洋水文动力及生态具有重大影响的围填海情景，采用分层次筛选法进行评价，确定不宜围填的方案；对难以确定围填海影响的方案采用综合评价方法评价围填海情景的综合影响，确定围填海方案的适宜性。

评价指标体系包括海洋水文动力、环境容量、生态、资源、经济损益等五类指标，依据各类评价指标中的评价标准进行筛选，确定围填海情景适宜程度。

综合指数法依据每个指标及每类指标体系的评价指数值计算围填海影响综合评价指数：

$$E_{recl}=H_{yei}+C_{ei}+E_{n}+R_{indx}+B_{eni}$$

式中，E_{recl}——围填海影响综合评价指数，范围为 0 ～ 100。当 $E_{recl}\geqslant 75$ 时，表明围填海的影响轻微，可以适当进行；当 $75>E_{recl}\geqslant 40$ 时，表明围填海存在一定的影响，应当慎重；当 $E_{recl}<40$ 时，表明围填海影响严重，应当严格控制；

H_{yei}——水动力综合评价指数值；

C_{ei}——环境容量评价指数值；

E_{n}——生态综合评价指数值；

R_{indx}——海洋资源综合评价指数值；

B_{eni}——围填海经济益损评价指数值。

2．评价结果

根据综合评价结果，比较各种围填海情景的适宜度，推荐对环境影响最小的设计方案。

（1）温州市

浙江省通过围垦来开发利用滩涂资源的历史源远流长。自 20 世纪 50 年代至 2004 年年底，共围垦滩涂 18.80 万 hm^2，在这些围垦的土地上，建成了镇海炼化、台州电厂、北仑电厂、嘉兴电厂、秦山核电厂、嘉兴电厂、钱江开发区、舟山东港开发区等沿海企业。围垦类型从 50 年代的高滩围涂发展到当今的中、低滩围涂，促淤围涂，治江围涂和堵港围涂等多种类型。根据《浙江省滩涂围垦总体规划》，至 2020 年，浙江省将围垦造地 83 处，总面积将达 9.40 万 hm^2。

根据《温州市产业布局规划》，以及温州市大小门岛围垦计划，以位于瓯江口的大小门岛作为温州市大石化工业的发展基地。石化基地启动区位于小门岛北侧大部分区域，包括现有盐场和盐场东部对虾养殖场位置，以及在小门岛东侧已经建设的温州中油公司和华电公司储罐区；石化基地近中期规划区除启动区外，规划范围内还包括大门岛以北、小门岛以南滩涂围垦区；石化基地中远期规划区位于大小门岛西南面滩涂围垦区。启动区小门岛 1 000 亩（0.67 km^2），围垦时间为 2006—2008 年；近中期规划区大小门岛际一期围垦 6 000 亩（4 km^2），围垦时间为 2008—2012 年，近中期规划区大小门岛际二期围垦 7 000 亩（4.7 km^2），围垦时间为 2012—2020 年；中远期规划区大小门岛际三期围垦 11 000 亩（7.3 km^2），围垦时间为 2021—2024 年。全部建成后共有围垦土地 25 000 亩（16.7 km^2），小门岛可用陆域面积为 6 900 亩（4.6 km^2）。

（2）三沙湾

三沙湾海域总面积 726.75 km^2，海岸线长度达 571.5 km，至 2005 年，湾内已围垦面积达 40.83 km^2。三沙湾港口资源十分丰富，多深水岸线，是我国的天然深水良港之一。该湾主要功能为港口航运、特殊用海、海水养殖。

三沙湾规划各类围填海 36 处，围填面积约 171.24 km^2，主要用于港口、临港工业、城镇建设以及围垦种养殖。

各围填情景预测结果显示：湖塘围垦、溪南港口区、后湾围垦、漳湾围海造地区和浮溪围垦等 17 处围填海面积合计约 46.87 km^2。围填对海洋环境影响较小，推荐可实施围填海，基本可满足近期发展需求。

三霞围垦预留区、虾山围垦预留区、青皎围垦、沙江围垦、三屿围海造地预留区、铁基湾围海造地预留区、飞鸾围垦、虎头山围垦、溪尾外侧围垦等 9 处面积合计约 69.25 km^2，这些围填海围垦面积大，对海洋水动力环境会产生一定影响，并减少海域的环境容量，新的围填海活动将加重水域的污染；对海湾红树林生态和湿地生态环境也有影响，需要十分慎重，可根据中远期建设规划布局选择适当区域详细研究（见图 4-15）。

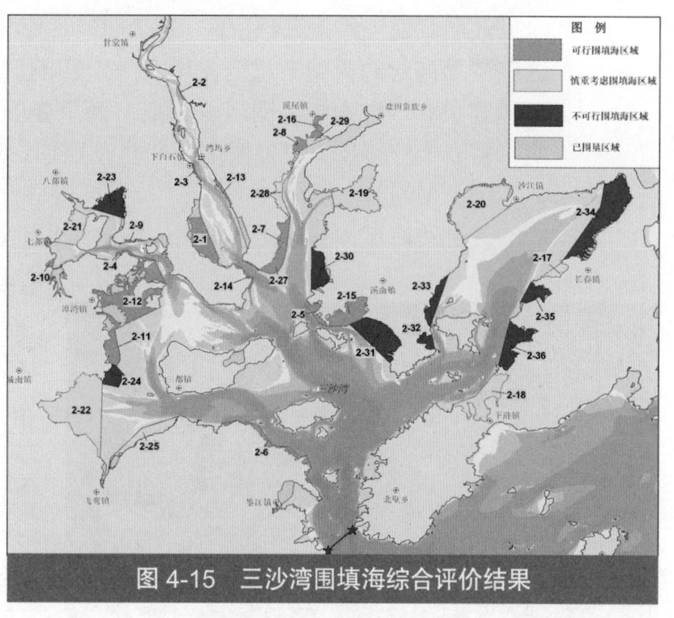

图 4-15　三沙湾围填海综合评价结果

（3）罗源湾

罗源湾海域总面积 216.44 km^2，海岸线长度达 172.6 km，至 2005 年，湾内已围垦面积达 55.82 km^2。罗源湾港口资源十分丰富，是福建省六大天然深水良港之一。该湾主要功能为港口航运、临海工业。

罗源湾规划各类围垦 27 处，面积约 41.96 km^2，主要用于港口、临港工业、城镇建设以及围垦种养殖。

各围填情景预测结果显示：淡头泊位、可门港口区等 17 处围填海面积合计约 16.79 km^2，围填对海洋环境影响较小，在可接受范围内，推荐可实施围填海，基本可满足近期发展需求。

濂澳 30 万 t 油码头、可门村—下角纱帽岭、北山、上岙—浮曦角、马鼻镇—文丰村、试验方案 1、马鼻围垦、试验方案 2 等 9 处围填海面积合计约 17.18 km^2，这些围填海工程对海湾纳潮量影响甚大，纳潮量将减少 4.56% ～ 9.41%；流速改变量为 6.13 ～ 9.70 cm/s，将造成海湾中部污染物浓度明显增大，对海洋生态环境产生一定影响，需要十分慎重，可根据中远期建设规划布局选择适当区域详细研究（见图 4-16）。

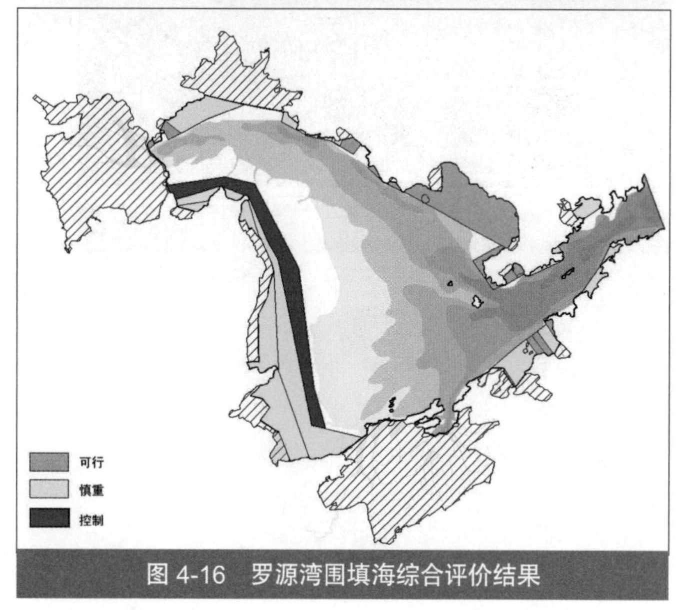

图 4-16　罗源湾围填海综合评价结果

（4）兴化湾

兴化湾海域总面积 704.77 km^2，海岸线长度达 221.7 km，至 2005 年，湾内已围垦面积达 79.8 km^2。兴化湾是福建省六大天然深水良港之一，湾内东北、西南海域是重要贝类苗种和鳗鱼基地之一，也是福建省鸟类重要栖息、越冬区域之一。该湾主要功能为港口航运、海水增养殖、临海工业。

兴化湾规划各类围垦 10 处，围填面积约 151.33 km^2，主要用于港口、临港工业以及围垦养殖。

各围填情景预测结果显示：江阴围海造地港口预留区、沙塘其他工程用海预留区和澄峰围垦 3 处围填海面积合计约 28.11 km^2，围填对海洋水动力环境影响较小，对海湾海域总体影响轻微，推荐可实施围填海，基本可满足近期发展需求。

江阴其他工程围海预留区、芦岛围垦和西山前薛围垦等三处围填海面积合计约 23.32 km²。这些围填海对湾内纳潮量变化率有一定影响，对海洋水动力环境会产生一定影响；围填海对环境容量有一定影响；围填区域离对面重要的鸟类栖息地很近，对生物生态可能产生严重影响，需要十分慎重，可根据中远期建设规划布局选择适当区域详细研究（见图 4-17）。

（5）湄洲湾

湄洲湾海域面积 552.24 km²，海岸线长度达 247 km，至 2005 年已围垦面积达 94.52 km²。湄洲湾港口资源丰富，是福建省六大天然深水良港之一，可规划建设大型深水港岸线约 5.4 km。该湾海域的主要功能为港口航运、临海工业、旅游。

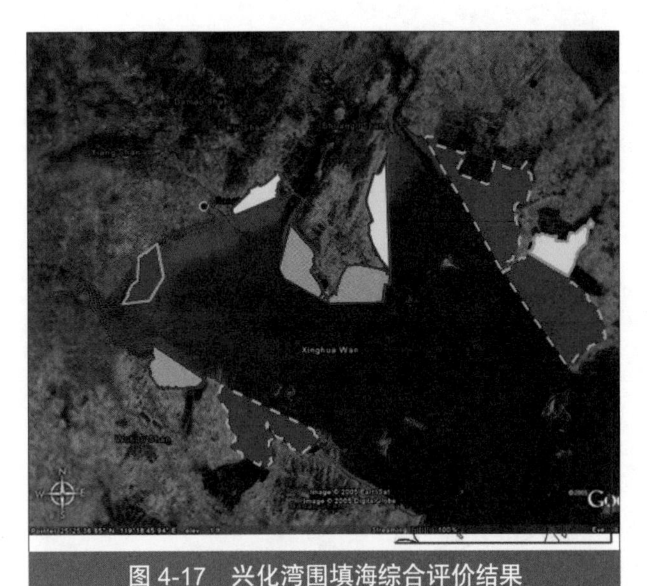

图 4-17 兴化湾围填海综合评价结果

湄洲湾规划 13 处围填海需求围填海面积约 84.98 km²，主要用于港口、临港工业。

各围填情景预测结果显示：罗屿港区、东吴港口区等 10 处面积合计 35.72 km²，围填海对海洋水动力环境影响较小，对港湾海域总体影响轻微，推荐可实施围填海，基本可满足近期发展需求。

石门澳围填面积合计约 23.8 km²，其围填海面积大，工程实施后对湾内纳潮量影响较大，围填对海洋水动力环境会产生一定影响；环境容量将损失 7.62% ～ 10.63%，对水质环境有一定影响；该围填对生态环境影响较大，石门澳港区围填区域是湄洲湾内重要的鸟类生境保护区，从保护生态环境的角度来看，对该围填海是不支持的，该围填海对海湾生态环境产生一定的影响，需要十分慎重，可根据中远期建设规划进一步优化围填海范围的研究（见图 4-18）。

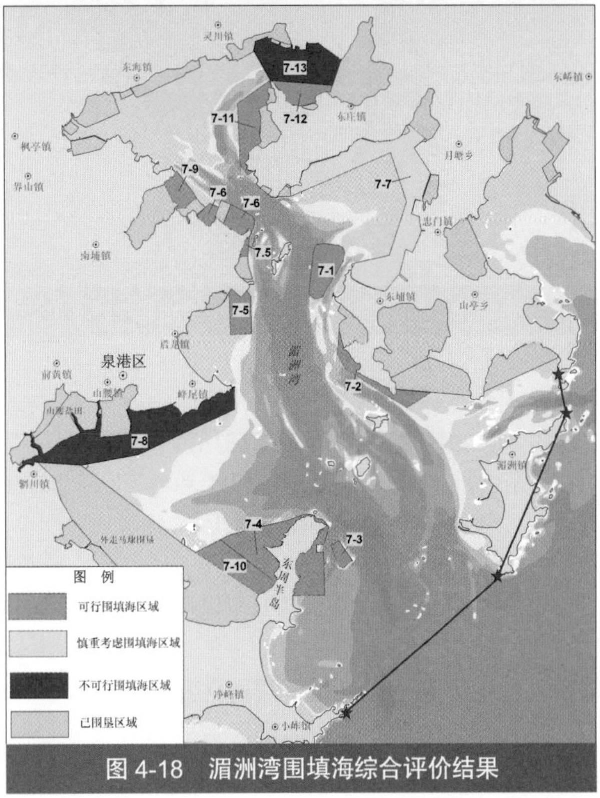

图 4-18 湄洲湾围填海综合评价结果

（6）厦门湾

厦门湾海域面积 1 281.21 km²，海岸线长度达 512.3 km。至 2005 年，湾内已围垦面积达 110.03 km²。厦门湾港口资源和旅游资源十分丰富，是福建省六大天然深水良港之一，在湾内还建设有国家级海洋珍稀生物保护区和九龙江口红树林省级自然保护区。该海域的主要功能为港口航运、滨海旅游和保护区。

厦门湾规划 47 处围填海需求围填面积约 73.59 km²，主要用于港口、临港工业。

各围填情景预测结果显示：大径围填（在建）、招银港区（小）、嵩屿港区（一期）、海沧港口区、高崎避风坞等 17 处围填海面积合计

19.99 km²，这些围填工程对海洋水动力环境影响较小，对海湾总体影响较轻微，推荐可实施围填海，基本可满足近期发展需求。

嵩屿港区（二期小）、后石港区（大）、大嶝港区（大）、围头港区（外沿）、石井港区（外沿）、大径围垦（大）、排头港区、吴冠北围填、高浦填海、空港物流（小）、围头北围填（小）、大嶝南侧西围填（大）、围头北围填（大）、大嶝北侧围填等18处围填海面积合计约36.47 km²，这些围填海对海洋水动力环境产生一定影响，围填海造成环境容量损失率为2.3%～4.1%，同安湾口的围填海不利于污染物的扩散，会引起污染物浓度的最大增高，围填海工程的实施将导致海湾一定程度的生态损失，从保护生态环境的角度来看，这些围填海是不受支持的，需要十分慎重，可根据中远期建设规划布局选择适当区域详细研究（见图4-19）。

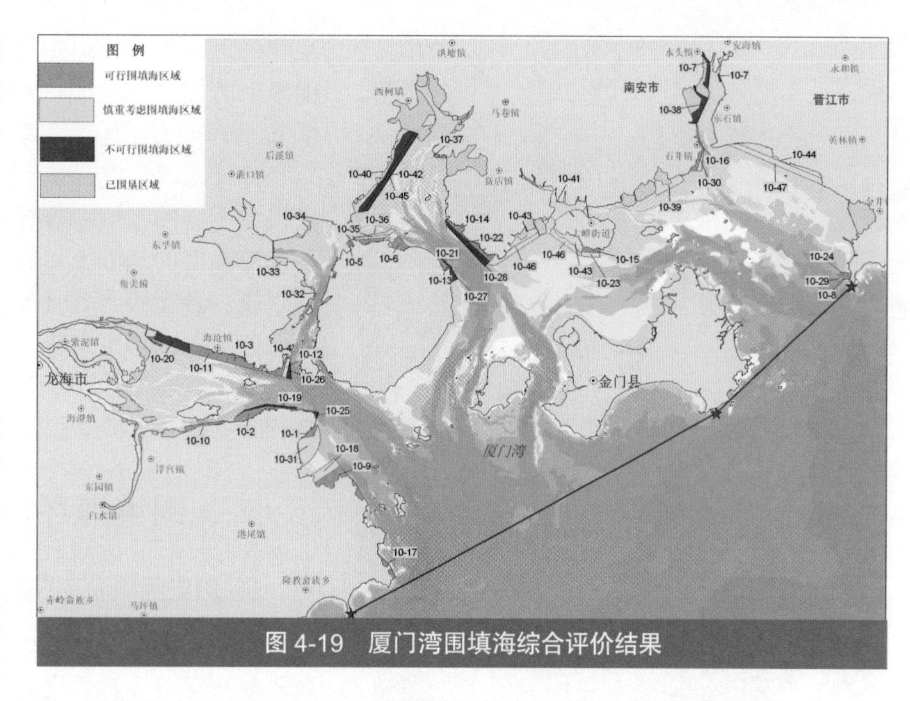

图4-19　厦门湾围填海综合评价结果

（7）东山湾

东山湾海域面积283.14 km²，海岸线长度166.9 km，至2005年，湾内已围填面积达20.4 km²。东山湾港口资源、水产资源、旅游资源丰富，湾内海域是重要贝类苗种基地之一，湾顶的漳江口海域已建立国家级红树林自然保护区。该湾海域的主导功能为港口航运、海水养殖、军事用海和保护区。

东山湾规划9处围填海面积约38.57 km²，主要用于港口、临港工业以及围垦种养殖。

各围填情景预测结果显示：古雷港口作业区（A和B）、东山大澳中心渔港用海以及东山火电厂等3处围填海面积约8.66 km²，这些围填工程对海洋水动力环境影响较小，对海域总体影响轻微，推荐可实施围填海，基本可满足近期发展需求。

古雷钢铁工业园用海、古雷港口经济开发区用海A和用海B等3处围填海面积合计约19.81 km²，这些围填海工程对海湾的纳潮量影响较大，对海洋水动力环境产生一定影响，同时，使海湾水体污染物扩散能力降低，东山湾水质恶化，对东山湾COD的环境容量影响较大；这些围填海对海洋生物生态直接影响较明显，将影响鱼卵和仔鱼的生存分布，从保护生态环境角度来看，这些围填海是不受支持的，需要十分慎重，可根据中远期建设规划布局选择适当区域详细研究（见图4-20）。

3．综合分析

根据主要海湾围填海适宜性研究成果，在现状岸线基础上，考虑已批在建围填海工程、各海湾港口规划及临港工业规划与产业调整布局、沿海地市的围填海和地方临港工业发展需求。通过对海洋水文动力、环境容量、生态、资源、经济损益等指标层次筛选或综合评价方

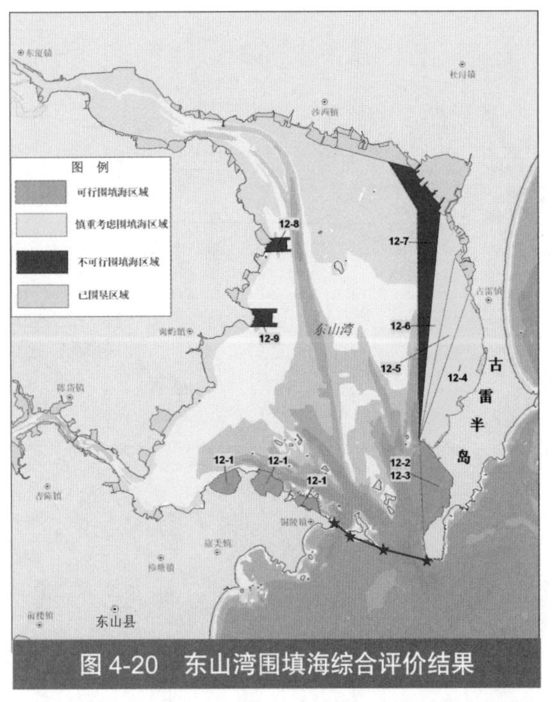

图 4-20 东山湾围填海综合评价结果

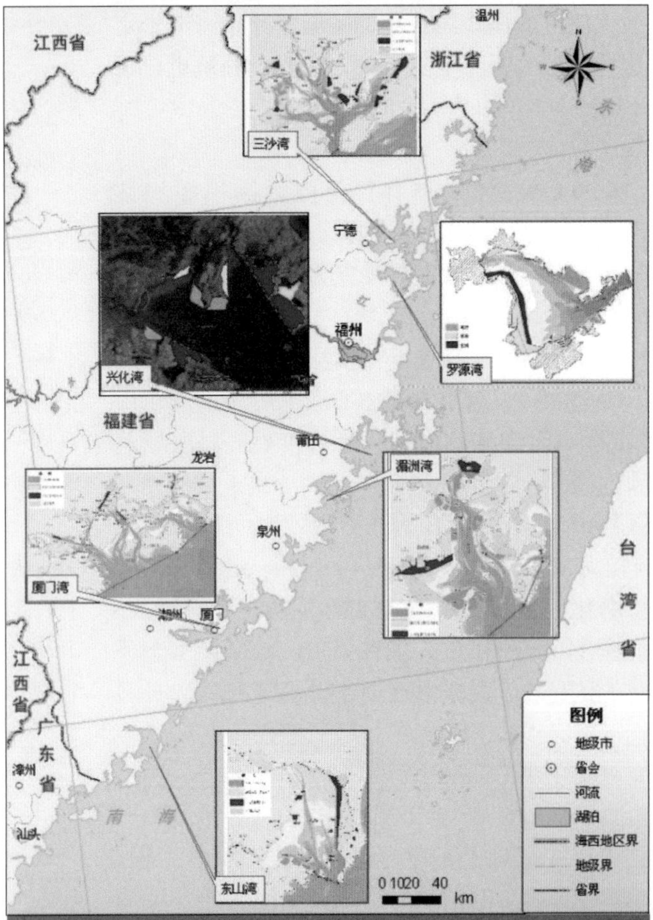

图 4-21 重点海湾围填海综合评价

法评价，分析不同围填海情景的综合影响，确定不同围填海方案的适宜性，把不同围填海情景分为可行、慎重、不可行的围填方案。

可行围填方案，是在综合考虑国家、省级重点建设项目所需的围填海规模，以及在海洋生态环境影响可接受程度的基础上，各重点海湾最大可提供的围填海规模。各重点海湾不可围填的区域对水动力条件、环境容量、生物生态等海洋环境影响显著，在海西区重点产业发展时，从科学发展、可持续发展的角度看，这些区域需要严格限制围填规模（见图 4-21、表 4-44）。

二、围填海环境影响分析

1. 历史围填海存在问题及负面影响

长期以来，海西区地区一直将围填海作为解决沿海耕地资源贫乏、实现耕地土地资源占补平衡的重要途径。据不完全统计，新中国成立以来海西区重点海湾围填面积约 755.6 km^2，主要海湾已围填海面积占海湾现状面积的 16%。海西区围填海工程以 1980 年为界分为两个历史阶段，前一阶段的围填海工程数量较多，面积较大，利用方式以农业种植和养殖为主，少部分为盐田；后一阶段围填海工程数量较少，面积较小，利用方式开始转向港口、交通、工业、商业以及城市建设用地等。

（1）垦区内水质不断恶化

围垦之后，原来的港湾被堵塞，仅靠闸门进排水，经过多年使用，垦区内的水质都有很大变化，环境质量明显下降。以罗源湾为例，罗源湾 2005 年和 2006 年的水质监测结果与 20 世纪 80 年代中期相比较，活性磷酸盐已经超三类海水水质标准。

（2）纳潮量和环境容量下降

围垦直接导致海域面积缩小，纳潮量下降，湾内水交换能力变差，削弱了海水净化纳污能力，使得近岸海域环境容量下降。

（3）水动力条件改变

潮流流场、流向、流速等变化可能导致泥沙淤积、港湾萎缩、航道阻塞。

表 4-44　重点海湾可接受的围填海面积			单位：km^2
重点海湾	海湾总面积	历史围填面积	基于海洋生态环境保护的最大可围填面积
三沙湾	726.75	40.83	46.87
罗源湾	216.44	55.82	16.79
兴化湾	704.77	79.8	28.11
湄洲湾	552.24	94.52	35.72
厦门湾	1 281.21	110.03	19.99
东山湾	283.14	20.4	8.66

（4）生态环境受到破坏

局部围填海等海岸工程开发建设，使海洋生态环境受到不同程度的影响。红树林、滩涂和河口湿地生态系统等重要生态功能区水域面积减小，局部海域生态功能明显下降。

由于围海造地、工程开发、砍伐薪柴和环境污染等不合理的利用和破坏活动，海西区红树林湿地资源急剧减少，分布面积缩小，生物多样性下降，结构和功能下降，呈明显的退化态势。20 世纪 50 年代，福建省红树林面积有 720 hm^2，至 20 世纪 80 年代仅存 368 hm^2，至 90 年代中期，只剩下 260 hm^2，且群落类型单一。广东省红树林面积同期从 21 289 hm^2 锐减为 3 813 hm^2。

海湾是人类聚集发展的地方，也是重要的渔业资源繁育地，自 20 世纪 70 年代以来，沿海大面积筑堤围垦，占用岸线，开发滩涂养殖、过度捕捞，使得海湾内的渔业资源遭受严重的破坏，资源量逐渐缩减。

围填海施工期间产生的悬沙，将导致工程区周边局部海域水质混浊，使海水的光线透射率下降，溶解氧降低，对浮游动物和浮游植物产生不同程度的不利影响，影响浮游植物的细胞分裂和生长，导致该水域内初级生产力水平下降。除工程区沉积环境遭到破坏，对该区域内的底栖生物造成不可逆转的毁灭性损害外，工程区外的悬浮泥沙沉降至海底后，覆盖原有的底质，生存于底质表层的底栖动物会因缺氧窒息和机械压迫而死亡。悬沙在沉降过程中能吸附海水中的重金属和其他污染物质，当其沉降至海底时，将会使底质中重金属和其他污染物质含量增加，恶化底栖生物的生存环境。高浓度悬浮颗粒扩散会对海洋生物仔幼体造成伤害，影响胚胎发育；悬浮物可堵塞生物的鳃部造成海洋生物窒息死亡；大量悬浮物造成的水体严重缺氧和悬浮物有害物质二次污染也均能造成生物死亡等。

2．围填海对生态环境的影响

三沙湾：围填方案实施后，COD、铅和锌仍可满足二类海水水质标准，但会加重该湾的氮、磷污染，使湾内氮、磷含量超二类（或三类）海水水质标准。三沙湾重要的珍稀保护生物主要有白海豚、遗鸥，其生存状态受到人类活动的影响；主要生态敏感区环三都澳湿地水禽红树林自然保护区、官井洋大黄鱼繁殖保护区受人类活动影响也有面积减少趋势。因此，三沙湾围填海规划必须慎重，以减少对珍稀保护物种和生态敏感区的影响和破坏。

罗源湾：围填方案实施后，区域底栖生物量总体较低。围填海涉及养殖区、鸟类觅食区等生态敏感区，围垦会进一步减少鹭鸟的觅食区域，而且大面积围填海也必然会对罗源湾天然对虾增殖区产生影响，围填海面积越大对海湾生态系统的影响会越大。

兴化湾：湾内栖息着黑脸琵鹭、小青脚鹬、黄嘴白鹭、黑嘴鸥等许多重点保护鸟类，分布密度最大区域为木兰溪至荻芦溪之间滩涂、福清江镜农场南面区域。在赤港农场东面主要分布有鹭科、鸥科、鸭科和鸻鹬科水鸟，在三江口区域主要分布着鸥科鸟类，江镜农场南面滩涂主要分布鹭科、鸥科的水鸟；同时兴化湾也是大竹蛏、巴非蛤等重要贝类天然苗种及资源分布区。大面积围填海必然会对珍稀濒危鸟类的栖息、觅食和生态敏感区产生负面影响。从保护兴化湾生态系统角度，应该减少大区域围填，尽量降低破坏性影响。

湄洲湾：围填方案实施后，COD 在排放口附近污染物浓度有所增大，而远离排污口的内澳、三腰湾等区域，污染物浓度有所减少。浓度增大的区域主要集中在罗屿、肖厝、峰尾区域，主要原因是工程实施后，水体动力减弱，排污口排出的污染物不易扩散。肖南围垦、石门澳港区两个围填区域将会对湄洲湾珍稀濒危鸟类的栖息和觅食带来很大影响。肖南围垦区是 3 种全球濒危鸟类的重要分布区，一旦围垦将使水鸟觅食的滩涂大面积减小，会导致湾内水鸟数量大量减少，并且在对岸的外走马埭已经大面积的围填后，再在该区域继续围填，对区域生态影响极大；另外辋川港和枫亭湾附近海域是鳗鲡苗的天然苗种区，肖南围垦将会影响到辋川、山腰一带的鳗鲡苗的洄游通道。石门澳港区也是湄洲湾内重要的鸟类生境保护区，尽管该区域的水鸟分布密度不是很大，但由于原滩涂比较大，进行大规模围垦不仅影响鸟类的生存，也将破坏湿地的净化水质功能以及鱼虾产饵场所。东周港区陆域形成也会直接对净峰海域珍品增养殖区造成影响。

厦门湾：围填方案实施后，各水质因子的浓度略有上升，但其质量等级预计不会发生变化。西海域和同安湾规划工况将对中华白海豚的活动造成明显影响，尤其是湾口处的围垦，西海域的嵩屿港区和同安湾的五通港区、刘五店港区围垦都会对中华白海豚造成显著影响，河口湾和南部海域影响较轻，围头湾、大嶝海域可能有轻微影响。同安湾内厦门文昌鱼的栖息地受围垦影响最明显，刘五店港区和五通港区围填区以及大嶝岛周边围垦都可能对该区域及附近厦门文昌鱼栖息地造成显著影响。西海域和河口湾的围垦工程对白鹭繁殖地影响较大，嵩屿港区可能造成大量栖息在大屿岛的白鹭飞离，海沧港区和招银港区施工对鸡屿岛白鹭影响显著，围填海面积越大，造成白鹭觅食地损失越大。其中，在靠近白鹭主要繁殖地的河口和西海域、南部海域觅食地丧失对白鹭的影响较为明显。高崎空港物流、高崎避风坞、海沧港区、风林至潘涂围垦都会占用附近红树林分布区，将使红树林面积进一步减少。

东山湾：围填方案实施后，将使海湾的水交换率减小，从海湾纳潮量的变化来看，其结果与整个海湾水交换率的变化是一致的。东山湾内分布有漳江口红树林自然保护区、东山珊瑚保护区、养殖科研试验区，围填海没有直接占用这些区域，但围填区域大澳中心渔港用海、东山火电厂用海距离东山珊瑚保护区和养殖科研试验区较近，限制了保护区的向外发展空间，围填海工程引起水文动力变化，纳潮量和流速改变对水质和底质环境的影响以及后续的人类活动将不可避免地对迁徙性和洄游性鱼类产生较大负面作用。另外，东山湾底栖动物种类、栖息密度和生物量与 20 世纪 80 年代相比都有明显下降趋势，潮间带野生经济生物资源已经被大量采捕，围填海活动结合养殖和捕捞强度的增加以及污染的加剧，直接破坏底栖生物所赖以生存的生境，使其可以分布的范围减少，严重降低了底栖生物的生物多样性水平。

由于污染物对沉积环境质量影响属于累积过程，本次研究对各海湾沉积环境质量预测难以做出定量评估，但从总体变化趋势来看，围填海活动造成岸线的更改和海域面积的减少，直接造成水动力环境和冲淤格局的变化以及海域纳潮量的减小，进而影响入海污染物的稀释和扩散，加速污染物在沉积环境中沉积吸附，影响海域沉积环境质量。尤其值得注意的是，假如围填海活动发生在河口和排污口附近，将会对陆域径流携带的面源污染物和排污口排放的点源污染物的稀释扩散造成较大负面影响，并对沿岸大片滩涂及浅海沉积物环境质量造成更加不利的影响。围填海活动后该海域土地利用类型的变化，如港口码头和临海工业项目的建设，将造成石油类和重金属等污染源的增加，加剧该海域的水环境质量的变化，进而加速影响沉积环境质量。港口航运迅速发展会造成沉积物中石油类含量增加，不可避免地在沉积环境中富集；随着填海后工业和生活废水排放量的增加，废水中有机物质和重金属的沉积将使沉积物有机污染呈增加的趋势。

就生物质量而言，污染物对生物环境质量的影响带有累积性特点，重点应考虑重金属和持久性污染物，这与排污口及污染物质来源密切相关。从总体变化趋势来看，围填海活动改变了水动力条件和冲淤格局，减小了海域纳潮量和环境容量，从而影响入海污染物的稀释和扩散，加速污染物尤其是石油类和重金属等通过食物链在生物体中富集，给生物质量带来不利影响。特别是受重金属迁移转化特性的影响，其扩散与沉降范围主要是与水动力条件、排污量、污水性质及污染物吸附沉降效应密切相关。

三、可围填海工程与规划的协调性分析

三沙湾规划建设石油储备、天然气利用、油气深加工、冶金、机械装备等项目及其产业配套园区、港口物流园区、配套商贸生活服务区。近期将重点实施500万t原油储备、260万t/a LNG接收站和管网工程以及与之配套的冷能利用工程项目、海洋石油工业配套装备基地等生产性项目以及规划范围内的二级疏港公路、疏港高速公路、疏港铁路、原油运输码头、LNG专用码头、土地开发（其中，溪南围垦一期工程17 km^2）及工业区供水、供电等基础设施项目。溪南围垦一期工程属于围填海规划影响研究的可围填情景。因此，三沙湾重点产业建设所需的围填海工程，在海洋生态环境可接受的影响程度内。但是，随着石化、钢铁等产业的建设，与之相应的石油化工原料等运输引起的海洋物流业增加，会提高海湾事故风险概率，从而增加海湾生态环境的危害风险。

兴化湾依托江阴港口及其深水岸线资源，在江阴经济开发区重点布局精细化工产业。需围填海区域位于兴化湾围填海研究中的可行围填区域。

根据《湄洲湾石化产业发展规划（2008—2020）》，泉港石化工业园区内福建炼化一体化项目（1 200万t炼油）正在建设中，并新建年产80万t乙烯及下游配套装置；规划再建一个1 200万t炼化一体化项目，由中石化投资建设；泉惠石化工业园区位于湄洲湾南岸惠安县斗尾深水港区，规划面积32 km^2。中化炼化项目是园区的核心项目，由中化集团投资建设的一期500万t重油深加工项目正在建设中，二期扩建为1 200万t炼油项目，三期建设炼化一体化基地。工业区需用陆域已经形成，随着工业区规模扩大所需进一步围填区域位于海湾数模研究中的可行围填范围，可围填区域与重点产业规划相协调。

东山湾古雷港区港口工业区一德10万t级石化码头、翔鹭80万t/a对二甲苯（PX）和150万t/a对苯二甲酸（PTA）项目已开工建设，规划建设两套1 000万t/a炼化一体化项目，并利用烯烃、芳烃原料向下延伸石化产品链。所需围填海区域位于古雷港口作业区，根据东山湾围填海影响研究，古雷港口工业区建设所需的围填海工程属于可行围填情景，古雷石化园区选址基本适宜。但是，东山湾珊瑚是西太平洋大陆沿海分布的北部边缘，具有独特的生态意义，石化产业石油化工原料及产品运输的事故风险，对珊瑚礁生态系统的潜在影响是不容忽视的。

惠来石化工业区围填海工程位于粤东惠来岸线，该岸段面向南海，围垦区域不在海湾内，对区域的环境容量、水文动力条件无显著影响，但对生态环境有一定的影响。惠来石化园区围填海工程总体可行。

然而，任何围填海工程都会对湾内的湿地生态系统和岸线、滩涂资源造成损害，因此，应当首先鼓励重点产业向湾外发展，尽量减少对海湾湿地资源和环境容量的影响。湾内可围填区域是在多种围填方案下，从生态环境的角度推荐满足重点产业发展所需的对海洋生态环境影响可接受的围填方案，各重点海湾的围填海规模应当严格限制在可围填范围内。

四、重点海湾环境容量

1. 分析方法

环境容量的大小取决于以下三个因素：第一，海洋环境本身的水文地质条件。如海洋环境空间大小，地理位置，潮流状况，自净能力等自然条件，以及海洋生态系统的种群特征等。第二，人们对特定海域使用功能的规定。不同的海域功能区执行不同的水质标准，从而水环境容量不同。第三，污染物的理化特性。污染物的理化特性不同，被海洋净化的能力不同，其环境容量也不同；不同污染物对海洋生物和人类健康的毒性不同，允许存在的浓度不同，环境容量随之变化。

罗源湾 COD 环境容量引用“福建罗源湾环境容量与海洋生态保护规划研究专题 3——罗源湾水环境容量及纳污能力研究”的计算成果，三沙湾、兴化湾、湄洲湾、厦门湾、东山湾 COD 环境容量引用“福建省海湾数模与环境研究”的计算成果。

罗源湾 COD 环境容量计算方法为：根据罗源湾海域的水动力特征和自然地理条件，同时考虑到研究海域的水环境质量目标，在容量估算时划分为 5 个区块，分别计算各区块的物理自净能力和生物化学降解能力。其中物理自净能力采用水质点拉氏跟踪运动的方法计算各区块间的水交换量，在此基础上计算各区块的净水交换量、净水交换率与水交换周期。选择中潮期进行计算，这样计算出的结果代表了研究海域平均的物理自净能力。

区块海域 COD 的生化自净能力 QBC 计算方法为：

各区块 COD 的物理自净能力（t/d）＝区块的净水获得量 ×COD 的允许增量 ×1.94 潮周期 /d

$$QBC=1/2V_0\times COD_S\times k$$

式中，V_0 为低潮时的港容量，$1/2V_0$ 取海域在中潮低平潮时的港容量（V_0）的一半（意指上层水易与大气进行氧交换，可充分补充水体 COD 的生化降解所消耗的氧，因此该部分水体起 COD 生化降解作用）；COD_S 为各区块海域的水环境质量目标；k 为生化降解常数。

三沙湾、兴化湾、湄洲湾、厦门湾、东山湾 COD 环境容量计算方法为：根据各海湾的水体体积和水交换率，结合水质标准和湾内的水质本底值，计算海湾不同环境因子的环境容量 EC。

$$EC=V\cdot r\ (C_s-C)$$

式中，EC 为环境容量；r 为湾内的水体交换率；C_s 为水质标准；C 为水质本底浓度。

COD_{Cr} 环境容量值是基于 COD_{Cr} 污染物现状排放量条件下计算所得结果，即剩余环境容量。在计算中，COD_{Cr} 与 COD_{Mn} 换算关系为：$COD_{Cr}=2.5\ COD_{Mn}$。

2．重点海湾环境容量计算结果

根据各湾近岸海域水质状况，乐清湾海水无机氮和活性磷酸盐均已超标，个别站位甚至超过四类海水水质标准，属严重污染海域；三沙湾海水中的无机氮、活性磷酸盐含量呈持续上升的趋势，20 世纪 90 年代开始出现超标情况且逐年加剧，2006 年超标现象十分显著；罗源湾海水中的无机氮和活性磷酸盐含量基本呈上升趋势，2000 年开始营养盐出现超二类海水水质标准现象，近年超标现象越发明显；兴化湾海水中的营养盐含量基本上呈上升趋势，海水水质逐渐恶化，2006 年春季无机氮已超出海水水质二类标准；湄洲湾海水水质相对较好，20 世纪 80 年代中期至今，无机氮含量年均值为 0.093 ～ 0.167 mg/L，大体呈逐年递增的趋势，但均＜ 0.2 mg/L；厦门湾大部分海域氮、磷均超标，尤其是 2004 年超标最为严重，近年来有改善趋势，但氮、磷指标仍然较高；东山湾 20 年来海水中无机氮、活性磷酸盐、石油类含量基本满足二类海水水质标准，但无机氮、活性磷酸盐年均值大体呈持续增加趋势。粤东大部分海域无机氮和活性磷酸盐均超标，部分海域属劣四类水质。总之，各重点海湾的氮、磷除湄洲湾、东山湾还有一定容量外，其余各湾氮、磷均无环境容量可言。但湾外海域水动力条件较好，水环境质量良好，对污染物有较强的稀释扩散能力。

各重点海湾的 COD 容量基本满足重点产业规划要求（见表 4-45）。但根据海湾环境质量现状及排海陆源污染物分析，海西区海域中的氮、磷是海域环境质量的控制因素，除湄洲湾、东山湾外，其他重点海湾的氮、磷已经超标，无环境容量可言。特别是随着重点产业发展诱发的城市群发展，将促使氮、磷的排放量进一步增大，海洋生态环境将面临更大的压力。因此，除保持现行的 COD 控制手段外，还要进一步加强排海污染物中氮、磷的控制，削减流域氮、磷污染物排放量及面源污染物排放，削减营养元素的入海量，改善海洋环境质量。

表 4-45 重点海湾环境容量统计 单位：t/a

重点海湾	污染物现状排放量 (COD_{Cr})	COD_{Cr} 环境容量
三沙湾	159 064	332 178
罗源湾	14 176	723 877
兴化湾	101 900	232 943
湄洲湾	188 314	173 465
厦门湾	209 855	450 880
东山湾	23 528	18 427

由于不同海湾的水文特征、地形地貌的不同，各海湾不同区块对围填海的敏感性不一样。不同围填海工程对海湾环境容量影响存在差异：

① 对于相当面积的围垦而言，海湾的面积越大，由于其所占的比例小，对环境容量的影响就越小。

② 对于封闭式或半封闭式海湾，海湾的环境容量对于围填海活动的影响较为敏感。

③ 对于河口敏感近岸海域来说，虽然一定面积围垦对环境容量的影响不大，但因为河口区是生物多样性较高的生态敏感区，在此类海域进行围填海应慎重。

④ 从历史围填海活动对环境容量影响的计算可以看出，目前三沙湾由历史围填海造成的环境容量损失已达 17.3%，厦门西海域和同安湾由历史围填海造成纳潮量的损失也分别高达 32% 和 20%。这些海域在今后海湾经济发展和围填海规划中应注意考虑现已有的围填，控制围填规模。

3．惠来石化基地纳污海域水环境容量

广东省石化产业调整和振兴规划环境影响研究根据广东省海洋功能区划和近岸海域环境功能区划，为减少石化基地排污对近岸海域敏感区和惠来电厂用海的影响，建议基地集中排污口选定在神泉港区近岸处，排污主要受到以排污口为中心顺岸两侧各 6 km、离岸 1.0 km 外二类功能区水域的限制。根据研究结果，纳污海域环境容量 COD_{Cr} 为 6 205.1 t/a，氨氮为

244.95 t/a，石油类为 109.1 t/a。

惠来石化基地规划污染物排放量：COD_{Cr} 为 449.27 t/a，氨氮为 109.79 t/a，石油类为 33.78 t/a，分别占预选排污口控制水域 COD_{Cr} 环境容量的 7.24%，氨氮环境容量的 44.82%，石油类环境容量的 30.96%。预选排污口的海域环境容量满足惠来石化基地规划方案的要求。

4. 建议

海西区人多地少，围海造地是获取土地资源的渠道之一。而众多海湾属于半封闭海湾，环境容量有限，生态敏感性较高，湾内过度填海造地，将严重影响海洋生态。湾外水动力条件较好，污染物容易扩散迁移，适合布置大型临港工业。为科学用海，协调填海造地需求与资源环境的矛盾，应严格控制湾内围填，严格按照海湾数模研究确定的围填规模，同时加快湾外围填的海洋生态影响研究。

第七节 区域资源环境承载力综合评估

一、综合评估方法

综合评估采用层次分析法。首先将资源环境承载力综合评估问题层次化，第一层为九项主题，分别为环境质量现状、大气扩散条件、大气环境容量、水资源、地表水环境容量、近岸海域环境容量、岸线资源、围填海适宜性和生态敏感度等。然后对每个主题再进一步细分，最终形成一个递阶层次结构。其次邀请若干专家，就十大产业基地和三个山区城市所处的资源环境承载力（已分解为递阶层次结构模型），由底层开始一一比较；最后用加权平均的方法得到总评分和排序。

此方法简单易行，它综合了主观判断，是一种简明的定性和定量相结合的系统分析方法，适用于多目标综合评价问题。

二、评估结果

评估结果表明，湄洲湾和潮汕揭产业基地适宜作为重点产业基地，闽江口、兴化湾和泉州湾产业基地为较适宜，其余为一般（见表 4-46）。

三、综合评估结论

海西区在资源禀赋方面具有显著优势，尤其是福建省更为突出。海西区大气环境容量总体上比较充裕，通过合理配置后可缓解地表水资源时空分布不均的矛盾，岸线资源较为丰富。海西区土地资源量和重点海湾湾内水环境容量尚不能满足重点产业发展的需求，缓解并扭转这一矛盾的基本途径在于大幅提高土地资源产出率和废水湾外排放量。

海西区的资源环境综合承载力可支撑情景二方案或有条件支撑情景三方案。从重点产业布局的资源环境承载条件来看，沿海地区好于内陆山区，其中湄洲湾产业基地和潮汕揭产业基地相对最好。

表 4-46　资源环境承载力综合评估

产业基地	重点产业	生态敏感区	环境质量现状	大气扩散条件	大气环境容量	水资源	地表水环境容量	近岸海域环境容量	岸线资源	围填海适宜性	生态敏感度	综合评级	
瓯江口	装备制造、石化、冶金、能源、电子信息	西门岛海洋特别保护区（国家级），海水养殖，滩涂贝类苗种基地	●●	●●●●	●●●	●●	●●	●●●	●●●	●●●	○○○	★★	一般
环三都澳	装备制造、冶金、能源、石化	官井洋大黄鱼水产种质资源保护区（国家级），海水养殖	●●●	●●●	●●	●●●	●●	●●	●●●	●●●	○○○○	★★	一般
罗源湾	冶金、装备制造、能源、石化	海水养殖	●●●	●●●	●●	●●	●●	●●	●●●	●●●	○○	★★	一般
闽江口	装备制造、电子信息	闽江河口湿地自然保护区，长乐海蚌资源繁殖自然保护区	●●●	●●●●	●●	●●	●●	●●●●	●●●●	●●●	○○○	★★★	较适宜
兴化湾	电子信息、装备制造能源和石化（基础化工、精细化工）	木兰溪河口南部海域鳗鱼苗保护区，哆头蛏苗增殖区，海水养殖	●●●	●●●●	●●	●●	●●	●●●	●●●	●●●●	○○	★★★	较适宜
湄洲湾	石化、造纸、装备制造、能源	湄洲岛生态特别保护区，海水养殖	●●●●●	●●●●	●●	●●	●●	●●●●	●●●●●	●●●●	○○	★★★★	适宜
泉州湾	电子信息、装备制造	泉州湾河口湿地自然保护区	●●●	●●●●	●●	●●	●●	●●●	●●●●	●●●	○○○	★★★	较适宜
厦门湾	装备制造、电子信息	厦门海洋珍稀物种自然保护区（国家级），龙海九龙江口红树林自然保护区	●●	●●●●	●●	●	●●	●●●	●●●	●●●	○○○○	★★	一般
东山湾	石化、装备制造	漳江口红树林保护区（国家级），东山珊瑚自然保护区	●●●●●	●●●	●●	●	●●	●●●	●●	●●	○○○○	★★	一般
潮汕揭	石化、能源、装备制造	南彭列岛生态自然保护区，南澳候鸟自然保护区	●●●●	●●●	●●	●●●	●	●●●●●	●●●●	●●●●	○○	★★★★	适宜
南平	造纸、装备制造、冶金	武夷山国家级自然保护区等	●●●	●●	●	●●●●	●●●	不涉及	不涉及	不涉及	○○○	★★	一般
三明	装备制造、冶金、造纸	三元国家森林公园等	●●	●	●	●●●●	●●●	不涉及	不涉及	不涉及	○○○	★★	一般
龙岩	装备制造、冶金	龙岩国家森林公园等	●●●	●●	●	●●●●	●●●	不涉及	不涉及	不涉及	○○○	★★	一般

注：●：单指标生态适宜性，共分五级：●不适宜，●●一般，●●●较适宜，●●●●适宜，●●●●●最适宜；
○：单指标生态敏感度，共分五级：○不敏感，○○一般，○○○较敏感，○○○○敏感，○○○○○极敏感；
★：资源环境承载力综合评级，共分四级：★较差，★★一般，★★★较适宜，★★★★适宜。

第五章

重点产业发展的中长期环境影响和生态风险

针对海西区中长期经济发展、产业结构和布局变化态势，依据资源消耗、能源消耗、污染排放等的变化情况，从整体上辨识区域水环境、大气环境和生态等产生的潜在累积性影响。分析中长期环境影响趋势和风险发生机制，辨识中长期环境影响特征和关键影响因素，对可能产生潜在的中长期重大环境风险进行分析和评估，重点关注生态敏感的海湾布局重化工产业基地可能带来的中长期生态风险。

研究表明，按照地方发展愿景，部分城市不能满足大气环境保护目标，灰霾发生风险增加，布局大型钢铁、石化基地容易造成局地污染和累积影响，对敏感海湾产生累积性的不良环境影响，大规模围填海对海湾生态环境影响显著，油品、化学品大宗物流海域运输发生的溢油、泄漏事故将对敏感海湾造成生态风险。需要根据生态环境愿景，优化、调整重点产业发展规划。

第一节　大气环境影响与风险评估

一、气象及空气质量模式的选用

（1）气象模式

空气质量模式所需的气象场由MM5中尺度气象模式提供。MM5的初始条件和边界条件采用美国国家环境预报中心（NCEP）的1°×1°再分析数据。区域内地形高度和土地利用类型资料来自美国USGS数据库，精度约为1 km。

（2）环境空气质量模型

选用美国第三代环境空气质量模型Model-3/CMAQ，以反映海西区内外跨区域、大尺度的大气污染物输送与影响，并重点模拟酸沉降、细颗粒物（$PM_{2.5}$）等二次污染问题。限于模式的计算量，CMAQ的网格分辨率最大为9 km。为提高海西区内部的空间分辨率，对于海西区内部SO_2、NO_2、PM_{10}等一次污染问题以及O_3污染等，采用澳大利亚联邦科学与工业研究组织开发的TAPM（The Air Pollution Model, Version4.02, Hurley, 2008）模型，网格分辨率为4 km。很多研究表明，TAPM对于区域性一次污染及O_3等二次污染具有很好的模拟效果。

本研究使用的TAPM模型版本为Version 4.0.2，模拟区域网格采用兰伯特投影。网格的中心点为（690 km，530 km），X轴方向网格数为150个，Y轴方向网格数为180个，垂直方向共包含20层，高度分别为10 m，50 m，100 m，150 m，200 m，300 m，400 m，500 m，750 m，1 000 m，1 250 m，1 500 m，2 000 m，2 500 m，3 000 m，4 000 m，5 000 m，6 000 m，7 000 m和8 000 m。

（3）模拟区域与时段

CMAQ模拟区域采用三层嵌套网格，网格精度分别为81 km×81 km（包括整个中国领域以及东亚地区），27 km×27 km（中国东部），9 km×9 km（海西区地区）。第一层、第二层、第三层区域网格数目分别为74行×87列、126行×84列和150行×126列；海西区模拟区域东西长1 134 km，南北宽1 350 km，总面积约153万km^2。TAPM模拟区域覆盖海西区13个地级市的行政区划范围，涉及福建全省、广州东部、江西西南部和浙江省温州市，图5-1为网格位置示意图，中心点为（118°E，32°N）网格数目为东西150个，南北180个，网格精度为4 km×4 km。

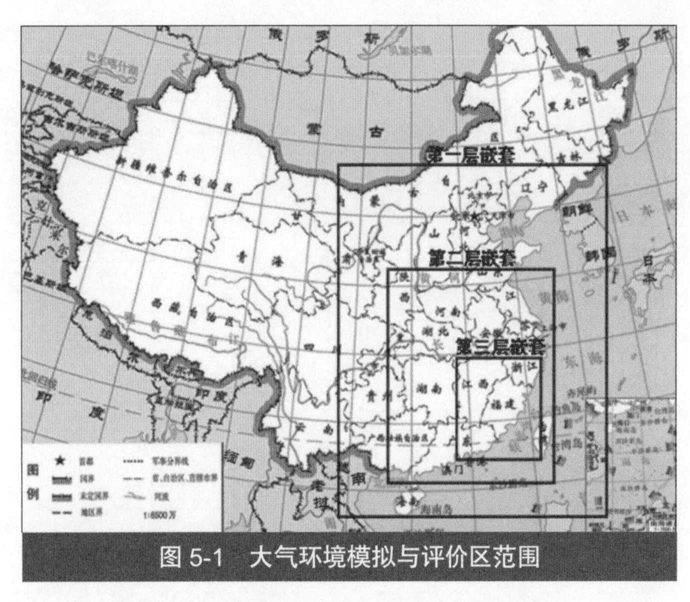

图5-1　大气环境模拟与评价区范围

本研究以2007年作为基准年，近期和远期两个规划年分别为2015年和2020年。为减少模式计算工作量，每年选择1月、4月、7月、10月四个月作为冬、春、夏、秋四季的代表开展模拟。

（4）模式的效能及检验

本研究采用的气象模式及空气质量模式均为当前国际上普遍认可且广泛应用的先进模式。

为检验模式可信性，本研究首先利用上述模式对基准年（2007年）的主要污染物浓度进行模拟，与相关观测资料作比较。这些资料包括海西区各地区空气质量常规监测和补充监测结果，以及OMI及SCIAMACHY卫星2007年1月、4月、7月、10月SO_2和NO_2柱浓度观测结果等。比较结果表明，模型模拟结果与观测结果在浓度的空间分布上有较好的一致性，大部分地区2倍以内的准确率在70%以上。总体来说，本研究采用的模式具有较好的模拟效能，可以满足本研究的需要。

二、大气环境影响预测与评估

利用上述模式与方法，分别预测了海西区重点产业发展三种情景排放的SO_2、NO_x、PM_{10}、$PM_{2.5}$以及酸沉降、Hg等对产业园区、重点城市以及重要环境敏感目标的影响，分析由此带来的质量变化，重点关注布局性大气污染风险。

（1）污染物排放总量大幅增加，部分城市不能满足大气环境保护目标

海西区重点产业集中布置在沿海地区，就中长期大气环境影响而言，沿海城市大于内陆山区。情景二方案下沿海城市的SO_2和NO_2浓度增幅较大，三明、温州的SO_2和厦门、福州

表 5-1 情景二方案不同地区的 SO_2 年均浓度变化

城市	年均浓度 /(mg/m³)			相对现状增长率 /%		占标率 /%		
	现状	2015 年	2020 年	2015 年	2020 年	现状	2015 年	2020 年
汕头	0.022	0.026	0.027	16.8	23.7	36.7	43.3	45.0
揭阳	0.019	0.028	0.028	45.0	45.6	31.7	35.0	46.7
潮州	0.011	0.013	0.014	9.6	19.2	18.3	21.7	23.3
厦门	0.021	0.027	0.029	29.2	38.1	35.0	45.0	48.3
漳州	0.032	0.036	0.038	13.0	17.3	53.3	60.0	63.3
泉州	0.033	0.037	0.039	12.2	17.7	55.0	61.7	65.0
龙岩	0.019	0.02	0.02	2.3	3.0	31.7	33.3	33.3
莆田	0.029	0.033	0.035	11.6	18.2	48.3	55.0	58.3
福州	0.033	0.042	0.043	28.2	32.8	55.0	70.0	71.7
三明	0.077	0.079	0.079	1.5	1.9	128.3	131.7	131.7
南平	0.013	0.014	0.014	7.7	8.6	21.7	23.3	23.3
宁德	0.01	0.013	0.014	29.6	32.8	16.7	21.7	23.3
温州	0.043	0.056	0.058	29.9	33.4	71.7	93.3	96.7

表 5-2 情景二方案不同地区的 NO_2 年均浓度变化

城市	年均浓度 /(mg/m³)			相对现状增长率 /%		占标率 /%		
	现状	2015 年	2020 年	2015 年	2020 年	现状	2015 年	2020 年
汕头	0.031	0.034	0.036	9.7	14.5	38.8	42.5	44.4
揭阳	0.022	0.030	0.031	38.2	40.9	27.5	38.0	38.8
潮州	0.017	0.019	0.020	10.6	17.6	21.3	23.5	25.0
厦门	0.054	0.058	0.060	7.8	11.1	67.5	72.8	75.0
漳州	0.037	0.041	0.042	10.5	14.6	46.3	51.1	53.0
泉州	0.035	0.040	0.042	13.7	18.9	43.8	49.8	52.0
龙岩	0.021	0.021	0.021	1.4	1.4	26.3	26.6	26.6
莆田	0.027	0.030	0.031	10.0	14.4	33.8	37.1	38.6
福州	0.053	0.058	0.061	10.2	14.2	66.3	73.0	75.6
三明	0.050	0.052	0.053	4.2	5.4	62.5	65.1	65.9
南平	0.013	0.014	0.015	6.9	11.5	16.3	17.4	18.1
宁德	0.012	0.013	0.014	10.0	12.5	15.0	16.5	16.9
温州	0.036	0.040	0.041	10.8	15.0	45.0	49.9	51.8

的 NO_2 中远期年均浓度占标率将大于 75%，不能满足大气环境保护目标要求（见表 5-1、表 5-2）。情景三方案下情况有所缓解，仅三明、温州的 SO_2 年均浓度占标率大于 75%；情景一方案对环境影响最小。

情景二方案下，到 2015 年 SO_2 年均浓度增长较快的有厦门、福州、宁德和温州，增幅近 30%，到 2020 年增长较快的为揭阳、厦门、福州、宁德和温州，增幅在 32% ～ 45%。预测结果显示，宁德、罗源、可门等新建电厂对福州和宁德地区的影响较大，温州苍南、乐清电厂对浙南地区有较大影响；潮州和惠来电厂对潮汕平原有较大影响。此外，湄洲湾和东山湾分别规划了两大石化基地，对漳州、厦门、泉州和莆田等地区的空气污染有较大影响（见图 5-2）。

与现状相比，情景二方案下 NO_2 年均浓度增长比例最大的是揭阳，2015 年和 2020 年增幅分别达到 38% 和 41%。沿海地区新增的机动车交通是海西区 NO_2 浓度增高的主要原因。此外，宁德钢铁基地、湄洲湾石化基地和揭阳石化基地分别对宁德、莆田以及潮汕的 NO_2 浓度影响较大（见图 5-3）。

（2）颗粒物污染持续加重，增加部分地区灰霾发生风险

部分城市存在灰霾发生风险。重点产业的发展将导致海西区 $PM_{2.5}$ 有一定程度的增加，大多数地区的增加幅度均在 10% 以内。三明、龙岩、温州、泉州等城市地区，$PM_{2.5}$ 的浓度相对较高，在特殊气象条件下日均浓度可超过 65 μg/m³，加大灰霾发生风险（见表 5-3、图 5-4）。

（3）布局大型钢铁、石化基地，容易造成局地污染和累积影响

环三都澳布局钢铁和炼油一体化等重污染产业基地可能造成局地大气污染和累积影响。三都澳周边大部分被山地丘陵所包围，偏东方向的海拔高度一般在200 m以上，偏西方向的海拔高度一般在500 m以上，由于地形的隔挡与阻碍，近地面风速明显低于湾外沿海地区，湾内大气扩散稀释能力较弱。钢铁、石化等重点产业的大规模集聚不利于常规污染物扩散，加重一次污染，同时，容易造成持久性有机污染物和难降解污染物的空间集聚、时间积累，形成区域性、累积性环境影响。

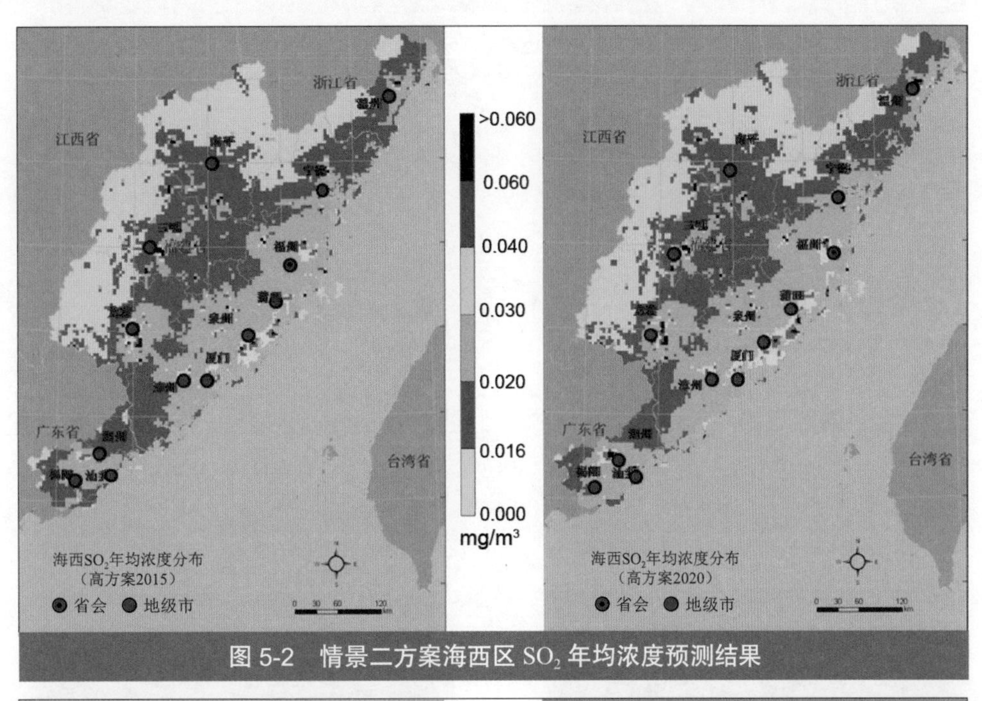

图 5-2　情景二方案海西区 SO_2 年均浓度预测结果

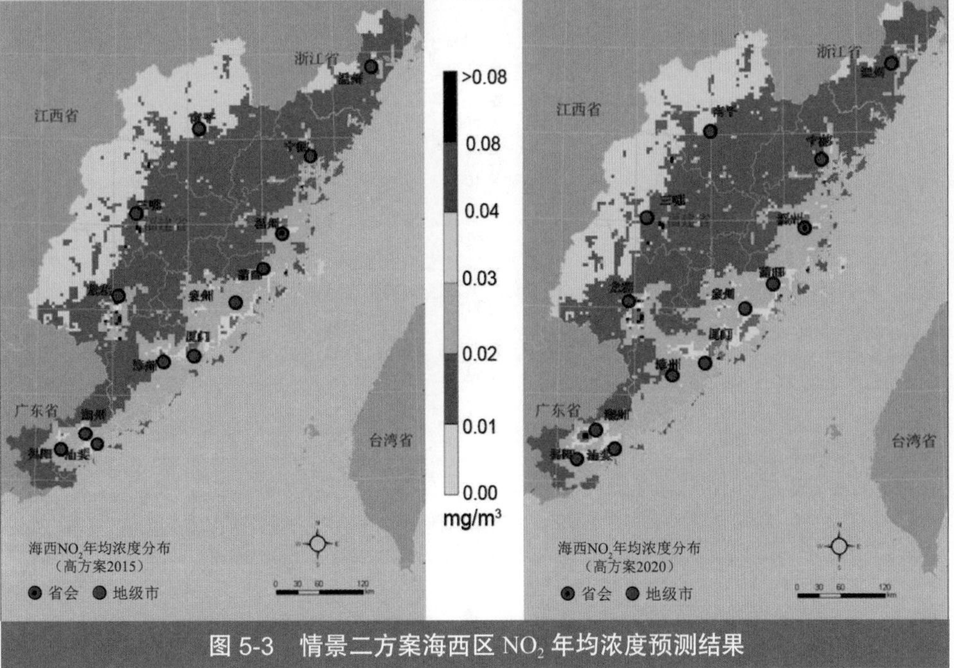

图 5-3　情景二方案海西区 NO_2 年均浓度预测结果

如果钢铁、石化基地同时在此布局，不同污染物之间可能发生协同效应，产生灰霾等复合型大气污染。石化行业排放的挥发性有机物和钢铁行业排放的氮氧化物将导致臭氧、细颗粒物的浓度增加，从而使得产业集聚区及其周边地区发生灰霾等复合型大气污染的概率增加。

（4）内陆山区部分地区大气扩散能力较差，发展建材、冶金等行业将增加环境质量改善的压力

内陆山区近地层大气扩散能力较差，易形成局地污染。海西区内陆山区地形起伏差异大，地面风速小，静小风频率高，如邵武、永安等山区年平均风速仅为2 m/s左右，静风和小风

表 5-3 情景二方案不同地区的 PM_{10} 年均浓度变化

城市	年均浓度 / (mg/m^3)			相对现状增长率 /%		占标率 /%		
	现状	2015 年	2020 年	2015 年	2020 年	现状	2015 年	2020 年
汕头	0.042	0.045	0.045	5.4	6.4	42.3	44.6	45.0
揭阳	0.036	0.038	0.039	4.0	8.7	35.5	37.0	38.6
潮州	0.031	0.032	0.032	4.1	4.9	30.6	31.8	32.1
厦门	0.066	0.070	0.070	5.5	6.2	65.9	69.6	70.0
漳州	0.055	0.058	0.058	4.9	5.4	54.9	57.6	57.8
泉州	0.041	0.043	0.044	6.8	7.4	40.5	43.3	43.5
龙岩	0.063	0.068	0.067	7.1	5.4	63.4	67.8	66.8
莆田	0.035	0.037	0.037	6.1	6.8	34.6	36.7	36.9
福州	0.053	0.057	0.057	7.6	8.4	52.8	56.8	57.3
三明	0.119	0.123	0.123	3.3	3.6	118.7	122.6	123.0
南平	0.039	0.041	0.041	4.2	4.5	39.2	40.8	40.9
宁德	0.030	0.032	0.032	8.0	8.3	29.5	31.9	32.0
温州	0.087	0.093	0.093	6.5	7.1	86.8	92.5	93.0

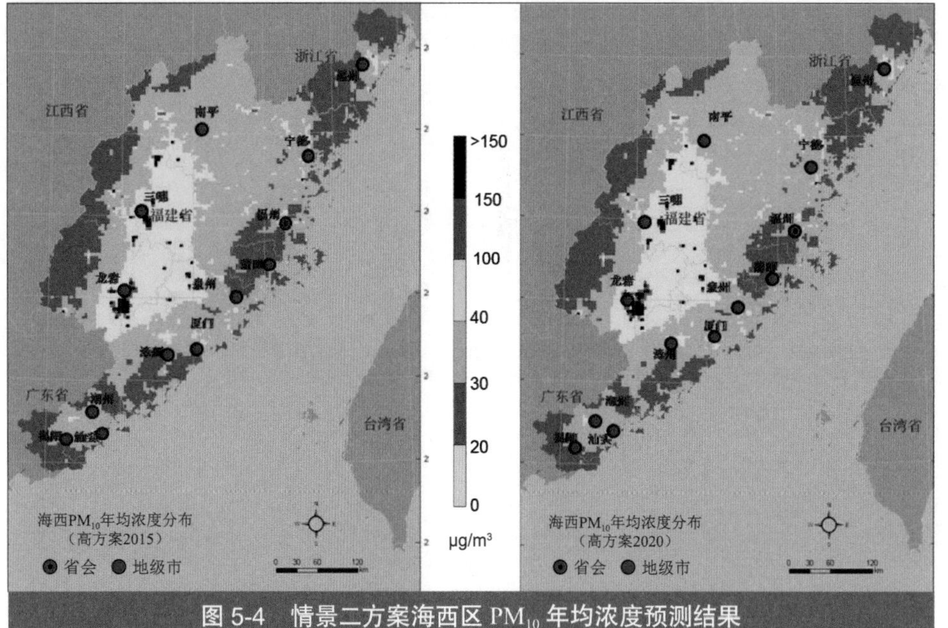

图 5-4 情景二方案海西区 PM_{10} 年均浓度预测结果

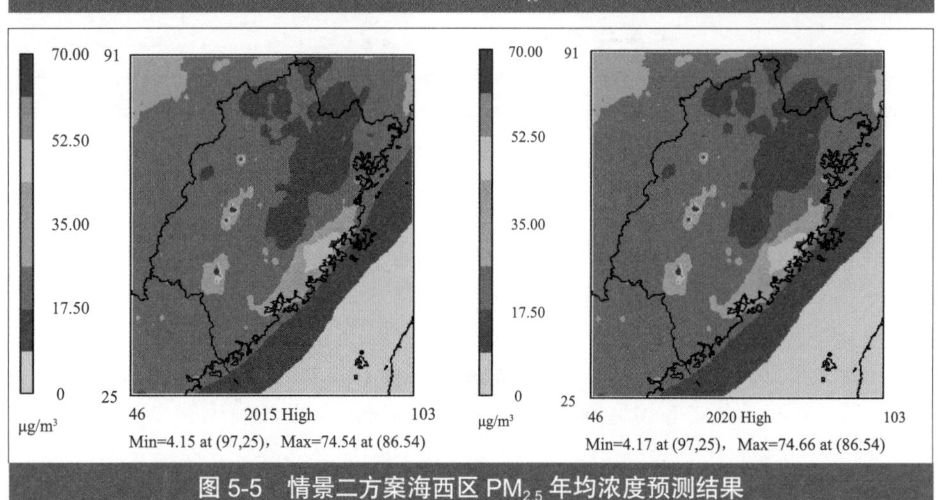

图 5-5 情景二方案海西区 $PM_{2.5}$ 年均浓度预测结果

总频率超过 60%。在山谷地区，还会出现因局地热力环流引起的高污染等一些特殊的空气污染过程。如三明城区 2007 年 SO_2、PM_{10} 浓度最大值占标率已达 123% 和 109%。受自然条件影响，内陆山区发展建材、冶金等产业将会进一步加重部分地区的大气污染，预测结果表明，到 2020 年，三明 SO_2、PM_{10}、$PM_{2.5}$ 浓度占标率将分别达到 131.7%、123%、170.3%，龙岩 $PM_{2.5}$ 占标率达到 110.9%。因此，三明、龙岩要发展建材、冶金产业，必须加强大气环境综合整治，在改善区域环境的同时，提升传统产业，实现增产减污，改善大气环境质量，满足大气环境目标要求。

三、酸沉降评估

考虑到海西区的酸雨影响仍以硫沉降为主，且当前我国关于酸沉降临界负荷的研究结果也主要是针对硫沉降，因此，着重针对硫沉降的模拟结果进行分析和评价。

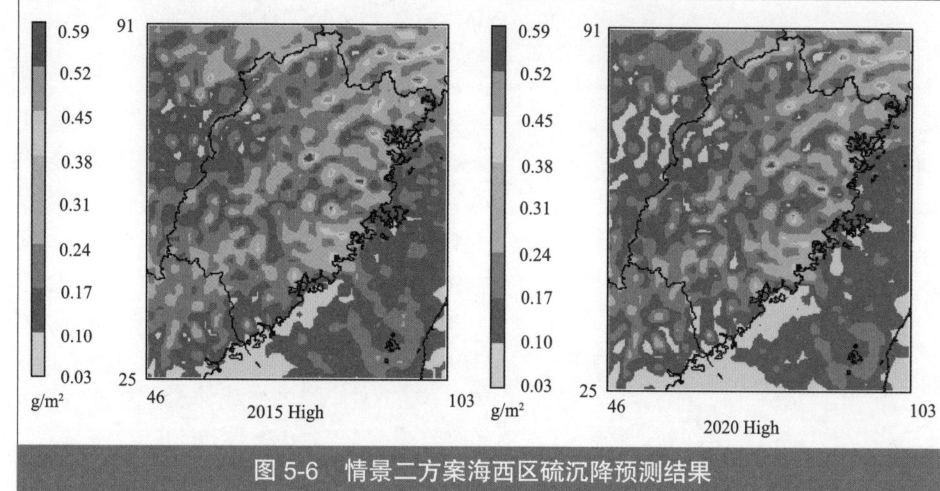

图 5-6 情景二方案海西区硫沉降预测结果

（1）硫沉降量预测结果

局部地区硫沉降明显超过临界负荷。海西区的酸雨影响以硫沉降为主，情景二方案使海西区硫沉降增幅在10% ～ 19%。与现状相比，情景二方案下各个城市到2015年和2020年硫沉降量都有不同程度的增长，其中到2015年增长较快的有揭阳、宁德、泉州和福州，增幅接近11% ～ 16%；至2020年增长较快的为揭阳、宁德和福州，增幅接近12% ～ 19%（见表5-4）。

表 5-4 情景二方案海西区不同地区硫沉降量的变化

城市	硫沉降 /[g/(m^2•a)]			与现状相比增长比例 /%	
	2007 年	2015 年	2020 年	2015 年	2020 年
汕头	0.296	0.326	0.326	10.0	10.0
揭阳	0.157	0.183	0.187	16.0	19.0
潮州	0.331	0.364	0.364	10.0	10.0
厦门	0.188	0.207	0.208	10.3	10.4
漳州	0.175	0.193	0.193	10.4	10.6
泉州	0.223	0.248	0.248	11.3	11.5
龙岩	0.290	0.319	0.319	10.1	10.1
莆田	0.442	0.489	0.490	10.7	10.9
福州	0.204	0.227	0.228	11.3	11.7
三明	0.219	0.246	0.246	12.0	12.2
南平	0.303	0.336	0.337	11.0	11.3
宁德	0.216	0.242	0.243	12.0	12.5
温州	0.406	0.447	0.447	10.0	10.0

（2）局部地区硫沉降明显超过临界负荷，酸雨污染进一步加重

参考“九五”科技攻关项目“酸雨控制国家方案研究专题”提出的硫沉降临界负荷，对模式计算得到的硫沉降计算结果与临界负荷进行对比分析（见表5-5）。

对比分析结果显示，海西区2007年硫沉降超过临界负荷的地区有温州和莆田地区，分别超过临界负荷的2%和10%；硫沉降接近临界负荷的有诏安乌山国家森林公园、长泰天柱山国家森林公园，达到临界负荷的90%左右。

到2020年，情景二方案下，各敏感目标的硫沉降增幅在10% ～ 19%，硫沉降超过临界负荷的地区有温州、莆田地区和长泰天柱山国家森林公园，超过临界负荷的6% ～ 22%；硫沉降接近临界负荷的有潮汕地区、诏安乌山国家森林公园，达到临界负荷的95%左右。硫沉降超过临界负荷对土壤和水体酸化会产生累积性效应，将对生态环境造成不良影响。

温州地区集中布局火电项目，SO_2将超过大气环境保护目标。温州地区现状硫沉降已超过

表 5-5 海西区主要敏感点硫沉降量与临界负荷的对比结果

敏感目标名称	硫沉降临界值/[g/(m²·a)]	硫沉降量与临界负荷的比值			
		2007 年	2020 年情景一	2020 年情景二	2020 年情景三
汕头	0.4	0.74	0.77	0.81	0.78
揭阳	0.4	0.39	0.41	0.47	0.43
潮州	0.4	0.83	0.86	0.91	0.88
厦门	0.4	0.47	0.49	0.52	0.50
漳州	0.4	0.44	0.45	0.48	0.46
泉州	0.4	0.56	0.58	0.62	0.58
龙岩	1.0	0.30	0.31	0.33	0.31
莆田	0.4	1.10	1.15	1.22	1.15
福州	0.4	0.51	0.53	0.57	0.54
三明	1.1	0.20	0.21	0.22	0.21
南平	1.2	0.25	0.26	0.28	0.27
宁德	1.1	0.20	0.20	0.22	0.21
温州	0.4	1.02	1.06	1.12	1.07
福建武夷山国家级自然保护区	1.2	0.18	0.18	0.20	0.19
福建闽江源国家级自然保护区	1.2	0.11	0.12	0.13	0.12
福建龙栖山国家级自然保护区	1.2	0.28	0.29	0.31	0.29
永安天宝岩国家级自然保护区	1.1	0.26	0.27	0.28	0.27
福建戴云山国家级自然保护区	1.1	0.22	0.23	0.25	0.23
福建梅花山国家级自然保护区	1.0	0.38	0.39	0.42	0.40
福建梁野山国家级自然保护区	1.1	0.43	0.45	0.48	0.46
福建虎伯寮国家级自然保护区	1.0	0.29	0.30	0.32	0.30
诏安乌山国家森林公园	0.4	0.87	0.91	0.96	0.91
福建支提山国家森林公园	1.1	0.19	0.20	0.21	0.20
长泰天柱山国家森林公园	0.4	0.96	1.00	1.06	1.01
惠安文笔山森林公园	0.4	0.68	0.71	0.76	0.72
福建九龙谷森林公园	0.4	0.77	0.80	0.85	0.81
福清灵石山国家森林公园	0.4	0.41	0.43	0.46	0.43
福州国家森林公园	0.4	0.30	0.32	0.34	0.32
建瓯万木林省级自然保护区	1.2	0.16	0.16	0.17	0.16
乌岩岭国家级自然保护区	0.4	0.75	0.78	0.87	0.81
玉苍山国家森林公园	0.4	0.39	0.40	0.45	0.42

临界负荷，情景二方案下温州电厂、苍南电厂和乐清电厂现有及在建的火电装机容量 599 万 kW，远期将达到 1 024 万 kW。预测表明，集中布局火电项目对温州地区影响较大，至 2015 年和 2020 年，SO_2 年均浓度将分别增加 29.9%、33.4%，占标率达到 93.3%、96.7%，超过大气环境保护目标，使温州面临更严峻的酸雨污染。

四、对人体健康的累积性风险评估

大气污染已成为影响我国居民身体健康的主要环境危害因素之一。目前公认的各种大气污染物中，SO_2、NO_x 和颗粒物（包括 TSP、PM_{10}、$PM_{2.5}$ 等）与人群健康效应各终点的流行病学联系较为密切，特别是颗粒物与人群健康效应联系最为密切。本研究采用目前国内广泛监测的 SO_2、NO_x 和 PM_{10} 作为指示性污染物来分别估算大气污染的健康效应。

1. 健康效应评估方法

（1）暴露水平

评价区的所有人口都被纳入本研究的暴露人群中。基于人口资料，对每 4 km×4 km 网格的居民数量进行估计。结合每个单元格的某一污染物浓度水平和人口数据，评估 2007 年评价区居民暴露于相关污染物浓度水平。

（2）健康效应终点

大气污染物相关的健康效应包括从亚临床症状、发病到死亡的一系列终点变化。综合考虑当前国内外研究现状及相关资料的可得性，本研究选择评价的与 PM_{10} 暴露相关的健康终点指标包括死亡率改变和某些疾病发病率改变。

（3）暴露 - 反应关系

暴露 - 反应关系是指环境暴露水平与人体不良反应之间的关系，在空气污染流行病学研究中通常是指随着空气污染物浓度的改变，人群中出现某种健康损害的个体在群体中所占比例的相应变化。本研究中采用的暴露 - 反应关系来源于国内外较权威学术期刊的文献报导。主要参考文献包括：Haidong Kan *et al.*，2005，Biomedical and Environmental Sciences，18:159-163；陈秉衡等，2002，上海环境科学，21:129-131；陈秉衡等，2002，环境与健康杂志，19（1）：11-13，以及上述文献所引用的参考文献。

2．健康效应评估结果

（1）PM_{10} 健康效应

增长率最大的情景是 2015 年“地方规划方案”和 2020 年“地方规划方案”。以 2020 年“地方规划方案”为例，死亡率增长率范围为 0.66% ～ 1.72%，其中尤以三明市最高（1.72%），其次是厦门（1.49%）和龙岩（1.15%）；潮州最小，为 0.66%；死亡率增长率最小的情景是 2020 年“国家宏观调控方案”，增长率范围为 0.00% ～ 0.86%（见图 5-7）。

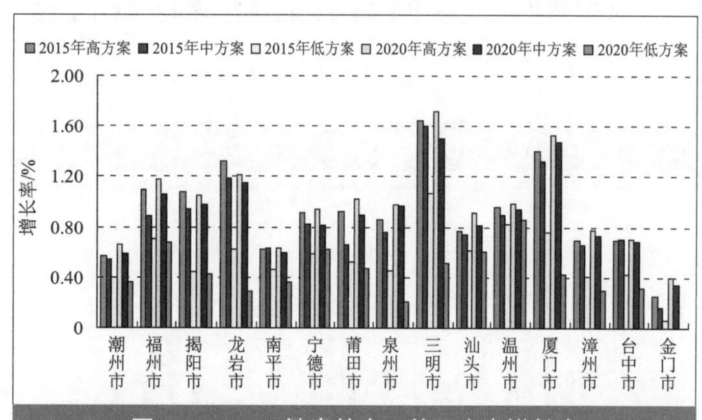

图 5-7　PM_{10} 健康效应—总死亡率增长率

PM_{10} 暴露水平升高导致的慢性支气管炎发病人次增长率最大的情景是 2015 年“地方规划方案”和 2020 年“地方规划方案”。以 2020 年“地方规划方案”为例，慢性支气管炎发病人次增长率范围为 0.43% ～ 1.84%，其中尤以三明市最高（1.84%），其次是厦门（1.64%）和龙岩（1.30%）；慢性支气管炎发病人次增长率最小的情景是 2020 年“国家宏观调控方案”，增长率范围为 0.00% ～ 0.92%（见图 5-8）。

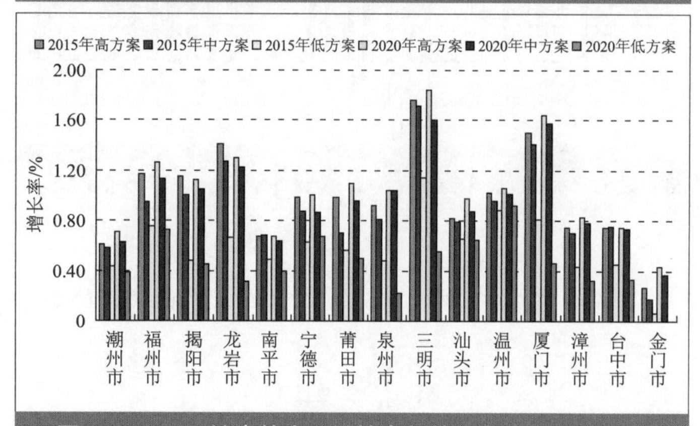

图 5-8　PM_{10} 健康效应—慢性支气管炎发病人次增长率

（2）NO_x 的健康效应

NO_x 暴露水平升高导致的呼吸系统疾病患病率增长率最大的情景是 2020 年“地方规划方案”，呼吸系统疾病患病率增长率范围为 0.22% ～ 2.28%，其中尤以揭阳市最高（2.28%），其次是厦门（2.20%）和泉州（1.90%）；呼吸系统疾病患病率增长率最小的情景是 2015 年“国家宏观调控方案”，增长率范围为 0.14% ～ 1.22%（见图 5-9）。

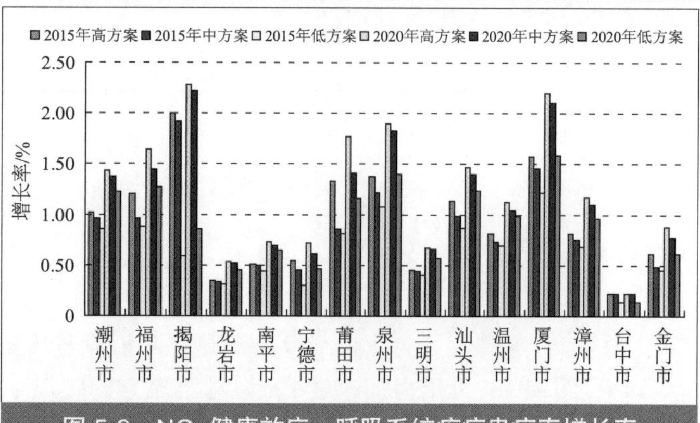

图 5-9　NO_x 健康效应—呼吸系统疾病患病率增长率

（3）SO_2 健康效应

SO_2 暴露水平升高导致的总死亡率增

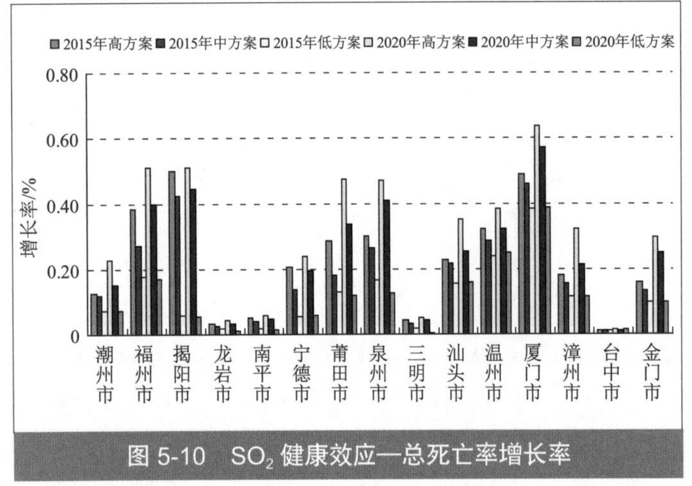

图 5-10 SO_2 健康效应—总死亡率增长率

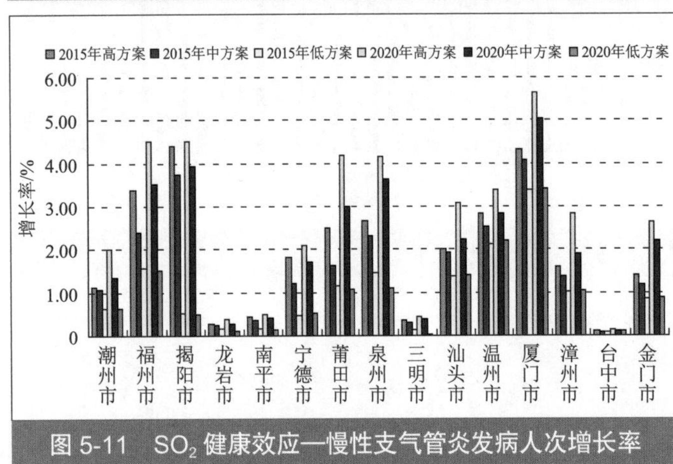

图 5-11 SO_2 健康效应—慢性支气管炎发病人次增长率

长率最大的是 2020 年“地方规划方案”，总死亡率增长率范围为 0.04% ～ 0.64%，其中尤以厦门市最高（0.64%），其次是福州和揭阳（0.51%）；增长率最小的是龙岩（0.04%）；总死亡率增长率最小的情景是 2020 年“国家宏观调控方案”，增长率范围为 0.00% ～ 0.39%（见图 5-10）。

SO_2 暴露水平升高导致的慢性支气管炎发病人次增长率最大的情景是 2020 年“地方规划方案”，慢性支气管炎发病人次增长率范围为 0.38% ～ 5.64%，其中尤以厦门市最高（5.64%），其次是揭阳（4.51%）和福州（4.50%）；增长率最小的是龙岩（0.38%）；慢性支气管炎发病人次增长率最小的情景是 2020 年“国家宏观调控方案”，增长率范围为 0.03% ～ 1.41%（见图 5-11）。

第二节 地表水环境影响与风险评估

一、分析方法

1. 河网水量模型

水量计算的微分方程是建立在质量和动量守恒定律基础上的圣维南方程组，以流量 Q（x，t）和水位 Z（x，t）为未知变量，并补充考虑了漫滩和旁侧入流的完全形式圣维南方程组为：

$$\frac{\partial Q}{\partial x}+B_{\mathrm{T}}\frac{\partial Z}{\partial t}=q$$

$$\frac{\partial Q}{\partial t}+\frac{\partial}{\partial x}(\frac{Q^2}{A})+gA\frac{\partial Z}{\partial x}+gA\frac{Q|Q|}{K^2}+\frac{Q}{A}q=0$$

式中：Z 为水位；Q 为流量；K 为流量模数；q 为单位河长旁侧入流；A 为主槽过水断面面积；g 为重力加速度；x 为沿水流方向距离；t 为时间；B_{T} 为调蓄宽度，指包括滩地在内的全部河宽。采用 Preissman 四点隐式差分格式离散方程组。分别对水面、城镇建设用地、水田、旱地进行产流分析，根据不同下垫面的产流特点，确定不同产流计算方法及计算参数。

2. 河网水质模型

河网对流传输移动问题的基本方程表达如下：

$$河道方程：\frac{\partial(AC)}{\partial t}+\frac{\partial(QC)}{\partial x}-\frac{\partial}{\partial x}(AE_x\frac{\partial C}{\partial x})+S_c-S=0$$

$$河道叉点方程：\sum_{I=1}^{NI}(QC)_{i,j}=(C\Omega)_j(\frac{dZ}{dt})_j$$

式中，Q、Z 是流量及水位；A 是河道面积；E_x 是纵向分散系数；C 是水流输送的物质浓度；Ω 是河道叉点——节点的水面面积；j 是节点编号；I 是与节点 j 相联接的河道编号；NI 是河道数量；S_c 是与输送物质浓度有关的衰减项，例如可写为 $S_c=K_dAC$；K_d 是衰减因子；S 是外部的源或汇项。水质参数取模型率定结果。

对时间项采用向前差分，对流项采用上风格式，扩散项采用中心差分格式。

3. 河网概化方法

研究区域内河道众多，相互交织成网。建立模型时由于工作量及资料的限制，模拟计算时将天然河网进行合并、概化，概化河道为水平底坡、梯形断面，概化断面用底高、底宽和边坡三要素来描述。概化时将主要的输水河道纳入计算范围，将次要的河道和水体根据等效原理，归并为单一河道和节点，使概化前后河道的输水能力相等、调蓄能力不变。当这些次要的平行河道具有断面资料，且首末节点相同时，可以用水力学的方法，根据过水能力相同的原理，求得合并概化河道的断面参数。对于水系内不参加水流输送的一些小河、池塘等，其调蓄作用不可忽视，故采用调蓄不变原则模拟概化河网以外的调蓄作用，使概化前后河道的总调蓄容积不变。一般来说，在进行河网湖库概化时，除了要满足输水能力与调蓄能力相似外，主要遵循以下原则：主要河道不合并；次要的起输水作用的小河道，可以几条河合并成一条概化河道；更小的基本上不起输水作用的河道作为陆域上的调蓄水面处理；中小型湖泊、塘坝可概化为调蓄节点。

4. 一般河道水质模型

① 一维稳态水质模型：

$$c=\frac{c_0Q_0+c_1Q_1}{Q_0+Q_1}\exp\left(-\frac{Kx}{86\,400u}\right)$$

式中：c 为污染物质浓度，mg/L；c_0 为上游来水水质浓度，mg/L；Q_0 为上游来水量，m^3/s；K 为降解系数，1/d；Q_1 为排污口废水排放量，m^3/s；c_1 为排污口废水排放浓度，mg/L；u 为流速，m/s；x 为距排污口距离，m。

② 二维稳态水质模型：

$$c(x,y)=\exp\left(-K\frac{x}{86\,400u}\right)\left\{c_0+\frac{c_pQ_p}{H(\pi M_yxu)^{1/2}}\left[\exp\left(-\frac{uy^2}{4M_yx}\right)+\exp\left(-\frac{u(2B-y)^2}{4M_yx}\right)\right]\right\}$$

式中：$c(x,y)$ 为污染物质浓度，mg/L；K 为降解系数，1/d；x 为沿河道方向变量，m；y 为沿河宽方向变量，m；u 为流速，m/s；c_0 为排污口上游污染物质浓度，mg/L；Q_p 为排污口废水排放量，m^3/s；c_p 为排污口废水排放浓度，mg/L；H 为平均水深，m；M_y 为横向混合系数，

m^2/s；B 为河道水面宽度，m。

5．预测设计的水文条件

重点产业发展废水排放影响预测计算时均选取 90% 保证率年均流量作为设计水文条件。

二、调水取水口水质影响预测分析

考虑当地社会经济发展及重点产业发展情况，在最不利情况下（情景二方案远期排污），各规划年楠溪江供水区、飞云江供水区、环三都澳区域主要取水口、闽江水口水库供水区、晋江金鸡闸供水区、漳江峰头水库供水区、云霄城关河道取水口（竹根村）、韩江供水区调水取水口水质均能满足水源地水质要求，高锰酸盐指数水质增量一般为 0.01 ～ 0.24 mg/L，氨氮为 0.01 ～ 0.08 mg/L，总磷为 0 ～ 0.011 mg/L。

三、调水对其下游水源地水质的影响

海西区水资源总量相对比较丰沛，但水资源时空分布不均，部分地区缺水较为严重，需通过跨流域调水工程来满足区域社会经济及重点产业发展对水资源的需求。由于闽江、韩江和三都澳地区调水取水口下游存在水源保护区，故对这三处水源保护区进行水质影响分析计算研究。

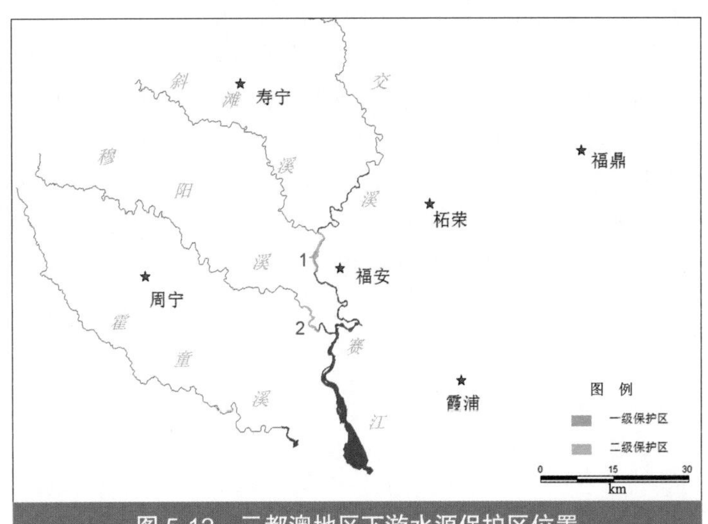

图 5-12　三都澳地区下游水源保护区位置

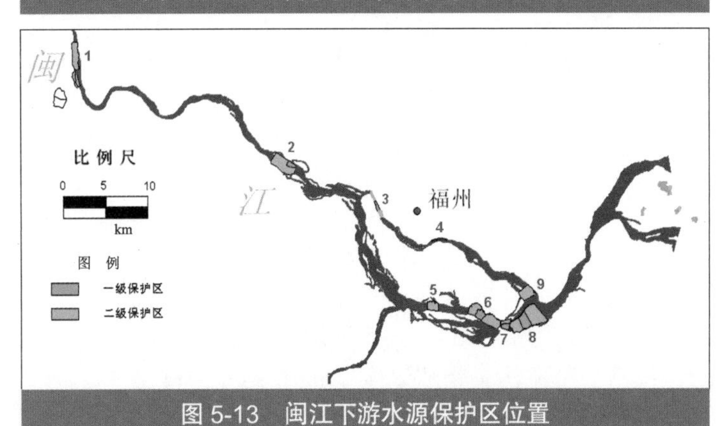

图 5-13　闽江下游水源保护区位置

（1）调水对三都澳地区下游水源保护区水质影响的分析

根据福建省 2007 年环境统计资料及 2007 年统计年鉴等资料确定下游污染源。在污染源不变的前提下，利用一维水质模型计算调水前后水量变化对三都澳地区下游水源保护区（见图 5-12）水质的影响。预测结果如表 5-6 所示，可见，三都澳地区调水对水源保护区水质增量高锰酸盐指数为 0.05 ～ 0.15 mg/L，氨氮为 0.018 ～ 0.054 mg/L，总磷为 0.003 ～ 0.007 mg/L。调水对水源保护区水质影响较小，调水后水源保护区水质能满足功能区水质要求。

（2）调水对闽江下游水源保护区水质影响分析

根据福建省 2007 年环境统计资料及 2007 年统计年鉴等资料确定下游污染源。在污染源不变的前提下，利用二维水质模型计算调水前后水量变化对闽江下游水源保护区（见图 5-13）水质的影响。计算结果（见表 5-7）表明，闽江调水对其下游水源保护区水质增量高锰酸盐指数为 0.006 ～ 0.128 mg/L，氨氮为 0.01 ～ 0.08 mg/L，总磷为 0.001 ～ 0.010 mg/L。调水对水源保护区水质影响较小，调水后水源保护区水质能满足功能区水质要求。

（3）调水对韩江下游水源保护区水质影响分析

根据广东省 2007 年环境统计资料及 2007 年统计年鉴等资料确定下游污染源。在污染源不变的前提下，利用一维水质模型计算调水前后水量变化对韩江下游水源保护区（见图 5-14）水质的影响。计算结果表 5-8 表明，韩江调水 32 m³/s 时，对水源保护区水质增量高锰酸盐指数为 0.008 ～ 0.03 mg/L，氨氮为 0.001 1 ～ 0.003 9 mg/L，总磷为 0.000 2 ～ 0.000 5 mg/L。调水对水源保护区水质影响较小，调水后水源保护区水质能满足功能区水质要求。

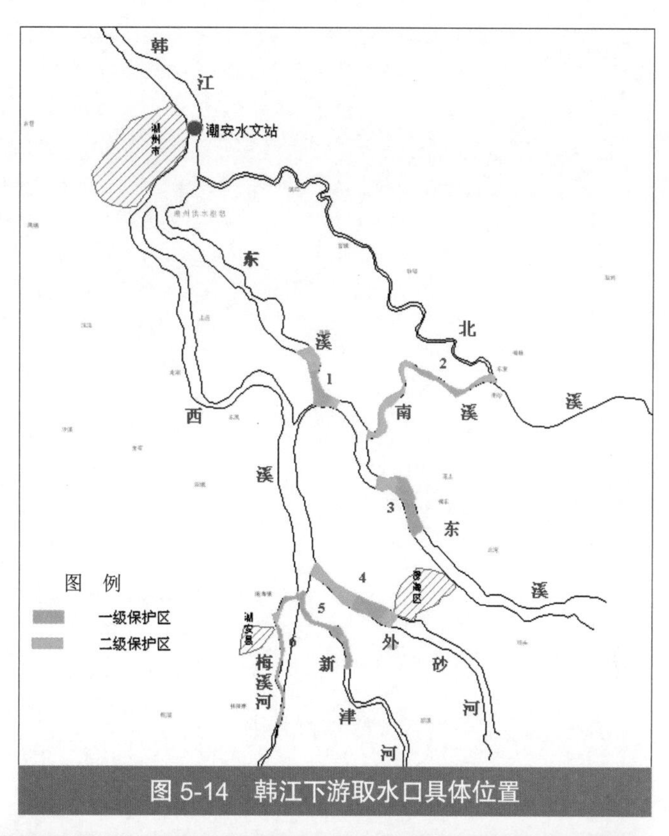

图 5-14 韩江下游取水口具体位置

表 5-6 调水后三都澳地区下游水源保护区水质增量计算结果

序号	保护区名称	保护区面积 /km²			污染物浓度增量 /（mg/L）		
		一级	二级	合计	高锰酸盐指数	氨氮	TP
1	福安市岩湖、城关水厂水源保护区	1.48	2.45	3.93	0.05	0.018	0.003
2	福安市罗江水厂水源保护区	0.29	2.25	2.54	0.15	0.054	0.007

表 5-7 调水后闽江下游水源保护区水质增量计算结果

序号	保护区名称	保护区面积 /km²			现状水质 /（mg/L）			污染物浓度增量 /（mg/L）		
		一级	二级	合计	高锰酸盐指数	氨氮	TP	高锰酸盐指数	氨氮	TP
1	闽清县白石坑水厂、塔山水厂水源保护区	0.6	3.03	3.63	—	—	—	0.006	0.01	0.001
2	闽侯县自来水公司水源保护区	0.57	3.95	4.52	—	—	—	0.022	0.04	0.002
3	福州市西区、北区水厂水源保护区	0.42	0.73	1.15	—	—	—	0.044	0.05	0.010
4	福州市东南区水厂水源保护区	0.17	0.13	0.3	3.09	0.64		0.028	0.03	0.005
5	福州市义序水厂水源保护区	0.03	1.38	1.41	—	—	—	0.097	0.02	0.010
6	福州市城门水厂水源保护区	1.16	4.25	5.41	3	0.44		0.072	0.01	0.009
7	福清闽江调水工程峡南生活用水地表水源保护区	0.69	0.52	1.21	—	—	—	0.059	0.01	0.008
8	长乐市炎山饮用水源保护区	1.98	6.54	8.52	—	—	—	0.056	0.01	0.008
9	福州市马尾水厂闽江备用水源保护区	0.03	2.25	2.28	—	—		0.128	0.08	0.008

表 5-8 调水后韩江下游水源保护区水质增量计算结果

序号	保护区所在地	保护区名称和级别		水域保护范围	水质因子污染物浓度增量/(mg/L)		
					高锰酸盐指数	氨氮	TP
1	金平区及龙湖区	韩江梅溪河饮用水水源保护区	一级保护区	东墩水厂取水口下游 200 m 处至取水口上游 3 750 m 处，共 3 950 m 长河段，及取水口上游 4 050 m 处至上游大衙断面，共 3 450 m 长河段	0.009	0.001 2	0.000 2
			二级保护区	东墩水厂取水口下游 200 m 处至下游梅溪桥闸，共 600 m 长河段，及取水口上游 3 750 m 处至上游 4 050 m 处，共 300 m 长河段			
2	龙湖区	韩江新津河饮用水水源保护区	一级保护区	新津水厂取水口下游 200 m 处至取水口上游 950 m 处，共 1 150 m 长河段，及取水口上游 1 450 m 处至上游大衙断面共 4 150 m 长河段	0.008	0.001 1	0.000 2
			二级保护区	新津水厂取水口下游 200 m 处至下游下埔桥闸，共 300 m 长河段，及取水口上游 950 m 处至上游 1 450 m 处，共 500 m 长河段			
3	龙湖区及澄海区	韩江外砂河饮用水水源保护区	一级保护区	澄海区第二水厂取水口下游 200 m 处至取水口上游 1 000 m 处，共 1 200 m 长河段	0.011	0.001 5	0.000 2
			二级保护区	澄海区第二水厂取水口下游 200 m 处至外砂大桥，共 600 m 长河段，及取水口上游 1 000 m 处至大衙断面共 2 500 m 长河段			
4	澄海区	韩江东溪莲阳河饮用水水源保护区	一级保护区	澄海区第一水厂取水口下游 250 m 处（莲阳桥闸）至澄海区莲上水厂取水口上游 1 000 m 处，共 3 000 m 长河段	0.021	0.002 7	0.000 4
			二级保护区	澄海区莲上水厂取水口上游 1 000 m 处至上游 2 000 m 处，共 1 000 m 长河段			
5	澄海区	韩江东溪饮用水水源保护区	一级保护区	澄海区上华镇水厂取水口下游 200 m 处至隆都水厂取水口上游 1 000 m，共 2 700 m 长河段	0.030	0.003 9	0.000 5
	澄海区	韩江东溪饮用水水源保护区	二级保护区	澄海区上华镇水厂取水口下游 200 m 处至 400 m 处，共 200 m 长河段，及隆都水厂取水口上游 1 000 m 至上游 2 000 m 处，共 1 000 m 长河段			
6	澄海区	韩江南溪饮用水水源保护区	一级保护区	澄海区东部水厂取水口下游 200 m 处至取水口上游 3 500 m 处共 3 700 m 长河段	0.030	0.003 9	0.000 5
			二级保护区	澄海区东部水厂取水口下游 200 m 处至南北溪汇合口处共 850 m 长河段及取水口上游 3 500 m 处至南溪桥闸共 4 750 m 长河段			

四、调水对其取水口下游城市内河水质影响分析

调水对其取水口下游城市内河水质将产生影响。根据2007年环境统计资料及2007年统计年鉴等资料确定下游污染源，在污染源不变的前提下，利用一维水质模型计算调水前后水量变化对调水取水口下游城市内河水质的影响。

计算结果（见表5-9）显示，调水对下游城市内河水质影响有限，调水前后水量变化造成的调水取水口下游城市内河水质主要污染物浓度增量高锰酸盐指数为0～1.433 mg/L，氨氮为0～0.163 mg/L，总磷为0～0.023 2 mg/L。

表5-9　调水对其取水口下游城市内河水质增量计算结果

河流名称	主要市（县）	水质因子/污染物浓度增量/（mg/L）		
		高锰酸盐指数	氨氮	TP
瓯江	永嘉县	0.068	0.003	0.000 3
	温州市区	0.683	0.035	0.004 3
飞云江	瑞安市区	0.099	0.008	0.000 9
赛江	福安市区	0.102	0.012	0.001 6
闽江	闽清县	0.000	0.000	0.000 0
	闽侯县	0.005	0.002	0.000 3
	福州市区	0.000	0.000	0.000 0
晋江	泉州市区	1.433	0.163	0.023 2
韩江	潮州市区	0.002	0.000	0.000 0
	潮安县	0.030	0.004	0.000 5
	澄海市区	0.021	0.003	0.000 4
	汕头市区	0.041	0.005	0.000 8

五、重点产业发展对内陆水源保护区水质影响分析

内陆山区重点产业发展三种情景下的废水污染物排放量变化不大，因此主要预测分析情景二方案排污对地表水环境的影响。

（1）南平市重点产业废水排放对水源地水质的影响

●预测分析方案

南平市重点产业排污口概化至南平市现有的塔下污水处理厂的排污口（见图5-15），由于排污口设在水口水库上游，河流较宽（约500 m），因此选取二维水质模型进行计算。水口水库为规划供水水源地，若重点产业排污在南平市区，排污至水口水库，会对水口水库水质具有一定影响（见表5-10、表5-11），建议将南平市重点产业布局在顺昌县或是建瓯县。

●计算结果及分析

利用二维稳态水质模型，计算得到重点产业排污口设置在南平市塔下污水处理厂时，排污口距取水口水库的距离为90 km，在最不利条件下（情景二方案远期）到达水口水库取水口处的高锰酸盐指数增量为0.086 mg/L，氨氮增量为0.068 mg/L（见图5-16、图5-17）。

利用一维水质模型，计算得到重点产业排污口设置在2#（顺昌）时，距水口水库起始处的距离为75 km，在最不利条件

表5-10　南平市重点产业排污量统计

情景二	重点产业	污水排放量/（万t/a）	排口污染物排放量/(t/a)	
			COD	氨氮
近期	南平铝业	22	26	3.3
	装备制造业	1 192	715	180
远期	南平铝业	22	26	3.3
	装备制造业	1 944	1 167	290

表5-11　南平市重点产业对水环境影响分析方案

情景二	重点产业排污口位置	污水排放量/（万t/a）	排口污染物排放量/(t/a)	
			COD	氨氮
近期	概化至1#	1 214	741	183.3
	概化至2#			
	概化至3#			
远期	概化至1#	1 966	1 193	293.3
	概化至2#			
	概化至3#			

下（情景二方案远期）到达水口水库起始处的高锰酸盐指数增量为 0.007 mg/L，氨氮增量为 0.015 mg/L（见表 5-12）。

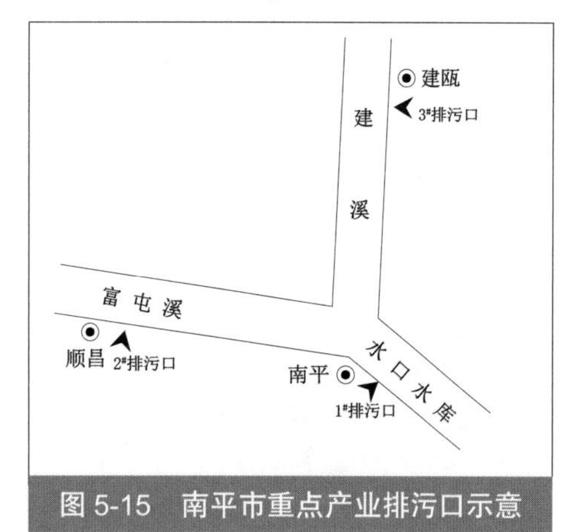

图 5-15 南平市重点产业排污口示意

重点产业排污口设置在 3#（建瓯）时，距水口水库起始处的距离为 67 km，在最不利条件下（情景二方案远期）的到达水口水库起始处的高锰酸盐指数增量为 0.009 mg/L，氨氮增量为 0.020 mg/L（见表 5-13）。

综上所述，若重点产业排污口设置在顺昌或建瓯，在最不利条件下到达水口水库时的水质增量均很小，不会影响富屯溪和建溪的水质。因此建议将南平市重点产业布局在顺昌县或是建瓯县。

（2）三明市重点产业废水排放对水源地水质的影响

● 预测分析方案

三明市重点产业排污口位置拟概化至三明市现有的污水

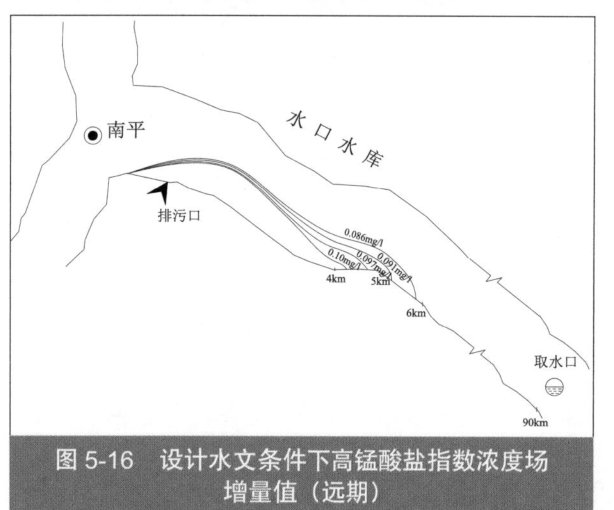

图 5-16 设计水文条件下高锰酸盐指数浓度场增量值（远期）

图 5-17 设计水文条件下氨氮浓度场增量值（远期）

表 5-12 布局在 2# 排污口时高锰酸盐指数和氨氮浓度沿程增量 单位：mg/L

距水口水库距离 / km	规划期	评价因子	沿程污染物浓度增量			
			5 km	10 km	30 km	75 km
75	近期	高锰酸盐指数	0.010	0.009	0.008	0.005
		氨氮	0.022	0.020	0.016	0.010
	远期	高锰酸盐指数	0.015	0.014	0.011	0.007
		氨氮	0.035	0.033	0.026	0.015

表 5-13 布局在 3# 排污口时高锰酸盐指数和氨氮浓度沿程增量 单位：mg/L

距水口水库距离 / km	规划期	评价因子	沿程污染物浓度增量			
			5 km	10 km	30 km	75 km
67	近期	高锰酸盐指数	0.013	0.012	0.010	0.007
		氨氮	0.027	0.025	0.020	0.012
	远期	高锰酸盐指数	0.019	0.017	0.014	0.009
		氨氮	0.040	0.039	0.030	0.020

处理厂排污口处。三明市污水处理厂排污口下游没有水源保护地，但在列西分厂上游 1.5 km 处设有白沙水厂水源地（见图 5-18、表 5-14）。

● 计算结果及分析

利用一维水质模型，考虑逆流流速 0.05 m/s 时，计算得到 1# 排污口排污对水源地的高锰酸盐指数增量为 0.02 ～ 0.033 mg/L，氨氮增量为 0.016 ～ 0.027 mg/L。相对于 2# 排污口，增量值较大，故选择重点产业排污至 2# 排污口。

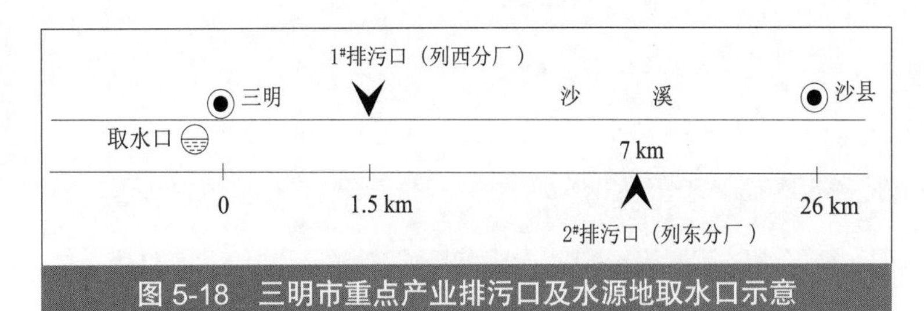

图 5-18　三明市重点产业排污口及水源地取水口示意

表 5-14　三明市重点产业排污口方案

情景二	重点产业排污口位置	污水排放量 /（万 t/a）	排口污染物排放量 /(t/a)	
			COD	氨氮
近期	概化至 1#	6 550	1 825	456
	概化至 2#			
远期	概化至 1#	10 774	2 036	509
	概化至 2#			

利用一维稳态水质模型，计算得到在最不利条件下（情景二方案远期）的水质增量很小，重点产业排污不会影响沙溪的水质（见表 5-15、表 5-16）。

（3）*龙岩市重点产业废水排放对水源地水质的影响*

● 预测分析方案

重点产业的排污口概化至龙岩市现有的龙津净水有限责任公司的排污口。龙岩市污水处理厂排污口下游没有水源保护地，市区及排污口的相对位置见图 5-19。选取一维稳态水质模型用于计算重点产业以及污水处理厂对龙川水质的影响。计算时选取 90% 保证率年均流量作为设计水文条件（见表 5-17）。

● 计算结果及分析

利用一维稳态水质模型，计算得到各方案下高锰酸盐指数和氨氮浓度沿程增量值（见表 5-18）。从环境容量角度分析，可以满足重点产业的发展。

表 5-15　各方案下高锰酸盐指数和氨氮到达水源地边界时浓度增量　单位：mg/L

评价因子	近期		远期	
	概化至 1#	概化至 2#	概化至 1#	概化至 2#
高锰酸盐指数	0.022	0.018	0.036	0.029
氨氮	0.018	0.015	0.030	0.024

表 5-16　各方案下高锰酸盐指数和氨氮浓度沿程增量　单位：mg/L

情景二	评价因子	沿程污染物浓度增量			
		2 km	5.5 km	7.5 km	24.5 km
近期	高锰酸盐指数	0.023	0.021	0.019	0.011
	氨氮	0.019	0.018	0.017	0.012
远期	高锰酸盐指数	0.037	0.034	0.031	0.019
	氨氮	0.031	0.029	0.028	0.020

表 5-17　龙岩市重点产业对水环境影响分析方案

情景二	重点产业	污水排放量 /(万 t/a)	排口污染物排放量 /(t/a)	
			COD	氨氮
近期	冶金业	75	90	12
	装备制造业	1 427	856	214
	合计	1 502	946	226
远期	冶金业	45	54	7
	装备制造业	2 327	1 396	249
	合计	2 372	1 450	256

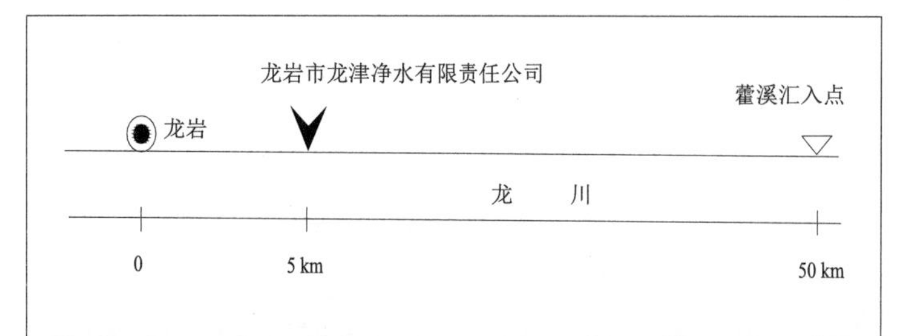

图 5-19 龙岩市龙津净水有限责任公司排污口位置示意

表 5-18 各方案下高锰酸盐指数和氨氮浓度沿程增量

单位：mg/L

情景二	评价因子	沿程污染物浓度增量		
		15 km	30 km	45 km
近期	高锰酸盐指数	0.199	0.124	0.078
	氨氮	0.177	0.129	0.094
远期	高锰酸盐指数	0.301	0.188	0.117
	氨氮	0.199	0.145	0.104

表 5-19 水量调出后引起的咸潮上溯距离计算结果

河流名称	调出水量 / (m^3/s)	由调水引起的咸潮上溯距离 /km
瓯江	6	0.2
飞云江	4	0.7
赛江	5.5	0.7
闽江	100	2.1
晋江	75	5.7
漳江	10	4.1
韩江	32	0.7

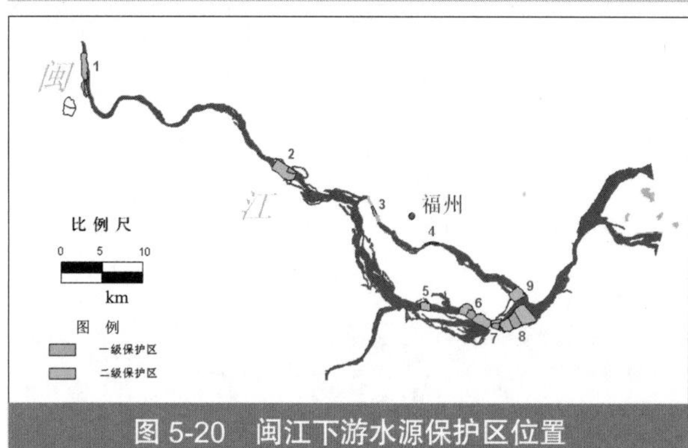

图 5-20 闽江下游水源保护区位置

注：1. 闽清县白石坑水厂、塔山水厂水源保护区；2. 闽侯县自来水公司水源保护区；3. 福州市西区、北区水厂水源保护区；4. 福州市东南区水厂水源保护区；5. 福州市义序水厂水源保护区；6. 福州市城门水厂水源保护区；7. 福清闽江调水工程峡南生活饮用水地表水源保护区；8. 长乐市炎山饮用水水源保护区；9. 福州市马尾水厂闽江备用水水源保护区。

六、咸潮上溯对下游水环境保护目标环境影响及对策

咸潮的发生过程就是河水与海水此消彼长的过程，因此河流入海口处河水与海水的流量对比就决定了咸潮的进退。决定河水与海水流量对比的因素主要有降水量及其时间分布、天文潮汐强度、流域调水量、河床下切深度、海平面上升幅度、城市用水量变化、河道水流特征变化等。

《河口咸潮上溯的预测方法》（刘晨，1995）中介绍了一种咸潮上溯预测模型，可以根据河口的地形、水文、水力、潮流等方面的参数来预测咸潮上溯。下式是咸潮上溯的预测模型。由此式可以计算在高潮憩流时对咸潮上溯的长度距离。

$$L = a\ln(\frac{1}{\beta}+1),\ \beta = \frac{ka}{\alpha_0 A_0},\ \alpha_0 = \frac{D_0}{Q_f}$$

式中，L 为高潮憩流时咸潮的上溯长度距离；a 为河流长度；k 为范式常数；A_0 为河口起始处的断面面积；D_0 为高潮憩流时由河口起始处起向上游的纵向距离为零时的离散系数；Q_f 为淡水流量（选取 90% 保证率年均流量）。

对闽江及珠江三角洲现状咸潮上溯距离进行计算，确定得到该预测模型适用于海西区。由上式计算得到海西区主要入海河流由调水引起的咸潮上溯距离。

目前闽江的潮汐界已经上移到闽侯竹岐附近，咸潮已上溯到福州市南港城门（6#）和义序水厂（5#）取水口附近，多个水源保护区受到咸潮侵害。当闽江调水量为 100 m^3/s 时，咸潮上溯距离增加 2.1 km，将加剧对闽江下游取水口的影响。

除闽江外，其他入海河流调水取水口因下游均有闸控，可以有效保证下游调水取水口不受咸潮影响（见表 5-19、图 5-20）。

第三节　近岸海域生态环境影响与风险评估

一、区域海洋环境状态的预测模拟

本评价研究对海西区福建省近岸海域的影响预测采用了数值模拟的方法，对海西区浙江、广东省近岸海域的影响预测采用了经验公式的二维解析计算方法。

1．潮流场的数值模拟

（1）潮流场数学模型

台湾海峡潮流场模拟选用深度平均平面二维浅水潮波方程：

$$\frac{\partial u}{\partial t}+u\frac{\partial u}{\partial x}+v\frac{\partial u}{\partial y}=-g\frac{\partial z}{\partial x}+fv-ru+A_x(\frac{\partial^2 u}{\partial x^2}+\frac{\partial^2 u}{\partial y^2})$$

$$\frac{\partial v}{\partial t}+u\frac{\partial v}{\partial x}+v\frac{\partial v}{\partial y}=-g\frac{\partial z}{\partial y}-fu-rv+A_y(\frac{\partial^2 v}{\partial x^2}+\frac{\partial^2 v}{\partial y^2})$$

$$\frac{\partial z}{\partial t}+\frac{\partial}{\partial x}\left[(d+z)u\right]+\frac{\partial}{\partial y}\left[(d+z)v\right]=0$$

其中：$r=\frac{g\sqrt{u^2+v^2}}{c_n^{\ 2}\left(H+H_1e^{-PH}\right)}$；$t$ 为时间；x、y 为平面直角坐标；u、v 分别为全流沿 x、y 方向分量；H 为水深（$H=d+z$）；d 为平均水位平面下的水深；z 为瞬时水位；f 为柯氏参数；r 为底摩擦系数；g 为重力加速度；c_n 为谢才系数，$c_n=H^{1/6}/n$；n 为海底粗糙系数；A_x、A_y 是水平运动黏性系数。

流体动力学方程组可用两种形式（即 Euler 形式和 Lagrange 形式）来表达，两种形式可用来描述同一物理过程，实质上等价。但是在数值计算上两者却有很大差异。由于拉氏坐标是建立在流体质团上，跟随质团运动，随体导数$\frac{\mathrm{d}}{\mathrm{d}t}$说明沿流线相应物理量随时间的变化率，采用欧拉 - 拉格朗日差分，原方程组变得比较简单：

$$\frac{\mathrm{d}u}{\mathrm{d}t}=-g\frac{\partial z}{\partial x}+fv-ru+A_x(\frac{\partial^2 u}{\partial x^2}+\frac{\partial^2 u}{\partial y^2})$$

$$\frac{\mathrm{d}v}{\mathrm{d}t}=-g\frac{\partial z}{\partial y}+fu-rv+A_y(\frac{\partial^2 v}{\partial x^2}+\frac{\partial^2 v}{\partial y^2})$$

$$\frac{\mathrm{d}z}{\mathrm{d}t}=-z\left[\frac{\partial u}{\partial x}+\frac{\partial v}{\partial y}\right]-\left[\frac{\partial(du)}{\partial x}+\frac{\partial(dv)}{\partial y}\right]$$

方程组的求解采用 Vincenzo Cassulli 提出的半隐式有限差分方法。V.Casulli 半隐式求解模型实际上是 Crank-Nicolson 时间平均隐格式的 θ 参数法。Casulli 等人从理论上和数值计算上证明当 $1/2\leqslant\theta\leqslant 1$ 时求解结果是无条件稳定的，而当 θ=1/2 时动量方程压力梯度和水位方程中速度从时间层 t 至时间层 t+1 的隐式求解过程具有二阶精度。因此模型适宜地选择方程组隐式差分项，用欧拉 - 拉格朗日（E-L）方法离散迁移项和水平黏性项，不仅简化了方程组，而且沿流线精确地计算了相应物理量随时间的变化率，有效地提高了模型的计算精度。

（2）计算区域和边界条件

台湾海峡计算区域北面边界为三都澳东冲—台湾富贵角断面，南面边界为广东南澳—台湾布袋。潮流场控制方程的计算坐标 Y 轴为南北方向，X 轴为东西方向，整个台湾海峡采用 1 km×1 km 网格，共约 95 000 个网格点，时间步长为 180 s。

海岸线为固体边界，取法向流速为零。潮滩采用变边界处理。

台湾海峡大网格外海流体开边界采用强制水位，根据东冲—富贵角和南澳—布袋调和常数（34 个分潮），组合协振潮水位过程，水位为时间的已知函数：

$$E=\sum_{i=1}^{34} f_i \cdot H_i \cdot \cos(\sigma_i t + v_{0i} + u_i - g_i)$$

式中，E 为潮位；g_i、H_i 分别为分潮的调和常数；σ_i 为分潮的角速率；v_{0i} 为分潮格林威治天文初相角；u_i、f_i 为分潮的交点订正角和交点因子。

在潮位表达式中，代入每个分潮与实测资料同步的交点因子 f_i 和格林威治天文相角 $v_{0i}+u_i$，即可预报出与实测资料同步的各开边界控制点的潮位曲线，作为潮流场开边界条件。

（3）潮流场的计算结果与验证

台湾海峡潮波验证采用台湾海峡西岸川石岛、娘宫、深沪、厦门和东山潮位站潮汐表潮汐预报值和计算值进行比较，时间为 2008 年 10 月 1 日—10 月 31 日，各潮位站潮波计算值与潮汐预报值吻合较好。

台湾海峡及附近海域潮流实测时间均为大潮期间，分别为 2007 年 8 月 23 日—24 日和 12 月 11 日—12 日。从图 5-21 看出，潮流流速大小和方向计算值与实测值吻合较好。

海峡西岸厦门湾以北沿岸潮流多为旋转流，台湾岛南北沿岸基本上为沿海岸线走向的往复流。最大流速发生在澎湖水道和台湾浅滩附近，达 1.5 cm/s，最小流速出现在台湾岛西前沿海附近。

大潮典型时刻（以平潭站潮位为典型时刻参考值）的潮流场：平潭站高潮时，台湾海峡中部潮流由北向南流动，流速较大；平潭站处于落潮半潮面时，在兴化湾至台湾岛西岸台中一线的潮流非常弱，为分流区，北面落潮流偏东北向流，南部落潮流向南流；平潭站低潮时，台湾海峡南部古雷—布袋断面附近潮流由南向北流动，流速较大，平潭—淡水以北潮流较弱；平潭站处于涨潮半潮面时，整个流场的形式与平潭落潮半潮面流场基本对应，只是流向相反，北部涨潮流为南偏西向流，南部涨潮流为北偏东向流，兴化湾至台湾岛西岸台中一线为弱流分流区。

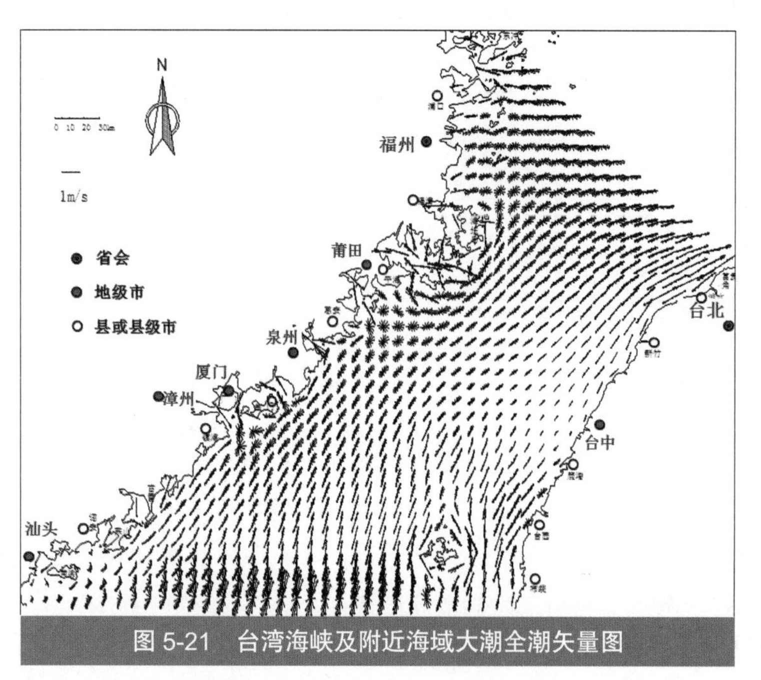

图 5-21　台湾海峡及附近海域大潮全潮矢量图

小潮典型时刻（以平潭站潮位为典型时刻参考值）的潮流场流态与大潮基本接近，流速比大潮小。

2．污染物浓度场的数学模型

污染物浓度场采用经过垂直平均的物质扩散输送方程：

$$\frac{\partial C}{\partial t}+u\frac{\partial C}{\partial x}+v\frac{\partial C}{\partial y}=\frac{1}{H}\frac{\partial}{\partial y}(HD_x\frac{\partial C}{\partial x})+\frac{1}{H}\frac{\partial}{\partial y}(HD_y\frac{\partial C}{\partial y})+S-Q$$

式中，D_x、D_y 分别为 x、y 向的分散系数，$D_x=D_y=50\ m^2/s$；S 为排放入海的污染物源强；Q 为生化降解率。

石油类的风化作用采用石油烃风化过程经验公式：

$$c(t)=c_0/(ktc_0^{0.1}+1)^{10}$$

式中，c_0 和 $c(t)$ 分别为 $t=t_0$ 和 $t=t$ 时海水中的石油浓度，mg/L；t 为风化时间，d；K 为风化衰减常数，d^{-1}。K 与盐度 S 和水温 T（绝对温标）的关系为：

$$\ln K=0.0353（27.8-S）+5.78\times 10^3（T-298）/298T-4.20$$

计算海域平均温度取 20℃，平均盐度取 32。

浓度场边界条件：岸边是 $\frac{\partial c}{\partial n}=0$，$n$ 为岸边界法向方向。开边界条件：退潮过程由 $\frac{\partial c}{\partial t}+u\frac{\partial c}{\partial x}=0$，$\frac{\partial c}{\partial t}+v\frac{\partial c}{\partial y}=0$ 计算而定；涨潮过程，边界上浓度为 0。

3．温排水的数值模型

本模型考虑了排水口的排水流量和动量对潮流场、温度场的影响。考虑排水影响，平面二维浅水潮流及温度计算的基本方程为：

$$\frac{\partial \zeta}{\partial t}+\frac{\partial (uH)}{\partial x}+\frac{\partial (vH)}{\partial y}=q$$

$$\frac{\partial u}{\partial t}+u\frac{\partial u}{\partial x}+v\frac{\partial u}{\partial y}-fv+g\frac{\partial \zeta}{\partial x}+g\frac{uw}{C^2H}=A_x(\frac{\partial^2 u}{\partial x^2}+\frac{\partial^2 u}{\partial y^2})+M_x$$

$$\frac{\partial v}{\partial t}+u\frac{\partial v}{\partial x}+v\frac{\partial v}{\partial y}+fu+g\frac{\partial \zeta}{\partial y}+g\frac{vw}{C^2H}=A_y(\frac{\partial^2 v}{\partial x^2}+\frac{\partial^2 v}{\partial y^2})+M_y$$

$$\frac{\partial (HT)}{\partial t}+\frac{\partial (HuT)}{\partial x}+\frac{\partial (HvT)}{\partial y}=\frac{\partial}{\partial x}(HD_x\frac{\partial T}{\partial x})+\frac{\partial}{\partial y}(HD_y\frac{\partial T}{\partial y})-\frac{K\,T}{\rho C_p}+Q_0$$

式中，q 为单位面积上水流的源强度，m/s；T 为水体沿水深平均的温升值，℃；K 为水面综合热扩散系数，kcal/（kg · ℃）；D_x、D_y 分别为 x、y 方向紊动热扩散系数，m^2/s；C_P 水体的比热，kcal/（kg · ℃）；P 为海水的密度，$\rho=1\,025\ kg/m^3$；M_x、M_y 为排水口排水动量变化，m/s^2；Q_0 为温排水源强，m · ℃ /s。

温度场边界条件：固边界：$\frac{\partial T}{\partial n}=0$，为岸边界法向方向；开边界：温度场开边界给出温升差值为 0.001℃。

水面综合热扩散系数 K 实际上与环境温度以及水面风速有关，$K=\frac{\partial \varphi}{\partial T}$；其中，$\varphi=\varphi_{br}+\varphi_e+\varphi_c$，$\varphi_{br}$ 为水面的逆辐射热通量；φ_e 为水面和大气间的紊动热交换；φ_c 为水面的蒸发热通量；T_s 为水面温度。由于缺少现场实践资料，最后选用 Gunneberg F 公式进行 K 值计算：

$$K=2.2\times10^{-7}(T_s+273.15)^3+(0.001\,5+0.001\,1U_2)[(250\,1.7-2.366T_s)\frac{25\,509}{(T_s+239.7)^2}\times10^{\frac{7.56T_s}{T_s+239.7}}+1\,621]$$

式中，U_2 为水面以上 2 m 处的风速，T_s 取计算温升加上环境水温（本报告环境水温取夏季平均水温 26℃）。热扩散系数 D_x、D_y 取 10 m^2/s。

4．经验公式计算模式

当涨、落潮阶段（流速不为零），采用表层排放，同时考虑潮流的往复作用时，采用以下的模式预测：

$$c(x,y)=\frac{2Q}{H\cdot U\sqrt{4\pi D_y\cdot t}}\exp(-\frac{y^2}{4D_y\cdot t})+\frac{2Q}{H\cdot U\sqrt{12\pi\cdot D_y\cdot t}}\exp(-\frac{y^2}{12D_y\cdot t})$$

式中，$c(x, y)$ 为距离排污口 (x, y) 点污染物平均浓度增量，mg/L；Q 为污染物单位时间的排放源强，g/s；H 为平均有效混合层厚度，m；U 为潮流平均流速，m/s；D_y 为横向扩散参数，m^2/s；x 和 y 分别为纵向、横向坐标距离，m；t 为时间，$t=\frac{x}{u}$，s。

5．计算工况及排污口设定

（1）计算工况

通过对不同规划方案废水及污染物排放的差异性分析，本研究对情景一方案近期，情景三方案近、远期以及情景二方案远期污染物排放对环境的影响进行了预测计算，即对不同规划方案排放情景进行COD、无机氮、石油类和温升4个因子共16种工况的预测，分别计算高潮、落急、低潮、涨急的污染物浓度分布，以及污染物浓度增量全潮包络线。

（2）排污口设定

排污口设计原则：① 考虑海西区各个港湾环境容量有限，而且湾内分布有保护区等敏感目标，因此在海洋环境容量利用时，应将湾内有限的环境容量主要用于接纳城市发展产生的生活污水，规划重点产业发展产生的工业废水引到湾外深水排放，利用湾外水交换能力强、环境容量大的特点，减小湾内接纳污染物的压力。② 湾外排放口的设置将综合考虑水动力条件、水深条件和工程可行性等各方面的因素。③ 各港湾火电、核电温排水的排放口基本与目前已建或规划待建的排放口一致。④ 厦门湾、湄州湾开发比较成熟，形成一套比较完善的排污系统，排污口采用现状排放口。泉州湾、闽江口、兴化湾根据城市污水排放规划和城市建设规划，部分污水沿用现状排放口，新增城市生活污水则根据城市建设要求，引到湾口排放；东山湾临港工业区的废水，已规划在古雷半岛东南侧的浮头湾外排放；湄洲湾北岸的林浆纸项目，因潜在AOX和二噁英的环境累积风险，排污口选化研究将污水引到湄洲岛东南侧的湾外排放；罗源湾和三沙湾由于口门小，水动力条件较差，交换能力有限，环境容量较小，且三沙湾生态敏感性高，湾内有官井洋大黄鱼繁殖保护区，也是福建省重要的水产养殖基地，湾内临港工业及城市生活废水应当引至湾外排放，降低开发建设的生态风险。⑤ 湾外排放口的设置将综合考虑水动力条件、水深条件和工程可行性等各方面的因素。各港湾火电、核电温排水的排放口基本与目前已建或规划待建的排放口位置一致（见图5-22、表5-20）。

二、海域环境影响预测结果

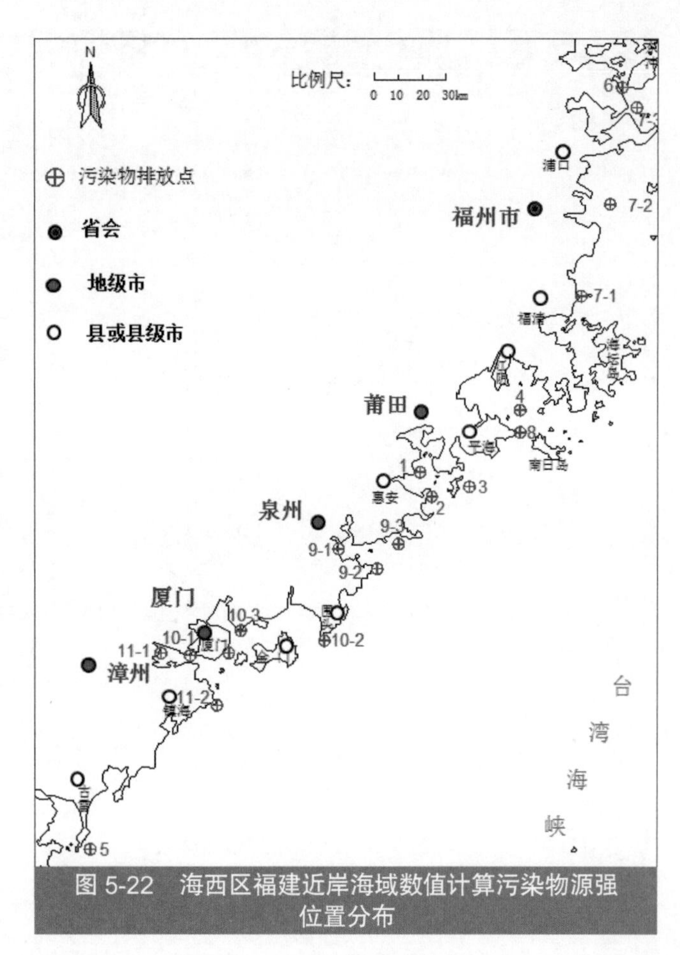

图 5-22　海西区福建近岸海域数值计算污染物源强位置分布

1．重点海湾近岸海域水质

重点产业向沿海集聚带动城镇化发展，沿海地区城镇污水排放量激增，COD 将增加 53%，普遍导致河口海湾水质下降，闽江口 COD、石油类水质类别降级且不能满足功能区划要求。同时，海西区各港湾内分布较多敏感目标，污水排放将进一步加重湾内环境压力。

目前各个海湾的 COD 平均浓度为 0.32 ～ 1.92 mg/L，满足一类海水水质标准；规划实施后 COD 平均浓度为 0.52 ～ 3.42 mg/L，平均增量为 10.3% ～ 250%，COD 浓度增量相对较大，但基本上能满足环境功能区划的要求，除闽江口排污口附近海域符合三类海水水质标准外（超出二类水质的面积约 2 km^2），其他均满足二类和一类标准。

目前各个海湾的无机氮平均浓度为 0.155 ～ 1.2 mg/L，现状浓度较高，除东山湾、湄洲湾满足一类海水水质标准外，大部分为劣四类水质；规划实施后无机氮浓度为 0.175 ～ 1.3 mg/L，平均增量为 3.7% ～ 54.6%，除东山湾满足一类海水水质标准、湄洲湾满足二类海水水质标准外，其他仍为劣四类水质。

目前各个海湾的石油类浓度平均浓度为 0.009 ～ 0.095 mg/L，基本满足二类、三类海水水质标准；规划实施后石油类为 0.029 ～ 0.125 mg/L，平均增量为 12.3% ～ 222%，仍满足二类、三类海水水质标准，闽江口新增超二类海水水质的面积约 1 km^2（见表 5-21）。

2．废水湾内外排放影响比较分析

选取情景三近期方案下 COD 在湾内排放和湾外排放引起的浓度增量分布进行比较分析。以浓度增量 1 mg/L 的影响面积为例，在湾外排放的影响面积为 43 km^2，而在湾内排放的影响面积达到 106 km^2。可见，湾内排放的影响远大于湾外排放。另外，目前海西区各个港湾内分布较多敏感目标，并且目前海西区各个海湾的无机氮、无机磷大部分超标，环境容量有限，因此将污染物引向湾外排放，充分利用外海的稀释扩散能力，减小湾内接纳污染物的压力，是今后污染物排放的必然趋势（见表 5-22）。

目前污水在湾内排放已引发了各相关用海产业（如水产养殖、港口等）之间的矛盾。比如泉州湾内的石湖码头前沿水域原可作为排污口的位置，但遭到港口和海水养殖业相关部门、利益者的强烈反对，现石狮市政府已准备将排污口移至泉州湾口外排放。又如湄洲湾周边已建和拟建的临港工业、码头、电厂等污水均排入或拟排入湾内，当地民众及有关专家均呼吁远期应把污水排到湾外，鉴于此，作为福建省重点项目的新加坡金鹰国际集团的福建林浆纸

表 5-20 海西区主要排污口源强预测 单位：t/a

序号	近期排放量			远期排放量		
	COD	NH_3-N	石油类	COD	NH_3-N	石油类
1	4 398.25	1 098.65	365	4 398.25	1 098.65	365
2	2 628	657	219	2628	657	219
3	2 125.33	347.05	116.87	1 381.13	347.05	116.87
4	43.94	6.36	2.2	43.67	6.32	2.18
5	1 243.22	310.55	103.17	1 243.22	310.55	103.17
6	11 136.15	1 484.82	255.04	13 254.98	1 767.33	662.75
7-1	5 193.59	692.48	259.68	6 326.91	843.59	316.35
7-2	25 967.93	3 462.39	1 298.40	31 634.55	4 217.94	1581.73
7-3	18 851.89	346.24	129.84	22 495.21	421.79	158.17
8	7 736.18	1 031.49	386.81	13 107.15	1 747.62	655.357 5
9-1	7 021.69	936.23	351.08	7 923.42	1 056.46	396.17
9-2	5 851.41	780.19	292.57	6 602.85	880.38	330.14
9-3	3 510.84	468.11	175.54	3 961.71	528.23	198.09
10-1	14 014.53	333.76	125.16	16 484.67	381.06	142.90
10-2	3 754.76	500.63	187.74	4 286.93	571.59	214.35
10-3	13 932.17	834.39	312.90	16 229.36	952.65	357.24
11-1	3 133.89	417.85	156.69	3 252.15	433.62	162.61
11-2	13 837.18	835.70	313.39	15 457.75	867.24	325.22
12	8 178.8	0	0	6 949.45	0	0
13	6 938.1	0	0	7 816.95	0	0
14	52 980.53	6 252.54	2344.7	55 434.54	6 539.78	2 452.42

表 5-21 主要海湾污染物叠加影响分析（情景三，远期）

污染物			乐清湾	三沙湾	闽江口	湄洲湾	泉州湾	厦门湾	东山湾	粤东海域
COD/（mg/L）	现 状	浓度	0.62	0.32	1.92	0.43	0.6	0.78	0.87	1.56
		类别	一类	一类	一类	一类	一类	一类	一类	一类
	规划后	增量	0.6	0. 2	1.5	0.5	1.5	0.75	0.1	0.6
		浓度	1.22	0.52	3.42	0.93	2.1	1.53	0.97	2.16
		类别	一类	一类	三类	一类	二类	一类	一类	二类
无机氮 /（mg/L）	现 状	浓度	0.476	0.539	1.201	0.183	0.643	0.65	0.155	0.284
		类别	四类	劣四类	劣四类	一类	劣四类	劣四类	一类	二类
	规划后	增量	0.2	0.05	0.1	0.1	0.15	0.1	0.02	0.08
		浓度	0.676	0.544	1.301	0.283	0.793	0.75	0.175	0.364
		类别	劣四类	劣四类	劣四类	二类	劣四类	劣四类	一类	三类
石油类 /（mg/L）	现 状	浓度	0.003	0.073	0.036	0.009	0.095	0.009	0.071	0.028
		类别	二类	三类	二类	二类	三类	二类	三类	二类
	规划后	增量	0.038	0.01	0.02	0.02	0.03	0.02	0.01	0.02
		浓度	0.041	0.083	0.056	0.029	0.125	0.029	0.081	0.048
		类别	二类	三类	三类	二类	三类	二类	三类	二类

表 5-22　情景三方案近期湾内、外排放 COD 全潮最大扩散面积

情景	COD/(mg/L)	排放情景 /km^2	
		湾外排放	湾内排放
情景三方案近期	0.1	3 533	6 579
	0.2	1 535	3 691
	0.5	450	1 187
	1	43	106
	2	3	5
	3	0	0

一体化项目由于尾水排放量大，在有关部门及专家建议下，建设单位已初步同意把排污口设在湄洲湾外。再如漳州古雷石化园区排污口也设在濒临台湾海峡的浮头湾，而不是东山湾内。

综上所述，污水排放口设置在湾外是必然的发展趋势，也是必要的，在有条件的海湾都应尽量将处理达标排放的尾水引至湾外排放，若因工程建设、经费投资等方面的限制，近期短时间内无法达成而需在湾内设置临时排放口时，则一定要经过严格的环境影响评价及论证等工作，并应加强相关的跟踪监测，定期实施排污口附近的生态环境监测与评估。

三、电厂温排水对海域的影响

1．福建省火电、核电厂温排水的总体影响

福建省火电、核电行业基本布置在沿海地区，各火电、核电厂温排水引起的 4℃温升全潮最大包络线的面积近期、远期分别为 9 km^2 和 17 km^2；引起的 1℃温升全潮最大包络线的面积分别为 111 km^2（情景一）和 258 km^2（情景三）；远期为 578 km^2。由于三种情景方案下的温排水排放口位置基本不变，只是温排水量有所变化，因此各方案总的温升分布趋势是一致的，但各个温升等值线包络的面积有所不同，各个低温升等值线包络的面积变化相对较大，高温升等值线包络的面积变化相对较小。情景三方案同情景一方案相比，主要是罗源湾和湄洲湾的各温升等值线包络面积有所增加；情景二方案同情景三方案基本相同。

宁德核电项目温排水一期工程在各个工况条件下，1℃、2℃、3℃、4℃全潮最大温升包络线面积在夏季的最大值分别为 13.74 km^2、7.46 km^2、4.25 km^2、2.45 km^2，全潮平均温升包络线面积分别为 5.57 ～ 6.24 km^2、2.68 ～ 3.3 km^2、1.39 ～ 1.78 km^2、0.68 ～ 0.83 km^2；在二期工程建成后，各个工况条件下，1℃、2℃、3℃、4℃全潮最大温升包络线面积在夏季分别为 22.9 km^2、13.2 km^2、8.52 km^2、5.23 km^2，全潮平均温升包络线面积分别为 11.78 ～ 12.75 km^2、6.17 ～ 7.17 km^2、3.57 ～ 4.44 km^2、1.94 ～ 4.48 km^2。

2．浙江温州地区电厂温排水的影响

浙江部分近、远期拟新增或扩容的电厂主要为浙江华润温州苍南电厂和浙能乐清电厂，其中以浙能乐清电厂的温排水排放量比较大，《浙江浙能乐清电厂 2×660 MW 扩建工程海洋环境影响报告书》中采用数值模拟的方法按照 4×600 MW 循环水为 86 m^3/s 的工况进行了计算。结果表明，全潮最大温升大于 1℃的包络面积为 9.69 km^2，大于 4℃的包络面积为 0.11 km^2。

3. 粤东近岸海域温排水的影响

海西区广东部分近、远期拟新增或扩容的电厂主要为大唐潮州三百门电厂、华能海门电厂和惠来电厂，研究采取类比方法对其温排水的影响进行评价。

大唐潮州三百门电厂、华能海门电厂和惠来电厂情景一方案的循环水约 80 m^3/s，与浙江浙能乐清电厂循环水量大致相当。而且，由于排放口所处位置更面向开阔的外海，因此其温升影响面积应小于上述浙能乐清电厂的相关计算结果，即全潮最大温升大于 1℃的包络面积小于 9.69 km^2，大于 4℃的包络面积小于 0.11 km^2。

惠来电厂情景三方案的循环水约 160 m^3/s，略大于宁德核电一期循环水量，而且，排放口所处位置同样面向开阔的外海，因此其温升影响面积应略大于宁德核电的相关计算结果，即 1℃、2℃、3℃、4℃全潮最大温升包络线面积在夏季的最大值分别略大于 13.74 km^2、7.46 km^2、4.25 km^2、2.45 km^2。

惠来电厂情景二方案的循环水约 240 m^3/s，略小于宁德核电二期循环水量，而且，排放口所处位置同样面向开阔的外海，因此其温升影响面积应略小于宁德核电的相关计算结果，即 1℃、2℃、3℃、4℃全潮最大温升包络线面积在夏季的最大值分别略小于 22.9 km^2、13.2 km^2、8.52 km^2、5.23 km^2。

4. 部分海湾电厂温排水在湾内集中排放，将导致局部海湾温升明显

按情景二方案，罗源湾布局罗源电厂和可门电厂，兴化湾布局江阴电厂和核电厂，以及湄洲湾布局南埔电厂和湄洲湾电厂温排水在湾内集中排放，将造成兴化湾的最高温升约 4℃，罗源湾的最高温升约 3℃（远期），湄洲湾最高温升为 2℃，温升相对较高。

海西区海域表层水温变化范围在 10 ～ 30℃，夏季温排水导致海湾温升 3 ～ 5℃，会引起蓝、绿藻数量增加和硅藻明显减少。温升在 3℃以上时虾、蟹类早期幼体的生长会受到抑制，对鱼类的危害比较明显；温升 3 ～ 4℃区域，夏季渔获量将明显减少。同时海域表层水增温将促进有机物的分解，增加无机营养盐浓度，使水体赤潮发生风险增大。

四、石化产业发展的潜在区域性突发性生态风险分析

海西区在瓯江口、环三都澳、罗源湾、兴化湾、湄洲湾、东山湾、汕潮揭均规划布局石化、钢铁、油气储备等有大量油品、化学品物流运输的重点产业。随着港口建设及临港工业开发，码头航运的事故风险几率会随之增加，一旦发生油品、化学品溢漏事件，将对湾内及周边生态环境造成较大影响，特别是对海洋生态敏感区造成重大危害。

原油泄漏导致大面积的海洋污染已被国际上公认为是生态灾难。如 2010 年 4 月 22 日发生的墨西哥湾原油泄漏事故已造成 9 900 km^2 海域污染；2010 年 7 月 16 日发生的大连新港原油泄漏事故已造成污染海域 430 km^2，其中重度污染海域面积约 12 km^2，事故附近海面形成了厚达 20 cm 的油污。

我国海上运输化学品泄漏事故频发，1973 年至 2002 年，仅船舶、码头 50 t 以上溢油事故发生就有 62 起。而福建省海域 2009 年就发生 3 起海域污染事故，其中 2009 年 5 月 16 日发生在莆田辖区的“兴龙舟 277”与“鑫源 36”轮碰撞事故，造成了约 132 t 工业燃料油外漏。大型石化、钢铁基地储运物品多为有毒性、难降解的化学品，其泄漏事故风险具有危害毒性大、环境污染严重的特征。

三沙湾官井洋大黄鱼繁殖保护区面积占据了三都澳近一半的海域面积（314 km^2），基本覆盖整个三都澳口门。在三沙湾同时布局石油储备、钢铁和炼化一体化基地，随着进出辖区水域危险品船舶的高通量及大型化的趋势日益显现，区域生态风险将持续增加。对官井洋大黄鱼繁殖保护区的保护带来严重的威胁和压力。

东山湾古雷石化基地在规划排污口时，已充分考虑到周边生态环境的敏感性，将其设置于湾外，可以有效避免石化废水事故排放的环境风险。但是石化基地依托的港口设置在湾内，航道紧邻东山湾内敏感的东山省级珊瑚自然保护区，一旦在运输、装卸过程中发生原油及有毒化学品的泄漏事故，将直接影响东山湾敏感的海洋生态环境，加大区域生态风险。东山湾码头航道溢油事故环境风险模拟预测表明，一旦发生溢油事故，东山珊瑚礁试验区、东山湾养殖科研试验区都会受到影响。码头船舶溢油在潮流与风的叠加作用下，低潮时刻溢油 3 h 后可影响到东山珊瑚保护区。在古雷航道和东山支航道交会处航道发生溢油，高潮时刻溢油 2 h 后影响到东山珊瑚保护区边界，对珊瑚保护区造成污染影响。

五、重点海湾生态环境累积性影响分析

按情景二方案，海西区的瓯江口、环三都澳、罗源湾、兴化湾、湄洲湾、东山湾、汕潮揭均规划布局石化基地，在瓯江口、环三都澳和罗源湾还同时规划布局冶金产业。

石化、钢铁产业是高能耗、高污染产业，即使采用国际上最先进的技术也难以做到零排放。我国已经布局十多个大型炼油基地，主要集中在沿海、沿江地区，炼油基地周边海域（水域）生态环境日趋下降已是不争的事实，如杭州湾北岸化工石化集中区和广东大亚湾石化园区。在海域自净能力差、环境敏感的海湾布局大型石化、冶金基地，累积性的不良环境影响更明显。

杭州湾北岸化工石化集中区分布有上海石化和上海化工区。上海石化规划面积 9.7 km^2，拥有炼油能力 880 万 t/a、乙烯能力 85 万 t/a，其工艺技术达到国内先进水平；上海化工区规划面积 29.4 km^2，拥有乙烯能力 120 万 t/a，其工艺技术达到国际先进水平。两大化工园区的建设，带动了周边城镇的快速发展，然而区域环境问题也日益显现。根据《上海市杭州湾北岸化工石化集中区区域环境影响报告书》，近十年来，近岸海域大部分水质指标的浓度均有所增加，包括氨氮、活性磷酸盐、化学需氧量、石油类、铜、锌、总镉和挥发酚。其中，活性磷酸盐、铜和锌浓度的增加幅度较大，活性磷酸盐的增加幅度为 4 ～ 8 倍，重金属铜和锌增加幅度为 3 ～ 10 倍和 3 ～ 15 倍。生物多样性明显降低，评价海域生物体（虾类）镉、铜和锌残留量呈现出明显的上升趋势，2006 年分别为 1997 年的 9.4 倍、2.8 倍和 1.4 倍；挥发酚残留量的增幅也很明显，2006 年为 1997 年的 6.4 倍。

广东大亚湾石化园区规划面积 27.8 km^2。2006 年 11 月，中海壳牌 80 万 t 乙烯项目投产运行；2009 年 3 月，中海油 1 200 万 t 炼油及其配套项目投入试运行。尽管大亚湾石化区实行集中供热、污水集中处理，且清洁生产水平已经达到国际先进水平，但生产运行中产生的大量废气、废水等污染物，对大亚湾区的环境质量还是产生了一定的影响。根据《惠州大亚湾区近期发展规划环境影响报告书》，石化区的开发建设除了对区域的环境空气质量产生影响外，也对石化区污水排放口三角洲附近海域的环境质量产生一定程度的影响。

在海西区规划布局石化基地的七个海湾中，三沙湾、罗源湾和东山湾均属于腹大口小的海湾，区域海水水动力不足，海域的自净能力差，对污染物质和营养物质的输入敏感，污染

物容易在湾内形成累积。

三沙—罗源湾是福建省近岸海域生物多样性保护重要生态功能区。官井洋大黄鱼繁殖保护区是我国著名的大黄鱼繁殖场，也是我国唯一的内湾性大黄鱼产卵场，被列为近岸海域重要渔业水域敏感区域中的极敏感区域，从 20 世纪 80 年代初开始，进入洋内产卵的群体明显减少。为拯救大黄鱼资源，福建省于 1985 年建立了“官井洋大黄鱼繁殖保护区”（1997 年修订后为 314 km^2），并出台了省级地方法规《官井洋大黄鱼繁殖保护区管理规定》。2007 年农业部在原有“官井洋大黄鱼繁殖保护区”基础上又批建了“官井洋大黄鱼国家级水产种质资源保护区”，这对保护湾内生态环境和恢复官井洋大黄鱼产卵场功能发挥了积极作用。

东山湾是福建省近岸海域生物多样性保护重要生态功能区，湾内有漳江口红树林国家级自然保护区、东山珊瑚省级自然保护区，均被列为近岸海域重要海洋物种生境敏感区域中的极敏感区域。漳江口红树林自然保护区是福建省迄今为止种类最多的红树林群落，也是北回归线北侧种类最多、生长最好的红树林天然群落。

三沙湾和东山湾生态环境敏感，生态功能重要，海域的自净能力均较差，布局大型石化、钢铁基地，即使基地污水实施湾外排放，随着重点产业基地带动周边城镇发展也将增加大量城镇生活污水湾内排放，而且基地排放的有毒有害污染物随地表径流排入周边海域，也将对海域生态环境造成累积性不良环境影响。

六、海域生态环境污染控制建议

海西区海岸线曲折率高，海域生物多样性丰富，海西区由北到南分布有 13 个重要海洋保护区、渔业养殖区和风景旅游区等重要敏感区域，对海洋生态敏感性高的海湾，规划布局及产业导向应当根据其海洋生态敏感性和资源环境承载力进行优化调整。在产业发展的同时，应十分重视海洋生态环境保护，科学实施围填海工程，实行湾内控制，引导湾外发展；加强环境管理，实施总量控制，严格控制废水湾内排放，将重点产业的废水引向湾外，实行污水离岸深水排放，充分利用近海的稀释扩散能力，减小湾内环境压力；陆海统筹，开展流域性及区域性环境综合整治，削减污染物特别是氮、磷的排放量，改善海湾环境质量；重视港口物流对海洋生态环境的潜在风险影响，临港重点产业的建设实施应当配套完善的风险应急预案，防范风险影响。

1. 基于海洋生态环境的重点产业规划发展调控建议

在重点海湾资源环境承载力研究和海洋生态敏感性、海洋污染事故风险性及生态环境累积性影响判别分析的基础上，重点海湾规划产业发展调控要求和调整建议为：

根据各海湾重点产业布局的海洋生态适宜性分析，湄洲湾和惠来海域生态适宜性高，可重点开发；罗源湾、兴化湾、泉州湾、厦门湾生态适宜性较好，可根据各自的产业导向适度开发，规划布局和规模应当根据其海洋生态敏感性和资源环境承载力优化调整；乐清湾、三沙湾和东山湾生态适宜性一般，应慎重发展大型炼化和钢铁工业，乐清湾和三沙湾可适当发展电子信息、装备制造等产业，东山湾可重点发展精细化工及石化中下游产业、装备业。

2. 严格控制围填海规模

围海造地是海西区临港工业建设和城市发展所需土地的主要来源之一，应鼓励重化企业在湾口布置，减少湾内围垦需求。围填海应坚持海洋生态环境保护与资源开发相协调，各临港工业用地围填工程，应当严格按照海湾围填海规划研究成果，科学论证，选择对海洋环境影响小的围填方式，围填规模应当控制在海湾围填影响总体研究成果框定的范围内。开展湾外围填海规划研究，促进港口和临港工业向湾外布局，有效利用湾外环境资源发展临港工业。

3. 合理利用岸线资源

岸线资源是不可再生资源，是港口可持续发展的基础。海西区岸线资源丰富，但宜港深水岸线资源有限。部分港口建设点多线长，布局分散，岸线资源集约化利用程度低，造成岸线资源浪费。港口建设应实行深水深用、浅水深用，结合资源环境特点以及社会经济发展趋势，严格控制岸线开发规模，重视生活岸线和旅游岸线的保护和开发，特别是沙滩岸线的保护利用。至2020年，海西区沿海港口及临港工业利用岸线应控制在30%以内。

4. 开展区域性、流域性环境综合整治

海洋污染物主要来源于河流输入、城市生活污水与工业废水排放以及海洋水产养殖，其中流域性面源输入占主导地位。应当实施陆海统筹，开展流域性、区域性环境综合整治，削减流域污染物入海量，改善海域环境质量。重化产业的污水逐步引到湾外排放，推行离岸深水处置，将有限的湾内岸线及容量资源留给城乡居民生活，为海洋污染控制和海西区建设发展创造有利条件。

5. 实施生态补偿，开展生态建设

建立生态赔偿与生态补偿机制，全面实施“污染者付费、利用者补偿、开发者保护、破坏者恢复”政策，利用经济激励和社会宏观管理手段促使港口生态环境资源的开发利用有序进行，对港口生态破坏、生态恢复、经济发展进行系统的规划、管理。在发展临港工业的同时，应重视海洋渔业与养殖生态化建设，发展岛礁等增殖区，合理开发利用近海渔业资源。开展涉海工程项目损害海洋资源与生态环境的生态补偿试点。

第四节　陆域生态环境影响与风险

一、陆域生态系统健康与重点产业发展的相互关系

1. 评价方法

本战略环境评价将海西区的重点产业确定为石化产业、能源产业、冶金产业和造纸产业，以生产总值（I1）、企业数量（I2）和企业规模（I3）为指标，对海西区重点产业发展进行现状评价和定量描述。陆域生态系统健康状况涵盖陆域生态系统自身状态、承受的外界压力和可能出现的生态异常现象，分别由状态指标、压力指标和响应指标表征。其中，状态指标包括生物丰度指数、植被覆盖指数、较高生态功能组分的重要值和破碎度；压力指标和响应指标由人类干扰指数和活力指数组成。

以海西区重点产业发展现状和陆域生态系统健康现状为基础，以21个生态分区为评价单元，进行海西区重点产业发展现状与陆域生态系统健康状况的相关分析（见表5-23至表5-27）。

表5-23 海西区重点产业发展与陆域生态系统健康的相关分析

产业指标	分析变量	生物丰度指数	植被覆盖指数	较高生态功能组分重要值	较高生态功能组分破碎度	人类干扰指数	响应指标
产值	Pearson Correlation	−0.488*	−0.458*	−0.537*	−0.528*	0.762**	0.145
	Sig. (2-tailed)	0.025	0.037	0.012	0.014	0.000	0.531
	N	21	21	21	21	21	21
数量	Pearson Correlation	−0.267	−0.234	−0.325	−0.355	0.619**	0.015
	Sig. (2-tailed)	0.241	0.307	0.150	0.114	0.003	0.948
	N	21	21	21	21	21	21
规模	Pearson Correlation	−0.300	−0.317	−0.351	−0.285	0.101	−0.283
	Sig. (2-tailed)	0.186	0.162	0.119	0.210	0.662	0.215
	N	21	21	21	21	21	21

注：** Correlation is significant at the 0.01 level (2-tailed)，* Correlation is significant at the 0.05 level (2-tailed)，下同。

表5-24 海西区石化产业发展与陆域生态系统健康的相关分析

产业指标	分析变量	生物丰度指数	植被覆盖指数	较高生态功能组分重要值	较高生态功能组分破碎度	人类干扰指数	响应指标
产值	Pearson Correlation	−0.629**	−0.592*	−0.684**	−0.663**	0.856**	0.229
	Sig. (2-tailed)	0.009	0.016	0.003	0.005	0.000	0.394
	N	16	16	16	16	16	16
数量	Pearson Correlation	−0.373	−0.350	−0.406	−0.350	0.613*	−0.064
	Sig. (2-tailed)	0.154	0.184	0.118	0.183	0.012	0.814
	N	16	16	16	16	16	16
规模	Pearson Correlation	−0.572*	−0.618*	−0.656**	−0.353	0.558*	0.258
	Sig. (2-tailed)	0.020	0.011	0.006	0.180	0.025	0.335
	N	16	16	16	16	16	16

表5-25 海西区能源产业发展与陆域生态系统健康的相关分析

产业指标	分析变量	生物丰度指数	植被覆盖指数	较高生态功能组分重要值	较高生态功能组分破碎度	人类干扰指数	响应指标
产值	Pearson Correlation	−0.713**	−0.710**	−0.717**	−0.580*	0.540*	−0.307
	Sig. (2-tailed)	0.003	0.003	0.003	0.023	0.038	0.266
	N	15	15	15	15	15	15
数量	Pearson Correlation	−0.158	−0.152	−0.259	−0.196	0.538*	0.004
	Sig. (2-tailed)	0.573	0.590	0.352	0.484	0.038	0.989
	N	15	15	15	15	15	15
规模	Pearson Correlation	−0.350	−0.357	−0.351	−0.400	0.037	−0.421
	Sig. (2-tailed)	0.201	0.191	0.200	0.139	0.895	0.118
	N	15	15	15	15	15	15

表 5-26　海西区冶金产业发展与陆域生态系统健康的相关分析

产业指标	分析变量	生物丰度指数	植被覆盖指数	较高生态功能组分重要值	较高生态功能组分破碎度	人类干扰指数	响应指标
产值	Pearson Correlation	−0.450	−0.407	−0.457	−0.506	0.490	0.561
	Sig. (2-tailed)	0.142	0.190	0.135	0.093	0.106	0.058
	N	12	12	12	12	12	12
数量	Pearson Correlation	−0.415	−0.333	−0.457	−0.672*	0.646*	0.354
	Sig. (2-tailed)	0.180	0.290	0.135	0.017	0.023	0.259
	N	12	12	12	12	12	12
规模	Pearson Correlation	−0.013	−0.035	0.041	0.246	−0.201	0.439
	Sig. (2-tailed)	0.968	0.915	0.899	0.440	0.532	0.153
	N	12	12	12	12	12	12

表 5-27　海西区造纸产业发展与陆域生态系统健康的相关分析

产业指标	分析变量	生物丰度指数	植被覆盖指数	较高生态功能组分重要值	较高生态功能组分破碎度	人类干扰指数	响应指标
产值	Pearson Correlation	−0.095	−0.071	−0.119	−0.147	0.270	0.158
	Sig. (2-tailed)	0.781	0.835	0.728	0.666	0.421	0.643
	N	11	11	11	11	11	11
数量	Pearson Correlation	−0.158	−0.163	−0.254	−0.265	0.470	−0.388
	Sig. (2-tailed)	0.643	0.633	0.452	0.431	0.145	0.238
	N	11	11	11	11	11	11
规模	Pearson Correlation	0.087	0.065	0.160	0.547	−0.333	0.532
	Sig. (2-tailed)	0.798	0.850	0.639	0.082	0.317	0.092
	N	11	11	11	11	11	11

2．评价结果

（1）重点产业发展将加剧陆域生态系统的外界压力，对陆域生态系统状态的影响则以负面干扰为主

从海西区整体来看，重点产业发展对陆域生态系统健康的影响主要表现在陆域生态系统的自身状态及其所承受的外界压力上。重点产业发展对陆域生态系统状态的影响以负面干扰为主，重点产业总产值的增加将带动生物丰度指数、植被覆盖指数、较高生态功能组分重要值和较高生态功能组分破碎度的降低，对陆域生态系统状态的稳定性及其抗干扰能力造成一定程度的伤害。无论是企业数量还是生产总值的增加，重点产业发展都会引起人类干扰指数的上升，陆域生态系统所承受的外界压力随之加剧；但重点产业企业规模的变化对陆域生态系统健康的影响并不显著。

（2）不同产业发展对陆域生态系统健康的影响各不相同，石化产业和能源产业的影响较显著

海西区石化产业发展对陆域生态健康的影响主要集中在陆域生态系统自身状态及其所承受的外界压力两个方面。其中，海西区石化产业的生产总值、企业规模与陆域生态系统健康的状态指标、压力指标表现出显著的相关性。随着石化产业生产总值的增加和企业规模的扩

大，海西区石化产业发展将引起陆域生态系统状态的逆向演变，推动陆域生态系统所承受的外界压力的增大，陆域生态系统健康状况随之降低。石化产业企业数量对陆域生态系统健康的影响相对较弱，以陆域生态压力上升为主，对陆域生态系统的状态及可能出现的生态异常现象的影响不显著。

海西区能源产业发展对陆域生态系统健康的影响也主要表现为对陆域生态系统自身状态及其所承受的外界压力的影响，主要是由能源产业的生产总值和企业数量的变化引起的，能源产业的企业规模变化对陆域生态系统健康的影响并不显著。与石化产业相比，能源产业的生产总值与生物丰度指数、植被覆盖指数、较高生态功能组分重要值的相关性更显著，能源产业生产总值的增加更易引起陆域生态系统状态的下降；但是能源产业与人类干扰指数的相关性较弱。

冶金产业方面，其生产总值、企业规模与陆域生态系统健康诸指标的相关性均不显著，企业数量与较高生态功能组分破碎度、人类干扰指数的相关性较显著。随着冶金产业发展，海西区陆域生态系统所承受的外界压力将显著增加，较高生态功能组分的破碎度有所降低，这主要是由冶金产业的企业数量变化引起的。

海西区造纸产业发展诸指标与陆域生态系统各健康指标并不存在显著的相关性，造纸产业发展对海西区陆域生态系统健康的影响并不显著。

综上所述，海西区各重点产业发展对陆域生态系统健康的影响程度和影响途径各不相同。海西区石化产业、能源产业发展对陆域生态系统健康的影响相对较强，集中在陆域生态系统自身状态及其所承受的外界压力两个方面，这主要是由生产总值和企业数量的变化引起的；海西区冶金产业发展对陆域生态系统健康的影响较小，主要表现为陆域生态压力的上升；海西区造纸产业发展与陆域生态系统健康之间并无显著的相关性，其对陆域生态系统健康的影响不明显。

二、重点产业发展对陆域生态系统的影响评价

源于土地占用、植被破坏和污染物排放等，重点产业发展会引起相关区域的土地资源和植被等陆域生态要素及景观结构的变化，对陆域生态系统健康状况、区域粮食供需状况造成影响；还可能引起生态敏感区、野生动植物生境的变化，对陆域生态敏感区、重要保护性物种和生物多样性等产生影响。因此海西区重点产业发展对陆域生态系统的影响大致包括 4 个方面：对陆域生态系统健康的影响、对陆域生态系统要素的影响、对农业生态系统的影响、对生态敏感区及生物多样性的影响。

1. 对陆域生态系统健康的影响

（1）按照建设用地产出率的现状水平发展，陆域生态保护压力较大

按照目前海西区重点产业建设用地的产出率水平，到 2020 年，情景一、情景二和情景三方案下分别有 12 个、13 个和 13 个生态分区出现陆域生态系统健康等级降低的现象，从而对陆域生态系统结构、功能稳定和陆域生态环境质量造成威胁（见图 5-23）。

（2）按照建设用地产出率的现状水平发展，陆域生态保护底线得到保障

按照建设用地产出率的参考水平 5.0 亿元 /km^2，陆域生态系统健康指数的上升和下降趋势并存，多数分区维持陆域生态系统健康现状等级，陆域生态保护底线得到保障（见图 5-24）。

2．对陆域生态系统要素的影响

（1）植被资源

在海西区重点产业规划布局 10 km 影响区域内，栽培植被占植被面积的 42% 以上；其次是亚热带针叶林，所占比例也超过 29%；常绿、落叶阔叶灌丛所占比例介于 8% ～ 20%；其

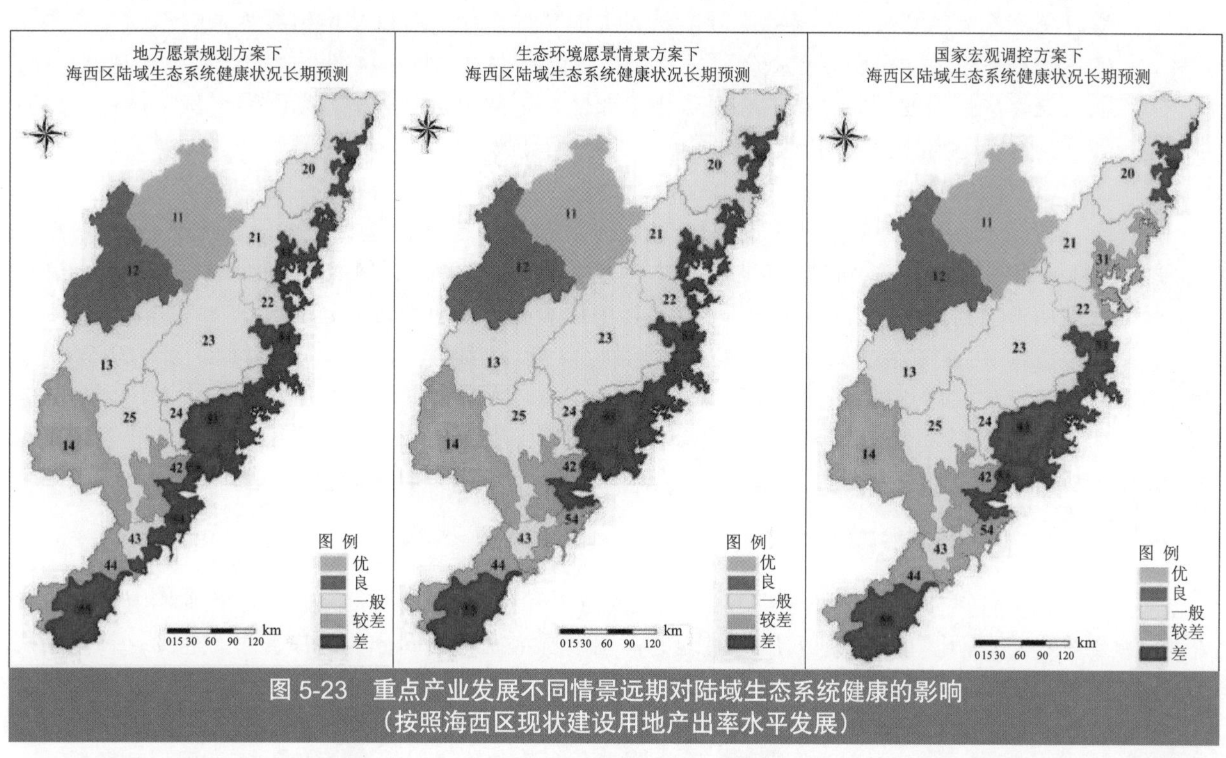

图 5-23　重点产业发展不同情景远期对陆域生态系统健康的影响
（按照海西区现状建设用地产出率水平发展）

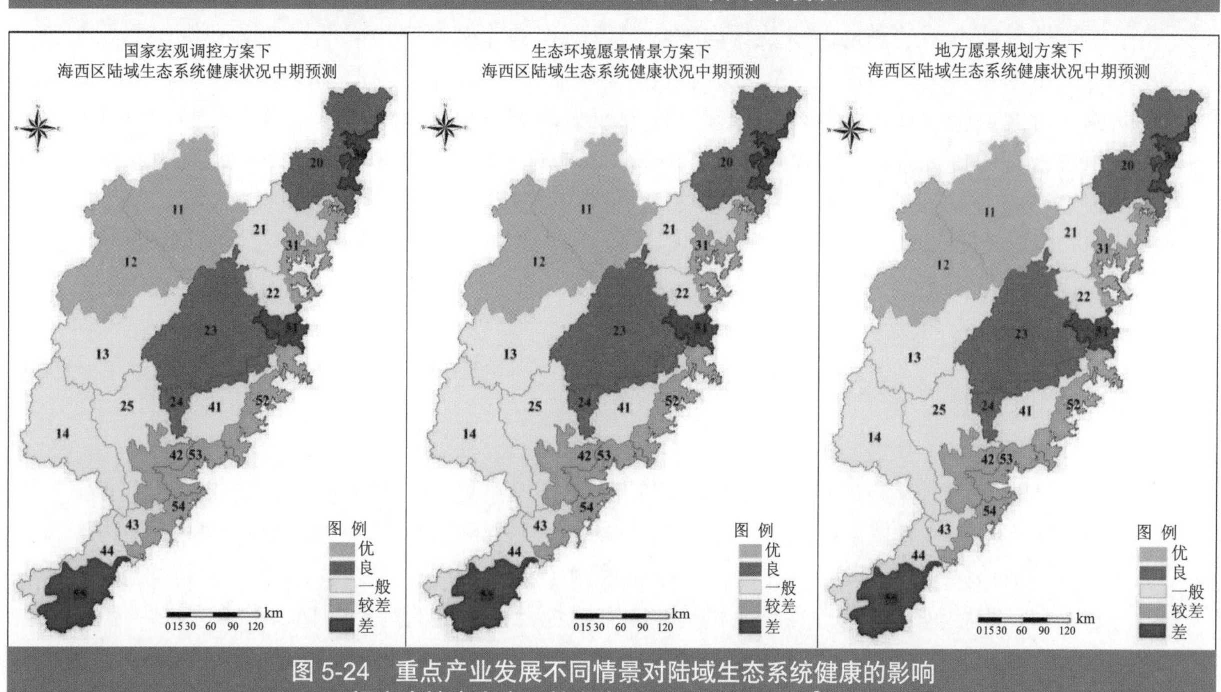

图 5-24　重点产业发展不同情景对陆域生态系统健康的影响
（提高土地产出率，按参考水平 5.0 亿元 /km^2 发展）

他植被类型的面积比均较低，不超过 7%。值得关注的是，在海西区重点产业规划布局 10 km 范围内，也有热带红树林分布，但是仅在 5 km 以外区域出现，所占比例也不足 0.15%。

海西区重点产业中长期发展对各植被类型的影响存在区域差异。在沿海分区，海西区重点产业发展对以栽培植被为主的农田生态系统的影响最显著，其次是亚热带针叶林和常绿落叶阔叶灌丛。在内陆分区，重点产业发展可能影响的主要植被类型是以亚热带针叶林为主的森林生态系统或以常绿、落叶阔叶灌丛为主的草地系统，对以栽培植被为主的农田生态系统的影响相对较小。海西区重点产业规划布局多位于沿海地带，特别是闽江口沿海—潮汕平原，而且这一区域又是栽培植被的相对集中分布区，因此重点产业中长期发展对栽培植被的影响较大，对其他自然植被的影响相对较轻，对热带红树林的影响不显著。

（2）土地资源

根据海西区重点产业规划布局与土地利用的叠置分析，在海西区重点产业规划布局 10 km 范围内，分布着耕地、林地、草地、水域、建设用地和未利用地 6 种土地利用类型。其中，林地所占比例最大，达到 43.38%；其次是耕地和草地，所占比例分别为 27.89% 和 11.19%。

在海西区重点产业规划布局 100 m 和 500 m 范围内，耕地所占比例分别为 30.96% 和 27.58%，建设用地所占比例为 26.35% 和 23.43%，两者占据土地利用类型的绝大部分；林地所占比例分别为 21.16% 和 25%，草地的面积比为 11.26% 和 12.8%。可以看出，海西区重点产业规划布局多属人类活动强烈干扰区，土地利用类型以耕地和建设用地为主。

3．对农业生态系统的影响

以海西区重点产业中长期发展的用地需求和重点产业发展影响域的土地利用结构为基础，估算海西区重点产业发展对耕地的占用情况；结合不同分区的粮食生产能力，预测不同情景方案下海西区重点产业中长期发展引起的粮食减产量。

与建设用地产出率的现状水平相比，按照建设用地产出率的参考水平，海西区重点产业中长期发展占用的耕地面积及其与现状耕地面积的比例都明显降低。考虑到耕地面积与粮食总产量的相互关系，在复种指数、粮食作物生产比例和粮食单产不变的条件下，在国家宏观调控方案、生态环境愿景情景方案和地方愿景规划方案下，海西区重点产业中期发展将引起的粮食减产量分别为 17.80 万 t、21.10 万 t 和 22.88 万 t；2020 年重点产业发展引起的粮食减产量将达到 40.66 万 t、50.39 万 t 和 58.27 万 t，温饱型粮食消费水平下可分别养活 135.53 万人、167.98 万人和 194.23 万人，是现状人口总量的 2.39%、2.96% 和 3.43%。与建设用地产出率的现状水平相比，按照建设用地产出率的参考水平，海西区重点产业中长期发展引起的粮食减产量可节省 70% 以上（见表 5-28）。

4．对生态敏感区及生物多样性的影响

（1）对生态敏感区的影响

通过海西区重点产业规划布局与 157 个生态敏感区的叠加分析，确定了海西区重点产业规划布局与生态敏感区的位置关系，进行重点产业中长期发展对生态敏感区的影响评价。

在海西区重点产业规划布局 10 km 范围内，分布着 11 个生态敏感区，包括省级森林公园、省级自然保护区、国家重要湿地和其他类型湿地，所对应的行业类型以火电为主，还有石化、冶金和核电。其中，石狮灵秀山省级森林公园距离海西区重点产业规划布局（即石狮鸿山热电厂）最近，而且处于主导风向的下风向，受重点产业中长期发展的影响最强烈；其他生态

敏感区与重点产业规划布局的距离均超过 5 000 m，多数偏离当地主导风向的下风向或位于主导风向的上风向（见表 5-29）。

（2）对生物多样性、濒危物种的影响

海西区重点产业发展对生物多样性和珍稀濒危物种的影响较小。在沿海地带，部分重点产业规划布局由于靠近生态敏感区，将会对该类生态敏感区的生物多样性和野生动植物资源构成威胁，主要表现为大气污染和水污染。

表 5-28　海西区重点产业发展对农业生态系统的影响

	生态分区	耕地面积/km^2	耕地减少量/km^2						粮食减产量/万 t					
			国家宏观调控方案		生态环境愿景方案		地方愿景规划方案		国家宏观调控方案		生态环境愿景方案		地方愿景规划方案	
		2007 年	2015 年	2020 年	2015 年	2020 年	2015 年	2020 年	2015 年	2020 年	2015 年	2020 年	2015 年	2020 年
*海西区建设用地对重点产业产出率的现状水平	福建	22 735.62	1 405.98	3 026.51	1 664.18	4 016.02	1 789.59	4 500.08	39.27	84.54	46.48	112.18	49.99	125.70
	浙南	2 070.82	359.57	865.49	391.41	897.33	391.41	1 023.94	12.35	29.74	13.45	30.83	13.45	35.18
	粤东	3 132.60	247.11	446.61	379.34	753.65	473.35	969.14	11.99	21.67	18.41	36.57	22.97	47.03
	海西区	27 939.03	2 012.66	4 338.61	2 434.92	5 667.00	2 654.34	6 493.16	63.62	135.95	78.34	179.58	86.41	207.91
**按照建设用地产出率的参考水平	福建	22 735.62	289.18	665.55	344.57	901.23	378.79	1 016.26	8.08	18.59	9.62	25.17	10.58	28.39
	浙南	2 070.82	222.79	535.37	243.23	555.81	243.23	637.16	7.65	18.39	8.36	19.10	8.36	21.89
	粤东	3 132.60	42.60	75.72	64.34	126.19	81.30	164.63	2.07	3.67	3.12	6.12	3.95	7.99
	海西区	27 939.03	554.57	1 276.64	652.14	1 583.23	703.32	1 818.05	17.80	40.66	21.10	50.39	22.88	58.27

注：* 现状水平指海西区建设用地对重点产业产出率的现状水平；

** 参考水平指海西区建设用地对重点产业产出率的参考水平，采用 2007 年上海市建设用地对重点产业产出率的 75%。

表 5-29　海西区重点产业规划布局与生态敏感区的位置关系

缓冲半径/m	生态敏感区	行业类型	生态敏感区等级	生态敏感区类别	与产业布局的位置关系
3 500	石狮灵秀山森林公园	火电	省级	省级森林公园	西南
6 000	霞浦杨梅岭森林公园	冶金	省级	省级森林公园	东北
7 000	龙海九龙江口红树林自然保护区	火电	省级	省级植物类型自然保护区	西南
7 000	福清湾国家重要湿地	火电	国家级	中国重要湿地	西南
7 000	南平马头山森林公园	冶金	省级	省级森林公园	东北
10 000	泉州湾河口湿地自然保护区	火电	省级	省级湿地类型自然保护区	东北
10 000	漳江口红树林自然保护区	石化	国家级	其他湿地	西北
10 000	永安东坡省级森林公园	火电	省级	省级森林公园	东南
10 000	官井洋大黄鱼自然繁殖保护区	石化	省级	种子资源	西北

三、重点产业发展对陆域生态系统的风险评估

（1）重点产业发展对陆域生态系统健康的风险等级

参照海西区陆域生态保护底线，以海西区陆域生态系统健康指数和陆域生态系统健康等级的中长期变化趋势为依据，进行重点产业发展对陆域生态系统健康的风险评估（见表 5-30）。

（2）按照建设用地产出率的现状水平，重点产业发展对陆域生态系统健康的风险以“重风险”和“严重风险”等级为主，威胁陆域生态系统结构、功能的稳定性及其陆域生态环境质量

按照建设用地产出率的现状水平，随着海西区重点产业中长期发展，国家宏观调控方案、生态环境愿景情景方案和地方愿景规划方案下，19 个分区的陆域生态系统健康分处“中风险”“重风险”和“严重风险”等级，其他两个分区（闽东诸河和敖江流域）的陆域生态系统健康均处于“无风险”等级。因此，海西区重点产业中长期发展对陆域生态系统的风险较严重，以“重风险”和“严重风险”为主。从区内分异来看，武夷山区和九龙江流域陆域生态系统健康的风险较轻，闽江口—九龙江口沿海、龙江—木兰溪—晋江中上游、沙溪流域、汀江流域等地陆域生态系统健康的风险较严重。

（3）按照建设用地产出率的参考水平，重点产业发展对陆域生态系统健康的风险以“无风险”等级为主，有利于陆域生态系统结构、功能的基本稳定及其生态环境质量继续保持全国前列

以 2007 年上海市建设用地产出率的 75% 为建设用地产出率的参考水平，随着海西区重点产业中长期发展，国家宏观调控方案、生态环境愿景情景方案和地方愿景规划方案下，多数分区陆域生态系统健康的风险以“无风险”为主。因此，按照建设用地产出率的参考水平，各分区重点产业发展对陆域生态系统健康的风险总体上较轻。

从区内分异来看，3 种情景方案下，内陆分区（除浙南诸河、沙溪流域和龙江—木兰溪—晋江中游外）重点产业发展对陆域生态系统健康的风险均处于“无风险”。考虑到内陆分区在海西区陆域生态系统健康和陆域生态环境质量的重要意义，内陆分区陆域生态系统健康的“无风险”为陆域生态保护底线提供了重要保障。沿海分区重点产业发展对陆域生态系统健康的风险以“中风险”“重风险”和“严重风险”为主，对该区域陆域生态系统结构、功能和陆域生态环境质量的威胁相对较大。这是因为：一方面沿海分区陆域生态系统健康现状相对较差，一般靠近相应健康等级的下限；另一方面沿海分区建设用地的产出率相对较高，特别是浙南

表 5-30　重点产业发展对陆域生态系统健康的风险等级

风险等级	风险状态	判定条件
一	无风险	陆域生态系统健康指数不断上升
二	轻风险	（1）陆域生态系统健康指数上升与下降同存 （2）陆域生态系统健康没有出现跨等级降低现象
三	中风险	（1）陆域生态系统健康指数不断降低 （2）陆域生态系统健康没有出现跨等级降低现象
四	重风险	（1）陆域生态系统健康长期出现跨等级降低现象 （2）陆域生态系统健康中期没有出现跨等级降低现象
五	严重风险	陆域生态系统健康中、长期均出现跨等级降低现象

沿海，建设用地产出率的参考水平对于沿海分区来说略显保守。因此，提高重点产业的资源利用效率，对于沿海分区来说更具重要意义。

四、林浆纸产业的生态影响分析

随着林浆纸一体化产业规划实施，海西区人工速生桉树林面积将新增143万亩。在林浆纸一体化工程推进过程中，速生丰产林（主要以桉树人工林为主）的原料林生产基地如果选址不当，将会增加对陆域森林生态系统的风险影响。

1．对植被资源的影响

在林浆纸一体化工程中，速生丰产林基地建设一般以桉树为主，包括尾叶桉、细叶桉、赤桉、巨桉、蓝桉和大叶桉等树种，还会种植一部分相思、木荷（乡土树种）进行混交，以增强树种的适应性。新增的桉树人工林面积大部分来自低产的针叶林，还有一些来自采伐迹地、火烧迹地、荒地、阔叶林、灌草丛等。随着速生丰产林基地的建设，海西区桉树分布面积及其所占比例将不断增加。

在海西区森林资源中，马尾松、杉木类树种占绝对比重，阔叶树和桉树类等短周期树种比重偏小。随着林浆纸一体化工程的实施，海西区以桉树为主的人工林面积将不断增加，用材林面积和比例随之上升。由于速生丰产林基地分布范围广、林地分布分散，速生丰产林基地建设有助于海西区大面积针叶人工林格局的打破，一定程度上可以解决阔叶树、桉树类等短周期树种比重偏小的问题，推动区域用材林林种结构的优化。

速生丰产林属于人工用材林。速生丰产林基地建设将增加对林地的营林管理，进而弱化新增林地的森林生态服务功能；速生丰产林的树种单一化、大面积纯林化，会增加病虫害的发生概率，对周围天然林构成威胁。然而，受海西区复杂地形、水热条件等因素的制约，适宜种植桉树的林地较分散，间杂种植部分相思、木荷树种，可以避免大面积连片用材林现象。为了防止在项目实施后出现大面积纯林问题，建议在选择林地时控制小斑面积不大于20 hm^2，在树种选择上，采用多个无性系块状交互式配置造林。

考虑到海西区的森林资源、地形条件、水热条件等立地条件，通过林种选择、营林管理等方面的措施配套，可以有效降低速生丰产林基地建设对植被资源的影响。

2．对土地资源的影响

就土地资源而言，速生丰产林基地建设包括原有用材林改造、新造林占地和配套建设占地等。原有用材林改造包括对现有林分、低产低效林分、疏林地、灌木林、采伐迹地、火烧迹地的改造，这些土地现状用地类型为林地，速生丰产林基地建设不改变原有的土地利用类型。这种变化属林地结构、林种的变化，林业用地的性质并未改变。

新造林主要选用的地类包括利用宜林荒山荒地、可封育荒山、宜林沙荒地、林中缘空地及未利用地等。新增造林地主要是将各类分散的小块状宜林地、未利用地等重新整合后成为速生丰产林基地，用于种植桉树、相思或木荷，增加所在区域的林地面积比例，这种变化对陆域生态系统的影响是正面的。

为配合速生丰产林基地建设，一般配套建设林间道路、护林房屋及生物防火林带。生物防火林带主要通过种植本地原生低油脂树种起到阻隔火势的作用，这部分林带不会改变原有林地的性质，这种变化属林地结构、林种的变化。速生丰产林基地建设中主要占地为营林房屋和林间道路建设，将改变原有土地的利用类型，这种影响是不可逆转的。

3. 对景观生态的影响

据遥感调查，海西区景观总面积为14.317万km^2，其中森林景观、草地景观、农业景观、人工建筑景观、水域景观和其他景观的面积分别为8.815 km^2、2.008 km^2、2.794 km^2、0.383 km^2、0.234 km^2和0.083 km^2。在各种景观组分中，森林景观的优势度最高，达55.69%，分布面积最大，占景观总面积的61.57%，连通程度高；其次是草地景观，景观优势度为31.42%，分布面积占景观总面积的14.02%，连通程度较高。总体来看，海西区景观生态环境质量较好。

由于速生丰产林的新增面积主要来自采伐基地、火烧迹地、荒地、阔叶林、灌草丛等，速生丰产林基地建设可以增加森林面积和森林覆盖率，提高森林景观的面积和比例。因此，速生丰产林基地建设不会对森林景观的优势度造成威胁，森林仍将是对生态环境质量调控能力最强的高亚稳定性元素类型，其优势度仍是最高的。

由于树种单一、大面积连片种植，速生丰产林基地建设会降低所在区域的景观破碎度，改变景观要素的空间分布格局，特别是森林景观。单一树种的大面积连片种植会降低周边区域景观的宜人性及美学价值。但是海西区速生丰产林基地分布较分散，因而其建设对区域生态景观的影响较小。

4. 对林下植被的影响

有关研究表明，不同地区的林下植被类型及其生物多样性存在较大差异，速生丰产林基地建设对林下植被的影响也各不相同。

对于现状为针叶林或其他树种的林地，在采伐更新和林地清理、整地过程中，原有的林下植被明显减少。在营林过程中改变了林地种植的树种，可能改变林下植被的优势物种特性，经过2～3年，逐步形成与现有桉树林相似的林下植被特征。

对于现状用地类型为灌木林、疏林地等林地，其现状植被多样性比较丰富，植被组成以灌木及草本植物为主。在速生丰产林基地建成后，将形成桉树人工林生态系统，林下植被丰富度较原来有所降低。因此，应该控制这部分林地的面积，减少对森林生态系统的破坏。

对于现状用地为桉树人工林的林地，速生丰产林基地不会改变林下植被的优势物种特性，但建设期间为提高桉树生长速率，会加强营林管理措施，在幼林抚育期会对林下植被的丰富度产生一定的影响。

采伐迹地或火烧迹地的林地，其现状地表植被已被破坏，经过一段时间后会慢慢恢复，而营造桉树人工林后，由于加强管理，林下植被恢复速度减慢，恢复后的植被多样性较不营造人工林的林地要差。

营造原料林基地过程中，在林地采伐至林地抚育期间，即造林第一年，由于采取采伐、林地清理、整地、幼林抚育等营林措施，人为干扰强度较大，林下植被丰富度会有明显下降；造林第二年，随着抚育强度的降低，林下植被逐渐恢复，但在除草期间林下植被覆盖度会减小；第三年开始基本全林郁闭，林地不再需要抚育，林下植被逐渐恢复到营林前的水平。

综上所述，速生丰产林基地建设后，林地的林下植被多样性会有所降低，但是由于目前速生丰产林基地区多为人工林，林下植被不很丰富。因此营造速生丰产林基地，在林地采伐后至造林前两年对速生丰产林基地区林下植被的影响较大，第3～6年林下植被基本恢复到造林前水平。

5．对土壤质量的影响

一般而言，人工林采取的经营模式多为集约化经营。在人工纯林中，由于林木的吸收特性一致，所需营养元素结构相同，土壤库的某些营养元素被大量消耗。因此，地力衰退及生产力下降的现象在大部分桉、松、杉、杨等树种的人工林中均有出现。速生丰产林基地建设以桉树为主，尽管包括部分相思、木荷（乡土树种），但仍然属于人工用材林，也会造成土壤肥力的降低。因此，如不采取有效的措施，速生丰产林基地建设不可避免地会造成林地土壤肥力下降。

中国林科院的有关研究表明，桉树对土壤肥力的消耗不比其他树种高，部分桉树种植区的地力衰退问题主要源于全垦整地、全树利用、施肥少或不能平衡施肥等。同时，林木从土壤中吸收的养分，大部分以凋落物的形式归还土壤。在完全没有人类干扰的环境中，森林生态系统可以通过本身的物质循环，实现养分自给。据调查，桉树人工林枯凋落物的养分蓄积量是相当可观的，而且桉树的枯凋物很容易被全部分解完毕，养分重新回到土壤中。因此，通过科学、合理的经营管理，可以避免和降低速生丰产林基地建设对土壤肥力的影响，改进方式包括：改进整地方式，将全垦整地改为深松整地；选用凋落物多、容易腐烂回归土壤的优良品种；科学、合理、及时地施肥。

速生丰产林基地建设对土壤质量影响的另一个主要方面是耗水，有些地方出现桉树是“抽水机”的说法。中澳技术合作“桉树与水”研究项目发现，桉树利用水资源的效率较高，与松树、相思相比，桉树树冠截流少，树木蒸腾耗水同其他主要造林树种相当或小于其他树种，林下植被蒸腾和截流、土壤水分蒸发区别不大。以桉树为主的速生丰产林基地不会对地下水产生影响，也不会减少地表水。同时，桉树人工林有一定的水源涵养功能。另外，海西区属亚热带海洋性季风气候，水热丰沛、水资源丰富，一定程度上可以缓解桉树对土壤水分的消耗。从桉树的生理特性和海西区水资源条件来看，速生丰产林基地建设对土壤水分的影响是可以接受的。

速生丰产林基地建设还会对土壤土质造成一定程度的影响，主要影响来自整地松土、施肥及采伐集材。其中，整地、采伐集材主要影响土壤的物理结构，施肥主要影响土壤的化学组成。在冬季或初春季节，土壤干湿条件相对于其他时节更适宜整地松土，对改善土壤理化性质是有利的。因此，在速生丰产林基地建设中，整地最好选择在冬季或初春季节。另外，采伐期间的机械碾压以及集材等活动会降低土壤的孔隙度，导致土壤板结。采伐期间可采取覆盖树枝、草垫等缓和机械的碾压作用，也可通过下一轮造林的整地措施来缓解。

为了提高速生丰产林的生长率，营林中会施用化肥、农药，提高土壤肥力、防止病虫害。根据林地土壤的养分、水分、质地和酸碱度等特性、地形条件及所选树种对养分的需求进行酌量施肥，有助于化肥的充分吸收。因此林地施肥基本不会产生盐渍化的问题，但会出现土壤板结的现象，可以通过松土等营林措施来改良。农药在使用中不可避免会有部分进入土壤中，毒性较高的农药甚至可能会杀死土壤中的一些昆虫及微生物，抑制土壤转化酶的活性，从而影响土壤营养物质的转化。合理施用农药、采用低毒高效农药，可以减缓这种影响。

五、重点产业发展的适宜性分析

海西区陆域生态保护底线是其陆域生态系统概况、总体评价和环境保护需求的集中体现。以海西区陆域生态系统保护底线为基础，结合重点产业中长期发展对陆域生态系统的影响评价与风险评估，从重点产业的规划布局和发展规模等方面，进行海西区重点产业发展的适宜性分析。

1. 重点产业规划布局的适宜性

除个别布局外，重点产业规划布局均远离陆域生态保护底线的敏感区域，对重要生态功能区和生态敏感区的威胁较轻。

根据海西区重点产业规划布局与陆域生态保护底线的敏感区域的位置关系，环三都澳溪南石化基地、大唐国际宁德电厂、宁德冶金、石狮火电、厦门火电、南平冶金、江阴火电的规划布局距离海西区陆域生态保护底线之重要敏感区较近，涉及官井洋大黄鱼繁殖保护区、霞浦杨梅岭省级森林公园、石狮灵秀山省级森林公园、龙海九龙江口红树林省级自然保护区、厦门珍稀海洋物种国家级自然保护区、南平马头山省级森林公园、福清湾湿地等重要生态敏感区；龙岩冶金、永安火电的规划布局地处海西区陆域生态保护底线的一般敏感区，属地带性植被（亚热带常绿阔叶林）分布区；除上述布局外，其他重点产业规划布局均远离海西区陆域生态保护底线的敏感区域（见图 5-25）。

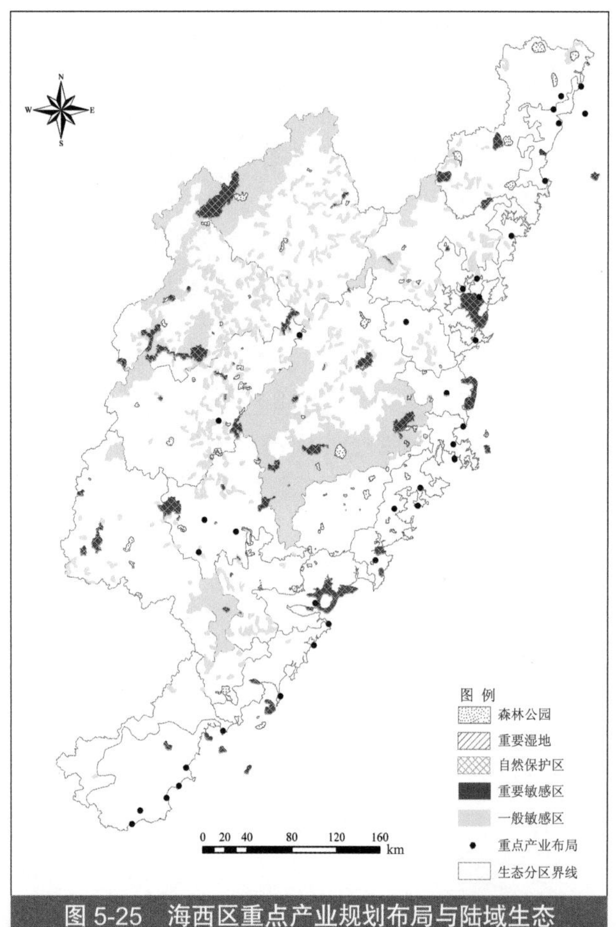

图 5-25 海西区重点产业规划布局与陆域生态保护底线的位置关系

在海西区重点产业近、远期规划布局中，个别布局距离陆域生态保护底线的重要敏感区较近，重点产业发展对重要敏感区的影响以大气污染、水污染等为主；个别布局位于陆域生态保护底线的一般敏感区，重点产业发展对一般敏感区的影响以土地利用方式改变为主，大多数规划布局远离陆域生态保护底线的敏感区域。因此，从重点产业规划布局与陆域生态保护底线的敏感区域的位置关系来看，海西区重点产业中长期发展总体上具有合理性。

重点产业规划布局多位于沿海地带，对中、西部山区陆域生态系统及其健康状况、服务功能的影响较轻。

根据《海西区重点产业中长期发展情景设计》，大多数重点产业规划布局位于沿海地带，行业类型涵盖本战略环境评价筛选的所有重点产业（冶金、石化、核电、火电、林浆纸等），沿海分区重点产业总产值占海西区重点产业总产值的 70% 以上；内陆分区的重点产业不仅布局少，而且规模小，行业类型包括火电和冶金，建溪流域、汀江流域、闽江中游、龙江—木兰溪—晋江上游、九龙江上游、诏安东溪—漳江上游等地的重点产业总产值占海西区重点产业总产值的比例不足1%，在国家宏观调控方案、生态环境愿景方案和地方愿景规划方案中闽东诸河和敖江流域均无重点产业规划布局，上述内陆分区多位于中西部山区。

海西区中西部山区多是我国东南沿海诸河的中上游地区，植被覆盖良好，而且分布着丰富的野生动植物资源，在水源涵养、水土保持和生物多样性保护等方面具有重要意义。海西区重点产业规划布局在中西部山区的分布较少，对中西部山区陆域生态系统及其生态服务功能的影响较轻。因此，从不同分区的生态服务功能来看，海西区重点产业规划布局具有较强的可行性。

2. 重点产业发展规模的适宜性

按照海西区建设用地产出率的现状水平，在国家宏观调控方案、生态环境愿景方案和地方愿景规划方案下，海西区及其多数分区的土地资源无法满足重点产业中长期发展的用地需求；随着重点产业中长期发展，多数分区的陆域生态系统健康指数不断降低，出现陆域生态系统健康降级现象，重点产业发展对陆域生态系统健康的风险以重风险和严重风险为主，陆域生态保护底线受到威胁；仅建溪流域、富屯溪流域、闽东诸河、敖江流域、九龙江上游、九龙江下游、诏安东溪—漳江上游7个分区的土地资源可以满足重点产业中长期发展的用地需求，维持其陆域生态系统健康现状等级。因此，从土地资源承载能力、陆域生态系统的影响评价和风险评估来看，按照海西区建设用地产出率的现状水平，在国家宏观调控方案、生态环境愿景方案和地方愿景规划方案下，海西区重点产业中长期发展的适宜性较差。

但是按照2007年上海市建设用地产出率的75%，在国家宏观调控方案、生态环境愿景方案和地方愿景规划方案下，海西区及其多数分区的土地资源可以满足其重点产业中长期发展的用地需求；随着海西区重点产业中长期发展，多数分区可以维持陆域生态系统健康现状等级，重点产业对陆域生态系统健康的风险以“无风险”为主，陆域生态保护底线得到保障；仅浙南沿海、闽东沿海、闽江口和沙溪流域4个分区的土地资源无法满足重点产业中长期发展的用地需求，出现陆域生态系统健康降级现象。因此，从土地资源承载能力、陆域生态系统的影响与风险来看，按照2007年上海市建设用地产出率的75%，在国家宏观调控方案、生态环境愿景方案和地方愿景规划方案下，海西区重点产业中长期发展具有可行性。

因此，建设用地产出率的提高，可以增强对重点产业中长期发展用地需求的满足程度，有效降低重点产业中长期发展对陆域生态系统的影响与风险，使陆域生态保护底线得到保障。建设用地产出率成为影响海西区重点产业中长期发展情景设计可行性的主要因素。

应制定海西区重点生态敏感区的生态功能保障方案；根据区域资源环境承载力水平，提出区域产业发展与布局调整方案；依据区域产业发展阶段和重点产业特点，在充分考虑各地区之间和海峡两岸产业发展的相互协调与合作基础上，提出在区域层面发展循环经济的模式和方案。

第六章 区域重点产业优化发展的调控建议

本研究基于自然生态约束和资源环境承载能力，针对重点产业发展规模、结构和空间布局三大要素，提出了沿海集聚发展，内陆优化结构，承载调控规模，发展适度超前，加快建设我国东南沿海先进制造业基地的总体思路。提出了支持引导闽江口、湄洲湾、厦门湾、潮汕揭四大产业基地优势重点产业集聚发展，优化调整瓯江口、环三都澳、罗源湾、兴化湾、泉州湾、东山湾六大产业基地产业结构和空间布局，鼓励加快内陆山区钢铁、建材等重污染行业结构调整、技术升级并逐步向条件较好的地区集中。同时，明确了生态空间管制、生态用水、污染物排放总量、环境准入标准的控制目标。

第一节 调控思路

海西区生态环境质量总体优良，但部分地区生态环境问题已经显现，酸雨污染严重，沿海部分城市出现了灰霾污染，局部海湾生态系统已遭到一定破坏，海洋生物资源不断减少，赤潮灾害影响日益增大。根据重点产业发展的中长期环境影响和生态风险预测，如果按照规模快速扩张、布局无序分散的发展方式，将对区域生态环境造成累积性的不良影响。

为了保证海西区在未来发展中保持优良的生态环境，保障重点产业发展，必须依据区域资源环境承载力、中长期环境影响和生态风险，坚持以环境保护促进重点产业优化发展。按照“沿海地区集聚发展，内陆山区优化发展，承载调控规模，发展适度超前，加快建设我国东南沿海先进制造业基地”的总体思路，以加快经济发展方式转变为指导思想，大力推进环境保护的宏观调控作用。通过“保底线、优布局、调结构、控规模、严标准”等五大战略对策，提升区域资源环境对重点产业发展的支撑能力，在科学布局、优化结构、提高效益、降低消耗、保护环境的基础上，推动区域经济的快速增长。

第二节 调控原则

以环境保护优化经济增长，坚持“生态功能不降低、水土资源不超载、污染物排放总量不突破、环境准入不降低”四条红线。到2020年，确保海西区经济社会整体发展不突破生态空间、生态用水和污染物排放总量等区域生态环境底线控制目标，实现重点产业与生态环境保护的协调、同步发展（见表6-1）。

表6-1 海西区资源环境底线控制目标

分类	指标	控制值
生态空间	重要生态敏感区面积 / 万 km^2	1.22
	自然岸线比例 /%	70
	天然湿地保护率 /%	90
	重要栖息地保护率 /%	100
	海洋保护区面积不少于领海外部界线以内海域面积的比例 /%	8
生态用水	河道最小生态需水量 / 亿 m^3	166
	最小入海径流量 / 亿 m^3	142
排污总量	大气污染物排放总量不超过环境容量的比例 /%	90
	排入陆域地表水环境的点源污染物最大允许排放量不超过环境容量的比例 /%	80

一、生态功能不退化

重要生态功能区面积不减少。重要生态敏感区是海西区重点产业发展不可逾越的空间约束，涵盖各类省级以上的自然保护区、森林公园和重要湿地等区域。海西区重要生态敏感区面积约1.22万 km^2，其中陆域、近岸海域重要生态敏感区面积分别为1.07万 km^2 和0.15万 km^2。重要生态敏感区严格按照法律法规规定和相关规划实施强制性保护，严格限制不符合生态环境功能定位的开发建设活动，确保现有重要生态敏感区面积不减少（见表6-2、表6-3）。

主要生态系统服务功能不降低。保证海西区水源涵养、生物多样性保护和洪水调蓄、土壤保持、防风固沙五类主导生态功能。重点保护浙闽赣交界山地、东南沿海红树林生物多样性保护重要区，以及西部大山带、中部大山带和沿海地带的重要生态敏感区。重点保护乐清湾海域生态系统、三沙—罗源湾水产资源、闽江口渔业资源和湿地、泉州湾河口湿地和水产资源、厦门湾海洋珍稀物种、东山湾典型海洋生态系统和粤东海域南澳候鸟自然保护区。

控制围填海规模，规避敏感岸线。严格控制围填海，规避敏感岸线，加大海岸带生态保护力度，切实保护红树林、湿地保护区等重要敏感生态系统。重点保护自然保护区内岸线及河口敏感岸线。确保自然岸线比例不低于70%，海洋保护区面积不少于领海外部界线以内海域面积的8%。鼓励重化工业朝湾口布置，减少湾内围垦需求。

二、水土资源不超载

合理开发土地和岸线资源。引导内陆地区产业集中发展，强化沿海地带重点产业集约

表 6-2 海西区近岸海域主要的重要生态敏感区

序号	名 称	位 置	面积 /hm^2	保护对象
1	南麂列岛海洋自然保护区	平阳县东南部海域	20 100	海洋贝藻类物种资源及其生态环境
2	乐清市西门岛海洋特别保护区	乐清市西门岛	3 770	红树林、珍稀鸟类及滨海湿地环境
3	宁德官井洋大黄鱼繁殖保护区	宁德市官井洋	31 464	大黄鱼
4	闽江河口湿地自然保护区	福州长乐市、马尾区	3 129	滨海湿地、野生动物、水鸟
5	长乐海蚌资源增殖保护区	福州长乐市梅花至江田海域	4 660	海蚌
6	泉州湾河口湿地省级自然保护区	泉州湾	7 046	滩涂湿地、红树林及其自然生态系统、中华白海豚、中华鲟、黄嘴白鹭、黑嘴鸥等一系列国家重点保护野生动物，中日、中澳候鸟保护协定鸟类
7	深沪湾海底古森林遗迹自然保护区	泉州晋江市深沪	2 700	古树桩遗迹、古牡蛎礁、变质岩、红土台地等典型地质景观
8	厦门珍稀海洋物种自然保护区	厦门海域	12 000	中华白海豚、厦门文昌鱼、白鹭
9	龙海九龙江口红树林自然保护区	漳州龙海市浮宫、紫泥、角尾、港尾	420	红树林生态
10	漳江口红树林自然保护区	漳州市云霄县东厦镇	2 360	红树林生态
11	东山珊瑚省级自然保护区	漳州市东山县马銮湾、金銮湾	3 630	珊瑚
12	南澳候鸟自然保护区	南澳岛	256	候鸟
13	广东南澎列岛海洋生态自然保护区	南海东北端	61 357	海底自然地貌水域环境
	合计		152 892	

发展。充分保障林地、草地和湿地生态用地，保护自然生态岸线，坚持严格的耕地保护制度，全面提高建设用地和开发岸线的资源利用效率。2020 年确保海西区自然岸线比例不低于 70%，天然湿地保护率不低于 90%。

确保河道和河口湿地生态用水量。维持河道内最小生态用水，保证入海淡水量，对于稳定海西区地表水和河口湿地功能，增加环境承载力具有重要意义。保证河流多年平均径流量的 10% 为生态基流底线，2020 年保证河道内最小生态用水量 166 亿 m^3。保障海西区近岸海域生态功能的稳定，确保 2020 年海西区最小入海径流量 142 亿 m^3。

三、基于环境保护目标的排放总量不突破

确保海西区人居环境优美、生态良性循环、生态文明建设位居全国前列，应强化污染物排放控制。区域大气污染物排放总量，二氧化硫排放总量控制在 87.7 万 t/a 以内，氮氧化物排放总量控制在 67.3 万 t/a 以内。陆域水环境点源化学需氧量排放总量应控制在 105.1 万 t/a 以内，点源氨氮排放总量控制在 9.2 万 t/a 以内。

预计到 2020 年海西区部分地区二氧化硫和氮氧化物排放将超载。其中，福州、莆田和泉州的二氧化硫排放总量将超载，需要在治理现有污染源和提高资源环境利用效率的基础上，控制新建项目的排污量。三明市二氧化硫排放总量现状已经超载，需要在现有排放量基础上进一步削减。

表 6-3　海西区陆域主要的重要生态敏感区

序号	名　称	位　置	面积 /hm^2	保 护 对 象
1	福建武夷山国家级自然保护区	武夷山市	57 000	中亚热带森林生态系统、珍稀野生动植物资源与丰富多样的地质地貌。拥有福建柏、华南虎、云豹、金斑喙凤蝶等国家重点保护动植物
2	福建闽江源国家级自然保护区	三明市建宁县	13 022	森林生态系统与珍稀野生动植物资源，拥有南方红豆杉、钟萼木、云豹等国家级保护动植物
3	福建龙栖山国家级自然保护区	三明市将乐县	15 693	中亚热带森林生态系统、珍稀野生动植物资源、野生动物及其栖息地，拥有南方红豆杉、华南虎、金钱豹、云豹等国家级保护动植物
4	明溪君子峰国家级自然保护区	三明市明溪县	18 060	中亚热带基带原生性常绿阔叶林和珍稀、濒危野生动植物及其栖息地，拥有福建柏、华南虎、云豹等国家级保护动植物
5	永安天宝岩国家级自然保护区	三明市 永安市	11 015	主要为长苞铁杉林、猴头杜鹃林、泥炭藓沼泽等森林生态系统和珍稀濒危野生动物资源
6	福建戴云山国家级自然保护区	泉州市 德化县	9 732	河流发源地、亚热带森林生态系统与野生动物资源。拥有黄山松群落、云豹、黄腹角雉、蟒蛇等国家级保护动植物
7	福建梅花山国家级自然保护区	龙岩市	22 168	福建柏、长苞铁杉、钟萼木，以及华南虎、金钱豹、大灵猫等森林生态系统与野生动物资源
8	福建梁野山国家级自然保护区	龙岩市武平县	14 365	大面积红豆杉林等天然原始森林生态系统与生物资源
9	福建虎伯寮国家级自然保护区	漳州市 南靖县	3 001	南亚热带雨林生态系统与生物资源，野生兰花、华南虎、云豹等国家级保护动植物
10	浙江乌岩岭国家级自然保护区	温州市泰顺县	18 861.5	南方红豆杉、伯乐树、莼菜，黄腹角雉、白颈长尾雉、云豹、金钱豹、黑麂等国家保护动植物
11	德化石牛山国家森林公园	泉州市德化县	8 411	古火山地质地貌与森林景观
12	诏安乌山国家森林公园	福州市诏安县	90 000	燕山时期地质地貌与植物资源
13	福建支提山国家森林公园	宁德市蕉城区	2 300	森林景观与佛教古迹
14	泰宁猫儿山国家森林公园	三明市泰宁县	2 560	森林景观、丹霞地质地貌
15	漳平天台国家森林公园	龙岩市漳平	3 987	森林景观、文化古迹
16	长泰天柱山国家森林公园	漳州市长泰	3 081	南亚热带森林景观与生物资源
17	永定王寿山国家森林公园	龙岩市永定县	1 667	森林与人文景观
18	厦门莲花国家森林公园	厦门市同安区	3 824	南亚热带雨林景观与生物资源
19	福建九龙谷森林公园	莆田市城厢区	152 649	森林景观、生物资源与佛教古迹
20	福清灵石山国家森林公园	福清市东张镇	2 275	森林景观与佛教古迹
21	平潭海岛国家森林公园	福州市平潭县	1 296	南亚热带海岛森林景观与生态旅游资源
22	福州国家森林公园	福州市	859	以福建树种为主的国内外珍贵植物
23	福州旗山国家森林公园	福州市闽侯南屿	3 587	自然森林景观与生物资源
24	华安国家森林公园	漳州市华安县	131 500	自然森林景观、生物资源与文化古迹
25	三明三元国家森林公园	三明市	4 573	森林景观、旅游资源与文化遗产
26	上杭国家森林公园	龙岩市	4 666	森林景观与文化、旅游资源
27	福建武夷山国家森林公园	武夷山市	7 118	中亚热带森林景观与生物资源
合计			607 270.5	

在加大治理水环境面源污染的基础上，严格控制点源污染排放。根据海洋环境保护法的要求，落实海域入海污染物总量控制制度，鉴于海西区近岸海域大部分海湾无机氮和活性磷酸盐超标，建议海西区重点加强陆源污染物入海控制，沿海地区城镇污水处理厂实施脱氮除磷，严格控制滩涂水产养殖；沿海地区重点产业集聚区以及大型钢铁、石化等产业基地污水处理达标后，应通过统一的污水排放系统，采用深水排放方式，排放口形成的污水混合区不得影响鱼类洄游通道和邻近海域环境功能。

四、环境准入标准不降低

为进一步推动海西区“环境保护优化产业发展”战略的实施，通过实施更为严格的环境准入与淘汰标准，从严控制“两高一资”产业，加大小化工、小钢铁、小造纸、小水泥等行业落后产能的淘汰力度。推动淘汰落后产能作为容量置换措施，鼓励“上大压小”，促进规模经济发展、优化产品结构升级。

严格按照国家现行产业政策，逐步完善环境法规和标准、严格环境准入制度、提高行业准入门槛，逐步建立新建项目能效评估制度，提高资源环境效率。制定产业集聚区节约用地标准，提高供地门槛，限制占地大、产出低的项目。到2020年，确保海西区整体资源环境效率达到国内先进水平。

严格限制不符合环境战略和功能区划的项目落地，禁止环保基础设施不完备、区域污染物排放总量超过控制指标的工业园区引进新项目，工业项目应随着产业结构调整逐步向工业园区集中。应以区域循环经济和企业清洁生产为目标，积极倡导生态工业示范园区建设。优先引进清洁生产处于国际先进水平的项目，淘汰或禁止引进落后技术、工艺和设备。引进项目的资源环境效率应达到引进国（或地区）的先进水平。

第三节　适宜重点发展的沿海产业基地调控建议

一、闽江口产业基地

闽江口是福州港的主体，是沟通东南亚各国发展经济往来的重要门户，已逐步形成以电子信息产品制造业和汽车制造及配件产业为主导的两大产业集群，形成了福清、马尾百亿电子城、青口百亿汽车城，成为两岸产业对接主要集中区。

闽江口海域生态环境较敏感，建有河口湿地自然保护区，是福建省近岸海域生物多样性保护重要生态功能区。装备制造和电子信息产业能耗及排污相对较小，但产业集聚带动城市化步伐加快，城镇污水排放量将大幅增加，对海域生态环境有一定影响。

闽江口产业基地发展电子信息、装备制造产业和高新技术产业，可以强化服务功能和国际化进程，发挥台商集中投资区优势，培育发展闽台产业对接合作区，促进两岸产业对接进一步集聚、构建两岸产业对接先导区。为保护闽江口渔业资源和湿地生态功能区，应重点加强陆源废水污染物的治理，提高污水处理标准。

二、湄洲湾产业基地

湄洲湾产业基地深水泊位条件较好，港口发展初具规模，已经形成较好的临港重化工业发展条件。石化基地建设初具规模，具备进一步做强做大的产业基础和发展前景。湄洲湾产业基地重点发展石化、装备制造、林浆纸和能源产业，规划建设台湾石化专区和装备制造业园区，将成为承接台湾产业转移的前沿平台。

湄洲湾海域水动力条件较好，是福建省典型海湾型港口发展和污染控制生态功能区，主要敏感区有湄洲岛生态特别保护区。随着湄洲湾产业基地建设的不断推进，排入湄洲湾的污染物不断增加，可能导致局部海域水环境质量下降，水体面临富营养化的威胁。

建议湄洲湾石化基地在努力建设成为具有国际竞争力的石化产业基地的同时，做好周边区域城镇发展的规划控制。同时，应加大环保基础设施建设，加强海洋污染防治力度，建立突发性污染控制和应急处理机制。

三、厦门湾产业基地

厦门湾目前已经形成较好的临港产业基础，是海西区电子信息和装备制造产业的主要集聚地区，也是台商在海西区投资最为集中的地区。

厦门湾海域生态环境敏感，建有珍稀海洋物种自然保护区，被列为近岸海域生物多样性保护重要生态功能区。装备制造和电子信息产业能耗及排污相对较小，但产业集聚带动城市化步伐加快，城镇污水排放量将大幅增加，对海域生态环境有一定影响。

建议厦门湾产业基地坚持以高端制造业占据产业链（群）技术制高点的理念，积极引进先进、高端装备制造业和电子信息产业，选择性地发展冶金（钨钼）产业链中下游的产品。适时调整化学工业布局，现有石化企业可在结构升级调整中逐步过渡和转移，引导企业向湄洲湾石化基地或古雷石化园区集聚。

四、汕潮揭沿海产业基地

广东省粤东地区产业基础比较薄弱，多为中小型民营企业，专业化生产水平较低，也缺乏对整个经济发展起支撑作用的龙头企业。汕潮揭沿海产业基地将重点发展石化、能源和装备制造产业。

粤东海域建有南澳候鸟自然保护区、南澎列岛海洋生态自然保护区。受传统纺织产业影响，练江下游水质污染严重。汕潮揭沿海产业基地临近外海，港口及排水条件有一定的优势。

建议揭阳石化产业基地按照“基地化、一体化、集约化”的原则规划建设，重视发展循环经济，侧重产业链延伸，促进下游产业发展。潮州在提升传统优势产业、加强水污染综合整治的基础上，重点发展装备制造和能源产业。汕头立足现有产业优势，发展装备制造和石化下游产品，积极探索和推进废弃电器电子产品集中处理，解决贵屿镇电子废物污染问题。

第四节　优化发展的沿海产业基地调控建议

一、瓯江口产业基地

温州是我国民营经济最为发达的地区，装备制造业有一定的基础，已经成为我国汽摩配件制造和低压电器中心。建设瓯江口产业基地有助于温州市转变经济增长方式，促进产业集聚发展。

乐清湾海域生态环境较敏感，分布有西门岛国家级海洋特别保护区。瓯江口近岸海域水质污染严重，酸雨污染压力较大。

建议瓯江口产业基地在环境综合整治的基础上，立足于温州市传统产业结构调整与升级换代，促进重点产业的集聚、集约发展，大力发展装备制造和电子信息产业。同时，加快温州现有化工企业的整合和升级改造，逐步推进化工企业向大小门岛化工区集中，以提供轻工原材料为契机，发展有一定产业基础和市场潜力、附加值较高、污染相对较轻的石化中下游产品。

二、环三都澳产业基地

宁德市电机电器和船舶修造两大产业发展较快，初步形成集群式发展格局，被列入福建省重点培育扶持的产业集群。未来宁德市全力推进“环三都澳”区域发展，重点发展能源、冶金、石化、造船等临港重化工业，布局大型钢铁基地。

海西区钢铁产业主要分布在内陆山区，仅三钢集团粗钢产能超过 500 万 t，其他炼钢企业的产能则在 10 万～ 100 万 t，存在规模小、能耗大、污染重等问题。福建省规划淘汰落后的钢铁产能，引进国内大型企业与三钢重组，在沿海布局大型钢铁基地，符合我国钢铁产业布局向有利于利用国外资源和市场容量大的沿海地区转移的战略。

环三都澳区域大气扩散稀释能力有限，湾内水动力条件不理想。同时，三沙湾海域是福建省近岸海域生物多样性保护重要生态功能区，宁德官井洋大黄鱼繁殖保护区被列为我国近岸海域重要渔业水域敏感区。在环三都澳湾内布局重污染产业将可能对区域环境质量造成不良影响，并增加海域生态环境风险。

因此，建议环三都澳湾内重点围绕建设电机电器和船舶修造两大产业集群大力发展装备制造业，按照国家总体布局适度发展污染较少、环境风险小的临港工业；建议进一步研究宁德钢铁、石化等重污染产业优化布局方案，根据区域环境条件，选择大气扩散条件较好、远离城区、海域生态环境敏感度不高、排水条件较为理想的沿海地区布局。

三、罗源湾产业基地

罗源湾产业基地临港工业开发已近十年，基本形成了以冶金、建材、能源、装备制造等为重点的临港工业，主要冶金企业有亿鑫钢铁、三金钢铁和德盛镍业。

罗源湾相对封闭的海湾地形不利于污染物扩散，湾内海域自净能力有限。规划的鉴江湾石化区临近官井洋大黄鱼繁殖保护区，布局建设污染较重的大型石油化工项目将可能增加海域生态环境累积性不良影响和海域生态环境风险。

建议罗源湾产业基地依托罗源经济开发区、台商投资区和可门港经济区，重点发展装备制造产业，适量发展冶金、能源产业和污染相对较轻的石化中下游产品。

四、兴化湾产业基地

兴化湾产业基地主要依托融侨经济技术开发区、江阴工业区莆田台商投资区和兴化湾南岸经济开发区等，重点发展电子信息、装备制造、能源和石化。融侨经济开发区是海西区电子产品的主要集聚区。江阴工业区石化专区承接福州市区的化工企业战略性搬迁转移，成为福州市调整产业布局、提升化工产业技术能级的重要依托。

兴化湾滩涂湿地是海域生物多样性保护的重要区域。由于前期规划和基础设施建设滞后，江阴工业区环境问题和居住区布局问题已显现。

建设兴化湾产业基地必须尽快统筹解决江阴工业区企业与居民交错分布问题，形成化工区和居民区的合理布局。同时应加快推进环保基础设施建设和企业污染治理，重点发展电子信息、装备制造和能源产业，适度发展附加值较高、污染相对较轻的化工产业，不宜发展重油深加工等污染较重项目。

五、泉州湾产业基地

泉州湾产业发展基础较好，港口发展初具规模，已形成纺织鞋服、机械制造、食品等传统优势产业，是海西区主要台商投资区。未来将进一步培育发展闽台产业对接合作区，促进两岸产业对接进一步集聚和提升。

泉州湾生态环境较敏感，建有河口湿地自然保护区，被列为近岸海域生物多样性保护重要生态功能区。装备制造和电子信息产业能耗及排污相对较小，但产业集聚带动城市化步伐加快，城镇污水排放量将大幅增加，对海域生态环境有一定影响。

建议泉州湾产业基地在立足于整合提升现有纺织鞋服等传统优势产业的基础上，重点发展电子信息和装备制造产业，并应严格控制陆域废水排放。

六、东山湾产业基地

东山湾产业基地依托古雷经济开发区和东山经济技术开发区重点发展石化和装备制造产业。古雷经济开发区已被福建省列为大型石化产业基地，将作为推进两岸石化产业深度对接的重要平台。

东山湾海域生态环境敏感，建有漳江口国家级红树林湿地保护区和东山省级珊瑚自然保护区，是福建省近岸海域生物多样性保护重要生态功能区。在古雷布局炼油基地，将大幅增加原油、成品油等化学原材料的海上运输量，可能对东山湾及周边海域造成一定的环境风险，对漳江口红树林国家级自然保护区和东山省级珊瑚自然保护区可能造成一定的累积性不良影响。

建议古雷石化基地近期优先发展石化中下游产业，今后国家炼油布局总体需要在古雷布局炼油基地时，应进一步充分研究和论证降低海域环境风险的物流方案。

第五节 内陆山区产业发展调控建议

内陆山区是海西区生态环境优良区域，生态环境较敏感，是水源涵养和生物多样性保护的重要区域。受大气扩散条件和钢铁、建材等行业排污影响，局部地区出现了二氧化硫和颗粒物超标问题。

鼓励、加快内陆山区钢铁、建材等重污染行业结构调整、技术升级并逐步向条件较好的地区集中。建议内陆山区钢铁、建材等重污染行业以调整结构、技术升级为主，并逐步引导产业向条件较好的地区集中发展。重点做好生态环境和资源保育，鼓励发展无污染、轻污染的绿色农业、林产加工、食品加工、生物技术产业和旅游产业等，限制容易造成生态破坏和水污染的产业。

龙岩市：重点发展机械装备和有色金属产业，扶持发展新能源、新材料、生物医药和电子信息等产业集群。建设新罗、漳平、永定、上杭、长汀等产业集中区，形成以环保产业、机械、机电、建材、有色金属及深加工、稀土和光伏新能源等产业为主的产业集中区。建材、冶金等传统产业以提升产业结构为主，实现增产减污。

三明市：重点促进冶金及金属压延、机械及汽车、林产、矿产和生物医药产业加快集聚发展。建设梅列、三元、永安、沙县等产业集中区，形成以生物医药、机械、金属压延及深加工、建材、林产化工等产业为主的产业集中区，冶金、建材、造纸等传统产业以提升产业结构为主，加大污染治理力度，实现增产减污。

南平市：重点整合提升机械（装备）制造、纺织服装、食品加工、林产加工、冶金建材等五个传统产业，培育发展创意、生物、旅游（养生）等三个新兴产业，着力推进武夷新区建设。建设延平、邵武、浦城以及闽北产业集中区，形成以生物医药、造纸、机电、光电、铝精深加工、纺织等产业为主的产业集中区。造纸、有色金属、纺织等传统产业以优化提升产业结构为主，实现增产减污。

第六节 推进重点产业结构升级调控建议

一、装备制造产业

海西区装备制造业产能过于集中在制造环节的劳动密集工序，现代服务业严重不足，产品结构仍以低端为主。从我国装备制造业的产品档次来看，低端生产能力过剩，中端生产能力正迅速扩大，而高端产品还存在很大空白。机械产业是台湾的支柱性产业之一。传统机械装备制造业逐渐成为台湾的“夕阳产业”，部分被转移到中国大陆继续发展。而精密机械等处于成长期产品的生产制造，为适应市场需求，也被部分外移到中国大陆。台湾的金属模具、中高档数控机床、轻工机械、输变电设备、修造船及环保设备具有一定优势，海西区应积极承接台湾优势产业，扩大中高端产品比例，增强装备制造业竞争实力。

二、电子信息产业

电子信息产业利润率存在两头大中间小的“U”形曲线，而资源需求和污染物排放则是两头小中间大的格局，即研发和品牌及营销环节的资源需求及污染物排放很小，制造环节的资源需求和污染物排放均较大，尤其是前段制造。随着两岸经济交流的深入和延伸，海西区将成为承接台湾电子信息产业转移的主要平台之一。海西区从电子信息产业结构上应壮大已具优势的产品集成业，大力发展初具雏形的软件产业，积极引导前景良好的研发和品牌业，适度发展用水量较大的前段制造业。

三、能源电力产业

海西区能源电力结构不尽合理，目前煤电、水电和其他能源的比例为71∶25∶4，情景二方案实施后，煤电、水电和其他能源的比例为74∶6∶20，结构有所优化，但火电比重仍较大，大量燃煤造成的环境污染问题将日益突出，能源发展面临环境容量制约。

在保证海西区域内电力供需平衡的前提下，应以节能、减排、低碳为发展方向，进一步优化能源结构。以加快发展核电、合理开发水电、鼓励开发风电、太阳能和垃圾焚烧发电、优化煤电布局为策略，按照“上大压小”原则，支持超临界、超超临界火电机组建设，逐步减少火电在能源电力结构中的比例，增加清洁能源比重，特别是新型能源发电的比重，使煤电、水电和其他能源的比例调整为67∶8∶25。

四、传统优势产业

经过多年的发展，纺织服装、制鞋、建材和食品产业已成为海西区的传统优势产业，海西区在大力发展石化、装备制造和电子信息等重点产业的同时，需要整合提升优势产业，使重点产业和传统优势产业协调发展。

挖掘优势产业，整合提升传统优势产业集群。海西区已经形成了一些纺织服装、制鞋、建材和食品产业集群，这些产业工业增加值已占海西区工业增加值的20.7%。纺织服装产业主要集中在温州、泉州、福州、厦门、粤东地区；制鞋产业主要集中在泉州、温州和莆田；建材产业主要集中在内陆山区；食品产业主要分布在漳州、宁德和粤东地区。总体而言，绝大部分属于劳动密集型产业，技术水平不高、产品附加值低、资源消耗大，企业“低、小、散”的特征明显。海西区应突出比较优势，坚持特色发展，加大对传统产业技术改造力度，增加产品技术含量，整合优化一批传统优势产业集群。引导企业逐步向专业化园区集中，实现园区资源低成本共享。鼓励中小企业与龙头企业建立互为依存、互相补充的生产协作关系，促进产业集群发展。

加强印染、制革和电镀废水治理，改善地表水环境质量。纺织服装业（包括印染）是废水排放量较大的产业。海西区纺织服装业和制鞋业发达，废水排放量约占工业废水排放量的36%。印染废水和制革废水污染物大多是难降解的染料、助剂和有毒有害的重金属、甲醛、卤化物等，所排废水对水环境影响较大。海西区印染和制革行业主要集中在温州、泉州和粤东地区，在带动地方经济发展的同时也对当地的地表水环境造成了污染。

鳌江流域因众多中小型皮革企业排放废水的影响，水质处于劣Ⅴ类；榕江主要受电镀废水污染，水质处于劣Ⅴ类。主要原因是这些中小型企业的污染控制和管理能力都较弱，污水收集处理率较低，应加强印染废水、制革废水和电镀废水治理，推进电镀专业园区的建设。

第七节　推动区域产业发展转型建议

一、促进产业集聚发展

海西区正处于产业发展的转折期，转变经济增长方式是实现经济快速发展的根本保证。产业集聚发展有利于经济要素的集约和优化配置，有利于资源的共享和循环利用，是实现工业结构调整和合理布局、转变经济发展方式、实现可持续发展的有效途径。

国内外成功经验证实，重化工业普遍呈现集聚发展的格局，在产业集聚发展的同时，对生态环境的影响减少到最低限度和最可控状态，最为典型的是石化产业，世界上一些成功的石化基地都呈现集聚发展模式（见表 6-4）。

表 6-4　国内外主要石化工业区集聚发展成功经验

名称	范围 /km^2	产业规模和基本情况	成功经验
美国得克萨斯州休斯敦化工区	12	世界最大石油化工中心，340 家制造工厂和 60 家跨国企业，炼油能力为 2.5 亿 t/a，乙烯生产能力超过 500 万 t/a	最为集中的石化基地，循环经济成效显著
比利时安特卫普化工区	35	世界第二大石油化工中心，世界最大 20 家化工企业中一半落户至此，5 家炼油厂，年原有加工能力 4 000 万 t，4 套依稀裂解装置，总能力 250 万 t	一体化管理，生产装置互联、上下游产品互供、管道互通，投资互渗
新加坡裕廊化工区	34	世界第三大石油化工中心，66 家企业，年炼油 6 000 万 t，生产乙烯 200 万 t	一体化管理，远离居民区，发展空间较大
德国路德维希港化工区	7	已有 135 年历史，是巴斯夫总部所在地，化工区内的企业都是德国巴斯夫公司独家投资，内有 350 套装置	产业链最长，产品类别最多，单位土地产出效率最高
台湾麦寮石化工业园区	32	是台湾最大的石化基地，包括三座轻油裂解厂在内的 80 多座工厂。年炼油能力 2 300 万 t，乙烯生产能力 280 万 t，石化主要产品规模跻身世界前五大公司	精细化程度较高，环境保护设施完善
上海化学工业区	29	成功吸引英国石油化工、德国巴斯夫、德国拜耳、德国德固赛、美国亨斯迈、日本三菱瓦斯化学、日本三井等跨国公司以及中石化等国内大型化工企业落户区内。是吸引外资最为集中的化工园区。乙烯年生产能力 120 万 t	“五个一体化”的先进理念，融入到园区的开发建设过程中，资源环境利益效率最高

二、发展循环经济、低碳经济

湄洲湾石化基地有三个工业园区，分属泉州和莆田，应做好基地统筹规划，并积极推进生态工业园区创建。揭阳石化基地尚处于规划阶段，高起点的“一体化”规划可确立石化基地“专业集成、投资集中、资源集约、效益集聚”的整体优势，缩短新生的石化基地与世界成熟的石化基地之间的距离。湄洲湾和揭阳石化基地应采用“上游带动下游、下游促进上游”的发展模式，形成“上、中、下”完整的石化产业链，以及公用工程、环境保护、物流传输和管理服务一体化发展格局，建成产业共生、资源共享的具有国际先进水平的石化基地。

创建化工类生态工业园区是石化产业转变经济发展模式、实现产业升级的重要途径。在生态工业园区创建过程中，石化基地将通过各种措施引进新技术、新工艺和新项目，鼓励企业实施技术改造，优化装置工艺水平，降低资源消耗。创建生态工业园区可促进废物资源化，推动石化工业跨越式发展。

三、培育战略性新兴产业和海洋特色产业

海西区的发展态势表现出对资源型重化工产业的依赖倾向，面临的资源与环境约束日益增强。随着一系列重大技术突破，国际上以信息技术和生物技术为代表的战略产业迅速形成，成为国民经济发展的强大动力。作为经济后发地区的海西区，在发展重化工的同时，应培育和发展一批科技含量高、潜在市场大、带动能力强、综合效益好的新兴产业，依托海洋资源大力发展海洋特色经济，进一步拓展发展空间。

应加快发展新能源、生物医药、节能环保、新材料等战略性新兴产业。新能源产业重点扶持发展清洁能源、可再生能源利用和设备制造，培育核电、风电、太阳能、生物质能等产业。生物医药及新药产业重点培育基因工程药物、现代中药等，推进生物资源系列开发。节能环保产业重点推广应用大气、水污染防治和节能新技术、新装备、新产品。新材料产业要加快光电材料、催化及光催化材料、稀土材料等的产业化，壮大化工轻纺新材料、新型建筑材料、特种金属及陶瓷材料等产业。

立足海西区海洋与渔业资源优势和特色，加强海洋资源保护和开发利用，培育海洋高技术产业群。促进先进生物技术、信息技术在海洋产业中的应用，着力提高海洋产业科技含量，提升海洋资源集约化利用和海洋产业竞争力，实现海洋产业经济增长方式的转变。重点发展海水养殖、海洋功能食品、海洋药用物质和海水资源利用。

四、推进平潭综合试验区先行先试

海西区2007年三次产业结构比例为9∶51∶40，规划到2020年调整为8∶47∶45，虽然第三产业的比重上升5%，但仍未改变“二、三、一”的格局，与台湾地区三次产业结构1∶28∶71的差距较大。推进产业结构优化升级，促进信息化与工业化融合，巩固第一产业，做大第三产业，提升第二产业，发展现代产业体系是海西区转变经济发展方式的需要。

根据《海峡西岸城市群发展规划（2008—2020）》，建设福州（平潭）综合实验区，加快中央支持海西区建设的政策在平潭先行先试，开展两岸区域合作综合实验，推进多种形式的民间交流合作，成为两岸交流合作先行先试的示范区，海峡西岸经济社会协调可持续发展的先行区，海峡西岸生态宜居的新兴海岛城市。平潭综合试验区重点发展电子信息、高端机械设备、海洋生物科技、低碳科技示范及清洁能源等高新技术产业，以及商贸加工业、海洋产业、旅游养生、现代服务业等，并与福清市江阴工业集中区、长乐空港工业区实现产业配套、功能互补。

第七章

区域重点产业与资源环境协调发展的对策机制

为实现海西区经济可持续发展并确保中长期生态环境安全，海西区重点产业发展过程中应该充分汲取西方发达国家和我国先发地区资源环境代价过大的经验教训，确保海西区在经济发展过程中不走“先污染、后治理”老路。

本研究以促进人与自然的和谐发展、促进区域经济结构调整和增长方式的转变、确保中长期生态环境安全为基本目标，提出破解海西区环境保护和经济发展矛盾的总体思路，同时，提出加强区域生态环境的综合整治和促进海西区重点产业协调发展的对策建议。

第一节　破解海西区环境保护和经济发展矛盾的思路

将海西区建设成为环境保护优化经济发展示范区，必须破解产业发展的空间布局与生态安全格局、结构规模与资源环境承载能力之间的矛盾。海西区与其他区域相比，经济发展阶段不同，自然禀赋存在差异，矛盾的激烈程度和表现形式不同，不能完全照搬“长三角”“珠三角”的发展模式。因此，海西区需要从机制创新、优化布局、结构调整和生态建设等几个主要方面入手，采取强有力措施，努力缓解、破解乃至最终逐步解决这两大突出矛盾。

一、建立健全以环境保护优化经济增长的机制

制订区域经济与重点产业重大发展战略时，要将环境保护作为转变经济发展方式的重要抓手，以构建资源节约型和环境友好型的产业体系为导向，积极探索以环境保护优化经济增长的保障机制、引导机制和约束机制：一是健全统筹整体与局部的保障机制，促进区域发展整体推进与地方差别化发展的良性互动，化解区域产业空间布局与生态安全格局之间的矛盾；二是建立差别化的产业、财政和环境政策，引导产业结构向资源节约、环境友好的方向调整与升级，化解区域产业结构规模与资源环境承载能力之间的矛盾；三是建立基于生态环境和承载能力的约束机制，约束产业无序布局和“两高一资”产业规模的盲目扩张。

二、优化产业发展的空间布局

研究制定国家层面以环境保护优化区域性产业布局的指导意见，进一步优化区域国土空间开发格局。一是基于全国生态功能区划、海洋功能区划与五大区域战略环境评价成果，提出五大区域重点产业布局与全国基础性、战略性产业布局相协调的指导意见，确保国家重大生产力布局与国家生态安全格局及战略性资源的分布相协调；二是强化五大区域之间重点产业发展布局的协调，引导五大区域充分发挥比较优势，实现错位发展，为形成大区域间产业发展明确分工、有序布局、竞争合作的良性格局发挥示范引导作用；三是强化各区域内部重点产业发展布局的协调，打破行政区划界限统筹区域产业布局，避免“遍地开花”式的无序布局和恶性竞争。

三、加快区域经济结构的战略性调整

按照国家“十二五”时期推进经济结构战略性调整的总体要求，加速推进五大区域经济结构实现战略性调整。一要优化能源消费结构，探索煤炭高效清洁转化的新途径，适当开发利用新型清洁能源；二要加快推进五大区域传统产业的“绿色化”改造，大力推进五大区域传统产业的升级换代进程，加快淘汰高能耗、高污染的落后产能；三是加快发展低碳经济，加大对节能、洁净煤、可再生能源等低碳和零碳技术的研发和产业化投入，培育以低碳为特征的新的经济增长点；四是加快培育战略性新兴产业，大力发展新能源、新材料、电子信息等基础较好的新兴产业，积极培育环保、生物、新医药等潜力型新兴产业。

四、规划实施区域性生态环境保护重大工程

生态环境问题涉及未来演变态势，已对区域经济社会的可持续发展带来严重威胁，而缓解这些问题单靠企业和地方的投入远远不够。考虑到区域重要产业基地的全局性作用，国家应规划实施一批区域性生态环境治理工程，加快推进五大区域生态环境恢复与保育，全面提升区域可持续水平。同时，应同步建设一批直接服务于重要产业基地及产业集聚区主要节点的环境保护基础设施，从强化能力建设入手，提升区域产业与人口集聚区条件，提升破解两对突出矛盾的支撑能力。

第二节 加强区域生态环境的综合整治

一、对现状主要环境问题的治理

1. 酸雨污染防治

海西区地处全国四大酸雨区之一，酸雨问题与地区排放致酸物质 SO_2 和 NO_x、排放大气颗粒物、外来源的输送等因素有关。

要治理海西区酸雨问题首先需削减地区致酸物质 SO_2 和 NO_x 的排放量。对燃煤电厂实行脱硫脱硝措施；对一定规模的工业锅炉和含硫含氮工艺废气进行脱硫脱硝措施，控制 SO_2 和 NO_x 的排放。

海西区地理位置夹在长三角和珠三角之间，海西区的酸雨问题与这两大已发展经济区排放的致酸物质输送有关。欲治理海西区酸雨问题，需要从国家层面和大区域层面联动解决，进一步做好长三角和珠三角两大经济区的污染控制工作。

2. 加强海域生态功能恢复力度

海西区海域的生态功能下降集中表现为近年来赤潮发生数量和影响面积日渐增加。造成海西区近岸海域赤潮频发的原因是多方面的，其中既有自然因素，也有人为因素，导致海西区近岸环境水域富营养化程度增加，为赤潮发生提供了客观的物质基础。

针对海西区特点，可以从以下几方面加强海域环保能力建设，提高管理水平：

- 健全沿海地区的排污管网和污水处理设施；
- 采用先进的处理技术削减点源污染物入海通量；
- 农业种植污染控制；
- 畜禽养殖污染控制；
- 加强船舶污染防治；
- 海水养殖污染控制；
- 整治海上交通安全与船舶排污的监督管理；
- 加强废弃物海上倾倒管理。

3. 缓解陆域生态环境压力

海西区陆域生态环境总体较好，但随经济的发展，陆域生态环境压力不断增大，建议从以下几方面加强控制：① 加强天然植被的保护工作，保持良好的生态景观和通畅的生态廊道；② 适当提高天然林和人工林的比例，提高和发挥森林生态系统功能；③ 积极推进水土流失治理工程，增加水土流失治理面积。

4. 加强流域水电梯级开发综合论证和规划

流域梯级开发可使河流的水能资源得到合理利用，但同时是一种高度干预河流生态的活动，它会从根本上改变河流和流域的生态系统、资源形势和社会结构，而且其环境影响也具有群体性、系统性和累积性等特征。

流域水电梯级开发发展迅猛，对流域生态环境影响日益凸显，建议从以下几方面加强控制：① 严格控制流域水电开发，注重科学论证，加强梯级布局；② 加强库坝上游森林和植被的建设，促进林水一体管理；③ 利用工程措施和生物措施结合进行景观、土地资源和生态环境恢复。

二、缓解城市群和重点产业发展间的矛盾

海西区重点产业的发展，尤其是石化产业的大力发展将对周边城市群产生一定的污染影响和潜在的风险威胁。为促进海西区城市区和重点产业基地间的协调、可持续发展，可以从

以下几方面缓解协调海西区城市区与重点产业基地间的发展矛盾：① 新建的重点产业区尽量规划在城市全年主导风向的下风向；② 在重点产业集聚区，尤其石化产业区周边设置环境安全防范区，防范区内要求不新增居民点，限制人口发展，已有居民点在条件合适情况下逐步搬迁，该区域重点发展非污染型配套产业；③ 在重点产业集聚区配套建设工业区集中污水处理设施，并且污水厂应先于工业项目建设；④ 加强对城市群边的产业区监管力度，确保环保设施的正常运行，杜绝非正常和事故排放；⑤ 强化石化产业区的风险防范措施，制定区域联动的风险应急预案。

三、制定区域性、流域性生态补偿机制

海西区内陆山区森林覆盖率高，生态环境居全国前列，是海西区重要的生态屏障和水源涵养区。国务院《支持福建加快建设海西区若干意见》（国发 [2009]24 号）中提出对海西区内陆山区要“以保护为主、开发为辅，最大限度地保护山川秀美的生态环境”。海西区重点产业主要集中布局在沿海地区，而内陆山区为保护生态环境必然会牺牲掉重点产业发展机会，无法直接享受到重点产业发展带来的好处。地区间的不平衡发展，势必带来地区间巨大的经济落差，降低山区保护生态环境的积极性。另外，重点发展地区排放的污染物会直接或间接影响生态保护地区的生态环境。因此，有必要在海西区内在以生态保护为主地区和以重点产业发展为主地区间建立生态恢复和补偿机制。

四、实施近岸海域重要生态功能区有效保护

近岸海域是海西区生物多样性保护的重要区域，对保障海西区生态安全和可持续发展具有关键作用。根据福建、浙江和广东三省生态功能区划，海西区近岸海域共有 6 个重要生态功能区（其中福建省 5 个，浙江省 1 个），省级以上海洋自然保护区集中分布在这些区域。本战略环评所提出的 10 个重点产业基地中，有 7 个基地发展所产生的环境影响与这些重要生态功能区直接相关。因此，海西区重点产业发展必须高度关注近岸海域重要生态功能区的保护，加强对沿海排污口、温水排放口附近海域环境质量的长期动态监测和管理，避免对海域生态造成累积性不良影响；建议：

① 在重要生态功能区内建立国家级或省级重要生态功能保护区，以强化重要生态功能区的保护、管理和建设。

② 加强海域自然保护区和各类海洋生态特别保护区的建设，实施强制性保护。

③ 涉及近岸海域生物多样性保护重要生态功能区的产业基地，必须先期制订重点产业发展规划和专项基地环境保护规划，开展基地重点产业发展规划环评。重点产业基地的生产过程必须严格规避对近岸海域生物多样性保护重要生态功能区的环境污染影响，大宗物品的海上物流组织必须采取切实可行的生态保护措施。

第三节　海西区重点产业协调发展的对策建议

一、优先落实国家有关产业政策

整合提升纺织服装、制鞋、食品等优势传统产业，大力推动制造业结构升级；加快淘汰小化工、小钢铁、小造纸、小水泥等污染严重且不符合当地资源环境禀赋的落后产能，通过经济手段引导其升级改造或逐渐退出；鼓励“上大压小”，支持超临界、超超临界火电机组建设。推进产业结构优化升级，促进信息化与工业化融合。

二、制定相关环境经济政策

实行系统的环境经济政策，为区域超常规发展提供有效保障。海西区已具有实施排污权交易制度的必要性，建议在湄洲湾和揭阳产业基地先行试点。以试点方案为基础，以试点经验为检验，以试点中出现的问题为反馈，然后再进一步推广到重点开发区域。应积极推行环境保险、绿色信贷和绿色融资等制度，促进经济和环境的和谐发展。绿色保险可在石化产业强制先行。绿色信贷和绿色融资应适用于所有的重点产业。

海西区总量控制的压力十分巨大，因此有必要采用系统的环境经济政策，为区域性的超常规发展提供有效保障。

三、优先保证环保投入

环保投入主要包括环境基础设施和环境管理能力建设。海西区环保投入占地区国民生产总值的比例应随着经济的发展逐年增大，根据发达国家的经验，环保投入要达到3.0%才能使环境质量得到有效改善。海西区可按照各级财政预算安排的环保资金增长幅度高于同期财政收入增长幅度的原则，确定政府环保投入额度。支持和引导多元化、多渠道的环保投入。通过国家直接投资、财政补贴、生态补偿和转移支付等多种方式支持环保基础设施、生态环境保护等重大项目的建设。

随着海西区经济的持续快速增长，公共财政对环保的支持力度将继续增大，而且要形成稳定、导向性强、使用具有极强针对性的专项财政资金保障体系。为保障环保投入，可以从以下几方面作出努力：① 建立高效的环境投融资体制；② 要将环境财政纳入公共财政体系并设立独立的环境保护支出科目；③ 要加大各级政府对环保的投资力度，提高环保投入资金的利用效率；④ 制定相关环境经济政策，构筑环保市场，鼓励环保投入多元化。

四、统筹海西区总体发展规划

建议由国家相关部门牵头编制海西区的总体发展规划，确定区域城市定位和产业分工，避免产业“同构化”和恶性竞争。综合考虑全国炼化、钢铁产能总体规模和空间发展战略，以及海西区各地市社会经济发展水平、产业发展定位和资源环境承载能力的差异，编制海西区产业发展规划，统筹安排区域内炼化、钢铁等污染相对较重的大项目布局。

五、切实发挥规划环评作用

海西区在“五大区战略环评”基础上，应建立规划环评与项目环评的联动机制，将规划环评作为项目环评准入的依据。对规划中包含由上级环保部门负责审批的重大项目的，其规划环评应征求上级环保部门的意见。对可能造成跨行政区域不良环境影响的重大开发规划和建设项目，要建立区域环境影响评价联合审查审批制度和信息通报制度。全面推进十大重点产业发展基地、临港工业区，以及“两高一资”重点行业的规划环境影响评价。省级以上产业集聚区规划环评应与规划同时展开，未通过规划环评的产业园区禁止开工建设。强化和落实规划环评中的跟踪监测与后续评价要求。

六、统筹协调区域环境管理

建立健全跨区域跨部门联防联控机制，统筹和协调有关部门在污染防治的管理、监测等方面的职能，统一协调和管理区域大气环境、流域水环境，统筹陆海、兼顾河海，构建“统一规划、统一监测、统一监管、统一评估、统一协调”的区域联防联控工作机制，提升区域污染防治整体水平。建立多部门联动的综合预警和应急机制，制定突发性污染事故紧急预案处理措施，建设环境污染事故应急队伍，确保区域生态环境质量安全。健全区域性生态环境监测体系，建立海西区联合监测和数字化环境信息通报体系和区域生态环境基础数据库，为累积性污染的研究和防治提供支撑。

参考文献

[1] 曾从盛，郑达贤，等 . 福建生态环境 [M]. 北京：中国环境科学出版社，2005.
[2] 福建省海岸带和海涂资源综合调查领导小组办公室 . 福建省海岸带和海涂资源综合调查报告 [R]. 2005.
[3] 中国海湾志编纂委员会 . 中国海湾志第七分册（福建北部海湾）[M]. 1994.
[4] 中国海湾志编纂委员会 . 中国海湾志第八分册（福建省南部海湾）[M]. 1993.
[5] 福建省海洋污染基线调查领导小组 . 福建省海洋污染基线调查（第二次）[R]. 2000.
[6] 福建省环保局 . 2007 年福建省近岸海域环境质量报告 [R]. 2008.
[7] 福建省海洋与渔业局 . 2007 年福建省近岸海域沉积物监测结果表 [R]. 2007.
[8] 福建省海洋与渔业局 . 2007 年福建省近岸海域贻贝监测结果表 [R]. 2007.
[9] 广东省海岸带和海涂资源综合调查大队环保专业队 . 广东省海岸带环境质量调查报告 [R]. 1986.
[10] 中国海湾志编纂委员会 . 中国海湾志第九分册（广东省东部海湾）[M]. 1998.
[11] 国家海洋局南海环境监测中心，广东省海洋与渔业环境监测中心 . 第二次全国海洋污染基线调查广东省沿岸海域污染基线调查报告 [R]. 1999.
[12] 福建省海洋与渔业局 . 2007 年福建省海洋环境状况公报 [R]. 2008.
[13] 温州市海洋与渔业局 . 2007 年温州市海洋环境质量公报 [R]. 2008.
[14] 广东省海洋与渔业局 . 2007 年广东省海洋环境质量公报 [R]. 2008.
[15] 广东省环境科学研究所，中国科学院南海海洋研究所 . 澄饶联围纳潮改造对围外海洋生态环境影响研究 [R]. 2008.
[16] 福建省海洋开发管理领导小组办公室 . 福建省海洋功能区划报告 [R]. 2005.
[17] 国家海洋局第二海洋研究所，温州市海洋与渔业局 . 浙江省温州市海洋功能区划修编报告 [R]. 2005.
[18] 潮州市环境保护监测站 . 潮州市 2002 年近岸海域水质监测结果表 [R]. 2002.
[19] 汕头市环境保护监测站 . 汕头市 2002 年近岸海域水质监测结果表 [R]. 2002.
[20] 揭阳市环境保护监测站 . 揭阳市 2002 年近岸海域水质监测结果表 [R]. 2002.
[21] 潮州市海洋与渔业局，广东省海洋资源研究发展中心 . 潮州市海洋功能区划（修改报批版）[R]. 2007.
[22] 浙江省海岸带和海涂资源综合调查领导小组办公室 . 浙江省海岸带和海涂资源综合调查报告 [M]. 北京：海洋出版社，1988.
[23] 中国海湾志编纂委员会 . 中国海湾志第六分册（浙江省南部海湾）[M]. 北京：海洋出版社，1993.
[24] 浙江省舟山海洋生态环境监测站 . 乐清市 1998、2002、2007 年水质、沉积物和生物质量监测统计表 [R]. 2009.
[25] 国家海洋局温州海洋环境监测中心站 . 新奥（温州）LNG 工程建设海洋环境调查报告 [R]. 2007.
[26] 福建省海岸带和海涂资源综合调查领导小组办公室 . 福建省海岸带和海涂资源综合调查报告 [M]. 北京：海洋出版社，1990.
[27] 中国海湾志编纂委员会 . 中国海湾志第七分册（福建北部海湾）[M]. 北京：海洋出版社，1994.
[28]《福建主要港湾水产养殖容量研究》项目组 . 福建主要港湾环境容量调查 [R]. 2000.

[29] 福建省海洋污染基线调查报告编委会 . 福建省海洋污染基线调查（第二次）[R]. 2000.
[30] 福建省海洋开发管理领导小组办公室，河海大学，福建省闽东海洋环境监测中心 . 福建省海湾数模与环境研究—三沙湾综合研究报告 [R]. 2006.
[31] 国家海洋局第三海洋研究所 . 福建罗源湾环境容量与海洋生态保护规划研究报告 [R]. 2006.
[32] 福建省海洋开发管理领导小组办公室，中国海洋大学 . 福建省海湾数模与环境研究—罗源湾综合研究报告 [R]. 2006.
[33] 福建省海洋开发管理领导小组办公室，国家海洋局第三海洋研究所 . 福建省海湾数模与环境研究—兴化湾综合研究报告 [R]. 2006.
[34] 福建省海洋开发管理领导小组办公室，国家海洋局第三海洋研究所 . 福建省海湾数模与环境研究—湄洲湾综合研究报告 [R]. 2006.
[35] 福建省海洋开发管理领导小组办公室，厦门大学 . 福建省海湾数模与环境研究—厦门湾综合研究报告 [R]. 2006.
[36] 福建省海洋开发管理领导小组办公室，国家海洋局第一海洋研究所 . 福建省海湾数模与环境研究—东山湾综合研究报告 [R]. 2006.
[37] 李伟，崔丽娟，张曼胤，等 . 福建洛阳江口红树林湿地及周边地区景观变化研究 [J]. 湿地科学，2009（1）.
[38] 林长城，等 . 福建省酸雨及其气象条件研究文集 [M]. 北京：气象出版社，2008.
[39] 曾从盛，等 . 福建典型区生态环境研究 [M]. 北京：中国环境科学出版社，2006.
[40] 张志南，李闽榕，等 . 海峡西岸经济区发展报告（2008）[M]. 北京：社会科学文献出版社，2009.
[41] 中国科学院可持续发展战略研究小组 . 中国可持续发展战略报告——探索中国特色的低碳道路 [M]. 北京：科学出版社，2009.

附 录

关于印发《关于促进海峡西岸经济区重点产业与环境保护协调发展的指导意见》的通知

环函 [2011]183 号

浙江省、福建省、广东省环境保护厅：

为了贯彻落实科学发展观，促进区域经济社会与环境协调发展，充分发挥战略环评成果对海峡西岸经济区环境管理的指导作用，促进区域重点产业与环境资源协调可持续发展，从源头预防环境污染和生态破坏，我部在 2009 年组织编制《海峡西岸经济区重点产业发展战略环境评价》的基础上，组织专家根据战略环评成果制定了《关于促进海峡西岸经济区重点产业与环境保护协调发展的指导意见》。现印送你们，作为指导区域重点产业环境管理的参考和依据。

附件：关于促进海峡西岸经济区重点产业与环境保护协调发展的指导意见

中华人民共和国环境保护部

二〇一一年七月一日

附件：

关于促进海峡西岸经济区重点产业与环境保护协调发展的指导意见

为深入贯彻落实科学发展观，引导海峡西岸经济区走新型工业化道路，优化空间开发格局，科学调整经济结构，促进区域经济社会和资源环境协调可持续发展，提出以下意见：

一、充分认识区域重点产业与生态环境保护协调发展的重要性

（一）在国家区域经济和生态安全格局中占有重要地位。海峡西岸经济区是我国沿海经济带的重要组成部分，是海峡两岸合作交流的前沿，是国家重点开发区域和新的经济“增长极”。同时，海峡西岸经济区生物多样性资源富集，生态环境敏感区众多，对保障国家生态安全具有十分重要的作用。正确处理好该地区经济与环境的协调、可持续发展，有利于促进该区域走资源节约型、环境友好型发展道路。

（二）重点产业发展与生态环境保护矛盾初步显现。近年来，海峡西岸经济区重化工产业快速发展，石化、冶金及能源等重化产业布局与生态安全格局、规模快速扩张与资源环境承载能力之间矛盾初步显现。海峡西岸经济区生态环境质量总体良好，但酸雨污染严重，沿海部分城市出现了灰霾天气，局部海湾、河口等近岸海域生态系统已遭到一定破坏，海洋生物资源不断减少，赤潮灾害影响增大。如不及时引导、优化和调控，将难以保持良好的生态环境质量，影响区域的全面协调可持续发展。

二、促进区域重点产业与环境保护协调发展的总体要求

（三）指导思想。全面落实科学发展观，大力建设生态文明，推进环境保护历史性转变，努力探索环保新道路，引导区域经济结构升级，优化产业空间布局，实施资源环境战略性保护，构建资源保障永续利用、生态环境良性循环和生态安全稳定可靠的保障体系，将海峡西岸经济区建设成为环境保护优化经济发展的示范区域。

（四）基本原则。按照“保底线，优布局，调结构，控规模，严标准”的总体思路。坚持产业发展和生态敏感区保护相结合，促进生产力合理布局；坚持产业结构升级和生态工业园区建设相结合，加快产业结构优化调整；坚持规模增长与资源环境承载能力相结合，统筹区域产业发展规模；坚持严格环境准入与淘汰落后产能相结合，提高资源环境利用效率；坚持环境保护优化经济发展，确保海峡西岸经济区生态环境位居全国前列。

（五）主要目标。按照“沿海地区重点开发，内陆山区适度开发，推动集聚发展、优化发展，加快建设成为我国东部沿海地区先进制造业重要基地”的总体思路，积极发挥环境保护的宏观调控作用，提升区域资源环境对重点产业发展的支撑能力，在科学布局、优化结构、提高效益、降低消耗、保护环境的基础上，推动区域经济又好又快和全面协调可持续发展。

三、推进建设符合区域生态安全格局要求的现代产业体系

（六）促进闽江口等四大产业基地建设。引导重点产业向闽江口、湄洲湾、厦门湾、潮汕揭产业基地集聚发展。闽江口产业基地大力发展装备制造、电子信息产业和高新技术产业，强化服务功能和国际化进程，成为带动海峡西岸经济区发展的重要核心。湄洲湾产业基地大力发展石化、装备制造、林浆纸等临港型产业，建设现代化的石化产业基地。厦门湾产业基地进一步发挥电子信息和装备制造业的规模优势，调整化工产业布局，引导化工企业向湄洲湾石化基地和古雷石化基地集聚。潮汕揭沿海产业基地重点布局大型石化基地，同步发展装备制造、电子信息和能源产业。

（七）优化调整瓯江口等六大产业基地空间布局和产业结构。瓯江口产业基地在环境综合整治的基础上，立足于温州市传统产业结构调整与升级换代，大力发展装备制造、新能源、新材料、电子信息和现代服务等产业。合理布局化工园区，逐步推进化工企业向园区集中，大小门岛宜发展污染相对较轻的石化中下游产业。环三都澳区域引导装备制造、化工、冶金、物流等临港产业集聚发展，进一步科学论证环三都澳区域大型钢铁基地和炼化一体化基地的空间布局方案，选择大气扩散条件好、远离城镇发展区、海域生态环境敏感度不高、排水条件较理想的沿海地区布局；湾内重点围绕电机电器和船舶修造两大产业大力发展装备制造业，适度发展污染较轻、环境风险较小的临港工业。罗源湾产业基地重点发展装备制造产业，适量发展冶金、能源产业和污染相对较轻的石化中下游产业。兴化湾产业基地重点发展电子信息、装备制造和能源产业，适度发展污染相对较轻的石化产业，加快推进环保基础

设施建设和企业污染治理，统筹解决江阴工业区内企业与居民交错分布问题。泉州湾产业基地在立足于整合提升现有纺织鞋服等传统优势产业的基础上，重点发展电子信息和装备制造产业，严格控制陆域废水排放。古雷石化基地重点发展石化和装备制造产业，近期优先发展石化中下游产业。

（八）推进福建内陆山区产业集聚发展。福建内陆山区钢铁、建材等行业以调整结构、技术升级为主，逐步引导产业向条件较好的地区集中发展。大力做好资源环境和生态保育，鼓励发展无污染、轻污染的绿色农业、林产加工、食品加工、生物技术产业和旅游产业等。

（九）加快发展高端制造业。以承接台湾高端产业转移为导向，大力加强装备制造和电子信息产业等高端制造业的基础配套设施建设，进一步壮大具有比较优势的产品集成行业规模，做强初具雏形的软件产业，积极培育研发能力，适度发展前端基础制造业。积极承接传统装备制造业转移，加大高档数控机床、轻工机械、输变电设备等中高端装备制造业产品的引入力度，扩大中高端产品比例，增强区域装备制造业整体实力。

（十）整合提升传统轻纺工业。立足区域纺织、服装、制鞋、食品等轻纺工业的基础优势，按照“特色发展、技术升级、布局整合”的调控原则，打造区域传统轻纺工业新优势。加大对传统产业技术改造力度，增加产品技术含量，形成区域优势主导产品。引导企业逐步向专业化园区集中，促进产业规模化发展。

（十一）优化能源电力结构。以节能、减排、低碳为发展方向，进一步优化能源结构。安全发展核电，合理开发水电和风电，鼓励开发太阳能和生物质能源，优化煤电布局，逐步减少火电在能源电力结构中的比例，增加清洁能源特别是新型能源发电的比重。

（十二）培育战略性新兴产业和海洋特色产业。加快发展新能源、生物医药、节能环保、新材料、新一代信息技术产业、高端装备制造业等战略性新兴产业。加强海洋资源保护和开发利用，重点发展现代海洋渔业、海洋生物医药、海洋保健食品、海水综合利用、海洋服务业等海洋特色产业。

（十三）推进平潭综合实验区先行先试。平潭综合实验区重点发展电子信息、高端机械设备、海洋生物科技、新材料、低碳技术及清洁能源等高新技术产业，以及商贸加工业、海洋产业、旅游业、现代服务业等。

四、实施区域生态环境战略性保护，提升资源环境支撑能力

（十四）重要生态功能区面积不减少。维持自然保护区、重要湿地等重要生态敏感区面积不减少，天然湿地保护率不低于90%。重点保护浙闽赣交界山地、东南沿海红树林生物多样性保护重要区，以及西部大山带、中部大山带和沿海地带的重要生态敏感区。重点保护乐清湾海域生态系统、三沙—罗源湾水产资源、闽江口渔业资源和湿地、泉州湾河口湿地和水产资源、厦门湾海洋珍稀物种、东山湾典型海洋生态系统和粤东海域南澳候鸟自然保护区。

（十五）水土资源不超载。引导内陆地区产业集中发展，强化沿海地带重点产业集约发展。确保2020年河道内最小生态用水量166亿立方米，稳定地表水和河口湿地功能。确保2020年最小入海径流量142亿立方米。保障近岸海域生态功能的稳定。严格控制围填海，规避敏感岸线，加大海岸带生态保护力度，切实保护红树林、湿地保护区等重要敏感生态系统。重点保护自然保护区内岸线及河口敏感岸线。确保自然岸线比例不低于70%，海洋保护区面积不少于领海外部界线以内海域面积的8%。鼓励重化工业朝湾口布置，减少湾内围垦需求。

（十六）污染物排放总量不突破。严格控制主要污染物排放总量，确保重要生态功能区和

重点区域环境质量达标。大力推进农业面源污染防治，严格控制点源污染排放，区域主要污染物排放总量不得超过总量控制目标。加强陆源污染物入海控制，沿海地区城镇污水处理厂实施脱氮除磷，严格控制滩涂水产养殖。加强非常规污染物、有毒有害和持久性污染物的防治，预防大型石化、冶金基地排放的特征污染物对周边环境的影响。沿海地区重点产业基地污水应采用深水排放方式，排放口形成的污水混合区不得影响鱼类洄游通道和邻近海域环境功能。

（十七）环境准入标准不降低。从严控制“两高一资”产业，提高行业准入“门槛”。逐步建立新建项目能效评估制度，提高资源环境效率。力争到2020年海峡西岸经济区整体资源环境效率达到国内先进水平。制定产业集聚区节约用地标准，限制占地大、产出低的项目，引进项目的资源环境效率应达到引进国(或地区)的先进水平。湄洲湾、潮汕揭发展临港重化产业应加大环保基础设施建设，加强海洋污染防治力度，建立突发性污染控制和应急处理机制，闽江口、瓯江口产业基地应加强陆源废水污染物的治理，提高废水排放标准。

五、加快产业优化升级，强化战略性环境保护措施

（十八）优先落实国家有关产业政策。整合提升纺织服装、制鞋、食品等优势传统产业，大力推动制造业结构升级；加快淘汰小化工、小钢铁、小造纸、小水泥等污染严重且不符合当地资源环境禀赋的落后产能，通过经济手段引导其升级改造或逐渐退出；鼓励“上大压小”，支持超临界、超超临界火电机组建设。推进产业结构优化升级，促进信息化与工业化融合。

（十九）制订相关环境经济政策。在石化等高风险、高污染行业优先推行绿色保险制度，研究制订对投保企业和保险公司分别给予保费补贴和营业税优惠等激励措施。通过调整信贷结构引导产业朝多元化方向发展，扶持旅游、电子信息、现代服务业以及新能源、新材料等高新技术产业，限制粗钢、小水泥、小化工、小造纸等高污染高耗能产业扩张，对于存在环境违法行为、不符合国家和地方产业政策的企业，提高其贷款利率，限制、停贷或回收已发放贷款。进一步推动企业上市环保核查工作，严格审查其环境治理能力及效果，对于不能满足所在区域环境管理要求的企业，限制其上市融资与扩大再生产。制订符合本地经济社会和生态保护实际的生态补偿机制，根据国家的相关政策在能源和其它资源开发的收益中确定一定比例，用于区域生态恢复、跨地区生态环境综合治理与生态补偿。对投资于核电、风电等清洁能源以及环保基础设施建设、防护林建设、湿地保护、自然岸线保护等防治污染和生态环境保护项目的企业给予税收减免，对粗钢、小水泥、小化工、小造纸等高污染高耗能产业和资源环境效率低下的企业提高相关环境税费标准。

（二十）优先保证环保投入。按照各级财政预算安排的环保资金增长幅度高于同期财政收入增长幅度的原则，确定政府环保投入额度。支持和引导多元化、多渠道的环保投入。通过国家直接投资、财政补贴、生态补偿和转移支付等多种方式支持环保基础设施、生态环境保护等重大项目的建设。

（二十一）大力推进环境基础设施建设。2015年城市污水处理率应不低于85%，生活垃圾无害化处理率力争不低于80%，工业固体废物综合利用率不低于72%。优先建设城镇生活垃圾集中处置场以及温州、揭阳、汕头的城镇污水处理厂和污水收集管网。利用财政资金优先建设一批生态环境保护工程，加快推进区域生态恢复和环境质量全面达标，优先建设闽江、九龙江、鳌江、榕江和练江环境综合整治工程，全面提升区域生态环境质量。

（二十二）切实发挥规划环评作用。建立规划环评与项目环评的联动机制，将规划环评作为项目环评准入的依据；对规划中包含由上级环保部门负责审批的重大项目的，其规划环

评应征求上级环保部门的意见。对可能造成跨行政区域不良环境影响的重大开发规划和建设项目，要建立区域环境影响评价联合审查审批制度和信息通报制度。全面推进十大重点产业发展基地、临港工业区，以及“两高一资”重点行业的规划环境影响评价。省级以上产业集聚区规划环评应与规划同时展开，未通过规划环评的产业园区禁止开工建设。强化和落实规划环评中跟踪监测与后续评价要求。

（二十三）统筹协调区域环境管理。建立健全跨区域跨部门联防联控机制，统筹和协调有关部门在污染防治的管理、监测等方面的职能，统一协调和管理区域大气环境、流域水环境，统筹陆海、兼顾河海，构建“统一规划、统一监测、统一监管、统一评估、统一协调”的区域联防联控工作机制，提升区域污染防治整体水平。建立多部门联动的综合预警和应急机制，制定突发性污染事故紧急预案处理措施，建设环境污染事故应急队伍，确保区域生态环境质量安全。健全区域性生态环境监测体系，建立海峡西岸经济区联合监测和数字化环境信息通报体系和区域生态环境基础数据库，为累积性污染的研究和防治提供支撑。